7

Schlüssel zur
Mathematik

Rheinland-Pfalz

Unter Beratung von
Manuela Becker (Edenkoben)
Marion Heller (Bobenheim-Roxheim)
Martin M. Klauer (Emmelshausen)
Luitgard Schatral (Speyer)
Sebastian Schönthaler (Eisenberg)
Diana Tibo (Winnweiler)

Cornelsen

Teile dieses Unterrichtswerkes basieren auf Inhalten bereits erschienener Lehrwerke.
Diese wurden herausgegeben von Reinhold Koullen † und Udo Wennekers
sowie erarbeitet von:

Helga Berkemeier, Ilona Gabriel, Wolfgang Hecht, Barbara Hoppert, Reinhold Koullen †, Jeannine Kreuz,
Frank Nix, Doris Ostrow, Hans-Helmut Paffen, Günther Reufsteck, Jutta Schaefer, Gabriele Schenk, Willi Schmitz,
Ingeborg Schönthaler, Christine Sprehe, Herbert Strohmayer, Diana Tibo, Martina Verhoeven, Udo Wennekers,
Ralf Wimmers, Rainer Zillgens

Unter Beratung von: Manuela Becker, Marion Heller, Martin Klauer, Luitgard Schatral, Sebastian Schönthaler,
Diana Tibo

Redaktion: Inga Knoff, Kerstin Kälberer

Illustration: Roland Beier

Grafik: Christian Böhning, Ulrich Sengebusch †

Umschlaggestaltung und Layoutkonzept:
Syberg | Kirstin Eichenberg und Torsten Symank

Layout und technische Umsetzung:
CMS – Cross Media Solutions GmbH

Begleitmaterialien zum Lehrwerk			
für Schülerinnen und Schüler		**für Lehrerinnen und Lehrer**	
Arbeitsheft	978-3-06-040134-5	Lösungsheft	978-3-06-040136-9
Arbeitsheft Basis	978-3-06-040135-2	Handreichungen	978-3-06-040137-6

www.cornelsen.de

Alle Drucke dieser Auflage sind inhaltlich unverändert
und können im Unterricht nebeneinander verwendet werden.

© 2017 Cornelsen Verlag GmbH, Berlin

Druck: Mohn Media Mohndruck, Gütersloh

1. Auflage, 1. Druck 2017
ISBN 978-3-06-040133-8 (Schülerbuch)
ISBN 978-3-06-040138-3 (E-Book)

Inhalt

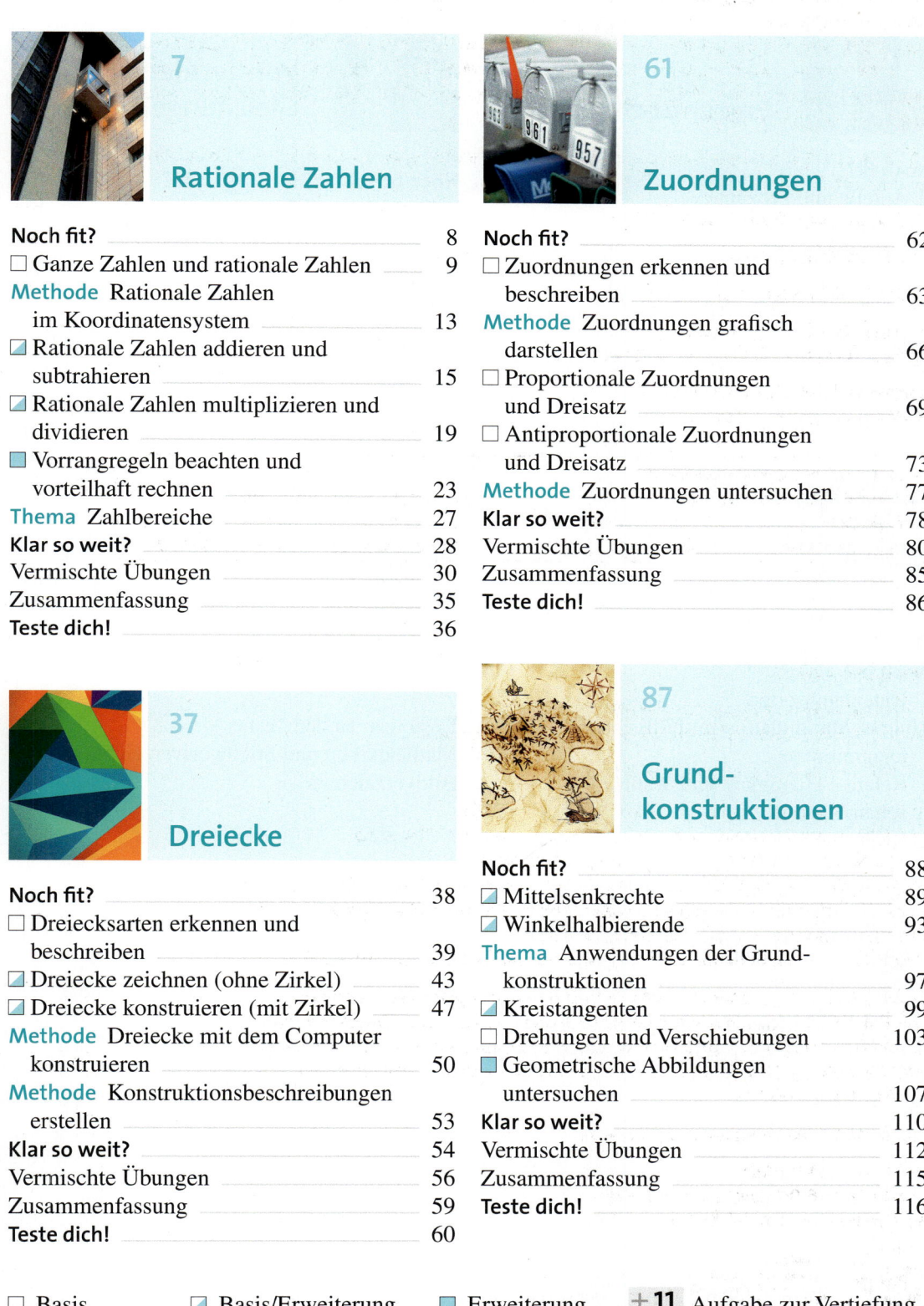
☐ Basis ◩ Basis/Erweiterung ◼ Erweiterung ＋11 Aufgabe zur Vertiefung
👥 Partnerarbeit 👥 Gruppenarbeit

☐ Basis ◪ Basis/Erweiterung ▦ Erweiterung +11 Aufgabe zur Vertiefung
👥 Partnerarbeit 👥 Gruppenarbeit

Rallye durch dein Mathe-Buch

Auf diesen zwei Seiten findest du einige Hinweise zu deinem neuen Mathematikbuch.
Löse die Rätsel (ä, ö, ü und ß sind erlaubt).
Das Lösungswort verrät dir, was das Bild auf dem Umschlag zeigt.

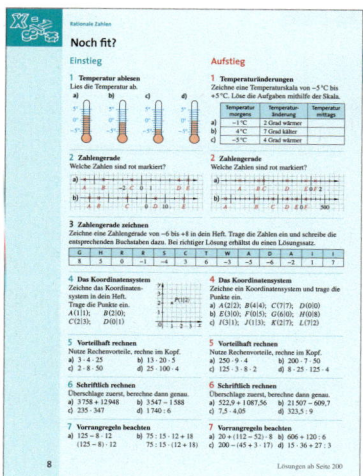

■ **Noch fit?**
Mit dem Einstiegstest kannst du
dein bisher erworbenes
Wissen testen. Deine Ergebnisse
kannst du mit den Lösungen im
Anhang vergleichen.
**Rätsel zum Noch fit? im Kapitel
Grundkonstruktionen:**
Was soll in Aufgabe 2 gemessen
werden?

_ 7 _ _ _ _

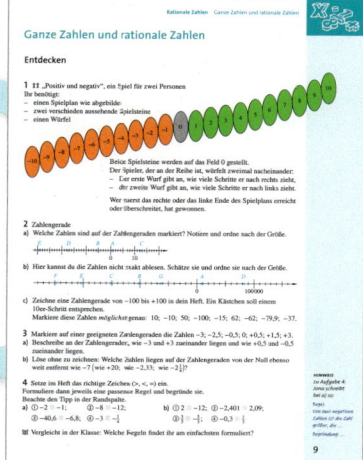

■ **Entdecken**
Jede Lerneinheit beginnt mit
einführenden Aufgaben, die
zum Ausprobieren und
Entdecken anregen.
**Rätsel zum Entdecken zum Thema
Dreiecke – Dreiecke konstruieren
(mit Zirkel):**
Wie heißt das abgebildete
Sternbild? _ 2 _ _ _ _ _ _ _ _ _

■ **Verstehen**
Der neue Unterrichtsstoff wird anhand
von Merksätzen und Beispielen erklärt.
**Rätsel zum Verstehen zum Thema
Daten und Zufall – Relative Häufigkeit und
Wahrscheinlichkeit:**
Womit werfen Jana und Martin? _ _ _ _ _ 4 _ _ _

■ **Üben und anwenden**
Die Aufgaben trainieren den neu
gelernten Unterrichtsstoff.
**Rätsel zum Üben und
anwenden zum Thema
Prozentrechnung –
Prozentwert:**
Welches Lebensmittel
enthält 41 % Wasser?
_ _ _ _ _ _ _ 9 _ _

Mittelschwere
Aufgaben haben
eine schwarze
Aufgabennummer.

Wichtiger
Merkstoff

In der Randspalte
stehen zusätzliche
Informationen,
Aufgaben und
Lösungshinweise.

Beispiel

Die linke Spalte
enthält leichtere
Aufgaben.

Die rechte Spalte
enthält schwierigere
Aufgaben.

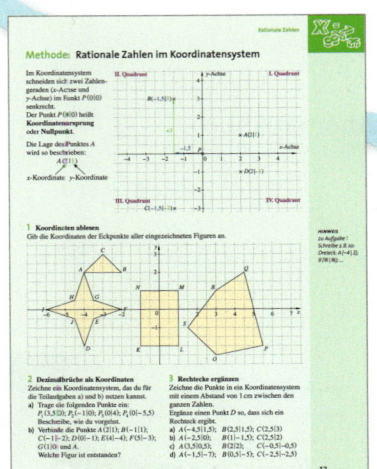

Die Symbole in den oberen Ecken stehen für bestimmte Bereiche in der Mathematik:

Zahlen und Variablen

Geometrie

Funktionen

Daten und Zufall

■ **Methode und Thema**
Auf den Methodenseiten werden die wichtigsten mathematischen Methoden vorgestellt und geübt. Die Themenseiten zeigen mathematische Inhalte aus verschiedenen Lebensbereichen.
Rätsel zum Thema Prozente im Alltag:
Wo kaufen Ilka und ihre Hauswirtschaftslehrerin ein?
_ _ _ _ _ 5 _ _ _ _

■ **Klar so weit?**
Mit dem Zwischentest kannst du überprüfen, ob du den neuen Unterrichtsstoff verstanden hast. Deine Ergebnisse kannst du mit den Lösungen im Anhang vergleichen.
Rätsel zum Klar so weit? im Kapitel Von Termen zu Gleichungen:
Worin werden in Aufgabe 3 Terme addiert?
_ _ _ _ _ 10 _ _ _

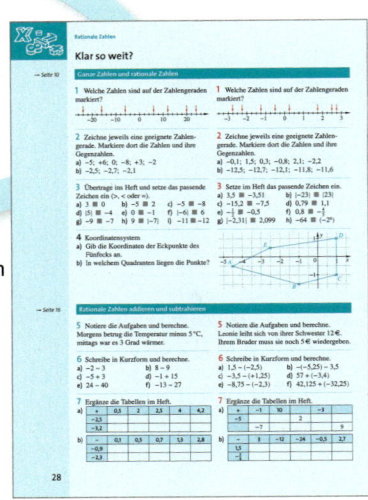

■ **Vermischte Übungen**
Die Seiten enthalten Aufgaben zu allen Lerneinheiten eines Kapitels.
Rätsel zu den Vermischten Übungen im Kapitel Rationale Zahlen:
Wer taucht 500 m tief?
_ _ _ _ _ 1 _ _ _ _ 6

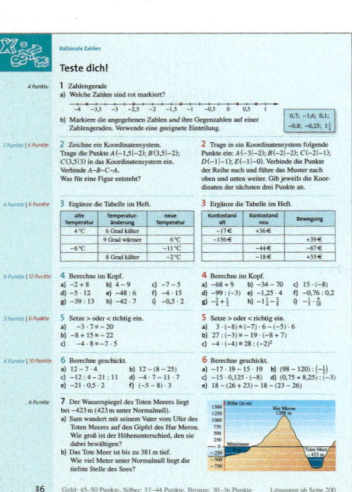

■ **Zusammenfassung**
Die Zusammenfassung am Ende eines Kapitels enthält die wichtigsten Merksätze zum Nachschlagen.
Rätsel zu der Zusammenfassung im Kapitel Daten und Zufall:
Welches Zufallsgerät ist abgebildet?
_ _ 3 _ _ _

■ **Teste dich!**
Überprüfe zur Vorbereitung auf die Klassenarbeit dein Können. Die Lösungen zum Abschlusstest findest du im Anhang.
Rätsel zum Teste dich! im Kapitel Zuordnungen:
Wie heißt das Luftschiff, das 1937 verbrannt ist?
_ _ _ _ _ _ _ _ _ 8

Wie lautet das Lösungswort?

1 2 3 4 5   6 7 8 9 10

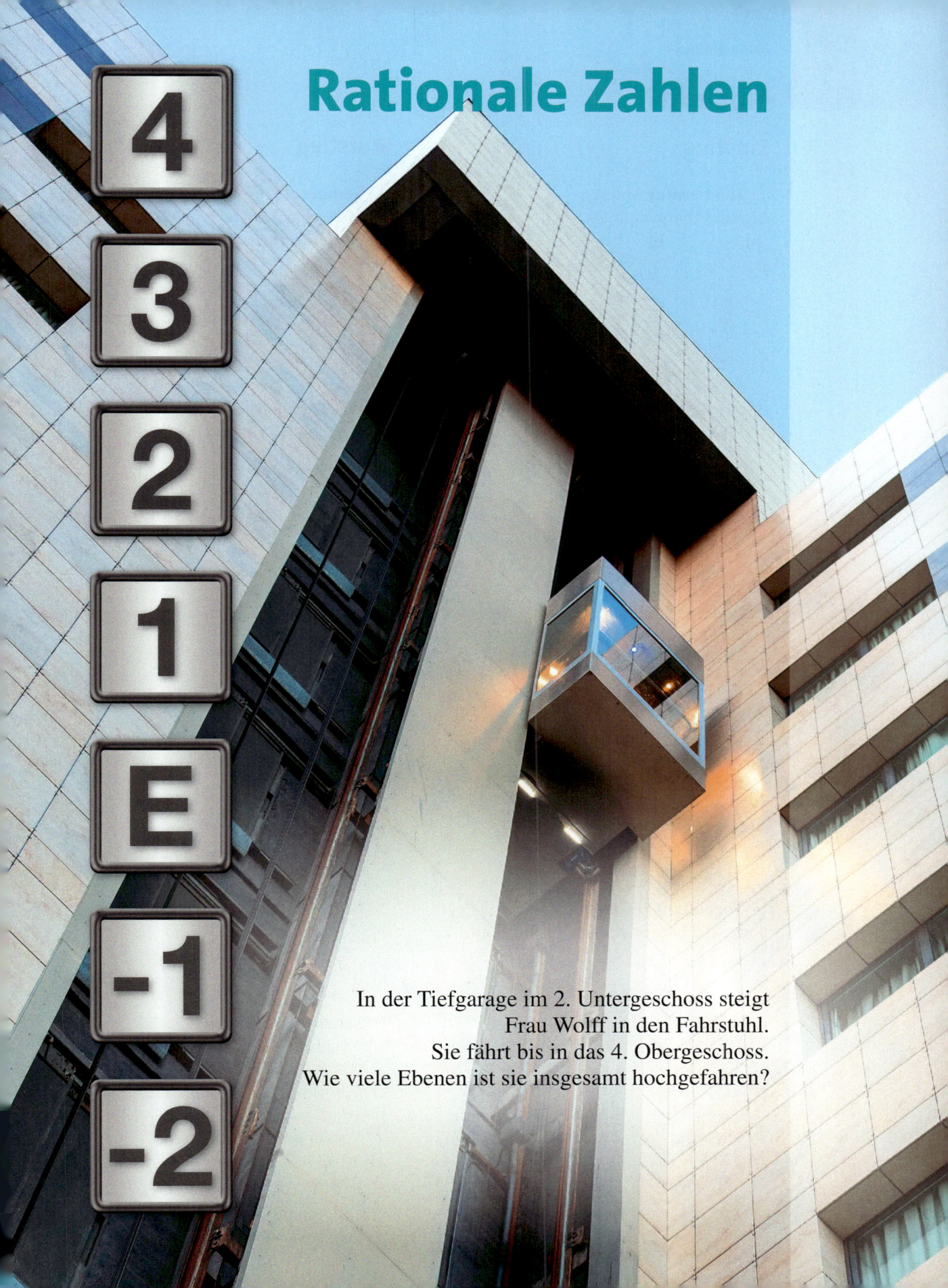

Rationale Zahlen

In der Tiefgarage im 2. Untergeschoss steigt
Frau Wolff in den Fahrstuhl.
Sie fährt bis in das 4. Obergeschoss.
Wie viele Ebenen ist sie insgesamt hochgefahren?

Noch fit?

Einstieg

1 Temperatur ablesen
Lies die Temperatur ab.

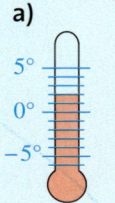 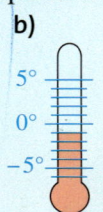 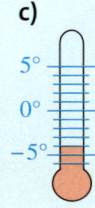 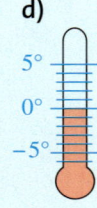

2 Die Zahlengerade
Welche Zahlen sind rot markiert?

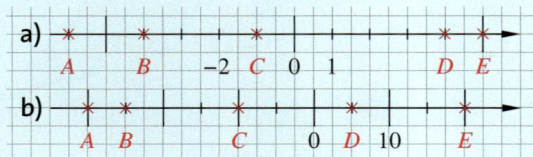

3 Zahlengerade zeichnen
Zeichne eine Zahlengerade von −6 bis +8 in dein Heft. Trage die Zahlen ein und schreibe die entsprechenden Buchstaben dazu. Bei richtiger Lösung erhältst du einen Lösungssatz.

G	H	R	R	S	C	T	W	A	D	A	I	I
8	5	0	−1	−4	3	6	−3	−5	−6	−2	1	7

4 Das Koordinatensystem
Zeichne das Koordinatensystem in dein Heft.
Trage die Punkte ein.
$A(1|1)$; $B(2|0)$;
$C(2|3)$; $D(0|1)$

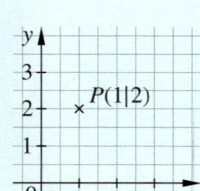

5 Vorteilhaft rechnen
Nutze Rechenvorteile, rechne im Kopf.
a) $3 \cdot 4 \cdot 25$ b) $13 \cdot 20 \cdot 5$
c) $2 \cdot 8 \cdot 50$ d) $25 \cdot 100 \cdot 4$

6 Schriftlich rechnen
Überschlage zuerst, berechne dann genau.
a) $3\,758 + 12\,948$ b) $3\,547 − 1\,588$
c) $235 \cdot 347$ d) $1\,740 : 6$

7 Vorrangregeln beachten
a) $125 − 8 \cdot 12$ b) $75 : 15 \cdot 12 + 18$
   $(125 − 8) \cdot 12$ $75 : 15 \cdot (12 + 18)$

Aufstieg

1 Temperaturänderungen
Zeichne eine Temperaturskala von −5 °C bis +5 °C. Löse die Aufgaben mithilfe der Skala.

	Temperatur morgens	Temperaturänderung	Temperatur mittags
a)	−1 °C	2 Grad wärmer	
b)	4 °C	7 Grad kälter	
c)	−5 °C	4 Grad wärmer	

2 Die Zahlengerade
Welche Zahlen sind rot markiert?

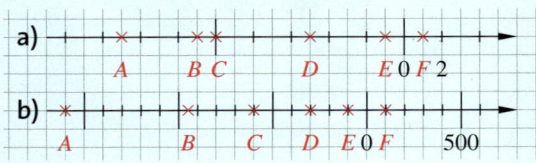

4 Das Koordinatensystem
Zeichne ein Koordinatensystem und trage die Punkte ein.
a) $A(2|2)$; $B(4|4)$; $C(7|7)$; $D(0|0)$
b) $E(3|0)$; $F(0|5)$; $G(6|0)$; $H(0|8)$
c) $I(3|1)$; $J(1|3)$; $K(2|7)$; $L(7|2)$

5 Vorteilhaft rechnen
Nutze Rechenvorteile, rechne im Kopf.
a) $250 \cdot 9 \cdot 4$ b) $200 \cdot 7 \cdot 50$
c) $125 \cdot 3 \cdot 8 \cdot 2$ d) $8 \cdot 25 \cdot 125 \cdot 4$

6 Schriftlich rechnen
Überschlage zuerst, berechne dann genau.
a) $522,9 + 1\,087,56$ b) $21\,507 − 609,7$
c) $7,5 \cdot 4,05$ d) $323,5 : 9$

7 Vorrangregeln beachten
a) $20 + (112 − 52) \cdot 8$ b) $606 + 120 : 6$
c) $200 − (45 + 3 \cdot 17)$ d) $15 \cdot 36 + 27 : 3$

Lösungen ab Seite 200

Ganze Zahlen und rationale Zahlen

Entdecken

1 👥 „Positiv und negativ", ein Spiel für zwei Personen
Ihr benötigt:
– einen Spielplan wie abgebildet
– zwei verschieden aussehende Spielsteine
– einen Würfel

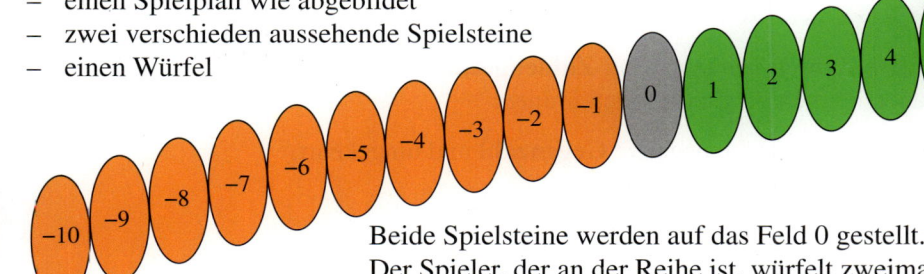

Beide Spielsteine werden auf das Feld 0 gestellt.
Der Spieler, der an der Reihe ist, würfelt zweimal nacheinander:
– Der erste Wurf gibt an, wie viele Schritte er nach rechts zieht,
– der zweite Wurf gibt an, wie viele Schritte er nach links zieht.

Wer zuerst das rechte oder das linke Ende des Spielplans erreicht oder überschreitet, hat gewonnen.

2 Zahlengerade
a) Welche Zahlen sind auf der Zahlengeraden markiert? Notiere und ordne nach der Größe.

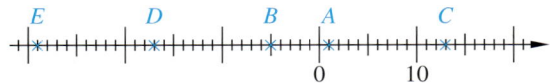

b) Hier kannst du die Zahlen nicht exakt ablesen. Schätze sie und ordne sie nach der Größe.

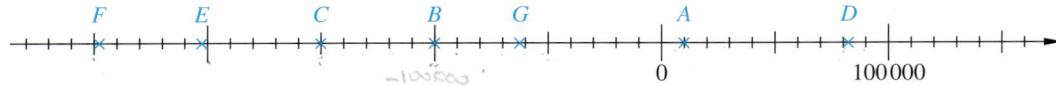

c) Zeichne eine Zahlengerade von -100 bis $+100$ in dein Heft. Ein Kästchen soll einem 10er-Schritt entsprechen.
   Markiere diese Zahlen *möglichst* genau: 10; -10; 50; -100; -15; 62; -62; $-79{,}9$; -37.

3 Markiere auf einer geeigneten Zahlengeraden die Zahlen -3; $-2{,}5$; $-0{,}5$; 0; $+0{,}5$; $+1{,}5$; $+3$.
a) Beschreibe an der Zahlengeraden, wie -3 und $+3$ zueinander liegen und wie $+0{,}5$ und $-0{,}5$ zueinander liegen.
b) Löse ohne zu zeichnen: Welche Zahlen liegen auf der Zahlengeraden von der Null ebenso weit entfernt wie -7 $\left(\text{wie } +20;\ \text{wie } -2{,}33;\ \text{wie } -2\frac{1}{4}\right)$?

4 Setze im Heft das richtige Zeichen ($>$, $<$, $=$) ein.
Formuliere dann jeweils eine passende Regel und begründe sie.
Beachte den Hinweis in der Randspalte.
a) ① -2 ▧ -1;   ② -8 ▧ -12;   b) ① 2 ▧ -12;   ② $-2{,}401$ ▧ $2{,}09$;
   ③ $-40{,}6$ ▧ $-6{,}8$;   ④ -3 ▧ $-\frac{1}{4}$ ③ $\frac{3}{5}$ ▧ $-\frac{5}{3}$;   ④ $-0{,}3$ ▧ $\frac{1}{3}$

👥 Vergleicht in der Klasse: Welche Regeln findet ihr am einfachsten formuliert?

HINWEIS
zu Aufgabe 4:
Jona schreibt
bei a) so:

Regel:
Von zwei negativen
Zahlen ist die Zahl
größer, die ...

Begründung: ...

Verstehen

Die 7a spielt ein Spiel auf einer Zahlengeraden.
Julian und Annika starten auf der Zahl 0 und bewegen sich
auf Zuruf entlang der Zahlengeraden.

Mia ruft: „Geht beide 3 Felder, egal in welche Richtung."

Julian steht jetzt auf der Zahl −3 und Annika steht auf +3.
Beide sind nun gleich weit von der Zahl 0 entfernt.

HINWEIS
*Bei positiven
Zahlen lässt man
das Vorzeichen
meist weg, z. B.
+5 = 5.*

Positive und negative Zahlen können an der **Zahlengeraden** dargestellt werden.
So kann man sie übersichtlich vergleichen und ordnen.

Zu jeder positiven Zahl gibt es eine negative **Gegenzahl** und umgekehrt.
Gegenzahlen haben den gleichen Abstand zur Null.
Der Abstand einer Zahl zur Null heißt **Betrag**.

Beispiel 1

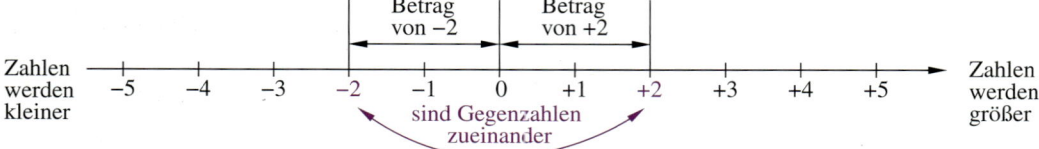

−2 und 2 sind **Gegenzahlen** zueinander.
Der **Betrag** von −2 ist 2. Man schreibt: $|{-2}| = 2$.
Der Betrag von 2 ist 2. Man schreibt $|2| = 2$.

> **Merke**   Die natürlichen Zahlen und ihre Gegenzahlen bilden zusammen die **Menge der
> ganzen Zahlen**, kurz $\mathbb{Z}$.
> $\mathbb{Z} = \{\ldots;\ -3;\ -2;\ -1;\ 0;\ 1;\ 2;\ 3;\ \ldots\}$

Neben negativen ganzen Zahlen wie z. B. −5 gibt es weitere negative Zahlen.
Man erhält sie, indem man Gegenzahlen von Bruchzahlen bildet.

> **Merke**   Die ganzen Zahlen und die positiven und negativen Brüche und Dezimalbrüche
> bilden zusammen die **Menge der rationalen Zahlen**, kurz $\mathbb{Q}$.

Zu $\mathbb{Q}$ gehören z. B. $+7;\ +\frac{3}{4};\ +1{,}25$ und ihre Gegenzahlen $-7;\ -\frac{3}{4};\ -1{,}25$ und auch 0.

Rationale Zahlen kann man an der **Zahlengeraden** darstellen und vergleichen.
Je weiter links eine Zahl auf der Zahlengerade steht, desto kleiner ist sie.

Beispiel 2

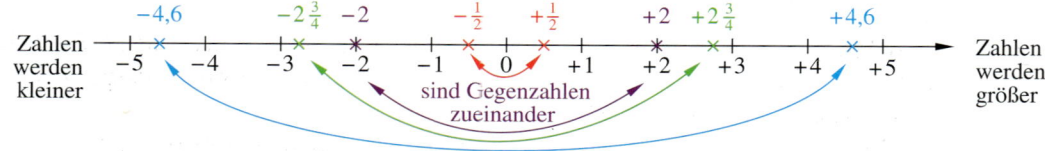

$$-4{,}6 < -2\tfrac{3}{4} < -2 < -\tfrac{1}{2} < +\tfrac{1}{2} < +2 < +2\tfrac{3}{4} < +4{,}6$$

Üben und anwenden

1 Negative Zahlen im Alltag
a) Was bedeuten in den Beispielen „Minus" und „–"?
 ① Im Auto zeigt das Navigationssystem eine Höhe von $-12\,\mathrm{m}$ an.
 ② Am Freitag erreichen die Temperaturen Höchstwerte von $-3\frac{1}{2}$ bis 0 Grad.
 ③ Die Handballmannschaft HC Hantem hat eine Tordifferenz von -96 Toren.
 ④ Deutschlands tiefste begehbare Landstelle liegt bei $-3,54\,\mathrm{m}$.
 ⑤ Die Zeitverschiebung von New York im Verhältnis zu Berlin beträgt -6 Stunden.
b) 👥 Wo kommen im Alltag negative Zahlen vor?
 Findet weitere Beispiele und präsentiert sie in eurer Klasse.

NACHGEDACHT
Liegt auch hier eine negative Zahl vor? Jana hat in der Deutscharbeit eine „3 minus" geschrieben.

2 Lies die Temperaturwerte ab.

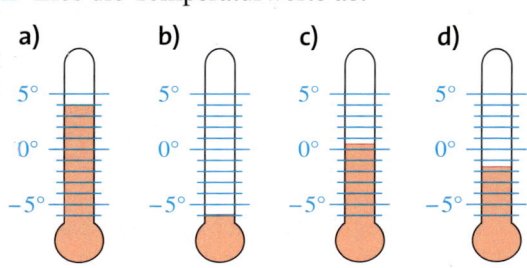

2 Lies die Temperaturwerte ab.

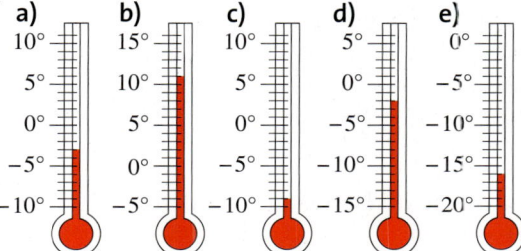

3 Welche Zahlen sind hier mit Buchstaben bezeichnet?

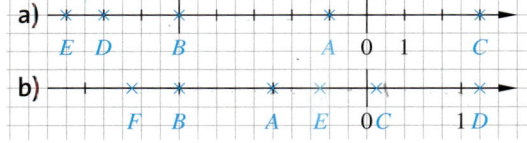

3 Welche Zahlen sind hier mit Buchstaben bezeichnet?

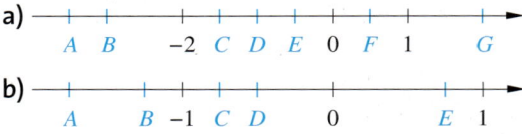

4 Zeichne eine Zahlengerade von -8 bis $+8$. Wähle pro Einheit zwei Kästchen.
a) Markiere diese Zahlen: -6; 3; 0; $-2,5$.
b) Markiere die Gegenzahlen zu den Zahlen aus a).

4 Markiere die Zahlen auf einer geeigneten Zahlengeraden.
a) -6; 0; $3,5$; $-3\frac{1}{2}$; $\frac{14}{2}$; $-\frac{7}{7}$
b) die Gegenzahlen der Zahlen aus a)

5 Ergänze die Zahlenfolge nach links und nach rechts um jeweils vier Zahlen.
a) $\ldots$; -7; -6; -5; -4; $\ldots$
b) $\ldots$; -1; $-0,5$; 0; $0,5$; $\ldots$
c) $\ldots$; $-1,2$; $-0,8$; $-0,4$; 0; $\ldots$

5 Ergänze die Zahlenfolge nach links und nach rechts um jeweils vier Zahlen.
a) $\ldots$; -3; 0; 3; 6; $\ldots$
b) $\ldots$; $-4,5$; -3; $-1,5$; 0; $\ldots$
c) $\ldots$; $-1\frac{1}{2}$; -1; $-\frac{1}{2}$; 0; $\ldots$

6 Welche Zahl liegt in der Mitte zwischen den beiden Zahlen?
Prüfe an einer geeigneten Zahlengeraden.
a) -2; 4 b) $-1,5$; $4,5$ c) $-\frac{1}{2}$; $1\frac{1}{2}$
d) $\frac{1}{2}$; $-1\frac{1}{2}$ e) $\frac{1}{2}$; $3,5$ f) $-\frac{1}{2}$; $-3,5$

6 Auf einer Zahlengeraden soll die Strecke von $-0,6$ bis $1,8$ in vier gleich lange Teile zerlegt werden.
Zeichne die Strecke und zerlege sie.
Bei welchen Zahlen hast du die Strecke unterteilt?

NACHGEDACHT
Findet man bei zwei rationalen Zahlen (zwei ganzen Zahlen) immer eine in der Mitte liegende Zahl?

7 Gib den Betrag und die Gegenzahl an.
a) −4   b) +1,2   c) +5,7
d) −6   e) −3,5   f) −24,3
g) +3   h) −28,9   i) +3,7
j) −15   k) +20,2   l) −7,2

7 Zahlentrios
a) Wähle fünf verschiedene rationale Zahlen zwischen −0,21 und −0,24.
b) Gib zu jeder deiner Zahlen die Gegenzahl und den Betrag an.

8 Welche der beiden Zahlen ist kleiner?
a) 5; 8   b) −5; 8   c) −5; −8
d) −7; 0   e) 6; −8   f) 1; −4,5

8 Welche der beiden Zahlen ist kleiner?
a) $\frac{1}{2}$; −3   b) −9; −6   c) −14; −15
d) 0; 12   e) $−3\frac{1}{2}$; $\frac{14}{2}$ f) 85; −36

9 Welche Aussagen sind richtig? Begründe jeweils oder nenne ein Gegenbeispiel.

a) Der Betrag einer Zahl ist nie negativ.

b) Jede Zahl ist größer als ihre Gegenzahl.

c) Jede negative Zahl ist kleiner als jede positive.

d) Manche Zahlen sind größer als ihr Betrag.

e) Der Betrag einer Zahl ist die Zahl selbst oder ihre Gegenzahl.

f) Zahl und zugehörige Gegenzahl sind immer verschieden.

10 Setze im Heft ein: >, < oder =.
a) −2 ▨ 6   b) 3 ▨ −4
c) 0 ▨ −8   d) −7 ▨ 7
e) 0,5 ▨ 0,6   f) −0,5 ▨ −0,6
g) −0,75 ▨ 0,75   h) 3,6 ▨ 3,6
i) −3,2 ▨ −3,19   j) −5,01 ▨ −5,10

10 Ordne. Beginne mit der kleinsten Zahl. Zahlenkärtchen können dir dabei helfen.
a) −1; 0; 13; −3; −6; −4; 9; −5; 17
b) 0,5; −7; 3; 5; −2; −8; 7; −12; 12
c) −0,5; 3; $\frac{7}{10}$; $−\frac{2}{5}$; 5,5; 13; −3,75; $−\frac{7}{9}$
d) $\frac{1}{2}$; $−\frac{1}{3}$; $\frac{1}{4}$; $−\frac{1}{5}$; $−\frac{1}{6}$; $\frac{1}{7}$; $−\frac{1}{8}$; $\frac{1}{9}$

11 In dem Diagramm sind die monatlichen Durchschnittstemperaturen von Novosibirsk (Russland) dargestellt.

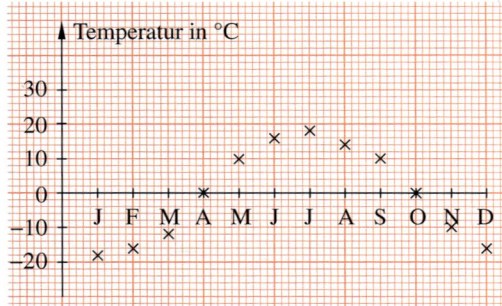

Lies die Durchschnittstemperaturen aus dem Diagramm ab und ergänze die Tabelle im Heft.

Jan	Feb	Mär	Apr	Mai	Jun
−18°C					

Jul	Aug	Sep	Okt	Nov	Dez

11 In der Tabelle sind die monatlichen Durchschnittstemperaturen von Jokkmokk (Schweden) angegeben.
Jokkmokk, Durchschnittstemperaturen in °C

Jan	Feb	Mär	Apr	Mai	Jun
−14,4	−13,4	−7,9	−1,5	5	11,3

Jul	Aug	Sep	Okt	Nov	Dez
14,8	12,3	6,8	−0,5	−7,1	−11,1

a) Runde die Werte von Jokkmokk auf ganze Zahlen.
   Gehe dabei so vor:
   1. Runde zuerst den Betrag der Zahl.
   2. Setze das ursprüngliche Vorzeichen vor den gerundeten Betrag.
   Beispiel Runden auf ganze Zahlen:
   $$−8,3 ≈ −8$$
   $$−12,5 ≈ −13$$
b) Zeichne für Jokkmokk ein Temperatur-Diagramm mit den gerundeten Werten.

Methode: Rationale Zahlen im Koordinatensystem

Im Koordinatensystem schneiden sich zwei Zahlengeraden (*x*-Achse und *y*-Achse) im Punkt $P(0|0)$ senkrecht.

Der Punkt $P(0|0)$ heißt **Koordinatenursprung** oder **Nullpunkt**.

Die Lage des Punktes *A* wird so beschrieben:

$$A\,(2|1)$$

x-Koordinate   *y*-Koordinate

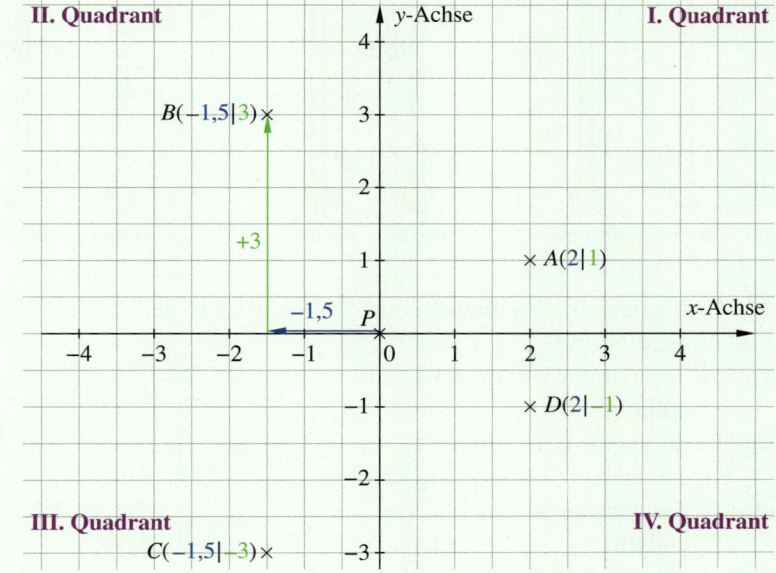

1 Koordinaten ablesen

Gib die Koordinaten der Eckpunkte aller eingezeichneten Figuren an.

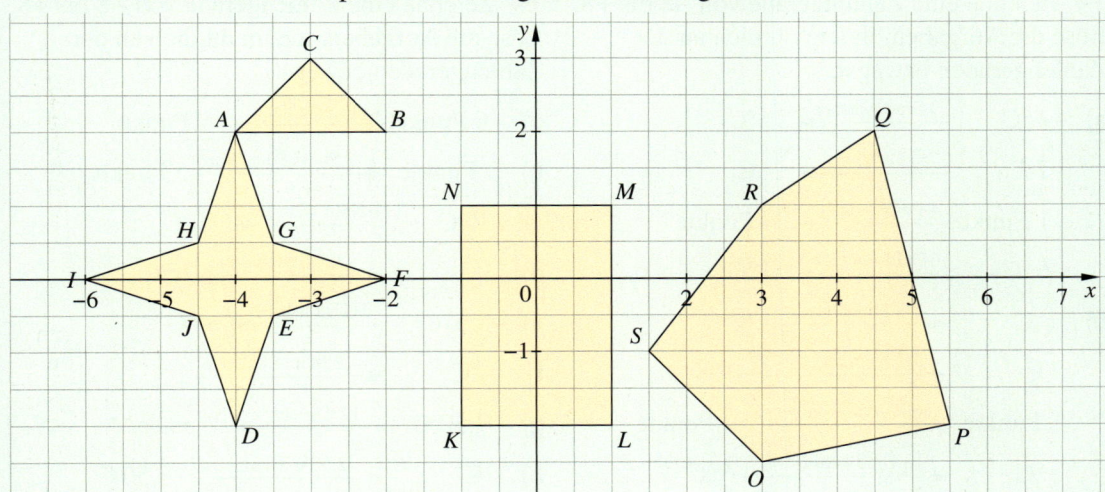

HINWEIS
zu Aufgabe 1
Schreibe z. B. so:
Dreieck: A (−4 | 2);
B (■ | ■); …

2 Dezimalbrüche als Koordinaten

Zeichne ein Koordinatensystem, das du für die Teilaufgaben a) und b) nutzen kannst.

a) Trage die folgenden Punkte ein:
$P_1(3,5|0)$; $P_2(-1|0)$; $P_3(0|4)$; $P_4(0|-5,5)$
Beschreibe, wie du vorgehst.

b) Verbinde die Punkte $A(2|1)$; $B(-1|1)$; $C(-1|-2)$; $D(0|-1)$; $E(4|-4)$; $F(5|-3)$; $G(1|0)$ und *A*.
Welche Figur ist entstanden?

3 Rechtecke ergänzen

Zeichne die Punkte in ein Koordinatensystem mit einem Abstand von 1 cm zwischen den ganzen Zahlen.
Ergänze einen Punkt *D* so, dass sich ein Rechteck ergibt.

a) $A(-4,5|1,5)$; $B(2,5|1,5)$; $C(2,5|3)$

b) $A(-2,5|0)$; $B(1|-1,5)$; $C(2,5|2)$

c) $A(3,5|0,5)$; $B(2|2)$; $C(-0,5|-0,5)$

d) $A(-2,5|-2,5)$;$B(0,5|-3)$; $C(1|0)$

12 Lies jeweils die Temperaturen ab und bestimme den Temperaturunterschied.

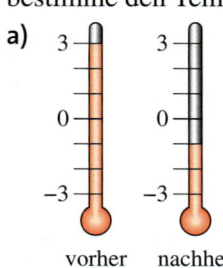

a)

vorher   nachher

b)

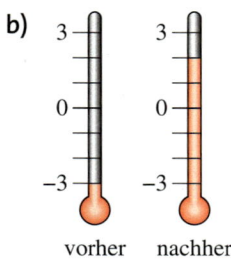

vorher   nachher

12 Lies jeweils die Temperaturen ab und bestimme den Temperaturunterschied.

a)

vorher   nachher

b)

vorher   nachher

---

13 Ordne den Beschreibungen eine Darstellung an der Zahlengeraden zu und gib jeweils die Endtemperatur an.

a) Die Temperatur ist von +3 °C um 6° gefallen.

b) Die Temperatur ist von −5 °C um 4° gestiegen.

c) Die Temperatur ist von 0 °C um 4° gefallen.

d) Beschreibe die fehlende Zahlengerade mit eigenen Worten.

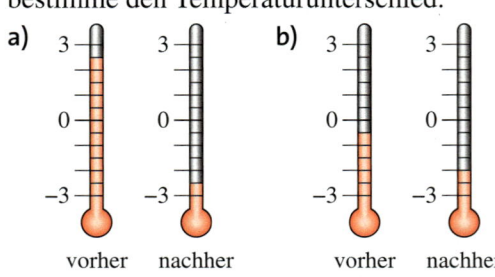

---

14 Zeichne eine Zahlengerade von −8 bis +8. Löse die Aufgaben, indem du dich an der Zahlengeraden bewegst.

a) −4 °C $\xrightarrow{\text{9 Grad wärmer}}$ ▨ °C

 −7 € $\xrightarrow{\text{5 € mehr}}$ ▨ €

 −1 Punkt $\xrightarrow{\text{4 Punkte dazu}}$ ▨ Punkte

 −6 °C $\xrightarrow{\text{6 Grad wärmer}}$ ▨ °C

b) ▨ °C $\xleftarrow{\text{5 Grad kälter}}$ 8 °C

 ▨ € $\xleftarrow{\text{3 € weniger}}$ −1 €

 ▨ Punkte $\xleftarrow{\text{6 Punkte weniger}}$ −2 Punkte

 ▨ °C $\xleftarrow{\text{13 Grad kälter}}$ +6 °C

14 Zeichne eine Zahlengerade von −8 bis +8. Löse die Aufgaben, indem du dich an der Zahlengeraden bewegst.

a) −6 Punkte $\xrightarrow{\text{13 Punkte dazu}}$ ▨ Punkte

b) ▨ Punkte $\xleftarrow{\text{8 Punkte weniger}}$ 5 Punkte

c) −7 °C $\xrightarrow{\text{6 Grad wärmer}}$ ▨ °C

d) ▨ $\xleftarrow{\text{3,5 Grad kälter}}$ 6 °C

e) −3,5 °C $\xrightarrow{\text{5 Grad wärmer}}$ ▨ °C

f) ▨ °C $\xleftarrow{\text{2,5 Grad kälter}}$ 1 °C

g) −7,50 € $\xrightarrow{\text{12 € mehr}}$ ▨ €

h) ▨ € $\xleftarrow{\text{2,50 € weniger}}$ −3,50 €

---

15 Lies die Koordinaten der Punkte ab und teile sie den einzelnen Quadranten zu.

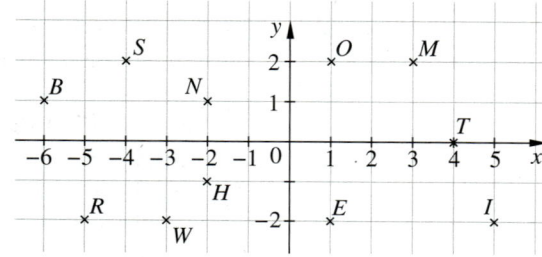

15 Zeichne folgende Punkte in ein Koordinatensystem.

$A(-2|1)$; $B(-5|-6)$; $C(-1|-4)$; $D(3|8)$; $E(-2|-5)$; $F(6|-5)$; $G(3|-5)$; $H(6|4)$

a) In welchen Quadranten liegen die Punkte?

b) Nenne Beispiele für Punkte, die im II. bzw. im III. Quadranten liegen.

c) In welchem Quadranten liegt ein Punkt, dessen Koordinaten beide negativ sind?

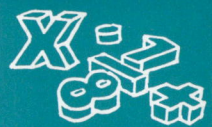

Rationale Zahlen addieren und subtrahieren

Entdecken

1 Spiel „Im Fahrstuhl" (für 2 bis 4 Personen)

Material: Spielplan (siehe Randspalte), zwei Würfel und eine Spielfigur pro Person

Vorbereitung: Beklebt einen Würfel so, dass drei Seiten ein „+" zeigen, die anderen ein „–". Beklebt den anderen Würfel so, dass die Seiten 1 und 6 eine „1" zeigen, die Seiten 2 und 5 eine „2" und die Seiten 3 und 4 eine „3".

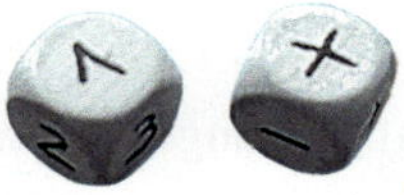

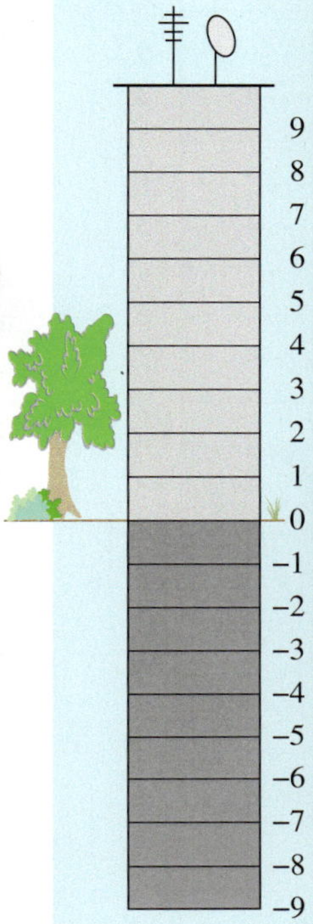

Spielablauf: Zu Beginn stehen alle Figuren im Erdgeschoss auf der 0.
Man würfelt mit beiden Würfeln. Wirft man „+" und „2", fährt der Fahrstuhl zwei Stockwerke nach oben. Würfelt man „–", fährt der Fahrstuhl nach unten.
Gewonnen hat, wer nach drei Spielrunden dem Erdgeschoss am nächsten steht.

Schreibe jeden deiner Züge als Rechnung in dein Heft. Beachte das Beispiel:

Stockwerk alt	gewürfelt	Stockwerk neu	Rechnung
0	⊟ 2	–2	0 – 2 = –2
–2	⊞ 1	–1	–2 + 1 = –1

2 Spiel „Gib weg!" (für 2 bis 4 Personen)
Vorbereitung: Erstellt 30 Spielkarten:
- fünf Aktionskarten mit „Gib weg (–)"
- fünf Aktionskarten mit „Nimm dazu (+)"
- je eine Karte mit blauer Zahl „–10; –9; –8; …; –1"
- je eine Karte mit roter Zahl „+10; +9; +8; …; +1"

Sortiert die Karten so, dass ihr zwei Stapel habt: einen mit „Aktionskarten" und einen mit „Zahlenkarten".
Dann mischt jeden Stapel.

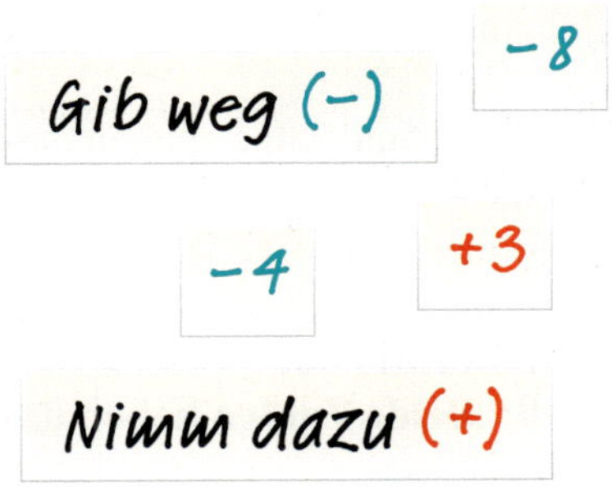

Spielablauf: Zu Beginn des Spiels zieht jeder drei Zahlenkarten und legt sie offen vor sich auf den Tisch.
Der jüngste Spieler zieht nun eine Aktionskarte:
- Zieht er eine „Gib weg"-Karte, gibt er eine seiner Karten einem Mitspieler.
- Zieht er eine „Nimm dazu"-Karte, zieht er vom Stapel mit den Zahlenkarten eine Karte.

Die Aktionskarte wird abgelegt. Dann ist der nächste Spieler dran.
Wer nach drei Spielrunden den höchsten Punktestand hat, gewinnt das Spiel.

Notiere in jeder Runde mit einer Rechnung, wie sich dein Punktestand verändert.
Beachte die Rechnungen in dem folgenden Beispiel.

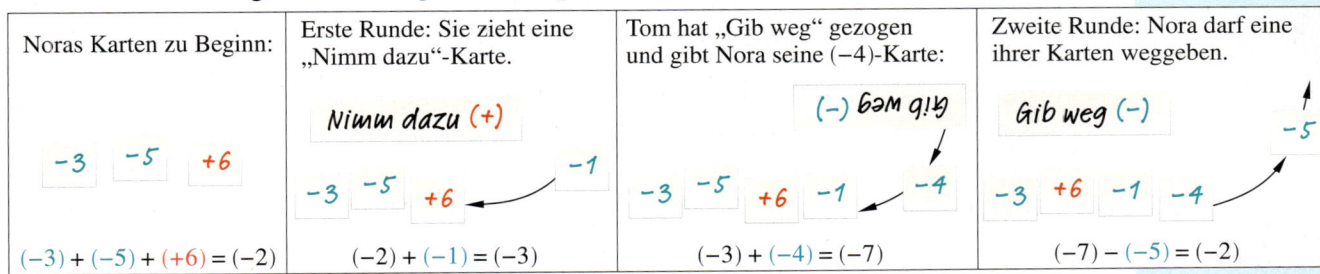

Noras Karten zu Beginn:	Erste Runde: Sie zieht eine „Nimm dazu"-Karte.	Tom hat „Gib weg" gezogen und gibt Nora seine (–4)-Karte:	Zweite Runde: Nora darf eine ihrer Karten weggeben.
–3 –5 +6	Nimm dazu (+) –3 –5 +6 –1	Gib weg (–) –3 –5 +6 –1 –4	Gib weg (–) –3 +6 –1 –4 –5
(–3) + (–5) + (+6) = (–2)	(–2) + (–1) = (–3)	(–3) + (–4) = (–7)	(–7) – (–5) = (–2)

Verstehen

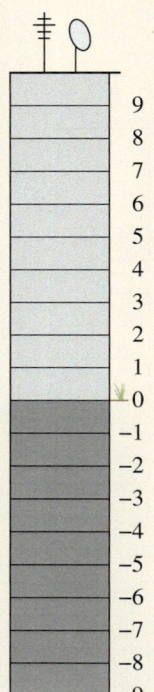

Maike, Lasse und Ingo fahren im Aufzug mehrere Stockwerke hoch und runter bis sie wieder im Erdgeschoss (Etage 0) ankommen.

Startetage	Veränderung	Zieletage
4	−5	−1
−1	−3	−4
−4	+4	0

Die Rechnungen können an einer Zahlengeraden veranschaulicht werden.

Beispiel 1

a) Anfangszustand: 4
5 Schritte nach links
Endzustand: −1

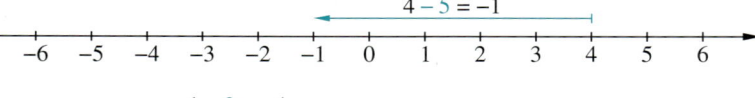

b) Anfangszustand: −1
3 Schritte nach links
Endzustand: −4

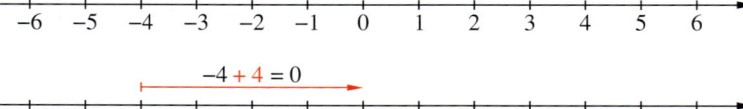

c) Anfangszustand: −4
4 Schritte nach rechts
Endzustand: 0

Merke Man kann Veränderungen an einer Zahlengeraden veranschaulichen.
Bei einer **Zunahme (+)** geht man nach **rechts**.
Bei einer **Abnahme (−)** geht man nach **links**.

Lena, Marc und Anna spielen das Spiel „Gib weg!".
Lena hat −1 Punkt und bekommt −3 Punkte dazu.
Sie rechnet: $(-1) + (-3) = (-4)$

Addition rationaler Zahlen
1. Fall: Beide Zahlen haben das *gleiche* Vorzeichen.

Beispiel 2

a) $(+6) + (+2,7) = (+8,7)$
b) $(-16) + (-33) = (-49)$; −16 − 33 ⊖ 49
Nebenrechnung: $16 + 33 = 49$;
gemeinsames Vorzeichen: „−"

Merke Addieren bei *gleichen* Vorzeichen
Addiere die Zahlen ohne ihr Vorzeichen zu berücksichtigen.
Das Ergebnis bekommt das gemeinsame Vorzeichen.

HINWEIS

Vorzeichen

$(+5) + (-3) = +2$

Rechenzeichen

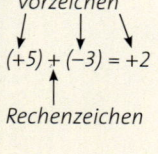

Marc hat −3 Punkte und bekommt +8 Punkte dazu.
Er rechnet: $(-3) + (+8) = (+5)$ −3 +8 = 5

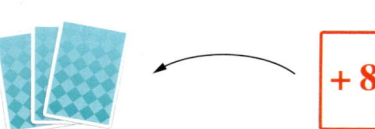

2. Fall: Die Zahlen haben *verschiedene* Vorzeichen.

Beispiel 3

$(+5) + (-9,3) = (-4,3)$; +5 − 9,3 = −4,3
Nebenrechnung: $9,3 − 5 = 4,3$;
$|-9,3| > |+5|$, also Vorzeichen: „−"

Merke Addieren bei *verschiedenen* Vorzeichen
Subtrahiere ohne Vorzeichen: größerer Betrag *minus* kleinerer Betrag.
Das Ergebnis bekommt das Vorzeichen der Zahl mit dem größeren Betrag.

$9,3 − 5 = 4,3$

Anna hat +3 Punkte und gibt −5 Punkte ab.
Sie rechnet: (+3) − (−5) = (−2)

Subtraktion rationaler Zahlen

Beispiel 4
a) $(-14) - (+4) = (-14) + (-4) = -18$
b) $(-2) - \left(-3\frac{1}{3}\right) = (-2) + \left(+3\frac{1}{3}\right) = +1\frac{1}{3}$

> **Merke Subtrahieren**
> Forme um: Statt die Zahl zu subtrahieren,
> addierst du ihre Gegenzahl.

Sowohl bei der Addition als auch bei der Subtraktion dürfen positive Klammern und Vorzeichen
weggelassen werden.

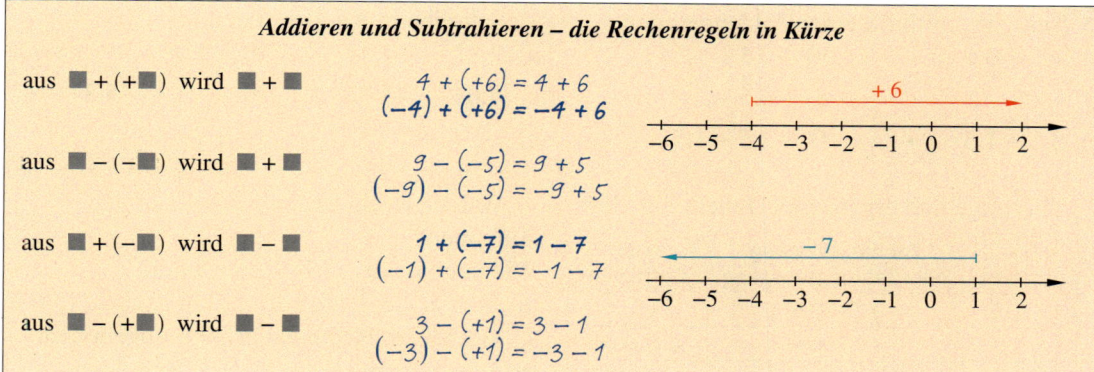

Addieren und Subtrahieren – die Rechenregeln in Kürze

aus ■ + (+■) wird ■ + ■
$4 + (+6) = 4 + 6$
$(-4) + (+6) = -4 + 6$

aus ■ − (−■) wird ■ + ■
$9 - (-5) = 9 + 5$
$(-9) - (-5) = -9 + 5$

aus ■ + (−■) wird ■ − ■
$1 + (-7) = 1 - 7$
$(-1) + (-7) = -1 - 7$

aus ■ − (+■) wird ■ − ■
$3 - (+1) = 3 - 1$
$(-3) - (+1) = -3 - 1$

Üben und anwenden

1 In welchen Stockwerken befinden sich Daniel und Lisa nach der Aufzugfahrt?
Notiere die Rechnung und berechne.
a) Daniel befindet sich im 7. Obergeschoss und fährt 9 Stockwerke nach unten.
b) Lisa befindet sich im 3. Untergeschoss, sie fährt 5 Stockwerke nach oben.

2 Ergänze die Tabelle im Heft.
Tipp: Eine Zahlengerade kann dir helfen.

alte Temperatur	Temperatur-änderung	neue Temperatur
2 °C	4 Grad kälter	
−7 °C	8 Grad wärmer	
−3 °C	6 Grad kälter	
	4 Grad wärmer	2 °C

2 Dies sind Höchst- und Tiefsttemperaturen
an einem Wintertag. Wie groß war jeweils der
Temperaturunterschied?

Amsterdam	3 | −1	London	5 | 2
Athen	12 | 6	Moskau	−7 | −7
Berlin	0 | −9	Norderney	3 | −2
Brüssel	2 | −4	Rom	14 | 2
Dresden	−3 | −10	Sylt	2 | −2
Düsseldorf	1 | −6	Warschau	−2 | −10

3 Notiere Aufgaben und Ergebnisse.

a)
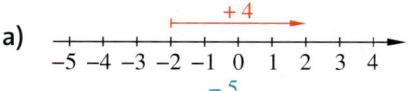

b)
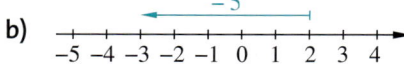

3 Berechne. Überlege zuvor, ob das Ergebnis
negativ oder positiv ist.
a) $12 - 8$ b) $8 - 12$
c) $-8 + 2$ d) $-10 + 3$
e) $-14 - 11$ f) $-18 + 12$
g) $-9 + 22$ h) $-34 - 16$

4 Welche Zahlen wurden jeweils addiert oder subtrahiert? Notiere die Rechnungen.

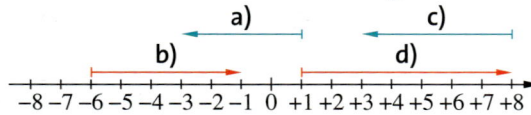

5 Berechne.
a) $-3 + 4$ b) $-3 - 4$ c) $3 - 4$
d) $-2 + 5$ e) $-2 - 5$ f) $2 - 5$
g) $-7 - 3$ h) $-7 + 3$ i) $7 + 3$
j) $-9 - 9$ k) $-9 + 9$ l) $9 + 9$

6 Berechne mithilfe einer Zahlengeraden.
a) $1,5 - 0,5$ b) $-0,5 + 1,5$
c) $-4,5 - 2$ d) $-4,5 + 2$
e) $3,5 - 1,5$ f) $-3,5 + 1,5$

7 Übertrage und ergänze die Tabelle im Heft.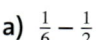

altes Guthaben	Zahlungseingang oder Zahlungsausgang	neues Guthaben
+19,50 €	+23,50 €	
	+23,00 €	+ 6,00 €
−7,50 €		+12,00 €
−15,00 €		− 2,60 €
	−11,00 €	+44,00 €
−31,80 €	−49,50 €	

8 Mache die Brüche zuerst gleichnamig. Berechne dann die Lösung.
Beispiel $\frac{1}{6} - \frac{1}{3} = \frac{1}{6} - \frac{2}{6} = -\frac{1}{6}$

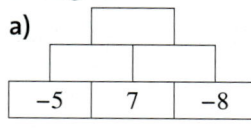

a) $\frac{1}{6} - \frac{1}{2}$ b) $\frac{5}{9} + \frac{2}{3}$
c) $\frac{1}{2} - \frac{5}{4}$ d) $\frac{2}{5} + \frac{3}{2}$
e) $\frac{1}{2} - \frac{1}{3}$ f) $\frac{3}{7} - \frac{1}{3}$
g) $-\frac{2}{8} + \frac{1}{4}$ h) $-\frac{1}{9} - \frac{2}{3}$

9 Ergänze die Additionsmauern im Heft.

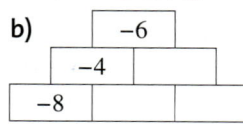

4 Schreibe kürzer und berechne.
a) $(-3) + (+5)$ b) $(-2) + (-3)$
c) $(-5) + (+2)$ d) $(-9) + (+3)$
e) $(-3) - (+5)$ f) $(+5) - (-7)$
g) $(+10) - (-9)$ h) $(-4) - (-4)$

5 Berechne.
a) $17 - (+21)$ b) $-922 + (+23)$
c) $-17 + (+19)$ d) $-777 - (-777)$
e) $237 + (-1\,000)$ f) $12 - 13$
g) $-9 + 12$ h) $-12 - 4$

6 Schreibe in Kurzform und berechne.
a) $2,81 - (+1,81)$ b) $-9,08 - (-9,08)$
c) $4,03 - (-5,03)$ d) $-7,4 + (-5,3)$
e) $-\frac{1}{2} + \left(+\frac{3}{2}\right)$ f) $1\frac{3}{4} - \left(-\frac{3}{4}\right)$

7 Welche Rechnungen gehören zu den Aufgaben?
Wie hoch ist der neue Kontostand?
a) Herr Hüser hatte auf seinem Konto 21,70 € Guthaben. Heute hat er 30 € abgehoben.
b) Frau Schmitz hatte 12,50 € Schulden. Jetzt hebt sie 45 € ab.
c) Maries Vater konnte von seinen 45,60 € Schulden 18,90 € Schulden zurückzahlen.

8 Addiere nacheinander die äußeren Zahlen zu $2\frac{1}{2}$ hinzu.
Beispiel
$2\frac{1}{2} + \left(-\frac{3}{4}\right) = 1\frac{3}{4}$

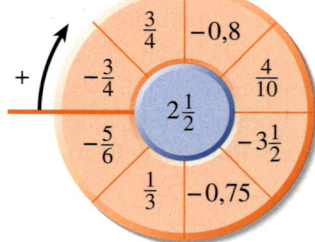

9 Welche Zahlen müssen ergänzt werden, damit die Rechnung stimmt. Was fällt dir auf?
a) $1,5 - \blacksquare = 0$ b) $-0,5 + \blacksquare = 0$
c) $-4,5 - \blacksquare = 0$ d) $\blacksquare + 2 = 0$
e) $\blacksquare - 1,5 = 0$ f) $\blacksquare + 1,5 = 0$

10 Ergänze im Heft. Die Lösungen stehen in den Luftballons in der Randspalte.
a) $-17 + \blacksquare = -25$ b) $-17 + \blacksquare = -9$ c) $-17 + \blacksquare = 5$ d) $-17 - \blacksquare = -17$
e) $-17 - \blacksquare = -16$ f) $-17 - \blacksquare = -11$ g) $-17 - \blacksquare = -6$ h) $-17 + \blacksquare = -19$

Rationale Zahlen multiplizieren und dividieren

Entdecken

1 Ben und Julia haben auf unterschiedliche Art eine Aufgabe berechnet.

a) Beschreibe beide Vorgehensweisen.

b) Schreibe die Aufgaben jeweils wie Ben und Julia und berechne sie.
① $-4-4$ ② $-2-2-2$ ③ $-5-5-5$ ④ $-3-3-3-3$

c) Notiere die Aufgabe zu der Zahlengeraden und gib die Lösung an.

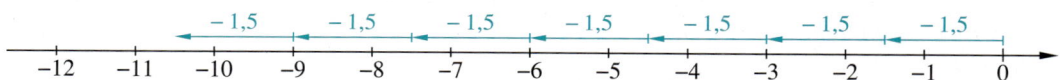

d) Wie wird das Produkt aus einer positiven und einer negativen Zahl gebildet?
Formuliere deine Beobachtungen. Vergleicht eure Ergebnisse untereinander.

2 Löse die folgenden Aufgaben. Was fällt dir auf? Setze die Zahlenreihen fort.

① $4 \cdot (-2) = -8$
$3 \cdot (-2) = -6$
$2 \cdot (-2) =$
$1 \cdot (-2) =$
$0 \cdot (-2) =$
$(-1) \cdot (-2) =$
$(-2) \cdot (-2) =$
$(-3) \cdot (-2) =$
$(-4) \cdot (-2) = 8$

② $(-3) \cdot 4 = -12$
$(-3) \cdot 3 = -9$
$(-3) \cdot 2 =$
$(-3) \cdot 1 =$
$(-3) \cdot 0 =$
$(-3) \cdot (-1) =$
$(-3) \cdot (-2) =$
$(-3) \cdot (-3) =$
$(-3) \cdot (-4) = 12$

③ $3 \cdot (-0,5) =$
$2 \cdot (-0,5) =$
$1 \cdot (-0,5) =$
$0 \cdot (-0,5) =$
$(-1) \cdot (-0,5) =$

④ $(-2) \cdot (-2) =$
$(-2) \cdot (-2) \cdot (-2) =$
$(-2) \cdot (-2) \cdot (-2) \cdot (-2) =$

👥 Formuliert jeweils Regeln und vergleicht eure Ergebnisse in Kleingruppen:
a) Wie wird das Produkt aus zwei negativen Zahlen gebildet?
b) Wie wird das Produkt aus mehr als zwei negativen Zahlen gebildet?

3 Bearbeite diese Aufgabe erst, nachdem du in den Aufgaben 1 und 2 die Regeln für die Multiplikation erarbeitet hast. Jede Multiplikationsaufgabe hat zwei Umkehraufgaben:
Beispiel $4 \cdot 9 = 36$; Umkehraufgaben: $36 : 4 = 9$ und $36 : 9 = 4$

a) Löse die folgenden Aufgaben und gib jeweils die beiden Umkehraufgaben an:
① $3 \cdot 6$ ② $(-5) \cdot 7$ ③ $(-8) \cdot (-3)$ ④ $6 \cdot (-3)$ ⑤ $8 \cdot \frac{1}{4}$ ⑥ $6 \cdot \frac{1}{2}$

b) Sortiere die entstandenen zwölf Divisionsaufgaben, indem du gleichartige zusammenstellst.
Überlege dir Regeln zur Division rationaler Zahlen. Vergleiche mit deinen Nachbarn.

c) Ergänze die Sätze: Das Ergebnis der Divisionsaufgabe ist positiv, wenn …
Das Ergebnis der Divisionsaufgabe ist negativ, wenn …

NACHGEDACHT
*Formuliere Merksätze zur Multiplikation mit 0, mit 1 und mit −1. Beginne jeweils so:
Wenn man eine rationale Zahl mit ■ multipliziert, dann …*

ERINNERE DICH
Umkehr-aufgaben:

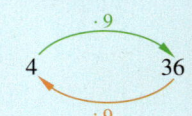

Verstehen

Güven findet auf dem Flohmarkt 3 CDs seines Lieblingsrappers, jede kostet 2 €.
Das Geld für die 3 CDs leiht er sich von seinem großen Bruder.

Güven hat nun bei seinem Bruder
6 € Schulden (also −6 €), denn
$$-2 - 2 - 2 = -6$$

Die Schulden zahlt Güven in zwei
Raten zurück. Er rechnet:
$$-6 : 2 = -3; \text{ denn } -3 \cdot 2 = -6$$

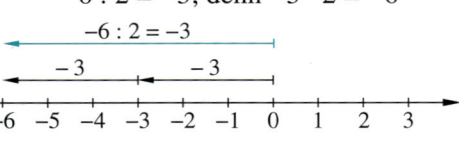

> **Merke** **Multiplizieren und Dividieren von rationalen Zahlen**
> ① Multipliziere bzw. dividiere beide Zahlen ohne Vorzeichen.
> ② Bestimme das Vorzeichen des Ergebnisses:
>   – Das Vorzeichen ist negativ (−), wenn beide Zahlen verschiedene
>   Vorzeichen haben.
>   – Das Vorzeichen ist positiv (+), wenn beide Zahlen das gleiche
>   Vorzeichen haben.

Kurz gesagt:
$$+ \cdot + = +$$
$$- \cdot - = +$$
$$+ \cdot - = -$$
$$- \cdot + = -$$
Gleiches gilt bei
der Division.

HINWEIS
*Graue Klammern
und „+"-Zeichen
dürfen wegge-
lassen werden.*

HINWEIS
*Denke an das
Kürzen.
Dadurch wird
die Rechnung
vereinfacht.*

Beispiel 1 Multiplikation

a) $(-3) \cdot (+5) = $ ▨
  ① $3 \cdot 5 = 15$
  ② Vorzeichen verschieden, also „−"
  $(-3) \cdot (+5) = -15$

b) $(-2{,}5) \cdot (-4) = $ ▨
  ① $2{,}5 \cdot 4 = 10$
  ② Vorzeichen gleich, also „+"
  $(-2{,}5) \cdot (-4) = +10$

c) $\left(+\frac{3}{5}\right) \cdot \left(-\frac{2}{3}\right) = $ ▨
  ① $\frac{3}{5} \cdot \frac{2}{3} = \frac{3 \cdot 2}{5 \cdot 3} = \frac{6}{15} = \frac{2}{5}$
  ② Vorzeichen ergänzen: $-\frac{2}{5}$
  $\left(+\frac{3}{5}\right) \cdot \left(-\frac{2}{3}\right) = -\frac{2}{5}$

> **Merke** **Brüche** werden **multipliziert**,
> indem man Zähler mit Zähler und
> Nenner mit Nenner multipliziert.

d) Multipliziert man eine Zahl mit (−1), so erhält man ihre **Gegenzahl**, z. B. $(-3) \cdot (-1) = 3$.
e) Eine **multiplikative Gegenzahl** ist der Kehrwert einer Zahl.
  Multipliziert man eine Zahl mit ihrer multiplikativen Gegenzahl, so ist das Ergebnis 1.
  $5 \cdot \frac{1}{5} = 1$ oder $\left(-\frac{2}{5}\right) \cdot \left(-\frac{5}{2}\right) = 1$

Beispiel 2 Division

a) $(-72) : (-8) = $ ▨
  ① $72 : 8 = 9$
  ② Vorzeichen gleich, also „+"
  $(-72) : (-8) = +9$

b) $(+7{,}5) : (-2{,}5) = $ ▨
  ① $7{,}5 : 2{,}5 = 3$
  ② Vorzeichen verschieden, also „−"
  $(+7{,}5) : (-2{,}5) = -3$

c) $\left(-\frac{3}{2}\right) : \left(+\frac{2}{5}\right) = $ ▨
  ① $\frac{3}{2} : \frac{2}{5} = \frac{3}{2} \cdot \frac{5}{2} = \frac{15}{4} = 3\frac{3}{4}$
  ② Vorzeichen ergänzen: $-3\frac{3}{4}$
  $\left(-\frac{3}{2}\right) : \left(+\frac{2}{5}\right) = -3\frac{3}{4}$

> **Merke** Man **dividiert** durch einen
> **Bruch**, indem man mit seinem **Kehr-
> bruch** multipliziert. Den Kehrbruch bil-
> det man, indem man Zähler und Nenner
> vertauscht.

Üben und anwenden

1 Multipliziere jeweils mit 2. Berechne im Kopf.

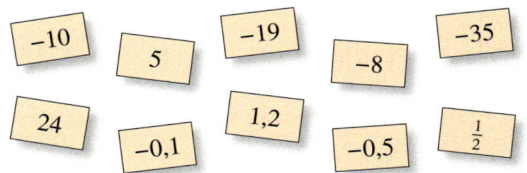

-10 5 -19 -8 -35 24 $1{,}2$ $-0{,}1$ $-0{,}5$ $\frac{1}{2}$

2 Übertrage ins Heft und setze das richtige Vorzeichen ein.

a) $(-2) \cdot 4 = \blacksquare 8$

b) $(-2{,}5) \cdot 2 = \blacksquare 5$

c) $\blacksquare 2 \cdot 3 = -6$

d) $\blacksquare 5 \cdot 4 = 20$

e) $(\blacksquare 8) \cdot 2 = -16$

f) $(+6) \cdot 8 = \blacksquare 48$

g) $8 \cdot \frac{1}{2} = \blacksquare 4$

h) $-20 \cdot \frac{1}{2} = \blacksquare 10$

3 Berechne. Welches Vorzeichen bekommt das Ergebnis?

a) $3 \cdot 4$

b) $-8 \cdot 3$

c) $5 \cdot 9$

d) $-6 \cdot 8$

e) $-2{,}5 \cdot 10$

f) $0{,}5 \cdot 18$

4 Berechne jeweils das Produkt. Zwischen welchen ganzen Zahlen liegt das Ergebnis?

a) $\frac{1}{2} \cdot \frac{5}{3}$

b) $-\frac{1}{2} \cdot \frac{5}{3}$

c) $-\frac{5}{3} \cdot \frac{1}{2}$

d) $\frac{7}{9} \cdot \frac{1}{3}$

e) $\frac{2}{5} \cdot \frac{3}{7}$

f) $-\frac{3}{8} \cdot \frac{1}{7}$

g) $\frac{1}{6} \cdot \frac{1}{5}$

h) $\frac{9}{13} \cdot \frac{2}{5}$

i) $-\frac{5}{11} \cdot \frac{2}{3}$

5 In Trier ist es im Winter im Durchschnitt $-3\,°C$ kalt. In Sibirien kann es bis zu 17-mal so kalt sein.

6 Übertrage den Rechenbaum in dein Heft und fülle aus.

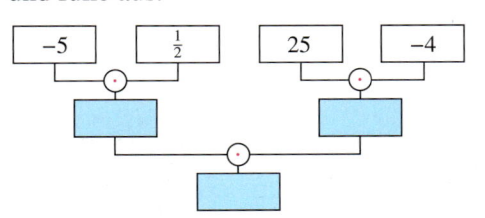

-5 $\frac{1}{2}$ 25 -4

1 Bilde fünf Multiplikationsaufgaben mit jeweils einer Zahl aus dem linken und einer Zahl aus dem rechten Kästchen.

10 -5 $-\frac{1}{2}$ -125 25 -2 $-1{,}38$

-8 $-0{,}9$ -4 $\frac{3}{5}$ -88 -5 100

2 Übertrage ins Heft und fülle die Lücken.

a) $-3 \cdot \blacksquare = -12$

b) $8 \cdot \blacksquare = -56$

c) $\blacksquare \cdot (-4) = 16$

d) $\blacksquare \cdot 7 = -28$

e) $\blacksquare \cdot (-7) = 77$

f) $-3 \cdot \blacksquare = 3$

g) $(-2) \cdot (-2) \cdot (-2) \cdot (-2) = \blacksquare$

h) $(-3) \cdot 8 \cdot (-2) = \blacksquare$

3 Berechne schriftlich. Welches Vorzeichen bekommt das Ergebnis?

a) $2{,}5 \cdot (-6)$

b) $-0{,}4 \cdot (-4{,}5)$

c) $-0{,}5 \cdot (-3{,}5)$

d) $-0{,}7 \cdot 4{,}2$

e) $-0{,}02 \cdot (-8)$

f) $0{,}53 \cdot (-0{,}4)$

4 Kürze und berechne die Produkte.

Beispiel $\frac{2}{9} \cdot \frac{3}{4} = \frac{2^1}{9_3} \cdot \frac{3^1}{4_2} = \frac{1}{6}$

a) $-\frac{5}{2} \cdot \frac{3}{5}$

b) $\frac{5}{2} \cdot \left(-\frac{5}{3}\right)$

c) $-\frac{12}{13} \cdot \left(-\frac{5}{6}\right)$

d) $\frac{12}{13} \cdot \frac{6}{5}$

e) $-\frac{8}{21} \cdot \frac{7}{2}$

f) $-\frac{28}{16} \cdot \frac{2}{7}$

g) $-\frac{16}{17} \cdot -\frac{3}{4}$

h) $-\frac{16}{17} \cdot \frac{4}{3}$

i) $\frac{2}{6} \cdot \frac{8}{9}$

5 Leonard kann im Schwimmbad 3,90 m tief tauchen, ohne Luft zu holen. Ein Apnoetaucher taucht im Meer bis zu 54-mal so tief.

6 Übertrage ins Heft und fülle aus.

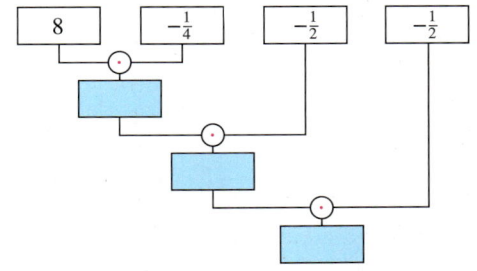

8 $-\frac{1}{4}$ $-\frac{1}{2}$ $-\frac{1}{2}$

HINWEIS
Auch beim schriftlichen Multiplizieren und Dividieren gilt:
① *Rechne ohne Vorzeichen.*
② *Bestimme das Vorzeichen.*

7 Berechne im Kopf.
Überprüfe mit einer Probe.
a) $12 : 6$ b) $-36 : 12$
c) $-42 : 7$ d) $84 : 7$
e) $-56 : 8$ f) $-72 : 9$

7 Berechne im Kopf.
Überprüfe mit einer Probe.
a) $28 : 7$ b) $96 : 12$ c) $-48 : 12$
d) $-117 : 13$ e) $121 : (-11)$ f) $143 : (-13)$
g) $-12 : (-3)$ h) $-15 : (-5)$ i) $-56 : (-14)$

8 Ergänze die Tabelle im Heft.

:	5	15	9	3
90				
−45			−5	
−135				

8 Ergänze die Tabelle im Heft.

:	5	−15	9
−405			
270			−90
		−105	

9 Berechne schriftlich.
Achte auf das Vorzeichen im Ergebnis.
a) $-72 : 2$ b) $-396 : 3$
c) $336 : 8$ d) $-441 : 9$
e) $812 : 7$ f) $-545 : 5$

9 Dividiere schriftlich.
Achte auf das Vorzeichen im Ergebnis.
a) $24,48 : (-7,2)$ b) $-24,2 : (-5,5)$
c) $13,44 : (-2,1)$ d) $-8,652 : 4,2$
e) $-6,825 : (-2,1)$ f) $10,08 : (-2,4)$

10 Bilde jeweils den Kehrwert.
Achte auf das Vorzeichen.
a) $\frac{2}{3}$ b) $\frac{1}{4}$ c) $\frac{5}{8}$ d) $\frac{7}{13}$
e) $-\frac{5}{9}$ f) $-\frac{4}{5}$ g) $-\frac{5}{12}$ h) $-\frac{3}{7}$

10 Multipliziere jeweils mit dem Kehrwert.
Was fällt dir auf?
a) $-\frac{4}{7}$ b) -9 c) $\frac{17}{35}$ d) $-\frac{21}{25}$
e) $-1\frac{1}{2}$ f) $2\frac{1}{4}$ g) $3\frac{3}{5}$ h) $-5\frac{4}{7}$

11 Die Klasse 7a misst im Skiurlaub jeden Tag die Außentemperaturen:

Mo.	Di.	Mi.	Do.	Fr.
−8 °C	+2 °C	−3 °C	+1 °C	−7 °C

Wie viel Grad Celsius beträgt die durchschnittliche Außentemperatur?

11 Der Schulkiosk rechnet am Ende eines jeden Tages die Einnahmen zusammen. Manchmal passieren Fehler beim Kassieren, dann stimmen die Tageseinnahmen in der Kasse nicht mit dem Preis der verkauften Waren überein:

Mo.	Di.	Mi.	Do.	Fr.
−2,55 €	−0,34 €	−1,22 €	+2,71 €	0 €

a) Was bedeuten hier „+" und „−"?
b) Wie viel € hat der Kiosk am Ende der Woche zu viel oder zu wenig eingenommen? Was ergibt das durchschnittlich pro Tag?

12 Bei Aufgaben mit mehreren Faktoren zählt man die negativen Faktoren:
– Ist die Anzahl der negativen Faktoren gerade, so ist das Ergebnis positiv.
– Ist die Anzahl der negativen Faktoren ungerade, so ist das Ergebnis negativ.
Beispiele $(-1) \cdot (-5) \cdot 10 = +50$ (es gibt zwei negative Faktoren)
$(-2)^3 = (-2) \cdot (-2) \cdot (-2) = -8$ (es gibt drei negative Faktoren)
Entscheide nur, ob das Ergebnis bzw. der Wert der Potenz positiv oder negativ ist.
a) $-2 \cdot (-3) \cdot 4$ b) $-1 \cdot (-1) \cdot (-1)$ c) $-1 \cdot 2 \cdot 3$ d) $-2 \cdot (-2) \cdot 2 \cdot 2$
e) $-4 \cdot 8 \cdot (-2)$ f) $-1 \cdot (-2) \cdot (-10)$ g) $(-2)^3$ h) $(-3)^2$
i) $(-3)^4$ j) $(-2,3)^{15}$ k) $(-1)^{18}$ l) $(-6,4)^{26}$

Vorrangregeln beachten und vorteilhaft rechnen

Entdecken

1 Vergleiche die Rechenwege der drei Schüler beim Lösen der Aufgabe $(-4) \cdot 17 \cdot (-25)$.

Pascal	René	Dominik
$(-4) \cdot 17 \cdot (-25)$	$(-4) \cdot 17 \cdot (-25)$	$(-4) \cdot 17 \cdot (-25)$
	die Faktoren darf ich vertauschen	– mal + ist –,
$(-4) \cdot 17$ ist (-68)	$(-4) \cdot (-25) = 100$	dann mal – ist +,
und $(-68) \cdot (-25)$	und $100 \cdot 17 = 1700$.	also ist das Vorzeichen positiv.
ist $\underline{1700}$.		$4 \cdot 17 = 68$,
		$68 \cdot 25 = 1700$, also $+1700$.

a) Welche der drei Vorgehensweisen gefällt dir am besten und warum?

b) Welche „Tricks" werden beim Lösen dieser Multiplikationsaufgabe angewendet? Kennst du noch die mathematischen Fachbegriffe?

c) Wie würdest du vorgehen um $-2 \cdot (-137) \cdot (-50)$ zu berechnen?
   👥 Vergleicht eure Vorgehensweisen zunächst zu zweit und dann in der Klasse.

d) 👥 Fasst die bisher gefundenen Rechengesetze in Merksätzen zusammen.

2 Katja und Michael machen in den Alpen eine Bergtour durch den Karwendel. Rechts siehst du einen Auszug aus ihrem Wanderbuch.

Ort	Höhe	Temperatur
Lenggries	679 m	$-2\,°C$
Lenggrieser Hütte	1 338 m	$-2\,°C$
Tegernseer Hütte	1 650 m	$-4\,°C$
Buchstein Hütte	1 260 m	$-2\,°C$
Hirschberghaus	1 535 m	$-4\,°C$
Bad Wiessee	750 m	$-4\,°C$

a) Berechne die Durchschnittstemperatur.
   👥 Vergleicht eure Ergebnisse und Vorgehensweise untereinander.

b) Auf der Birkkarspitze wurden an einem Tag $-4\,°C$ und $-6\,°C$ gemessen. Mit welchen Rechnungen lässt sich daraus eine Durchschnittstemperatur bestimmen?
   ① $-4 - 6 : 2$ ② $-4 : 2 + (-6) : 2$ ③ $(-4 + (-6)) : 2$ ④ $-4 + (-6) : 2$

c) Vergleiche die beiden Rechnungen, die zur richtigen Lösung führen. Erkennst du ein Rechengesetz wieder?

3 Vergleiche jeweils die beiden Rechenwege.

① $(-3,5 + 1,5) \cdot (-7)$
   $= (-2) \cdot (-7)$
   $= 14$

$(-3,5 + 1,5) \cdot (-7)$
$= (-3,5) \cdot (-7) + 1,5 \cdot (-7)$
$= 24,5 - 10,5$
$= 14$

② $23 \cdot (-4) + 17 \cdot (-4)$
   $= -92 + (-68)$
   $= -160$

$23 \cdot (-4) + 17 \cdot (-4)$
$= (23 + 17) \cdot (-4)$
$= 40 \cdot (-4)$
$= -160$

a) Welcher Rechenweg ist jeweils in deinen Augen leichter? Begründe.

b) Welches Rechengesetz wurde verwendet?

c) Berechne $26 \cdot (-17) - 16 \cdot (-17)$ und $(26 - 16) \cdot (-17)$.

Verstehen

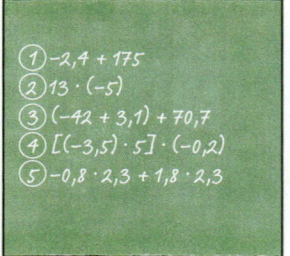

①$-2,4 + 175$
②$13 \cdot (-5)$
③$(-42 + 3,1) + 70,7$
④$[(-3,5) \cdot 5] \cdot (-0,2)$
⑤$-0,8 \cdot 2,3 + 1,8 \cdot 2,3$

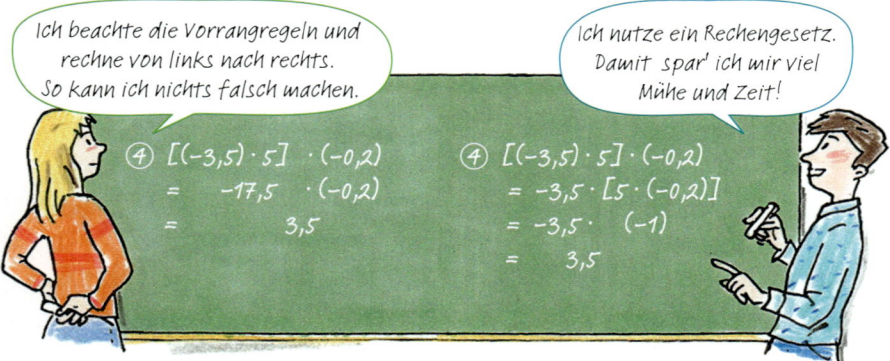

Ich beachte die Vorrangregeln und rechne von links nach rechts. So kann ich nichts falsch machen.

Ich nutze ein Rechengesetz. Damit spar' ich mir viel Mühe und Zeit!

④ $[(-3,5) \cdot 5] \cdot (-0,2)$
$= \quad -17,5 \quad \cdot (-0,2)$
$= \quad\quad\quad 3,5$

④ $[(-3,5) \cdot 5] \cdot (-0,2)$
$= -3,5 \cdot [5 \cdot (-0,2)]$
$= -3,5 \cdot \quad (-1)$
$= \quad\quad 3,5$

Die bekannten **Vorrangregeln** gelten auch beim Rechnen mit rationalen Zahlen.

Merke 1. Werte in Klammern werden zuerst berechnet.
2. Punktrechnung geht vor Strichrechnung.
Bei mehreren Klammern wird zuerst der Wert der *innersten* Klammer berechnet.

$12 - (3 - 5) \cdot 3,1 = 12 - (-2) \cdot 3,1$
$= 12 - \quad (-6,2)$

$7 - [5 \cdot (2 - 3)] = 7 - [5 \cdot (-1)]$

Die folgenden **Rechengesetze** kann man oft zum vorteilhaften Rechnen nutzen.

HINWEIS
Gehe *Katjas* und *Bens* Rechenwege durch: Welche Rechenschritte findest du leichter?

Die Aufgaben ① bis ⑤ von der Tafel werden als Beispiele vorgerechnet: links mit Katjas Rechenweg „von links nach rechts" und rechts wie Ben, der Rechenvorteile nutzt.

Merke Kommutativgesetz
(Vertauschungsgesetz)
In einer Summe und in einem Produkt gilt:
Man darf die Zahlen vertauschen.
$a + b = b + a$
$a \cdot b = b \cdot a$

Beispiel 1   ① $-2,4 + 175$

$-2,4 + 175$ $= 172,6$	$= 175 + (-2,4)$ $= \ 172,6$

Beispiel 2   ② $13 \cdot (-5)$

$13 \cdot (-5) = -65$	$= (-5) \cdot 13 = -65$

Merke Assoziativgesetz
(Verbindungsgesetz)
In einer Summe und in einem Produkt gilt:
Die Zahlen dürfen beliebig durch Klammern zusammengefasst werden.
$a + b + c = (a + b) + c = a + (b + c)$
$a \cdot b \cdot c = (a \cdot b) \cdot c = a \cdot (b \cdot c)$

Beispiel 3   ③ $(-42 + 3,1) + 70,7$

$(-42 + 3,1) + 70,7$ $= \ -38,9 \ + 70,7$ $= \quad\quad 31,8$	$= -42 + (3,1 + 70,7)$ $= -42 + \quad 73,8$ $= \quad 31,8$

Beispiel 4   ④ $[(-3,5) \cdot 5] \cdot (0,2)$
Betrachte die Rechenwege oben an der Tafel.

Merke Distributivgesetz
(Verteilungsgesetz)
Wird eine Summe (oder Differenz) mit einer Zahl multipliziert, kann man die Klammer folgendermaßen auflösen:
$(a + b) \cdot c = a \cdot c + b \cdot c$
$(a - b) \cdot c = a \cdot c - b \cdot c$
Das Gesetz gilt auch für die Division:
$(a + b) : c = a : c + b : c$
$(a - b) : c = a : c - b : c$

Beispiel 5
Einen Rechenvorteil bringt das Distributivgesetz, wenn man einen gemeinsamen Faktor ausklammern kann:
⑤ $-0,8 \cdot 2,3 + 1,8 \cdot 2,3$

$-0,8 \cdot 2,3 + 1,8 \cdot 2,3$ $= -1,84 \ + \ 4,14$ $= \quad\quad 2,3$	$= (-0,8 + 1,8) \cdot 2,3$ $= \quad 1 \quad \cdot 2,3$ $= \quad\quad 2,3$

Üben und anwenden

1 Denke an die Vorrangregeln.
a) $-12 + 8 \cdot 4$ b) $-12 - 8 \cdot 4$
c) $-12 + 8 : 4$ d) $-12 - 8 : 4$
e) $-12 - 8 - 4$ f) $-12 - 8 + 4$
g) $-12 \cdot 8 : 4$ h) $-12 \cdot (8 - 4)$
i) $(-12 + 8) : 4$ j) $-12 : (8 - 4)$

2 Berechne. Beachte die Vorrangregeln.
a) $[(-5) + (-4)] \cdot (-2)$
b) $(4 + 2 - 8) \cdot (-12)$
c) $[7 \cdot (-3) + 6] : 3$
d) $9 - (-3) \cdot 4 + 2 \cdot [5 + (-3)]$

3 Schreibe zuerst den Rechenbaum als Aufgabe, denke an die Klammern. Berechne anschließend.

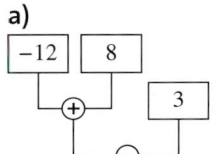
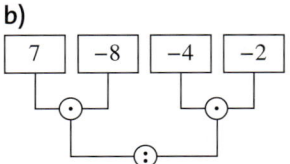

a)
b)

4 Würfle mit drei Würfeln. Setze vor jede Augenzahl ein Minus als Vorzeichen und bilde eine Aufgabe. Dabei darfst du alle Rechenzeichen und auch Klammern verwenden. Finde jeweils ein möglichst kleines und ein möglichst großes Ergebnis.

5 Stelle die Rechnung auf und berechne.
Tipp: Rechenbäume können helfen.
a) Multipliziere (-4) mit der Differenz aus 5 und 3.
b) Addiere zum Produkt der Zahlen (-5) und $(-2,5)$ die Zahl $1,5$.
c) Dividiere die Summe der Zahlen 9 und 6 durch (-3).
d) Subtrahiere vom Produkt der Zahlen $\frac{3}{4}$ und (-8) die Zahl 5.

1 Setze Klammern so, dass das Ergebnis stimmt.
a) $3 + 2 \cdot 7 = 35$ b) $-12 : 4 - 2 = -6$
c) $-2 \cdot 4 - 5 + 1 = 3$ d) $4 - 2 - 7 = 9$
e) $23 - 8 : (-5) = -3$ f) $-13 + 2 \cdot 8 - 2 = -1$
g) $-14 : 2 + 5 = -2$ h) $7 - 12 \cdot 5 + 2 = -23$

2 Berechne. Beachte die Vorrangregeln.
a) $[19 + (-12) \cdot (-4)] : (-5)$
b) $(-20) : [8 \cdot 4 - (14 - 5 \cdot (-2))]$
c) $[27 - (13 + 54)] \cdot [144 : (-12)]$
d) $(-9) \cdot [4 \cdot 5 \cdot 6 + 72 \cdot (-2)]$

3 Rechenbäume:
Schreibe als Aufgabe und löse.

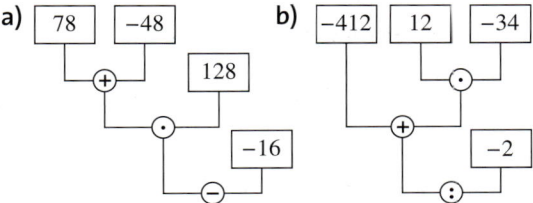

a)
b)

4 Fehler in Nadines Hausaufgaben
a) Finde jeweils heraus, was sie falsch gemacht hat, und korrigiere das Ergebnis.
① $2 - 6 \cdot 5 = -20$
② $14 - 21 : 7 = -1$
③ $-5 \cdot (7 - 14) = -49$
④ $(-48) : 4 \cdot 2 = -6$
⑤ $15 - 15 : 5 = 0$
⑥ $7 - 5 + 2 = 0$
b) Nadine behauptet, die Ergebnisse seien doch richtig, man müsse in den Aufgaben nur Klammern ergänzen oder weglassen. Ist das tatsächlich möglich?

5 Stelle die Rechnung auf und berechne.
Tipp: Rechenbäume können helfen.
a) Multipliziere die Summe aus -15 und -45 mit der Differenz der Zahlen 12 und -4.
b) Multipliziere die Differenz aus $-3,5$ und $-1,5$ mit dem Quotienten aus -75 und 25.
c) Dividiere das Produkt der Zahlen $5,8$ und $9,4$ durch $-0,5$.
d) Dividiere die Summe der Zahlen $1,8$ und $1,2$ durch die Differenz dieser Zahlen.

HINWEIS
Schlage die Begriffe im Mathelexikon nach.

6 Nutze Rechenvorteile.
a) $-5 + 19$ b) $-18 + 58$
c) $8 - 5 - 8$ d) $12 + 3 - 2$
e) $13 + 9 - 3 + 11$ f) $20 - 10 - 9 - 1$
g) $-9 + 3 + 17$ h) $-9 - 6,5 - 1$
i) $3 + 0,3 + 17$ j) $1,5 + 1,5 - 1,5 + 9$

6 Rechne vorteilhaft.
a) $47 + 15 - 37$ b) $-12 + 24 + 26$
c) $19 - 13 - 9$ d) $-68 + 134 - 18$
e) $-32 + 25 + 12$ f) $-13 + 21 - 7 + 29$
g) $5 + 15 - 29 + 25$ h) $-47 + 19 - 23$
i) $54 + 77 - 14 + 13$ j) $203 - 88 + 17 + 58$

7 Nutze Rechenvorteile.
a) $2 \cdot 3 \cdot (-5)$ b) $2 \cdot 5 \cdot (-7)$
c) $-9 \cdot 8 \cdot 5$ d) $-5 \cdot 16 \cdot 1,5$
e) $2 \cdot 0,5 \cdot 7$ f) $2 \cdot (-0,3) \cdot 2,5$
g) $-7 \cdot (-5) \cdot 0,1$ h) $2 \cdot (-3,5) \cdot (-0,5)$

7 Nutze Rechenvorteile.
a) $30 \cdot (-2) \cdot (-3) \cdot 7 \cdot (-5)$
b) $3 \cdot (-4) \cdot (-2) \cdot (-5)$
c) $2 \cdot (-3) \cdot (-0,4) \cdot 0,5$
d) $-8 \cdot 1,5 \cdot (-0,25) \cdot (-4)$

8 Jamal hat das Vertauschungsgesetz angewendet. Doch die Ergebnisse sind verschieden!
a) Was hat er falsch gemacht?
b) Wann gilt das Vertauschungsgesetz, wann nicht?
   Finde weitere Beispiele.
c) Was muss man beachten, wenn man das Vertauschungsgesetz bei Rechnungen wie oben in Aufgabe 6 anwendet?
d) Untersuche das Verbindungsgesetz auf gleiche Weise.

① $-16 + 7,2 - 6 = -14,8$
$-16 + 6 - 7,2 = -17,2$

② $-2,5 - 1,5 \;\;= -4$
$1,5 - (-2,5) = 4$

9 Rechne wie im Beispiel auf zwei verschiedenen Wegen.
Welchen Rechenweg findest du jeweils leichter?
Beispiel $(-6 - 4) \cdot (-7)$

$= -6 \cdot (-7) - 4 \cdot (-7)$
$= \quad 42 \quad + \quad 28 \quad = 70$

$= (-10) \cdot (-7)$
$= \qquad 70$

a) $-6 \cdot (10 + 1)$ b) $-9 \cdot (-3 - 5)$
c) $-3 \cdot (-12 + 8)$ d) $(-36 + 35) \cdot (-3,5)$
e) $(-3,6 + 3,6) \cdot 10$ f) $(-21 + 33) : 2$
g) $(4,2 + 2,8) : (-7)$ h) $(-45 + 15) : (-5)$

NACHGEDACHT
$6 : 2 + 6 : 1 =$
$= 3 + 6 = 9,$
aber
$6 : (2 + 1) =$
$= 6 : 3 = 2.$
Betrachte beide Rechnungen. Warum kann man in der oberen Rechnung die „6" nicht ausklammern?

10 Welche Rechenausdrücke führen zum selben Ergebnis? Ordne richtig zu.

① $3 \cdot (-8) - 5 \cdot (-8)$
② $3 \cdot (-8) - 3 \cdot 5$
③ $3 \cdot (-8) + 3 \cdot 5$
④ $3 \cdot 8 - 3 \cdot 5$
⑤ $(-3) \cdot (-8) - (-3) \cdot 5$
⑥ $(-3) \cdot (-8) + 5 \cdot (-8)$
⑦ $(-3) \cdot 8 + (-3) \cdot 5$

A) $3 \cdot (-8 + 5)$
B) $-3 \cdot (-8 - 5)$
C) $(3 - 5) \cdot (-8)$
D) $3 \cdot (8 - 5)$
E) $3 \cdot (-8 - 5)$
F) $(-3 + 5) \cdot (-8)$
G) $-3 \cdot (8 + 5)$

10 Berechne die Aufgaben möglichst einfach, indem du ausklammerst.
a) $5 \cdot (-6) + 15 \cdot (-6)$ b) $-8 \cdot 27 + (-8) \cdot 27$
c) $4 \cdot 25 + 4 \cdot (-100)$ d) $-7 \cdot (-9) + 9 \cdot (-9)$
e) $\frac{1}{2} \cdot (-4) + \frac{1}{2} \cdot (-2)$ f) $3 \cdot (-12) - 5 \cdot (-12)$
g) $-10 : 4 - 18 : 4$ h) $23 : (-2) + 11 : (-2)$
i) $-2,5 : 7 + 32,5 : 7$ j) $4,7 : (-3) + 1,7 : (-3)$

11 👥 Vorrangregeln und Rechengesetze

Die Vorrangregeln **muss** man beachten.

Aber bei den Rechengesetzen darf man wählen, ob man sie nutzt oder nicht.

Warum ist das so?
Begründet anhand mehrerer Beispiele mit unterschiedlichen Rechenarten.
Erstellt ein Plakat und präsentiert eure Ergebnisse in der Klasse.

Thema: Zahlbereiche

Schon im Kindergarten hast du Dinge gezählt und dabei ganz natürlich die Zahlen 0; 1; 2; 3; … verwendet.
Das sind die **natürlichen Zahlen** (kurz $\mathbb{N}$).

In der Grundschule hast du dann natürliche Zahlen addiert und subtrahiert.
Deine Lehrerinnen und Lehrer konnten die Zahlen bei Additionsaufgaben beliebig zusammenstellen. Aber bei Subtraktionsaufgaben mussten sie aufpassen.

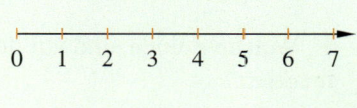

1 Warum war die Subtraktion natürlicher Zahlen nicht immer möglich?

2 Begründe, weshalb du jetzt natürliche Zahlen beliebig subtrahieren kannst.

Die Menge der **ganzen Zahlen** (kurz $\mathbb{Z}$) ist eine **Erweiterung** der natürlichen Zahlen: Sie enthält alle natürlichen Zahlen und *zusätzlich* auch ihre negativen Gegenzahlen.

Die Menge der **rationalen Zahlen** (kurz $\mathbb{Q}$) ist eine **Erweiterung** der ganzen Zahlen: Sie enthält alle ganzen Zahlen und *zusätzlich* alle positiven und negativen Bruchzahlen.

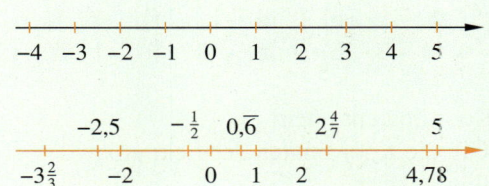

HINWEIS
$0,\overline{6} = 0,6666\ldots$
(sprich: 0 Komma Periode 6)

3 Warum ist es *mathematisch* notwendig, auch die rationalen Zahlen einzuführen?

4 Nenne für beide Zahlbereichserweiterungen Beispiele aus dem Alltag.

5 Nele fragt: „Welche Bruchzahlen meinen die denn bei den rationalen Zahlen: solche wie 2,34 oder wie $\frac{12}{7}$?" Lea meint: „Das ist doch dasselbe." Was meinst du?

6 Nenne jeweils drei Beispiele.
a) natürliche Zahl **b)** Bruchzahl **c)** negative Zahl **d)** positive Zahl
e) ganze Zahl **f)** positive rationale Zahl **g)** negative rationale Zahl

7 Betrachte die Grafik rechts und erkläre, was sie darstellt.
Zeichne die Grafik ab (zeichne die Bereiche größer als hier dargestellt).
Trage folgende Zahlen korrekt in deine Zeichnung ein:

a) 295; -19; $\frac{1}{3}$; $-\frac{17}{12}$; $0,\overline{3}$; $5\frac{2}{3}$; $-12\frac{1}{8}$ **b)** $\frac{8}{1}$; $-\frac{8}{1}$; $\frac{-5}{1}$; $\frac{-1}{5}$; $\frac{2}{2}$; $\frac{2}{-1}$; $-5,00$

Grafik: $\mathbb{Q}$ mit $3\frac{5}{9}$, $-187,5$, $-\frac{3}{4}$, $0,59$; $\mathbb{Z}$ mit $\ldots; -3; -2; -1$; $\mathbb{N}$ mit $0; 1; 2; 3; \ldots$

8 Josua findet in einem Mathematikbuch eine andere Definition der rationalen Zahlen.
Vergleiche mit der Definition von oben.
Stimmen die Definitionen überein?
Begründe.

> *Die rationalen Zahlen $\mathbb{Q}$ sind die Zahlen, die sich als Bruch zweier ganzer Zahlen schreiben lassen.*

Rationale Zahlen

Klar so weit?

→ Seite 10

Ganze Zahlen und rationale Zahlen

1 Welche Zahlen sind auf der Zahlengeraden markiert?

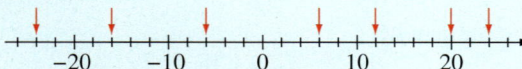

1 Welche Zahlen sind auf der Zahlengeraden markiert?

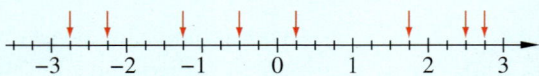

2 Zeichne jeweils eine geeignete Zahlengerade. Markiere dort die Zahlen und ihre Gegenzahlen.
a) −5; +6; 0; −8; +3; −2
b) −2,5; −2,7; −2,1

2 Zeichne jeweils eine geeignete Zahlengerade. Markiere dort die Zahlen und ihre Gegenzahlen.
a) −0,1; 1,5; 0,3; −0,8; 2,1; −2,2
b) −12,5; −12,7; −12,1; −11,8; −11,6

3 Übertrage ins Heft und setze das passende Zeichen ein (>, < oder =).
a) 3 ■ 0   b) −5 ■ 2   c) −5 ■ −8
d) |5| ■ −4   e) 0 ■ −1   f) |−6| ■ 6
g) −9 ■ −7   h) 9 ■ |−7| i) −11 ■ −12

3 Setze im Heft das passende Zeichen ein.
a) 3,5 ■ −3,51   b) |−23| ■ |23|
c) −15,2 ■ −7,5   d) 0,79 ■ 1,1
e) $-\frac{1}{2}$ ■ −0,5   f) 0,8 ■ $-\frac{4}{5}$
g) |−2,31| ■ 2,099   h) −64 ■ (-2^6)

4 Koordinatensystem
a) Gib die Koordinaten der Eckpunkte des Fünfecks an.
b) In welchem Quadranten liegen die Punkte?

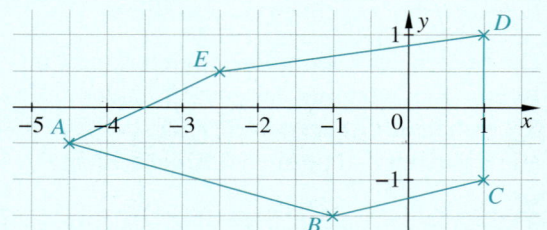

→ Seite 16

Rationale Zahlen addieren und subtrahieren

5 Notiere die Rechnung und löse.
Morgens betrug die Temperatur minus 5 °C, mittags war es 3 Grad wärmer.

5 Notiere die Rechnung und löse.
Leonie leiht sich von ihrer Schwester 12 €. Ihrem Bruder muss sie noch 5 € wiedergeben.

6 Berechne.
a) −2 − 3   b) 8 − 9
c) −5 + 3   d) −1 + 15
e) 24 − 40   f) −13 − 27

6 Schreibe in Kurzform und berechne.
a) 1,5 − (−2,5)   b) −(−5,25) − 3,5
c) −3,5 − (+1,25)   d) 57 + (−3,4)
e) −8,75 − (−2,3)   f) 42,125 + (−32,25)

7 Ergänze die Tabellen im Heft.

a)
+	0,5	2	2,5	4	4,2
−2,5	-2	-0,5	0	1,5	1,7
−3,2	-2,7	-1,2	-0,7	0,8	0,7

b)
−	0,1	0,5	0,7	1,3	2,8
−0,9	-1	-1,4	-1,6	-2,2	-3,7
−2,3	-2,4	-2,8	-3	-3,6	-5,1

7 Ergänze die Tabellen im Heft.

a)
+	−1	10		−3
−5	-6	5	2	
			−7	9

b)
−	3	−12	−24	−0,5	2,7
1,5	-1,5	13,5			
$-\frac{3}{4}$					

Rationale Zahlen multiplizieren und dividieren

→ Seite 20

8 Multipliziere.
Achte auf das richtige Vorzeichen.
a) $-8 \cdot 9$ b) $-12 \cdot 7$ c) $-3 \cdot 5$
d) $-17 \cdot 14$ e) $-9 \cdot 15$ f) $-15 \cdot 9$
g) $11 \cdot (-11)$ h) $-8 \cdot 22$ i) $-3 \cdot (-39)$

8 Überschlage zuerst das Ergebnis.
Rechne dann schriftlich.
a) $205 \cdot (-19)$ b) $-98 \cdot (-21)$
c) $18 \cdot (-508)$ d) $-189 \cdot 11$
e) $1050 \cdot 1990$ f) $-52 \cdot 49$

9 Übertrage die Rechendreiecke in dein Heft
und ergänze sie.
a)

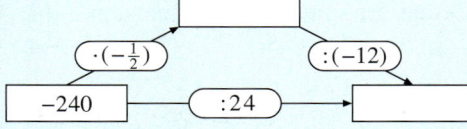

b)

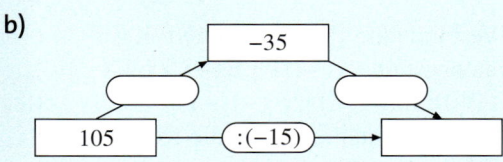

9 Übertrage die Rechendreiecke in dein Heft
und ergänze sie.
a)

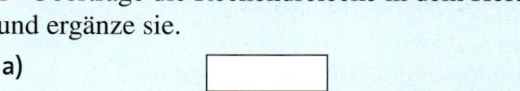
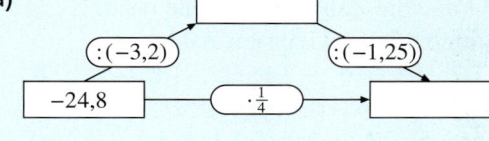

b)

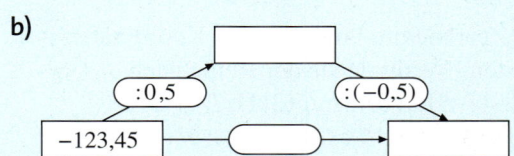

Vorrangregeln beachten und vorteilhaft rechnen

→ Seite 24

10 Was wurde hier falsch gemacht?
Berechne auch das richtige Ergebnis.
a) $-75 + 5 \cdot (-5) = 350$
b) $70 - 10 : 2 = 30$
c) $(-56) : 7 - (-21) = -29$
d) $-15 - 3 \cdot (-2) = -24$
e) $-12 : (-4) - 2 = 2$

10 Was wurde hier falsch gemacht?
Berechne auch das richtige Ergebnis.
a) $85 - (43 - 12) \cdot 4 = 120$
b) $17 - (-3) \cdot (-5) + 7 = 40$
c) $24 - 12 : 4 + 2 = 2$
d) $-14 - 28 : 7 - 5 = -7$
e) $(15 - 21) \cdot (-3) + 5 = -12$

11 Schreibe als Aufgabe und berechne.
a) Dividiere die Summe der Zahlen
-15 und -45 durch 12.
b) Multipliziere die Differenz der Zahlen
$-3,5$ und $-1,5$ mit 0,5.
c) Subtrahiere vom Produkt der Zahlen
12 und -8 die Summe der Zahlen
12 und -8.

11 Schreibe als Aufgabe und berechne.
a) Multipliziere die Summe der Zahlen
6 und $-3,5$ mit der Differenz der Zahlen
$-\frac{1}{2}$ und $1\frac{1}{2}$.
b) Dividiere den Quotienten der Zahlen -306
und 17 durch das Produkt aus 27 und $-\frac{2}{3}$.
c) Addiere zum Fünffachen von -17 das
Dreifache der Summe aus -34 und -47.

12 Berechne möglichst vorteilhaft.
a) $13 - 7 + 4$
b) $-7 \cdot (-3) + 24 \cdot (-3)$
c) $-5 \cdot (-8) + 4 \cdot (-8)$
d) $124 - 29 + 5$

12 Berechne möglichst vorteilhaft.
a) $2,5 \cdot 15,6 \cdot 4$
b) $9 \cdot (-12,7) + 9 \cdot 13,7$
c) $-14 : (-2,5) + (-36) : 2,5$
d) $0,25 : (-0,05) - (-1,25) : (-0,05)$

Vermischte Übungen

1 Welche Zahlen sind markiert?

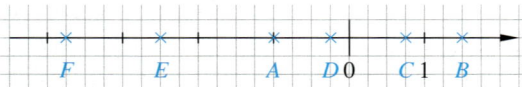

2 Welche Zahl liegt auf der Zahlengeraden in der Mitte zwischen den beiden Zahlen?
a) 2; 4 b) −0,5; 3,5 c) −3,5; 4,5
d) −4; −1 e) −2; 5 f) −7; −3

3 Ordne die Zahlen der Größe nach. Beginne mit der kleinsten Zahl.
a) 1,7; −3,7; 5; −2,1; 0; −1,8; −2,3; 1,1
b) 0; −5; 35; −13; −10,5; 2; −12; −3,5
c) 6; −5; −4,5; −2; 0; 3; 0,8; −0,8; −1

4 Zeichne die Punkte in ein Koordinatensystem, verbinde sie der Reihe nach.
$A(-1|-3)$; $B(0|3)$; $C(2|1)$; $D(1|3)$;
$E(0|4)$; $F(-1|4)$; $G(-2|0,5)$; $H(-5|-1)$;
$I(-5,5|4)$; $J(-6|-3)$

5 Die Temperatur ist von +3 °C um 6° gefallen. Danach ist sie wieder um 4° gestiegen. Berechne die neue Temperatur.

6 Notiere eine passende Rechnung und gib das Ergebnis an.

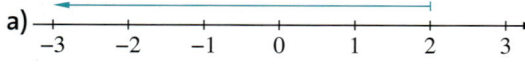

7 Zeichne eine Zahlengerade von −14 bis 14 und löse daran die Aufgaben.
a) −3 + 10 b) 5 − 6 − 7
c) 6 − 7 d) −5 − 7
e) −12 − 2 f) −14 + 5 − 2

8 Erfinde eine passende Sachsituation zur Aufgabe und gib die Lösung an.
a) −9 + 14 = ▨
b) −39 − 25 = ▨

1 Welche Zahlen sind markiert?

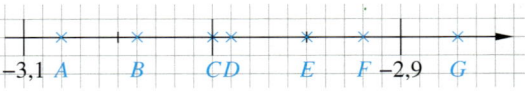

2 Finde jeweils die nächstgrößere ganze Zahl.
a) 5,8; 2,1; 12,9; 0,001; −5,8; −2,1
b) $-\frac{1}{3}$; $|-4{,}33|$; $-2\frac{1}{4}$; −7; $-5\frac{3}{8}$; −0,87

3 Ordne. Beginne mit der kleinsten Zahl.
a) −8; 0; 2,2; −3,5; −2; −5; −2,5; −4
b) $-\frac{1}{2}$; −4; 3; 8; $-\frac{1}{4}$; $-1\frac{1}{2}$; 16; $-3\frac{3}{4}$
c) $\frac{1}{4}$; −1; 0; $-\frac{1}{3}$; −0,25; 2; −0,8; −2; $-2\frac{1}{2}$

4 Verbinde die Punkte in einem Koordinatensystem: $A(-4|1)$; $B(-3|1)$; $C(-3|0)$;
$D(-2|0)$; $E(-2|-1)$; $F(-1|-1)$.
Setze das Muster fort. Gib die Koordinaten der vier folgenden Punkte an.

5 Marta steigt in der 2. Etage in einen Fahrstuhl ein. Sie fährt 9 Etagen nach oben, anschließend 13 Etagen nach unten und wieder 8 Etagen hinauf. Wo steigt sie aus?

6 Notiere eine passende Rechnung und gib das Ergebnis an.

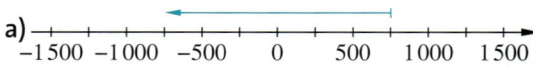
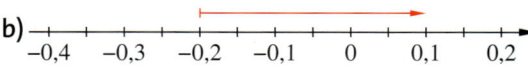

7 Berechne.
a) $(+7) - (+16)$ b) $(+15) - (-21)$
c) $(+18,5) - (-6,6)$ d) $(-29) + (+14,9)$
e) $(-3,1) - (-8,9)$ f) $(-7,4) - (+6,4)$
g) $(+12,3) + (-4,5)$ h) $(-7,75) + (-7,75)$

8 Fülle die Lücken aus, sodass die Gleichung stimmt. Erfinde eine passende Sachsituation zur Aufgabe.
a) −9 + 3 + ▨ = −8 b) 125 − ▨ = 152

9 Herr Gärtner hat auf seinem Konto ein Guthaben von 840 €. Es werden nacheinander folgende Beträge gebucht:
+200 €; −600 €; +150 €; −550 €; −280 €; −320 €; +120 €.
a) Wie lautet der Kontostand nach der letzten Buchung?
b) Wie viel Geld müsste eingezahlt werden, um das Konto auszugleichen?

9 Herr Zeitz kann auf seinem Kontoauszug eine Zeile nicht mehr lesen.

Kontoauszug		Sparkasse Kleckersdorf
Alter Kontostand:		−117,80 €
Datum:	Vorgang:	Betrag:
21.04.	Kartenzahlung	− 30,27 €
22.04.	Überweisung	− 262,23 €
23.04.	Zahlungseingang	+ 50,00 €
24.04.	XXXXXXXXXX	XXXXXX
Kontostand am 25.04.2017		−344,73 €

10 Überprüfe, ob dies magische Quadrate der Addition sind.

a)

−2	−9	−4
−7	−5	−3
−6	−1	−8

b)

0	0,2	0,2
0,4	−0,1	−0,3
−0,4	0,3	0,1

10 Übertrage ins Heft und ergänze zu magischen Quadraten der Addition.

a)

−0,5		
	0,7	−0,9
	1,9	

b)

0		1
	$\frac{1}{4}$	
$-\frac{1}{2}$		

ERINNERE DICH
In einem *magischen Quadrat der Addition* haben die Summen der Zahlen in jeder Zeile, in jeder Spalte und in jeder der Diagonalen den gleichen Wert.

11 Berechne.
a) $11 - 9$
b) $-1 + 15$
c) $-5 + 6 + 7$
d) $-4 + 12 - 7 + 9$
e) $0,8 - 1,2$
f) $-9,4 - 7,4$
g) $-5 + \frac{3}{4}$
h) $\frac{9}{4} - 3$
i) $9 - (-3)$
j) $-9 - (-3)$

11 Schreibe in Kurzform und berechne.
a) $-\frac{7}{2} + \left(-\frac{3}{4}\right)$
b) $-\frac{2}{3} - \left(-\frac{1}{12}\right)$
c) $29 - (-13) + (-4)$
d) $-1,8 - 2,1 - (+5)$
e) $6 - \frac{1}{2} + (+12,5) - (-36)$
f) $75 + (-35) - (-12) + (-28)$
g) $1,25 - \frac{3}{4} - (-1,5) - \frac{1}{4} + 0,5^2$

12 Wähle die angegebene Startzahl und durchlaufe den Rechenkreis.
Gib das Endergebnis im Heft an.
a) −3   b) −7   c) 0,3   d) −8,2

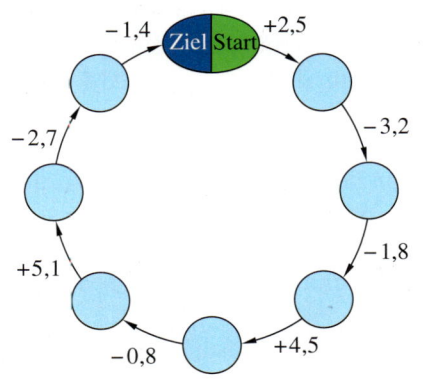

12 Immer im Kreis
a) Mit welcher Startzahl zwischen −5 und 5 erhält man als Endergebnis −12?
b) Sollte man für ein positives Endergebnis eine positive oder eine negative Startzahl verwenden?

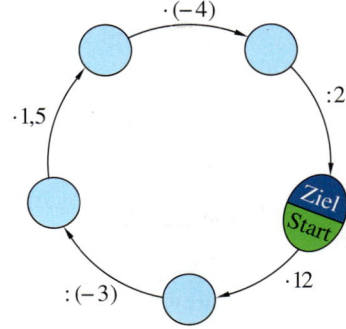

13 👥 Erfindet eine Additionsmauer …
a) … mit der Zahl −87 an der Spitze.
c) … mit genau einer positiven Zahl.
Präsentiert eure Mauern in der Klasse.

b) … mit genau zwei Nullen.
d) … mit genau zwei negativen Zahlen.

14 🎲 Würfelspiel: Es wird mit zwei verschiedenfarbigen Würfeln gespielt.
Die Augenzahl des grünen Würfels wird als positive Zahl aufgefasst,
die Augenzahl des roten Würfels als negative Zahl.
Die beiden geworfenen Zahlen werden addiert.
Beispiel $(+5) + (-2) = +3$
a) Spielt zu zweit oder in kleinen Gruppen einige Runden.
b) Mit welchen Augenzahlen erzielt man die höchste Punktzahl?
c) Mit welchen Augenzahlen erzielt man die niedrigste Punktzahl?
d) Mit welchen Würfen erzielt man die Punktzahl +3? Mit welchen Würfen erzielt man −1?

15 Berechne.
a) $-8 \cdot 7$
b) $-15 \cdot 3$
c) $24 : 3$
d) $-25 : 5$
e) $12 \cdot 0{,}5$
f) $-36 \cdot \frac{1}{3}$
g) $-1{,}8 : 9$
h) $2 : \frac{1}{2}$

15 Berichtige falsche Lösungen im Heft.
a) $-12 \cdot 3{,}5 = 42$
b) $17 \cdot (-3) = -51$
c) $-19 \cdot (-8) = 152$
d) $-1{,}3 \cdot 6 = 78$
e) $-63 : (-9) = -7$
f) $84 : 12 = -7$
g) $45 : \left(-\frac{1}{5}\right) = -9$
h) $-\frac{3}{4} : 25 = 0{,}03$

BEISPIEL
$-16 = (-4) \cdot 4$

16 🎲 Spielt zu zweit oder zu mehreren:
Findet jeweils möglichst viele Zahlenpaare, deren Produkt die angegebene Zahl ergibt.
a) 32
b) −16
c) 0,36
d) −1,2

8   −16   −8   0,6   4   −0,6   −4   0,6   2   0,18   −2   −0,18   16   0,04

−0,04   0,12   9   −0,12   −9   3   0,4   −3   −0,4   0,3   0,9   −0,3   −0,9   −0,6

17 Schreibe als Aufgabe und berechne.
a) Bilde das Produkt aus (−12) und 6.
b) Bilde die Divisionsaufgabe aus −64 und der Gegenzahl von −8.
c) Dividiere die Summe von −8 und 12 durch 4.
d) Welche Zahl muss man mit 12 multiplizieren, um −72 zu erhalten?
e) Das Produkt einer Zahl und 8 ergibt das Vierfache von −16.

17 Schreibe als Aufgabe und berechne.
a) Welche Zahl muss man durch 7 dividieren, um −6 zu erhalten?
b) Welche Zahl muss man durch −8 dividieren, um 11 zu erhalten?
c) Welche Zahl muss man durch −200 dividieren, um −5 zu erhalten?
d) Welche Zahl muss man durch −4 dividieren, um die Summe aus −14 und −18 zu erhalten?

18 Lisa leiht sich von ihrer Oma 160 € für ihre Reise. Sie zahlt jeden Monat 20 € zurück. Schreibe als Aufgabe mit einer negativen Zahl und berechne.

18 Leon bringt 20 Pfandflaschen zurück zum Supermarkt. Auf seinem Kassenbon steht −2 €.
Stelle eine sinnvolle Frage und beantworte sie.

ZU AUFGABE 19

$-3\frac{3}{4}$ E
$-\frac{14}{25}$ E
$7\frac{1}{5}$ R
$\frac{2}{5}$ T
$-\frac{4}{9}$ I
$1\frac{7}{8}$ U
2 A
−3 H
−45 S

19 Berechne und schreibe das Ergebnis als ganze Zahl.
a) $\frac{-15}{5}$
b) $\frac{-6}{-3}$
c) $\frac{-24}{8}$
d) $\frac{-18}{9}$
e) $\frac{77}{-11}$
f) $\frac{-51}{17}$
g) $\frac{48}{-24}$
h) $\frac{-135}{-45}$
i) $\frac{720}{-60}$
j) $\frac{-170}{85}$
k) $\frac{-78}{-39}$
l) $\frac{-91}{-13}$

19 Berechne. Die Lösungen stehen in der Randspalte, sie ergeben ein Lösungswort.
a) $-\frac{1}{3} : \frac{1}{9}$
b) $-\frac{1}{2} : \left(-\frac{1}{4}\right)$
c) $-\frac{3}{4} : \left(-\frac{2}{5}\right)$
d) $\frac{2}{3} : \left(-\frac{1}{6}\right)$
e) $-\frac{1}{5} : \left(-\frac{1}{2}\right)$
f) $-\frac{1}{9} : \frac{1}{4}$
g) $\frac{2}{5} : \left(-\frac{5}{7}\right)$
h) $-\frac{1}{5} : \left(-\frac{1}{6}\right)$
i) $\frac{5}{8} : \left(-\frac{1}{6}\right)$

20 Clara, Leni und Nils verkaufen auf einem Adventsbasar selbstgebastelte Dinge. Sie hatten Materialkosten von 17,70 €. Außerdem müssen sie noch 12,50 € Standmiete bezahlen. Clara hat 9,40 € eingenommen, Leni 7,70 € und Nils 8,90 €. Der Gesamtbetrag wird gleichmäßig aufgeteilt.

a) Wie viel Gewinn oder Verlust bleibt für jeden?

b) Clara bemerkt, dass sie die Einnahmen aus ihrem Gewinnspiel noch gar nicht verteilt haben. Sie haben 27 Lose zu 20 ct verkauft.

20 Nathalie bekommt monatlich 15 € Taschengeld. Davon bezahlt sie auch ihre Handykosten. Bei ihrem Tarif kostet eine SMS 0,14 € und ein Telefonat 0,25 € pro Minute.

a) Nathalie versendet täglich drei SMS und telefoniert monatlich 15 Minuten. Reicht Nathalies Taschengeld aus?

b) Hast du ein Handy? Was würde Nathalie bei deinem Tarif bezahlen?

c) Wie viele SMS und Telefonminuten kann sich Nathalie monatlich maximal leisten? Finde verschiedene Möglichkeiten.

21 Berechne. Denke an die Vorrangregeln.

a) $-2 \cdot 3 + 6 \cdot (-5)$

b) $(8 - 9 + 2) - 2 \cdot 3$

c) $12 : 6 - 3 \cdot 7$

d) $3 \cdot (-6) + 7 - 9 \cdot (-5)$

e) $15 + 9 \cdot (-2) : 3$

21 Berechne. Denke an die Vorrangregeln.

a) $3 \cdot (-7) + 8 - 5 \cdot 2$

b) $(4 + 8 \cdot 2 - 36) : 2$

c) $3 + 5 \cdot 2 - 20 + 8 : 2 + 100$

d) $15 \cdot (-3) + 7 - 4 + 32 : 8 - 20$

e) $23 + 7 \cdot [7 - (3 + 6 : 2)]$

22 Setze in die Kästchen alle Vorzeichen-kombinationen ein, die möglich sind. Löse die jeweils entstehenden vier Aufgaben. Was fällt dir auf?

a) $(\blacksquare 3) + (\blacksquare 7)$

c) $(\blacksquare 9) + (\blacksquare 9)$

b) $(\blacksquare 3) - (\blacksquare 7)$

d) $(\blacksquare 57) - (\blacksquare 34)$

22 Setze für die Variable x die Zahlen -3; $0,5$ und -11 ein und berechne. Denke an die Vorrangregeln.

a) $4 \cdot x + (-7)$ **b)** $(9 - x) \cdot 3$

c) $-5 \cdot x - (-0,5)$ **d)** $(x - 2) \cdot (-5 - x)$

e) $(x + 3) \cdot (0,5 - x) \cdot (-11 - x)$

23 Zahlbereiche

a) Sind folgende Aussagen richtig oder falsch? Begründe.
① Jede ganze Zahl ist positiv.
② Jede Dezimalzahl ist eine rationale Zahl.
③ Zwischen zwei rationalen Zahlen liegt immer eine ganze Zahl.
④ Jede natürliche Zahl ist auch eine rationale Zahl.

b) Überlege dir ähnliche wahre und falsche Aussagen.
👥 Gib sie einer Partnerin oder einem Partner zum Lösen.

c) 👥 Erklärt auf einem Plakat den Unterschied zwischen der Menge der ganzen Zahlen, der Menge der rationalen Zahlen und der Menge der negativen Zahlen. Stellt auch Beispiele aus dem Alltag dar.

24 Zwei Radprofis trainieren in der Nähe des Toten Meeres. Sie notieren das Streckenprofil.

Start: 200 m ü. NN;	3 km: 50 m u. NN;	10 km: 20 m u. NN;
20 km: 120 m u. NN;	40 km: 300 m ü. NN;	60 km: 30 m u. NN;
80 km: 10 m ü. NN		

ü. NN = über Normalnull (über dem Meeresspiegel)
u. NN = unter Normalnull (unter dem Meeresspiegel)

a) Zeichne das Streckenprofil wie im Beispiel rechts in ein Koordinatensystem. (10 km ≙ 1 cm auf der x-Achse; 40 Höhenmeter ≙ 1 cm auf der y-Achse)

b) Berechne, wie viele Höhenmeter einer der Radprofis insgesamt bergauf gefahren ist.

25 Tiere im Meer

Die Meeresbewohner halten sich in verschiedenen Tiefen auf. Auf der Suche nach Beute oder zum Atmen verändern sie ihre Tauchtiefe.

Tier	abgelesene Tiefe	Veränderung	neue Tiefe
Delfin	−100 m	150 m ⇓	

a) Erstelle eine Tabelle wie links gezeigt.
b) Betrachte die Meeresgrafik ganz unten: In welcher Tiefe befinden sich die Meerestiere in diesem Moment? Trage die Namen und Werte in die Tabelle ein.
c) Im Laufe der folgenden Stunde schwimmen manche Tiere weiter nach oben, manche tauchen noch tiefer. Berechne ihre neuen Tiefen und trage sie in die Tabelle ein.

150 m ⇓   50 m ⇑   170 m ⇑   250 m ⇓   1 050 m ⇑

d) Notiere für jedes Tier die Veränderung als Rechenaufgabe.

26 Die Forscher des Weißen Hais

In der Grafik sind auch drei Forschungs-U-Boote mit ihrer jeweiligen Tauchtiefe markiert. Die Forscher untersuchen, wie tief Weiße Haie tauchen. Sobald sie einen Hai sichten, notieren sie die Uhrzeit und den Höhenunterschied des Raubfisches zum Boot.

a) Betrachte die Beobachtungsprotokolle: Woran kann man ablesen, ob sich der Hai oberhalb oder unterhalb des jeweiligen Bootes befand?
b) Berechne zu jeder Beobachtung die ungefähre Tauchtiefe des Hais. Runde sinnvoll.
c) Gib Minimum, Maximum und Spannweite der beobachteten Tauchtiefen der Haie an.
d) Stelle die Tauchtiefen der Haie mit der Uhrzeit der Beobachtungen in einer geeigneten Grafik dar.

11:00
−185 m

12:00
+56 m

14:30
+175 m

17:00
−108 m

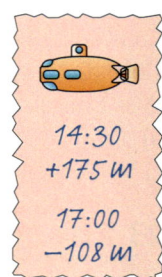

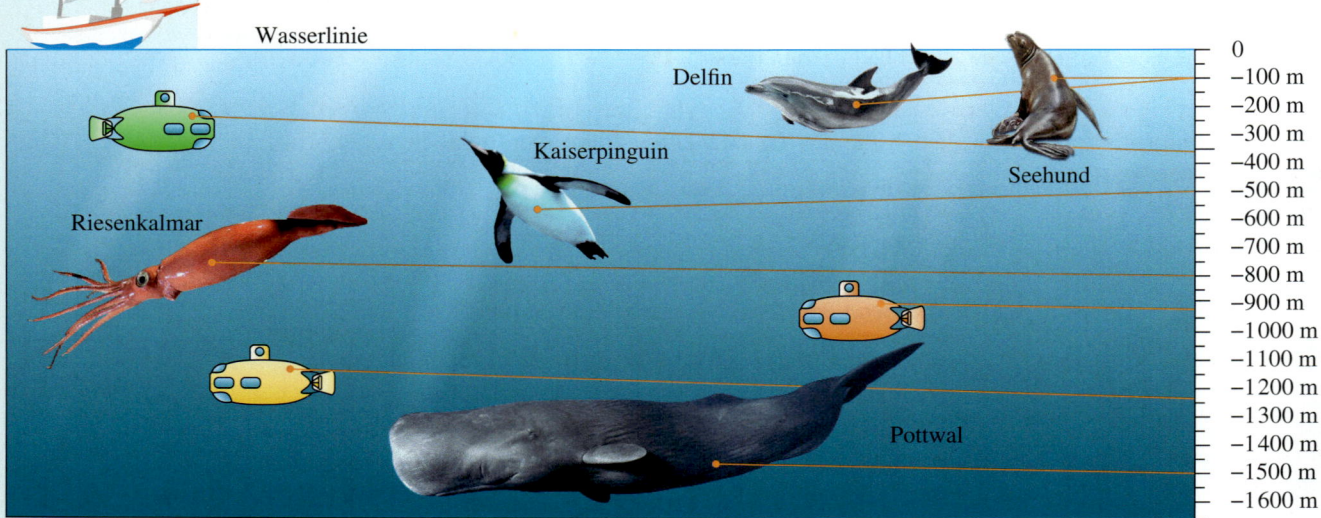

Zusammenfassung

Ganze Zahlen und rationale Zahlen

→ Seite 10

Die Menge der **ganzen Zahlen** ($\mathbb{Z}$) enthält alle natürlichen Zahlen und ihre **Gegenzahlen**.

Der Abstand einer Zahl zur Null heißt **Betrag**.

Die Menge der **rationalen Zahlen** ($\mathbb{Q}$) enthält alle ganzen Zahlen und alle positiven und negativen Bruchzahlen.

$\mathbb{Z} = \{\ldots;\ -3;\ -2;\ -1;\ 0;\ 1;\ 2;\ 3;\ \ldots\}$

-2 und 2 sind Gegenzahlen zueinander.

$|-3,5| = 3,5 \qquad |+132,13| = 132,13$

$$
\begin{array}{ccccccc}
& -2,5 & -\tfrac{1}{2} & 0,\overline{6} & 2\tfrac{4}{7} & & 5 \\
\hline
-3\tfrac{2}{3} & -2 & 0 & 1 & 2 & & 4,78
\end{array}
$$

Rationale Zahlen addieren und subtrahieren

→ Seite 16

Man kann Veränderungen an einer Zahlengeraden veranschaulichen:
Bei einer **Zunahme** (+) geht man nach **rechts**.
Bei einer **Abnahme** (−) geht man nach **links**.

$-4 + 4 = 0$

$$
-6 \quad -5 \quad -4 \quad -3 \quad -2 \quad -1 \quad 0 \quad 1 \quad 2 \quad 3
$$

$-2 - 4 = -2$

Addition
Gleiche Vorzeichen: Addiere die Zahlen ohne ihr Vorzeichen zu berücksichtigen. Das Ergebnis bekommt das gemeinsame Vorzeichen.

$(+6) + (+2,7) = +8,7$
$(-16) + (-33) = -49$

Verschiedene Vorzeichen: Subtrahiere ohne Vorzeichen: größerer Betrag *minus* kleinerer Betrag. Das Ergebnis bekommt das Vorzeichen der Zahl mit dem größeren Betrag.

$(-2) + (+12) = +10$
$(+5) + (-9,3) = -4,3$

Subtraktion
Forme um: Statt die Zahl zu subtrahieren, addierst du ihre Gegenzahl.

$(-14) - (+4) = (-14) + (-4) = -18$
$(-2) - \left(-3\tfrac{1}{3}\right) = (-2) + \left(+3\tfrac{1}{3}\right) = +1\tfrac{1}{3}$

Rationale Zahlen multiplizieren und dividieren

→ Seite 20

Rationale Zahlen werden zuerst ohne Vorzeichen **multipliziert** (bzw. **dividiert**). Das Ergebnis ist positiv (+), wenn beide Faktoren das *gleiche* Vorzeichen haben, bei *verschiedenen* Vorzeichen ist das Ergebnis negativ (−).

$(+3) \cdot (-1,5) = -4,5 \qquad\qquad (-4) : (+8) = -0,5$
$(-3) \cdot (+1,5) = +4,5 \qquad\qquad (-4) : (-8) = +0,5$
$(-9) \cdot \left(-\tfrac{2}{3}\right) = +6 \qquad\qquad \left(-\tfrac{3}{2}\right) : \left(-\tfrac{2}{5}\right) = +3\tfrac{3}{4}$
$\left(-\tfrac{3}{5}\right) \cdot \tfrac{2}{3} = -\tfrac{2}{5} \qquad\qquad \tfrac{3}{2} : \left(-\tfrac{2}{5}\right) = -3\tfrac{3}{4}$

Vorrangregeln beachten und vorteilhaft rechnen

→ Seite 24

Die **Vorrangregeln** gelten auch bei negativen Zahlen:
1. Werte in Klammern zuerst berechnen.
2. Punkt- geht vor Strichrechnung.

Für Addition und Multiplikation gelten:
– **Kommutativgesetz**
– **Assoziativgesetz**
Außerdem gilt das **Distributivgesetz**.

Teste dich!

4 Punkte

1 Zahlengerade

a) Welche Zahlen sind rot markiert?

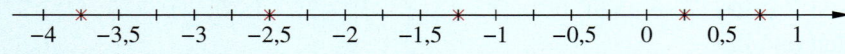

b) Markiere die angegebenen Zahlen *und* ihre Gegenzahlen auf einer Zahlengeraden. Verwende eine geeignete Einteilung.

$$0,7; \ -1,6; \ 0,1; \ -0,8; \ -0,25; \ 1\tfrac{1}{2}$$

5 Punkte | 6 Punkte

2 Zeichne ein Koordinatensystem. Trage die Punkte $A(-1,5|-2)$; $B(3,5|-2)$; $C(3,5|3)$ in das Koordinatensystem ein. Verbinde $A-B-C-A$. Was für eine Figur entsteht?

2 Trage in ein Koordinatensystem folgende Punkte ein: $A(-3|-2)$; $B(-2|-2)$; $C(-2|-1)$; $D(-1|-1)$; $E(-1|-0)$. Verbinde die Punkte der Reihe nach und führe das Muster nach oben und unten weiter. Gib jeweils die Koordinaten der nächsten drei Punkte an.

4 Punkte | 6 Punkte

3 Ergänze die Tabelle im Heft.

alte Temperatur	Temperatur-änderung	neue Temperatur
4 °C	6 Grad kälter	
	9 Grad wärmer	6 °C
−6 °C		−11 °C
	8 Grad kälter	−2 °C

3 Ergänze die Tabelle im Heft.

Kontostand alt	Kontostand neu	Bewegung
−17 €	+36 €	
−156 €		+39 €
	−44 €	−67 €
	−18 €	+55 €

9 Punkte | 12 Punkte

4 Berechne im Kopf.

a) $-2 + 8$ b) $4 - 9$ c) $-7 - 5$

d) $-5 \cdot 12$ e) $-48 : 6$ f) $-4 \cdot 15$

g) $-39 : 13$ h) $-42 : 7$ i) $-0,5 \cdot 2$

4 Berechne im Kopf.

a) $-68 + 9$ b) $-34 - 70$ c) $15 \cdot (-8)$

d) $-99 : (-3)$ e) $-1,25 \cdot 4$ f) $-0,76 : 0,2$

g) $-\tfrac{3}{4} + \tfrac{1}{2}$ h) $-1\tfrac{1}{4} - \tfrac{3}{8}$ i) $-\tfrac{1}{3} \cdot \tfrac{9}{10}$

3 Punkte | 6 Punkte

5 Setze > oder < richtig ein.

a) $-3 \cdot 7 \ \blacksquare -20$

b) $-8 + 15 \ \blacksquare -22$

c) $-4 \cdot 8 \ \blacksquare -7 \cdot 5$

5 Setze > oder < richtig ein.

a) $3 \cdot (-8) \cdot (-7) \cdot 6 \ \blacksquare -(-5) \cdot 6$

b) $27 : (-3) \ \blacksquare -19 \cdot (-8 + 7)$

c) $-4 \cdot (-4) \ \blacksquare 28 : (-2)^2$

6 Punkte | 10 Punkte

6 Berechne geschickt.

a) $12 - 7 \cdot 4$ b) $12 - (8 - 25)$

c) $-12 : 4 - 21 : 11$ d) $-4 \cdot 7 - 11 \cdot 7$

e) $-21 \cdot 0,5 \cdot 2$ f) $(-5 - 8) \cdot 3$

6 Berechne geschickt.

a) $-17 \cdot 19 - 15 \cdot 19$ b) $(98 - 120) : \left(-\tfrac{1}{2}\right)$

c) $-15 \cdot 0,125 \cdot (-8)$ d) $(0,75 + 8,25) : (-3)$

e) $18 - (26 + 23) - 18 - (23 - 26)$

6 Punkte

7 Der Wasserspiegel des Toten Meeres liegt bei -423 m (423 m unter Normalnull).

a) Sam wandert mit seinem Vater vom Ufer des Toten Meeres auf den Gipfel des Har Meron. Wie groß ist der Höhenunterschied, den sie dabei bewältigen?

b) Das Tote Meer ist bis zu 381 m tief. Wie viel Meter unter Normalnull liegt die tiefste Stelle des Sees?

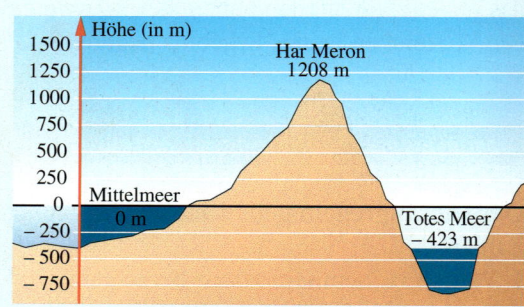

Gold: 45–50 Punkte, Silber: 37–44 Punkte, Bronze: 30–36 Punkte   Lösungen ab Seite 200

Dreiecke

Obwohl das Dreieck eine der einfachsten geometrischen
Flächen darstellt, gibt es erstaunlich viele Formen.
Dieses Bild zeigt jede Menge unterschiedlicher Dreiecke.
Du kannst sie nach der Länge der Seiten,
der Winkelgröße oder der Farbe unterscheiden.
Findest du zwei absolut gleiche Dreiecke?

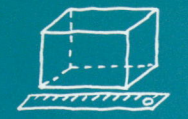

Noch fit?

Einstieg

1 Winkelarten

Ergänze die Lücken im Heft.
a) Ein rechter Winkel hat eine Größe von ■.
b) Ein Winkel, der kleiner als 90° ist, heißt ■.
c) Ein Winkel α mit $90° < \alpha < 180°$ heißt ■.
d) Ein überstumpfer Winkel ist größer als ■.
e) Ein 180°-Winkel heißt ■.

2 Winkel messen

a) Miss die Größe der Winkel α, β und γ.
b) Gib die jeweilige Winkelart an.

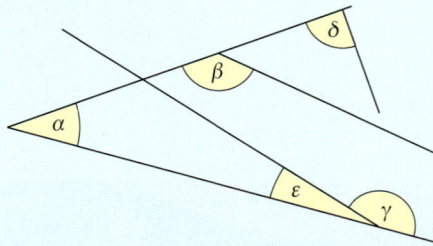

3 Winkel zeichnen

Zeichne zu jeder Winkelart einen Winkel.
Gib seine genaue Größe an.
a) spitzer Winkel
b) rechter Winkel
c) stumpfer Winkel
d) überstumpfer Winkel

4 Dreiecke zeichnen

Zeichne die Punkte in ein Koordinatensystem.
Verbinde sie zu einem Dreieck ABC.
Gib jeweils ohne zu messen an, welche Winkelarten innerhalb des Dreiecks vorkommen.
a) $A(2|1)$; $B(6|1)$; $C(4|5)$
b) $A(1|2)$; $B(7|1)$; $C(4|3)$

5 Winkelgrößen bestimmen

Gib jeweils ohne zu messen die Größe des Winkels α an.
a)

153° α

b)

α 72°

c)

33° α

Aufstieg

1 Winkelarten

Schreibe in deinem Heft alle Winkelarten und ihre Eigenschaften auf.
Zeichne jeweils ein Beispiel.

2 Winkel messen

a) Schätze zunächst die Größe aller Winkel.
b) Miss dann ihre Größe, gib die Winkelart an.

3 Winkel zeichnen

Zeichne die Winkel in dein Heft.
Gib jeweils die Winkelart an.
a) $\alpha = 90°$
b) $\beta = 52°$
c) $\gamma = 127°$
d) $\delta = 232°$

4 Dreiecke zeichnen

Verbinde die Punkte $A(2|2)$; $B(6|4)$; $C(3|4)$ im Koordinatensystem zum Dreieck ABC.
a) Welche Winkelarten kommen darin vor?
b) Zeichne im Koordinatensystem ein Dreieck mit drei spitzen Winkeln und gib die Koordinaten der Eckpunkte an.

5 Winkelgrößen bestimmen

Gib ohne zu messen jeweils die Größe der Winkel an.
a)

70° α

b)

40° β
12°

c)

30°
γ_2 γ_1

d)

100° δ

Lösungen ab Seite 200

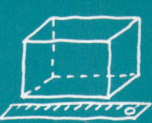

Dreiecksarten erkennen und beschreiben

Entdecken

1 In Giebeln und Dachgauben findet man oft Fenster mit unterschiedlichen Formen.

a) Aus welchen geometrischen Formen bestehen die Fenster?
b) Welche Vorteile hat es, nicht nur rechteckige Fenster im Giebel einzubauen?
c) Entwirf ein eigenes Fenster für einen Dachgiebel.

2 👥 Arbeitet zu zweit oder in Kleingruppen.
Betrachtet die folgenden Dreiecke.

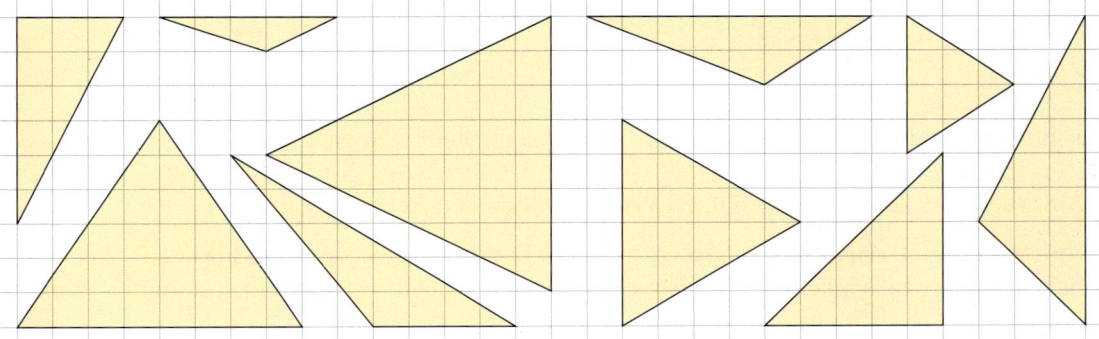

a) Zeichnet die Dreiecke auf Kästchenpapier und schneidet sie aus.
b) Überlegt gemeinsam, nach welchen geometrischen Merkmalen ihr die Dreiecke sortieren
könnt. Sortiert die Dreiecke dann nach ihren Eigenschaften.
c) Erstellt ein Plakat, auf das ihr die verschiedenen Dreiecke geordnet aufklebt.
Vielleicht könnt ihr den einzelnen Dreiecksformen schon Bezeichnungen geben.

3 Du hast fünf Strohhalme in den nebenstehenden Längen
zur Verfügung, aus denen du unterschiedliche Dreiecke
bilden kannst.

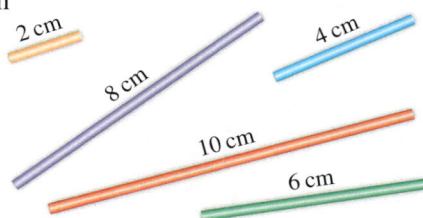

a) Lege drei Möglichkeiten, bei denen ein Dreieck zustande kommt. Schreibe jeweils die Längen der drei
verwendeten Stücke in dein Heft
b) Lege drei Möglichkeiten, bei denen ein Deieck *nicht*
gebildet werden kann. Schreibe jeweils die Längen der
drei verwendeten Stücke in dein Heft
c) Finde heraus, wann eine Dreiecksbildung möglich ist
und wann nicht.
Schreibe deine Vermutung auf.

HINWEIS
*Du kannst auch
Holzstäbchen
verwenden.*

39

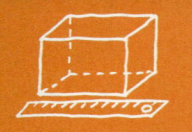

Verstehen

Aus farbigen Strohhalmen legen Justin, Celina und Eric verschiedene Dreiecksformen.

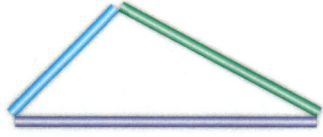  

Meine
Schenkel
sind
gleich lang.

Merke   Dreiecke können nach ihren **Seitenlängen** eingeteilt werden:

| **Unregelmäßige Dreiecke** haben drei verschieden lange Seiten. | **Gleichschenklige Dreiecke** haben zwei gleich lange Seiten. Im gleichschenkligen Dreieck gibt es besondere Bezeichnungen. | **Gleichseitige Dreiecke** haben drei gleich lange Seiten. |

 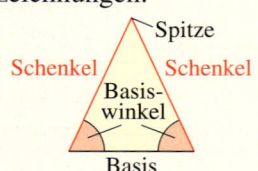 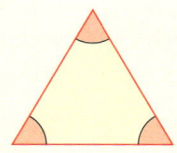

Es gibt auch andere Möglichkeiten, wie Dreiecke eingeteilt werden können.

Merke   Dreiecke können nach ihren **Winkelgrößen** eingeteilt werden:

| **Spitzwinklige Dreiecke** haben drei spitze Winkel. | **Rechtwinklige Dreiecke** haben einen rechten Winkel. | **Stumpfwinklige Dreiecke** haben einen stumpfen Winkel. |

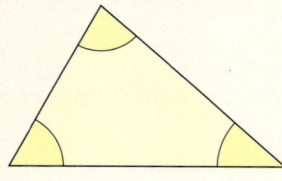 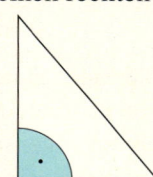 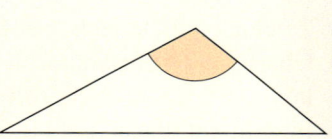

In der Mathematik werden die Eckpunkte, die Seiten und die Winkel eines Dreiecks immer gleich bezeichnet.

HINWEIS
$\triangle$ *ABC steht für ein Dreieck mit den Eckpunkten A, B und C.*

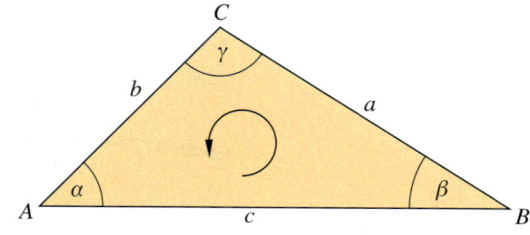

Die **Eckpunkte** werden (entgegen dem Uhrzeigersinn) mit Großbuchstaben bezeichnet.

Die **Seiten** werden mit Kleinbuchstaben bezeichnet: die Seite a liegt dem Punkt A gegenüber, die Seite b dem Punkt B, die Seite c dem Punkt C.

Die **Winkel** werden mit kleinen griechischen Buchstaben bezeichnet: der Winkel α gehört zum Eckpunkt A, der Winkel β zum Eckpunkt B, der Winkel γ zum Eckpunkt C.

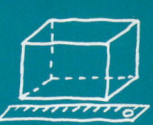

Üben und anwenden

1 Was ist falsch beschriftet?

a)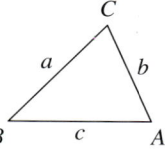

b)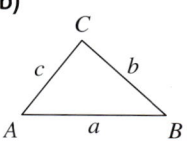

c)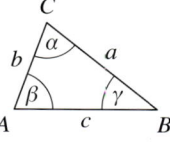

d)

1 Zeichne die Dreiecke ab und vervollständige die Beschriftungen zu △ABC.

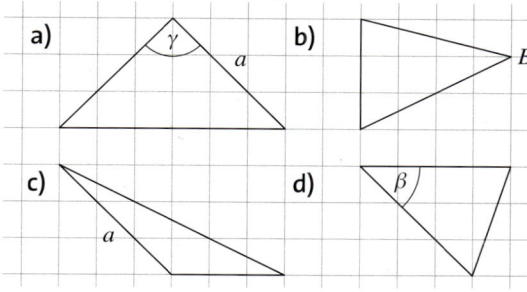

a) b) c) d)

2 Betrachte die Dreiecke. Fülle die Tabelle ohne zu messen im Heft aus.

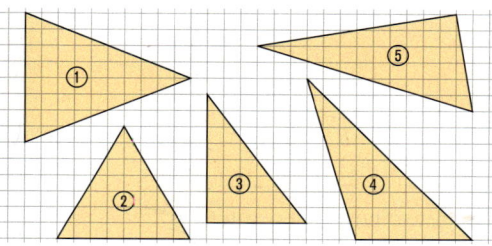

	①	②	③	④	⑤
spitzwinklig	✓				
rechtwinklig	–				
stumpfwinklig	–				
gleichschenklig					
gleichseitig					
unregelmäßig					

3 Schreibe jeweils die Dreiecksart nach Seiten *und* nach Winkeln auf.

Beispiel

Dreieck 1: unregelmäßig, rechtwinklig

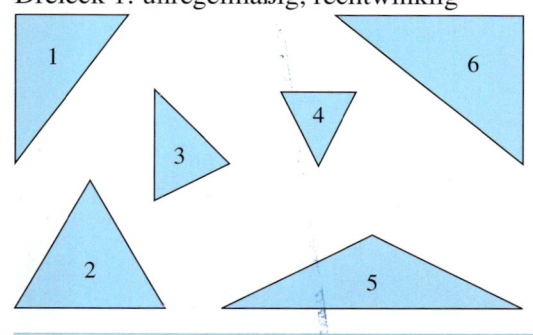

3 Finde Dreiecke in dieser Figur.

a) Notiere jeweils zwei gleichschenklige und zwei unregelmäßige Dreiecke.

Beispiel

gleichschenkliges Dreieck: △ABH

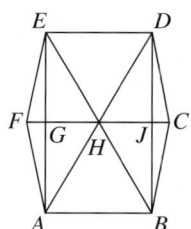

b) Notiere jeweils zwei spitzwinklige, zwei rechtwinklige und zwei stumpfwinklige Dreiecke.

4 Zeichne die Figuren ab und spiegele sie an der Spiegelachse (blaue Linie). Betrachte die durch die Spiegelung entstandenen Dreiecke. Welche Sonderformen erkennst du?

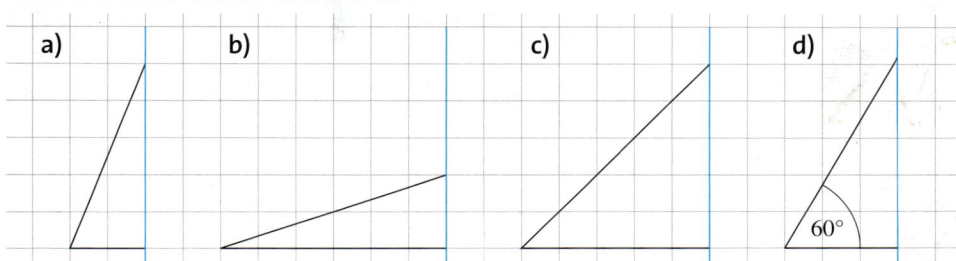

a) b) c) d) 60°

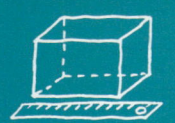

5 Übertrage das Dreieck in dein Heft und zeichne die Symmetrieachsen ein.

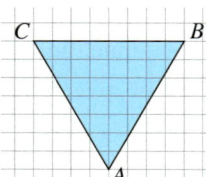

5 Übertrage die Dreiecke in ein Koordinatensystem. Trage alle Symmetrieachsen ein.
a) $A(2|1)$; $B(8|2,5)$; $C(3,5|7)$
b) $A(3|8,5)$; $B(1|4,5)$; $C(5|2,5)$
c) $A(9,5|3)$; $B(8|6,5)$; $C(4,5|8)$

6 Durch Falten eines gleichschenkligen Dreiecks kann man die Symmetrieachse finden.
Beschreibe die Dreiecke, die dabei entstehen.

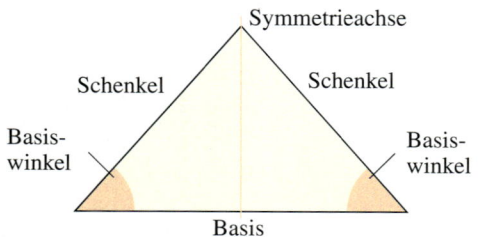

6 Suche Dreiecke in der Figur.
a) Wie viele gleichseitige (gleichschenklige, unregelmäßige) Dreiecke gibt es?
b) Wie viele spitzwinklige (rechtwinklige, stumpfwinklige) Dreiecke findest du?

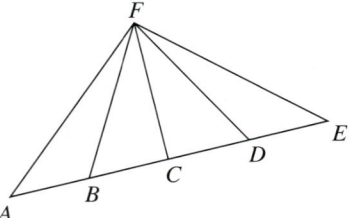

7 In der Tabelle sind Dreiecke nach ihren Symmetrieeigenschaften geordnet.
Übertrage die Tabelle ins Heft und fülle die Tabelle mit den entsprechenden Dreiecken aus.

Form \ Winkelart	spitzwinklig	rechtwinklig	stumpfwinklig	Anzahl der Symmetrieachsen
gleichseitig		–	–	3
gleichschenklig		△		1
unregelmäßig			◹	keine

8 👥 Stellt auf dem Schulhof die verschiedenen Dreiecksformen dar. Überlegt euch vorher, welche Hilfsmittel ihr benötigt, damit die Dreiecke möglichst exakt werden.
Fotografiert die verschiedenen Dreiecksformen.

9 👥 Welche Behauptung ist richtig, welche falsch? Prüfe jeweils zeichnerisch.
a) Ein rechtwinkliges Dreieck kann auch zwei rechte Winkel haben.
b) Ein Dreieck mit drei gleich langen Seiten hat auch drei gleich große Winkel.
c) Wenn ein Dreieck zwei gleich große Winkel hat, dann ist es gleichschenklig.

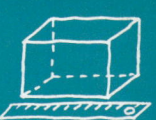

Dreiecke zeichnen (ohne Zirkel)

Entdecken

1 Claudio möchte die nebenstehende Aufgabe auf der Rätselseite in seiner Zeitung lösen.
Dazu misst er alle Seitenlängen und alle Winkelgrößen aus.
a) Wie würdest du die Aufgabe angehen?
b) 👥 Zu welcher Lösung gelangst du?
Tausche dich über dein Ergebnis mit deinem Sitznachbarn oder deiner Sitznachbarin aus.

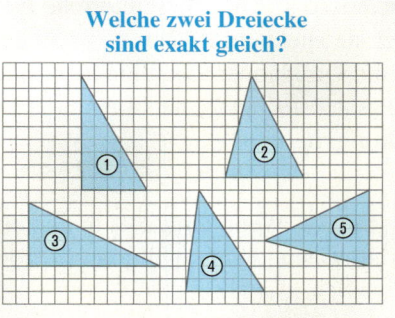

Welche zwei Dreiecke sind exakt gleich?

2 👥 Celina und Linus sollen ein Dreieck nach den vorgeschriebenen Angaben an der Tafel zeichnen. Celina beginnt ihre Zeichnung mit Seite b, Linus fängt mit Seite c an.

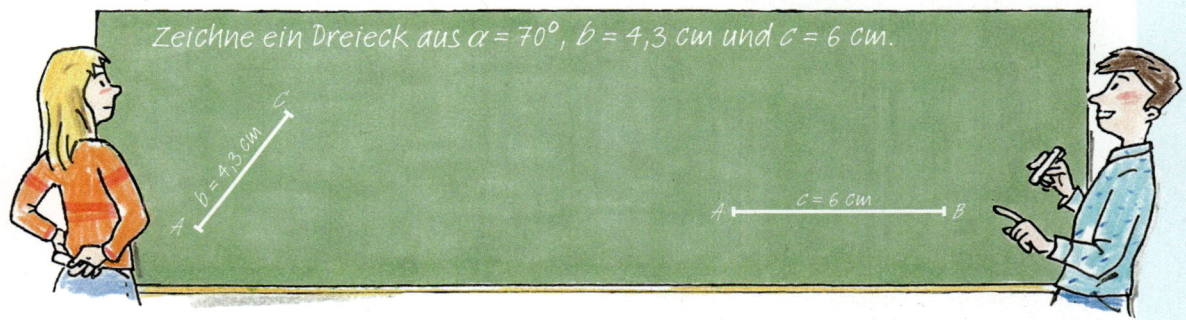

Zeichne ein Dreieck aus $\alpha = 70°$, $b = 4,3$ cm und $c = 6$ cm.

Zeichnet das Dreieck nach beiden Ansätzen ins Heft und diskutiert, ob es Vorteile für den einen oder anderen Weg gibt.

3 👥 Zeichne auf ein leeres Blatt Papier ein beliebiges Dreieck und gib es deinem Partner als Vorlage.
Dein Partner misst das Dreieck aus und zeichnet es in sein Heft.
Zur Kontrolle kann das Originaldreieck ausgeschnitten und auf die Zeichnung gelegt werden.
Tipp: Lege zur Kontrolle beide Zeichnungen aufeinander und halte sie gegen das Licht.

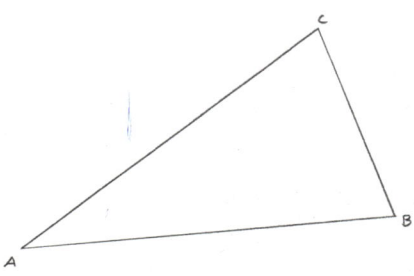

4 Marie soll als Hausaufgabe ein Dreieck zeichnen.
Da sie in der letzten Mathestunde gefehlt hat und es allein nicht schafft, lässt sie sich von ihrer Freundin Susan per Telefon die Konstruktion genau beschreiben.

Zuerst musst du Strecke $\overline{AB}$ mit 6,5 cm zeichnen. Dann in Punkt A den Winkel $\alpha = 42°$ antragen. Zeichne jetzt die Seite b mit 4,7 cm. Dann musst du die Punkte C und B verbinden und du bist fertig. Denke daran das Dreieck zu beschriften.

a) Skizziere das Dreieck und markiere darin die gegebenen Größen.
b) Zeichne das Dreieck nach Susans Beschreibung ins Heft.

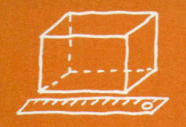

Verstehen

Claudio möchte wissen, ob die Dreiecke gleich sind. Dazu schneidet er sie zuerst aus. Dann versucht er, sie durch Drehen, Verschieben und Umklappen übereinander zu legen.
Passen sie genau, nennt man die Dreiecke **deckungsgleich** oder **kongruent**.

> **Merke** Wenn Dreiecke in den drei Seitenlängen und der Größe ihrer drei Winkel übereinstimmen, dann nennt man sie **zueinander kongruent** (Zeichen: ≅).

HINWEIS
*Eine **Planskizze** ist eine einfache Zeichnung. Die gegebenen Stücke werden farbig hervorgehoben, auf genaue Maße darf man verzichten.*

Um Dreiecke **eindeutig** zeichnen zu können, müssen nicht alle drei Seitenlängen und alle drei Winkelgrößen gegeben sein.

Beispiel 1 Im $\triangle ABC$ sind $c = 4{,}8$ cm, $\alpha = 40°$ und $\beta = 70°$ gegeben.

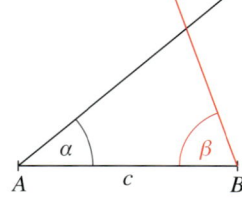

Zeichne $c = 4{,}8$ cm mit den Eckpunkten A und B.   Zeichne in A an c den Winkel $\alpha = 40°$ an.   Zeichne in B an c den Winkel $\beta = 70°$ an.   Schnittpunkt der beiden Schenkel a und b ist C.

Alle Dreiecke, die nach diesen drei Angaben gezeichnet sind, haben gleiche Form und Größe. Auch die übrigen drei Bestimmungsstücke (a, b, γ) sind in diesen Dreiecken gleich groß.

> **Merke** Wenn Dreiecke in einer Seite und den beiden anliegenden Winkeln übereinstimmen, dann sind sie kongruent (**Kongruenzsatz WSW = Winkel-Seite-Winkel**).

Auch bei drei anderen Bestimmungsstücken kann das Dreieck **eindeutig** konstruiert werden.

Beispiel 2 Im $\triangle ABC$ sind $a = 5{,}3$ cm, $b = 3{,}7$ cm und $\gamma = 105°$ gegeben.

PLANSKIZZE

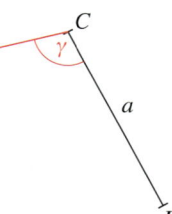
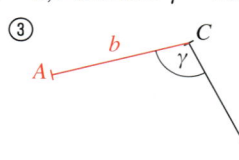
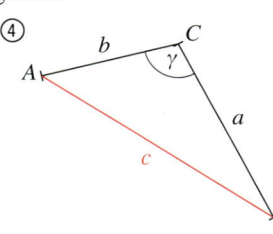

Zeichne $a = 5{,}3$ cm.   Zeichne in C an a den Winkel $\gamma = 105°$ an.   Verlängere den Schenkel von γ auf $b = 3{,}7$ cm. Endpunkt ist A.   Verbinde A und B.

> **Merke** Wenn Dreiecke in zwei Seiten und dem eingeschlossenen Winkel übereinstimmen, dann sind sie kongruent (**Kongruenzsatz SWS = Seite-Winkel-Seite**).

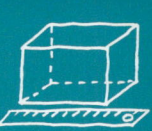

Üben und anwenden

1 Welche Dreiecke sind kongruent?
Prüfe mithilfe einer geeigneten Methode.

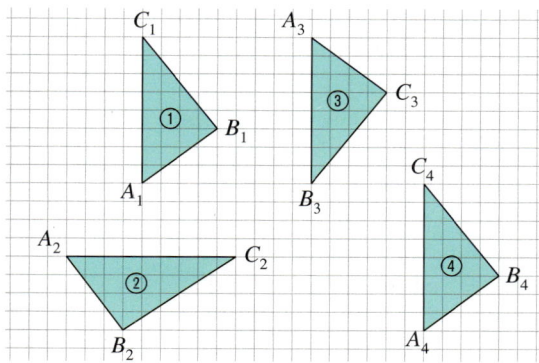

2 Ordne folgende Angaben den Planskizzen
① bis ⑥ zu. Eine Planskizze bleibt übrig.
a) $a = 3{,}6\,cm$; $\gamma = 90°$; $\beta = 60°$
b) $b = 5\,cm$; $\beta = 50°$; $\gamma = 45°$
c) $a = b = c = 4{,}3\,cm$
d) $\alpha = \gamma = 65°$; $c = 7\,cm$
e) $\alpha = 25°$; $\beta = 111°$; $\gamma = 34°$

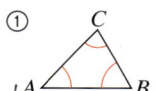 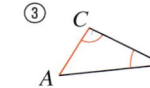

3 Zeichne das Dreieck ABC.
Fertige zunächst eine Planskizze an.
a) $a = 4\,cm$; $\gamma = 60°$; $\beta = 85°$
b) $c = 6\,cm$; $\alpha = 45°$; $\beta = 76°$
c) $a = 8\,cm$; $\gamma = 92°$; $\beta = 27°$
d) $b = 6{,}7\,cm$; $\alpha = 80°$; $\gamma = 50°$

4 Zeichne das Dreieck ABC und beschreibe,
wie du vorgegangen bist.
a) $c = 4\,cm$; $\alpha = 90°$; $\beta = 60°$
b) $a = 2{,}4\,cm$; $\beta = \gamma = 80°$
c) $b = 7\,cm$; $\alpha = 35°$; $\gamma = 95°$

5 Zeichne die Figur aus einem Quadrat und
vier zueinander kongruenten Dreiecken ab.
Die folgenden Bestimmungsstücke der gelben
Dreiecke sind gegeben:
  $c = 5{,}3\,cm$; $\alpha = 59°$; $\beta = 31°$.
a) Beschreibe, wie du beim Zeichnen vorgegangen bist.
b) Gibt es eine möglichst geschickte Lösung?
   Vergleicht eure Ergebnisse untereinander.

1 Übertrage $\triangle ABC$ und den Punkt C' in dein
Heft.

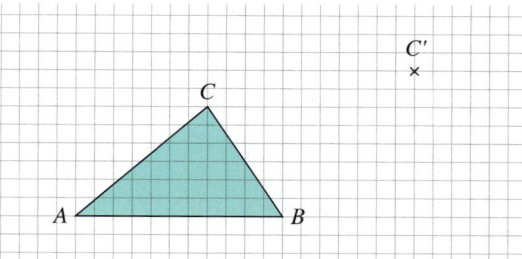

Verschiebe so, dass C auf C' liegt und das
neue $\triangle A'B'C'$ kongruent zu $\triangle ABC$ ist.

2 Erstelle Planskizzen.
Um welche besonderen Dreiecke handelt es
sich jeweils?
a) $a = 6\,cm$; $a = b = c$
b) $b = 5{,}9\,cm$; $\alpha = 40°$; $\alpha = \gamma$
c) $\gamma = 90°$; $a = 5\,cm$; $c = 7\,cm$
d) $b = c = 4{,}5\,cm$; $\gamma = 55°$

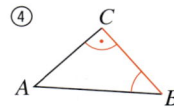 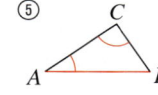 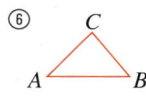

3 Zeichne das Dreieck ABC.
Fertige zunächst eine Planskizze an.
a) $c = 3{,}9\,cm$; $\alpha = 52°$; $\beta = 82°$
b) $c = 4{,}2\,cm$; $\alpha = 100°$; $\beta = 45°$
c) $a = 6{,}2\,cm$; $\beta = 37°$; $\gamma = 74°$
d) $b = 5{,}4\,cm$; $\alpha = 65°$; $\gamma = 79°$

4 Zeichne das Dreieck ABC und beschreibe,
wie du vorgegangen bist.
a) $a = 3{,}5\,cm$; $\beta = 123°$; $\gamma = 23°$
b) $b = 5{,}9\,cm$; $\gamma = 55°$; $\alpha = 55°$
c) $c = 6{,}5\,cm$; $\alpha = 43°$; $\beta = 57°$

HINWEIS
*Auf Seite 53
erfährst du, wie
man eine
Konstruktions-
beschreibung
erstellt.*

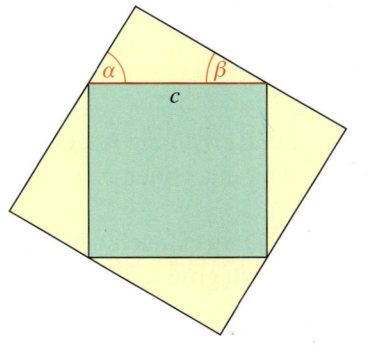

6 Zeichne das Dreieck *ABC*.
a) $b = 6{,}5\,\text{cm}$; $c = 9{,}3\,\text{cm}$; $\alpha = 83°$
b) $a = 3{,}5\,\text{cm}$; $c = 4{,}2\,\text{cm}$; $\beta = 57°$
c) $b = 2{,}1\,\text{cm}$; $c = 6{,}2\,\text{cm}$; $\alpha = 79°$
d) $a = 3{,}4\,\text{cm}$; $b = 3{,}9\,\text{cm}$; $\gamma = 65°$

6 Zeichne das Dreieck *ABC*.
a) $a = 2{,}7\,\text{cm}$; $c = 7{,}5\,\text{cm}$; $\beta = 15°$
b) $b = 5{,}4\,\text{cm}$; $c = 5{,}4\,\text{cm}$; $\alpha = 45°$
c) $a = 5{,}6\,\text{cm}$; $b = 2{,}8\,\text{cm}$; $\gamma = 60°$
d) $a = b = 4\,\text{cm}$; $\alpha = \beta = 60°$

ZUR INFORMATION
Zu einer kompletten geometrischen Lösung gehören:
– *Planskizze*
– *Zeichnung*
– *Konstruktionsbeschreibung*

7 Zeichne das gleichschenklige Dreieck.
a) $c = 4{,}9\,\text{cm}$; $\alpha = 71°$; es gilt $a = b$
b) $a = 6{,}3\,\text{cm}$; $\gamma = 48°$; es gilt $c = b$
c) $b = 5{,}2\,\text{cm}$; $\alpha = 35°$; es gilt $a = c$
d) $b = 6{,}1\,\text{cm}$; $\alpha = 25°$; es gilt $b = c$
e) $a = 5{,}6\,\text{cm}$; $\gamma = 50°$; es gilt $a = b$
f) $c = 4{,}9\,\text{cm}$; $\alpha = 67°$; es gilt $b = c$

7 Zeichne das Dreieck *ABC* und gib eine Konstruktionsbeschreibung an.
a) $b = 3{,}8\,\text{cm}$; $c = 4{,}4\,\text{cm}$; $\alpha = 60°$
b) $b = 5{,}2\,\text{cm}$; $c = 6{,}1\,\text{cm}$; $\alpha = 90°$
c) $a = 3{,}5\,\text{cm}$; $c = 6{,}4\,\text{cm}$; $\beta = 37°$
d) $a = 2\,\text{cm}$; $b = 5\,\text{cm}$; $\gamma = 115°$
e) $a = 33\,\text{mm}$; $b = 36\,\text{mm}$; $\gamma = 85°$

8 Das Dreieck *ABC* soll gezeichnet werden.
a) Bringe die Konstruktionsschritte in die richtige Reihenfolge.

① Kreisbogen um *C* mit $\overline{BC} = a = 5{,}2\,\text{cm}$ zeichnen.

② $\overline{AC} = b = 4\,\text{cm}$ zeichnen.

③ *A* und *B* verbinden.

④ Winkel $\gamma = 33°$ in Punkt *C* an Seite *b* antragen.

b) Konstruiere das Dreieck.
c) Miss alle Seiten und Winkel.

8 Zeichne diese Figur, die aus acht rechtwinkligen Dreiecken besteht.
Beginne mit dem kleinsten Dreieck. Bei genauer Konstruktion muss die längste Seite im größten Dreieck 3 cm lang sein. Prüfe, wie genau du konstruiert hast.

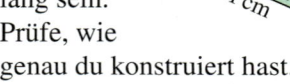

9 Wie weit sind die beiden Messlatten voneinander entfernt? Löse die Aufgabe mit einer maßstabsgerechten Zeichnung.

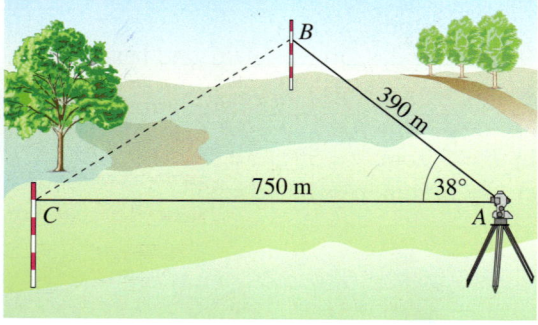

9 Die Schenkel einer aufklappbaren Leiter sind jeweils 2,20 m lang. Klappt man die Leiter auf und stellt sie hin, beträgt der Öffnungswinkel zwischen den Schenkeln 60°.
a) Zeichne zuerst eine Planskizze.
b) Wie hoch reicht die Leiter?
c) Wie weit stehen die Füße auseinander?

10 Die Klasse 7 b erhält die Aufgabe, aus a = 37°, b = 82° und g = 61° ein Dreieck zu zeichnen. Beim Vergleichen mit seinen Nachbarn stellt Noah fest, dass jeder ein anderes Dreieck gezeichnet hat.
a) Zeichnet ein Dreieck nach den Angaben und vergleicht untereinander.
b) 👥 Sucht eine Begründung für die unterschiedlichen Lösungen.

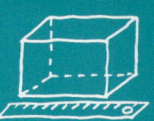

Dreiecke konstruieren (mit Zirkel)

Entdecken

1 ⁑ Das „Sommerdreieck" ist bei uns ab Juli am Sternenhimmel gut sichtbar.
Bereits kurz nach Sonnenuntergang kann man das Dreieck aus den Sternen Wega, Deneb und Atair am südlichen Himmel erkennen.
Beratet zu zweit, wie man das „Sommerdreieck" ohne Geodreieck, nur mit Zirkel und Lineal, möglichst exakt ins Heft übertragen kann. Probiert eure Lösung anschließend aus.

2 Die Konstruktionsbeschreibung für das Dreieck ist durcheinander geraten.
Bringe die Kärtchen in die richtige Reihenfolge und konstruiere aus den Angaben ein Dreieck mit den Seitenlängen 4 cm, 5 cm und 7 cm.
⁑ Vergleiche dein Ergebnis mit deiner Nachbarin oder deinem Nachbarn.
Was fällt euch auf?

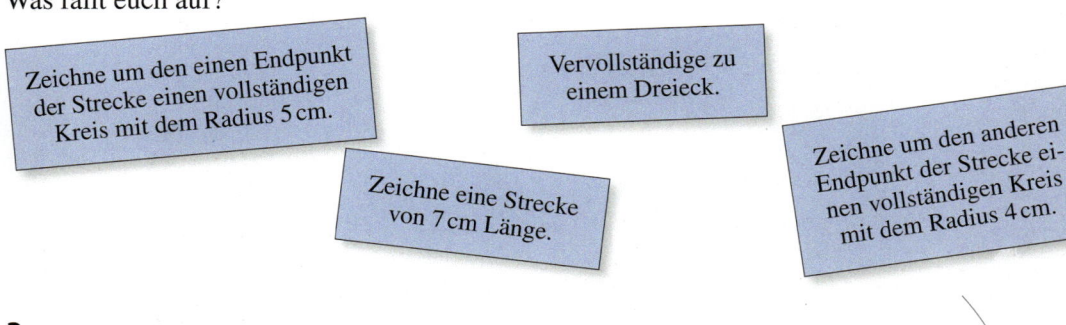

Zeichne um den einen Endpunkt der Strecke einen vollständigen Kreis mit dem Radius 5 cm.

Vervollständige zu einem Dreieck.

Zeichne eine Strecke von 7 cm Länge.

Zeichne um den anderen Endpunkt der Strecke einen vollständigen Kreis mit dem Radius 4 cm.

3 Zeichne zwei Punkte M_1 und M_2 mit einem Abstand von 5 cm zueinander ins Heft.
a) Ziehe um beide Mittelpunkte M_1 und M_2 jeweils einen Kreis mit dem Radius 4 cm.
b) Wiederhole die Zeichnung, aber dieses Mal mit dem Radius 2,5 cm und dann mit dem Radius 1,5 cm.
Was fällt dir auf?

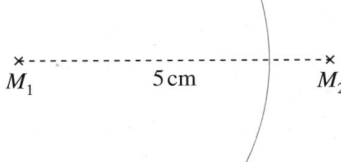

47

Verstehen

Henry möchte eine Landkarte vom Saarland maßstäblich abzeichnen.

Er beginnt mit der Lage von drei großen Städten zueinander und misst die Verbindungslinien der Städte:
$\overline{MH}$ = 3,9 cm; $\overline{HW}$ = 1,6 cm; $\overline{WM}$ = 2,9 cm.

Aus den drei Längen kann er das Städtedreieck zeichnen, denn zur Konstruktion dieses Dreiecks genügen drei Angaben.

Beispiel 1

Im $\triangle ABC$ sind a = 1,6 cm; b = 2,9 cm und c = 3,9 cm gegeben.

PLANSKIZZE

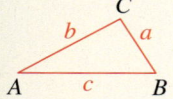

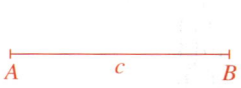 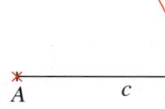 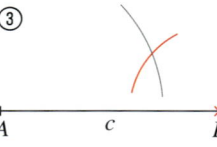 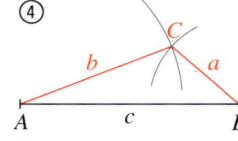

① Zeichne c = 3,9 cm mit den Eckpunkten A und B.

② Zeichne den Kreisbogen um A mit dem Radius b = 2,9 cm.

③ Zeichne den Kreisbogen um B mit dem Radius a = 1,6 cm.

④ Schnittpunkt der beiden Kreisbögen ist C. Verbinde A mit C und B mit C und beschrifte die Seiten.

Alle Dreiecke, die nach diesen drei Angaben gezeichnet sind, haben gleiche Form und Größe. Auch die übrigen drei Bestimmungsstücke (α, β, γ) sind in diesen Dreiecken gleich groß.

> **Merke** Wenn Dreiecke in allen drei Seiten übereinstimmen, dann sind sie kongruent (**Kongruenzsatz SSS = Seite-Seite-Seite**).

Auch aus folgenden drei Bestimmungsstücken kann das Dreieck eindeutig konstruiert werden.

Beispiel 2

Im $\triangle ABC$ sind c = 3,2 cm; α = 30° und a = 3,5 cm gegeben.

PLANSKIZZE

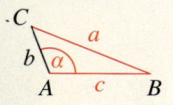

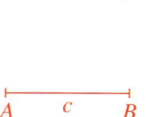 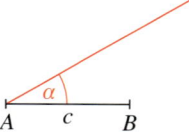 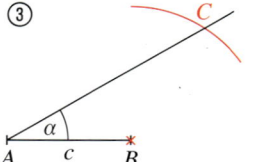 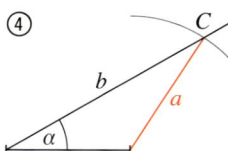

① Zeichne c = 3,2 cm mit den Eckpunkten A und B.

② Zeichne in A an c den Winkel α = 30°.

③ Zeichne den Kreisbogen um B mit dem Radius a = 3,5 cm. Schnittpunkt des Kreisbogens mit dem Schenkel von b ist C.

④ Verbinde B mit C und beschrifte die Seiten.

HINWEIS
Bei der Abkürzung **SsW** wird die kürzere Seite mit dem kleinen „s" bezeichnet.

> **Merke** Wenn Dreiecke in zwei Seiten und dem Winkel übereinstimmen, der der längeren Seite gegenüber liegt, dann sind sie kongruent (**Kongruenzsatz SsW = Seite-Seite-Winkel**).

Üben und anwenden

1 Konstruiere das Dreieck *ABC*.
Wie bist du dabei vorgegangen?
a) $a = 7\,cm$; $b = 4\,cm$; $c = 5\,cm$
b) $a = 6\,cm$; $b = 4\,cm$; $c = 8\,cm$
c) $a = 5,4\,cm$; $b = 3,7\,cm$; $c = 6,5\,cm$
d) $a = 6,1\,cm$; $b = 6,5\,cm$; $c = 4,4\,cm$

2 Konstruiere das Dreieck *ABC*. Betrachte
die Seitenlängen und gib die Dreiecksart an.
a) $a = 8\,cm$; $b = c = 5\,cm$
b) $a = c = 6\,cm$; $b = 5\,cm$
c) $a = b = c = 4\,cm$
d) $a = 10\,cm$; $b = 5\,cm$; $c = 7\,cm$

3 Konstruiere die Dreiecke *ABC* und *ABD*
nach der Konstruktionsbeschreibung.
1. Zeichne $c = 4,5\,cm$.
2. Zeichne um *A* einen Kreis ($b = 6\,cm$).
3. Zeichne um *B* einen Kreis ($a = 3\,cm$).
4. Die Kreise schneiden sich in *C* und *D*.
5. Verbinde *C* mit *A* und mit *B*, ebenso *D*.

4 Zeichne das Windrad in dein Heft. Das Windrad
besteht aus acht zueinander kongruenten Dreiecken.
1. Beginne mit den grünen Flächen.
2. Ergänze anschließend die gelben Flächen.

5 Zeichne den Stern in dein Heft.
Beginne so:
Zeichne das
gleichseitige
Dreieck *ABC* mit
$\overline{AB} = 12\,cm$ und
dann das gleich-
seitige Drei-
eck *DEF* mit
$d = 4\,cm$.

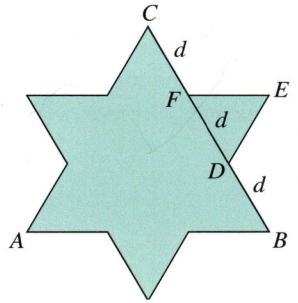

6 Versuche das Dreieck *ABC* mit $a = 6\,cm$,
$b = 3\,cm$ und $c = 2\,cm$ zu konstruieren.
Beginne mit der längsten Seite.
a) Warum ist dies nicht möglich?
b) Wie muss die Seitenlänge von *a* geändert
werden, damit sich ein Dreieck ergibt?
c) Was muss für die längste Seite gelten,
damit sich ein Dreieck aus drei Seitenlängen konstruieren lässt?

1 Konstruiere das Dreieck *ABC* und gib eine
Konstruktionsbeschreibung an.
a) $a = 4,5\,cm$; $b = 3,5\,cm$; $c = 5,5\,cm$
b) $a = 7,1\,cm$; $b = 5,2\,cm$; $c = 42\,mm$
c) $a = 22\,mm$; $b = 6,7\,cm$; $c = 7,3\,cm$
d) $a = 48\,mm$; $b = 5,2\,cm$; $c = 0,5\,dm$

2 Konstruiere das Dreieck *ABC*.
Was für ein Dreieck entsteht jeweils?
a) $a = b = 6,2\,cm$; $c = 4,6\,cm$
b) $a = c = 3,7\,cm$; $b = 5,9\,cm$
c) $a = b = c = 5,3\,cm$
d) $a = 4,8\,cm$; $b = 6\,cm$; $c = 3,6\,cm$

3 Konstruiere das Dreieck *ABC* nach dieser
Kurzbeschreibung:
1. $\overline{AC} = 4,5\,cm$ zeichnen
2. Kreisbogen um *A* mit $c = 5\,cm$
3. Kreisbogen um *C* mit $a = 4,2\,cm$
4. Schnittpunkt ist *B*
5. *ABC* verbinden

5 Zeichne den Stern in dein Heft.
Beginne so:
Zeichne die Gera-
den *g* und *h* ($g \perp h$).
Zeichne dann das
Dreieck *ABC* mit
$\overline{AC} = 5,1\,cm$,
$\overline{AB} = 2,4\,cm$ und
$\overline{BC} = 3,8\,cm$.

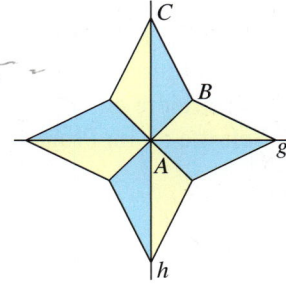

6 Versuche das Dreieck *ABC* mit den Seiten
$a = 2,7\,cm$, $b = 3,3\,cm$ und $c = 7,2\,cm$ zu
konstruieren.
a) Warum kann kein Dreieck entstehen?
b) Formuliere, was erfüllt sein muss, damit
man aus drei Seitenangaben ein Dreieck
zeichnen kann.
c) Ändere beim Dreieck *ABC* eine Seitenlänge, sodass sich ein Dreieck ergibt.

ZUM WEITERARBEITEN
Notiere in deinem
Merkheft häufig
verwendete Kons-
truktionsbefehle
mit einer passen-
den Zeichnung.

NACHGEDACHT
Zeichne ein
gleichseitiges
Dreieck mit
$a = 5\,cm$ in dein
Heft.
Hast du genü-
gend Bestim-
mungsstücke ge-
geben? Begründe.

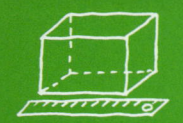

Methode: Dreiecke mit dem Computer konstruieren

Mithilfe eines Computerprogramms kann man ebenso wie auf Papier geometrische Konstruktionen ausführen. Das dazu benötigte Programm ist eine dynamische Geometrie-Software, entsprechend der Anfangsbuchstaben abgekürzt DGS.

Die Arbeit mit einer dynamischen Geometrie-Software bietet Vorteile: Figuren können schnell und genau konstruiert werden, aber auch bewegt und dynamisch verändert werden.

Die fertigen Zeichnungen können gespeichert und ausgedruckt werden.

1 Grundwerkzeuge

Mache dich mit den Werkzeugen des Programms vertraut. Zeichne einige Grundelemente wie Strecke, Kreis oder Dreieck.

Bei einigen Programmen erhältst du, wenn du auf den Rand der Werkzeug-Schaltfläche klickst, weitere Werkzeuge. Probiere die einzelnen Werkzeuge aus.

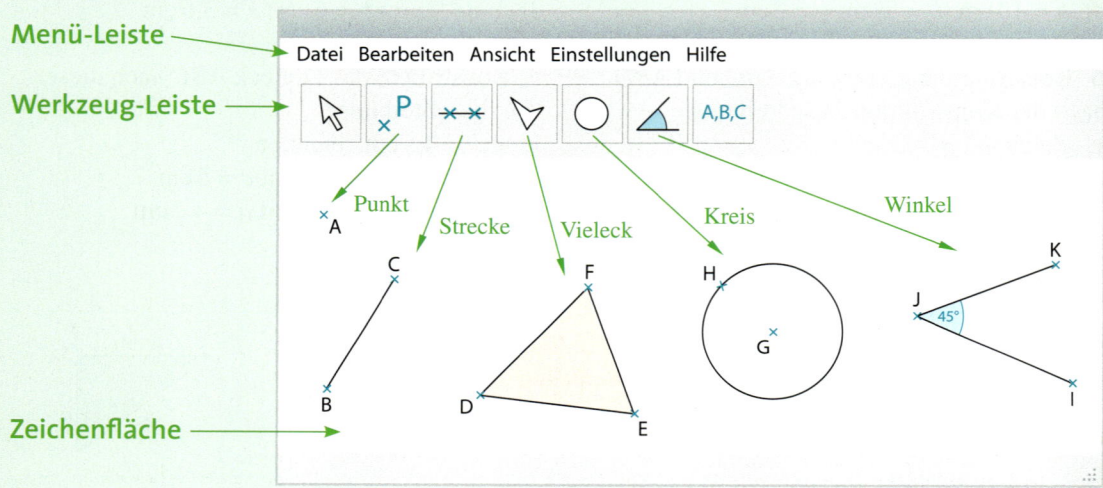

BEACHTE
Bei der Eingabe von Dezimalbrüchen musst du bei einigen Programmen statt des Kommas einen Punkt eingeben.
Beispiel
Für 2,75 cm schreibt man 2.75 in das Dialogfenster.

2 Konstruktion verschiedener Dreiecksarten

a) Führe die Konstruktionsschritte wie im Bild für ein rechtwinkliges Dreieck aus. Notiere in einem Merkheft, welche Werkzeuge des Programms du benutzt hast.

b) Konstruiere ein gleichseitiges und ein gleichschenkliges Dreieck. Notiere jeweils, welche Schritte du im Programm ausgeführt hast.

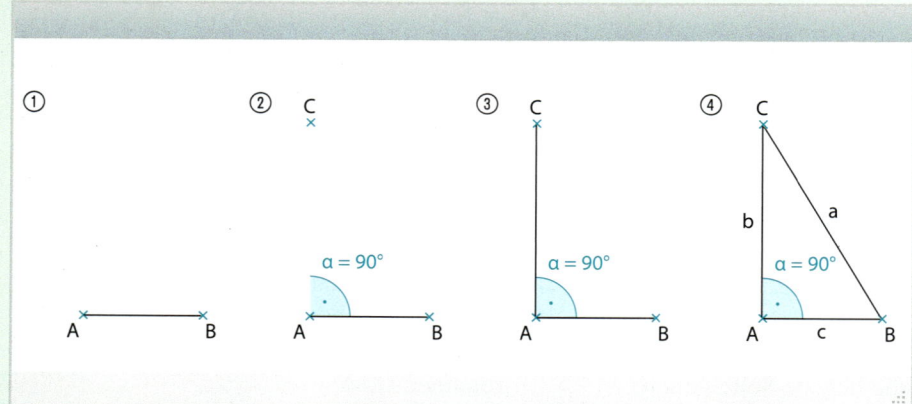

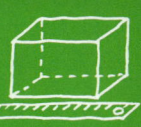

3 Koordinatensystem und Gitterlinien

Auf der Zeichenfläche kann man ein Koordinatensystem und Gitterlinien einblenden.

a) Zeichne das nebenstehende Dreieck über die Eckpunkte ab.
   Welche Dreiecksform ist entstanden?

b) Zeichne weitere Dreiecke mithilfe ihrer Eckpunkte.
   Beschreibe jeweils ihre Form.
   ① $\triangle ABC$ mit
      $A(-4|-2)$, $B(1|3)$, $C(-2|6)$
   ② $\triangle DEF$ mit
      $D(2|3)$, $E(-2|-5)$, $F(6|-5)$
   ③ $\triangle GHI$ mit
      $G(6|4)$, $H(-6/0)$, $I(-1|-1)$

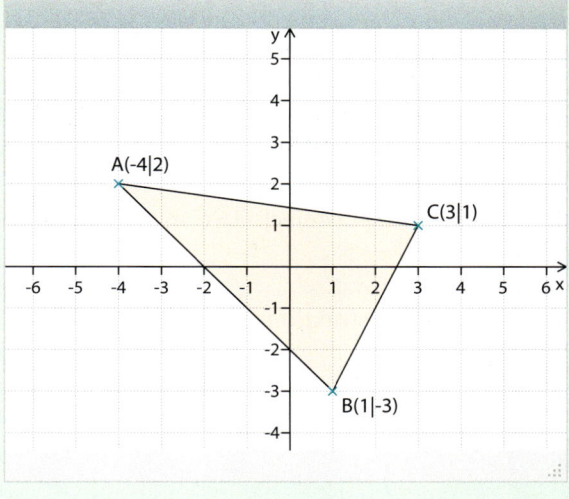

4 Mit dem Zirkel arbeiten

Konstruiere folgende Dreiecke.

a) $a = 4\,\text{cm}$,
   $b = 5\,\text{cm}$,
   $c = 7\,\text{cm}$

b) $a = b = 4,5\,\text{cm}$,
   $c = 6,3\,\text{cm}$

c) $a = b = c = 5,3\,\text{cm}$

d) $a = b = 4,5\,\text{cm}$,
   $c = 10\,\text{cm}$
   Was fällt dir auf?

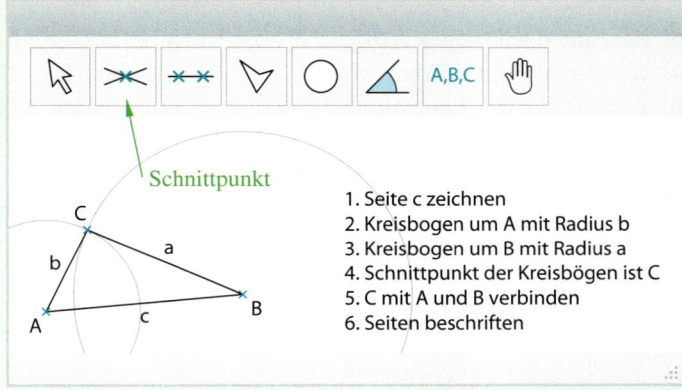

Schnittpunkt

1. Seite c zeichnen
2. Kreisbogen um A mit Radius b
3. Kreisbogen um B mit Radius a
4. Schnittpunkt der Kreisbögen ist C
5. C mit A und B verbinden
6. Seiten beschriften

5 Ergebnisse ausdrucken

* siehe Aufgabe Nr. 6

a) Konstruiere das Dreieck nachfolgender Kurzbeschreibung und drucke die Zeichnung aus.
   ① $\overline{AC} = 4,7\,\text{cm}$ ② in Punkt A Winkel $\alpha = 41°$
   ③ von A aus Strahl durch Endpunkt des Schenkels   ④ in Punkt C Winkel $\gamma = 70°$
   ⑤ von C aus Strahl durch Endpunkt des Schenkels
   ⑥ Schnittpunkt der beiden Strahlen ist B   ⑦ Dreieck beschriften (siehe 6)

b) Nach welchem Kongruenzsatz ist das Dreieck konstruiert?

6 Konstruktionen beschriften

a) Konstruiere das Dreieck, beginne mit $\overline{BC}$.
   Benutze das Werkzeug zur Beschriftung, um die Bestimmungsstücke zu benennen.

b) Zeichne und beschrifte das folgende Dreieck:
   $b = 4,2\,\text{cm}$,
   $a = 6\,\text{cm}$,
   $\alpha = 43°$

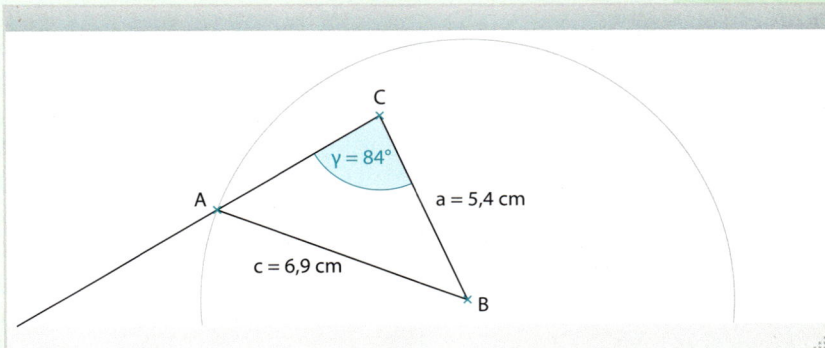

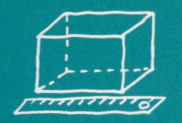
7 👥 Fertigt jeweils eine Planskizze an.
Welcher Winkel muss angegeben werden, damit eine Kongruenz nach SsW vorliegt?
a) $a = 3,6\,cm$; $c = 4,8\,cm$
b) $b = 8,9\,cm$; $c = 6,7\,cm$
c) $b = 3,4\,cm$; $a = 11,3\,cm$
d) $a = 6,3\,cm$; $c = 6,5\,cm$

8 Konstruiere das Dreieck ABC mit $b = 6\,cm$, $c = 4\,cm$ und $\beta = 95°$.
Beachte die Planskizze.
Erstelle eine Konstruktionsbeschreibung.

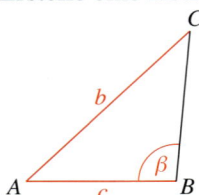

8 Prüfe, ob der Winkel gegeben ist, der der größeren Seite gegenüberliegt. Falls ja, konstruiere das Dreieck.
Fertige zu einem Dreieck eine Konstruktionsbeschreibung an.
a) $a = 7\,cm$; $b = 4,8\,cm$; $\beta = 73°$
b) $c = 4,3\,cm$; $a = 6,9\,cm$; $\alpha = 37°$
c) $b = 3,4\,cm$; $c = 11,3\,cm$; $\beta = 104°$
d) $a = 6,3\,cm$; $c = 6,5\,cm$; $\gamma = 54°$

9 Zeichne das Dreieck ABC.
a) $a = 3,8\,cm$; $c = 5,4\,cm$; $\gamma = 70°$
b) $a = 3,9\,cm$; $b = 6,4\,cm$; $\beta = 54°$
c) $b = 4,2\,cm$; $c = 4,7\,cm$; $\gamma = 40°$

9 Zeichne das Dreieck ABC.
a) $a = 2,8\,cm$; $c = 2\,cm$; $\alpha = 87°$
b) $b = 33\,mm$; $c = 40\,mm$; $\gamma = 66°$
c) $a = 50\,mm$; $c = 91\,mm$; $\gamma = 122°$

10 Betrachte die Angaben des Dreiecks ABC.
Entscheide, ob es eindeutig konstruierbar ist.
Falls ja, konstruiere das Dreieck ABC.
a) $a = 3,7\,cm$; $c = 4,9\,cm$; $\gamma = 72°$
b) $c = 4,8\,cm$; $b = 5,2\,cm$; $\gamma = 55°$
c) $b = 4,5\,cm$; $a = 3,7\,cm$; $\beta = 68°$
d) $a = 3,5\,cm$; $c = 5,6\,cm$; $\alpha = 30°$
e) $b = 6,3\,cm$; $c = 3,7\,cm$; $\beta = 95°$
f) $c = 6,3\,cm$; $a = 4,7\,cm$; $\alpha = 27°$

10 Konstruiere nur die Dreiecke, die eindeutige Angaben nach SsW haben.
a) $b = 1,7\,cm$; $c = 2,5\,cm$; $\beta = 38°$
b) $a = 4,5\,cm$; $b = 8\,cm$; $\beta = 26°$
c) $a = 3,2\,cm$; $c = 5,4\,cm$; $\alpha = 31°$
d) $a = 1,4\,cm$; $c = 2,8\,cm$; $\gamma = 58°$
e) $b = 51\,mm$; $c = 64\,mm$; $\gamma = 69°$
f) $a = 79\,mm$; $c = 34\,mm$; $\alpha = 144,5°$

11 Auf welcher Höhe befindet sich die Bergstation der Seilbahn?
Konstruiere ein Dreieck im Maßstab
$1 : 100\,000$ und lies die Höhe ab.
Entnimm alle Angaben der Zeichnung unten.
Tipp:
Beim Maßstab $1 : 100\,000$ entspricht 1 cm in der Zeichnung 1 km in Wirklichkeit.

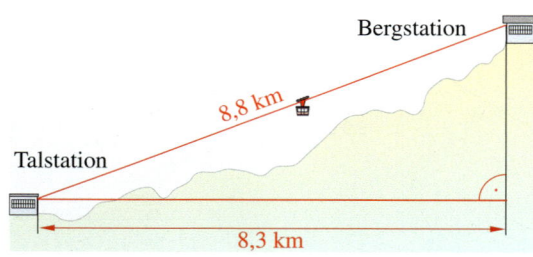

Bergstation

8,8 km

Talstation

8,3 km

11 Aachen liegt am Dreiländereck, an dem Deutschland an Belgien und die Niederlande grenzt. Auf dem „Dreilandenpunkt" steht der Baudouinturm, von dem man Aachens Dom und Universitätsklinik sehen kann.
In der Karte bilden die Luftlinien vom Turm zum Klinikum und zum Dom einen 41°-Winkel. Klinikum

Klinikum

Dom

Baudouinturm

und Dom sind 10,5 km voneinander entfernt, Turm und Klinikum 9 km.
Zeichne das Dreieck verkleinert im Maßstab von $1 : 100\,000$ ins Heft und bestimme die Entfernung vom Aussichtsturm zum Dom.

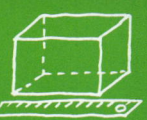

Methode: Konstruktionsbeschreibungen erstellen

An einer fertigen Zeichnung kann man nicht erkennen, wie sie entstanden ist.
Um die Erstellung einer Zeichnung nachvollziehen zu können, schreibt man die einzelnen
Konstruktionsschritte in einer Konstruktionsbeschreibung auf.

Hier sind wichtige Begriffe, die du dabei verwenden kannst:

Seite zeichnen
„Zeichne die Seite c."
„Zeichne die Strecke $\overline{AB}$."

Winkel zeichnen
„Zeichne an c im Punkt B den Winkel β an."

Kreisbogen zeichnen
„Zeichne einen Kreisbogen mit dem Radius a um B."

Seite abtragen
„Trage im Punkt B die Seite a am freien Schenkel ab."

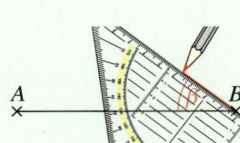
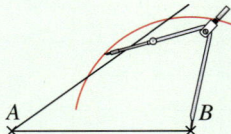
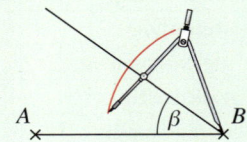

Beispiel Konstruiere ein Dreieck ABC mit $a = 2\,cm$; $b = 3\,cm$ und $\beta = 20°$.

1. gegebene Größen notieren
Welche Bestimmungsstücke sind gegeben?

$a = 2\,cm$
$b = 3\,cm$
$\beta = 20°$

2. Planskizze erstellen
Gegebene Größen farbig hervorheben.

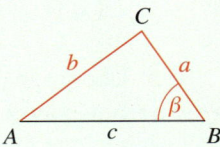

3. Vorüberlegungen treffen
Welche Werkzeuge benötige ich? Mit welcher Seite beginne ich? In welcher Reihenfolge gehe ich weiter vor?

Werkzeuge: Geodreieck, Zirkel
– mit a beginnen (Strecke $\overline{BC}$)
– in B Winkel β antragen → freier Schenkel c
– Kreisbogen mit Radius b um C → Schnittpunkt mit c ist A

4. Dreieck konstruieren

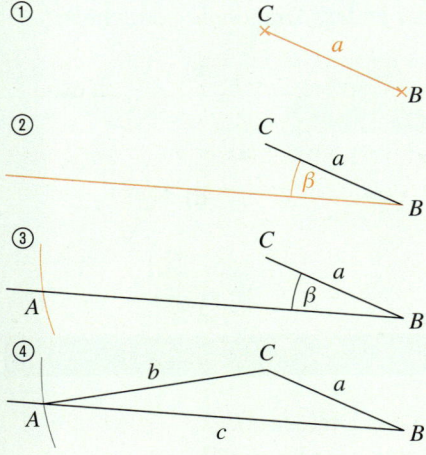

5. Konstruktionsbeschreibung erstellen

① Zeichne die Seite $a = 2\,cm$ mit den Eckpunkten B und C.

② Zeichne im Punkt B den Winkel $\beta = 20°$ an.

③ Zeichne um den Punkt C einen Kreisbogen mit dem Radius $b = 3\,cm$. Der Schnittpunkt von dem Kreisbogen und dem freien Schenkel ist der Eckpunkt A.

④ Verbinde A mit C und beschrifte die übrigen Teile des Dreiecks.

1 Fertige zu der Bildfolge eine Planskizzize und eine Konstruktionsbeschreibung an.

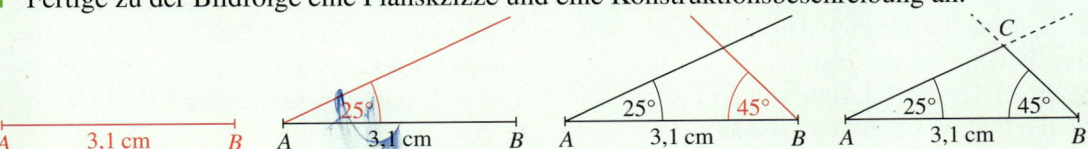

Klar so weit?

→ Seite 40

Dreiecksarten erkennen und beschreiben

1 Betrachte die Dreiecke. Übertrage die Tabelle in dein Heft und kreuze für jedes Dreieck an, welche Eigenschaften es besitzt.

	①	②	③	④
spitzwinklig				
rechtwinklig				
stumpfwinklig				
gleichschenklig				
gleichseitig				
unregelmäßig				

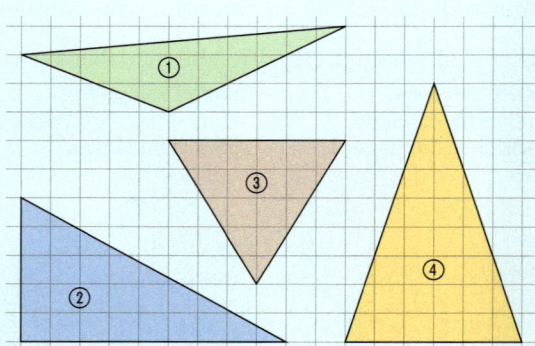

2 Übertrage die gleichschenkligen Dreiecke in dein Heft.

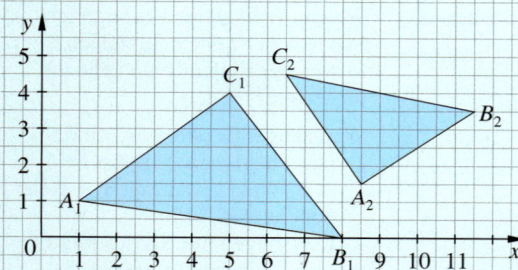

a) Zeichne jeweils die Symmetrieachse ein.
b) Welche Seiten sind Schenkel, welche Seiten sind Basis? Färbe die Basis rot.

3 Zeichne die Vierecke ① und ② in dein Heft und verbinde zwei gegenüberliegende Eckpunkte durch eine Diagonale.
Welche Dreiecksformen entstehen jeweils?
① ein Quadrat mit 7 cm Seitenlänge
② ein beliebiges Rechteck

2 Zeichne das Dreieck ABC in ein Koordinatensystem. Prüfe, ob das Dreieck ABC gleichschenklig ist. Zeichne gegebenenfalls die Symmetrieachse ein.

a) $A(2|1)$; b) $A(3|8,5)$; c) $A(1|0)$;
    $B(8|2)$; $B(1|4,5)$; $B(4,5|2)$;
    $C(3|7)$ $C(5,5|2,5)$; $C(1|4)$

3 Übertrage die Vierecke in dein Heft und verbinde zwei gegenüberliegende Eckpunkte durch eine Diagonale.
Welche Dreiecksarten entstehen? Benenne nach Seiten und Winkeln. Was ändert sich, wenn du die andere Diagonale betrachtest?

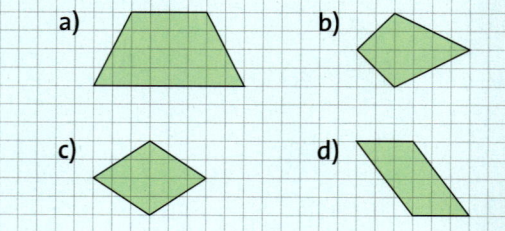

→ Seite 44

Dreiecke zeichnen (ohne Zirkel)

4 Zeichne das Dreieck ABC.
a) $a = 4\,cm$; $\beta = 27°$; $\gamma = 140°$
b) $b = 6,8\,cm$; $\gamma = 42°$; $\alpha = 80°$

5 Zeichne das Dreieck ABC und beschreibe, wie du vorgegangen bist.
a) $b = 3,8\,cm$; $c = 4,4\,cm$; $\alpha = 60°$
b) $a = 3,5\,cm$; $c = 6,4\,cm$; $\beta = 35°$

4 Zeichne das Dreieck ABC.
a) $c = 4,9\,cm$; $\alpha = 61°$; $\beta = 46°$
b) $b = 5,2\,cm$; $\gamma = 23°$; $\alpha = 126°$

5 Zeichne das Dreieck ABC und beschreibe, wie du vorgegangen bist.
a) $a = 33\,mm$; $b = 3,6\,cm$; $\gamma = 87°$
b) $b = c = 5,4\,cm$; $\alpha = 45°$

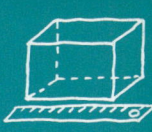

6 Zeichne die Figur exakt.
Beginne mit
Punkt A.
Miss zum
Schluss
die Größe
von Winkel γ.

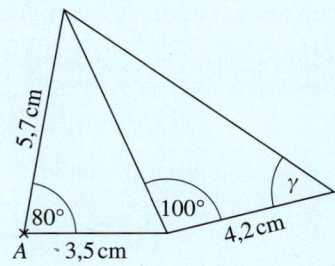

6 Zeichne die Figur und miss zum Schluss
die Länge von Seite x.

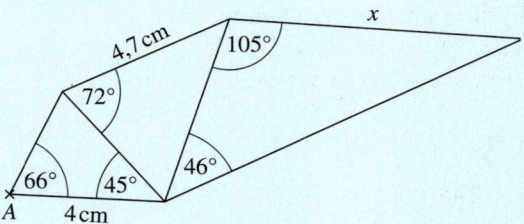

7 Welche Dreiecke sind eindeutig konstruierbar, welche nicht? Begründe.

a) $\alpha = 70°$; $\beta = 39°$; $\gamma = 71°$

b) $\alpha = 97°$; $b = 5{,}7$ cm; $c = 9$ cm

c) $\beta = 150°$; $a = 7{,}3$ cm; $\gamma = 85°$

Dreiecke konstruieren (mit Zirkel)

→ Seite 48

8 Konstruiere das Dreieck ABC und gib eine
Konstruktionsbeschreibung an.
a) $a = 4{,}7$ cm; $b = 5{,}2$ cm; $c = 3{,}9$ cm
b) $a = 2{,}8$ cm; $b = 5{,}9$ cm; $c = 4{,}5$ cm
c) $a = 5{,}5$ cm; $b = 3{,}3$ cm; $c = 3{,}6$ cm

8 Konstruiere das Dreieck ABC und gib eine
Konstruktionsbeschreibung an.
a) $a = 2{,}4$ cm; $b = 7$ cm; $c = 7{,}4$ cm
b) $a = 4{,}8$ cm; $b = 5{,}7$ cm; $a = c$
c) $a = b = c = 3{,}6$ cm

9 Zeichne das Dreieck ABC.
Fertige zunächst eine Planskizze an.
a) $c = 3$ cm; $a = 4{,}2$ cm und $\alpha = 72°$
b) $c = 3{,}5$ cm; $b = 5{,}5$ cm und $\beta = 135°$

9 Zeichne das Dreieck ABC.
Fertige zunächst eine Planskizze an.
a) $a = 2{,}7$ cm; $c = 5{,}1$ cm und $\gamma = 101°$
b) $b = 4{,}7$ cm; $a = 3{,}3$ cm und $\beta = 73°$

10 Konstruiere nur die Dreiecke, die eindeutig konstruierbar sind. Eine Planskizze hilft.
a) $a = 6{,}3$ cm; $b = 4{,}2$ cm; $\gamma = 63°$
b) $c = 4{,}5$ cm; $b = 9{,}7$ cm; $a = 5{,}1$ cm
c) $\alpha = 39°$; $c = 6{,}7$ cm; $a = 4{,}4$ cm
d) $b = 5{,}1$ cm; $c = 6{,}9$ cm; $\gamma = 98°$

10 Konstruiere das Dreieck ABC mit
$c = 4$ cm, $a = 5{,}5$ cm und $\alpha = 50°$.
a) Ändere die Länge der Seite a so, dass zwei
Dreiecke konstruiert werden können.
b) Mit welchen Längen für a ist das Dreieck
gar nicht konstruierbar?

11 Zeichne die Figuren ins Heft. Alle
erkennbaren Dreiecke sind gleichseitig.
a) $\overline{AB} = 6$ cm,   **b)** $\overline{AB} = 4$ cm,
$\overline{AD} = 3$ cm, $\overline{AD} = 3$ cm,
$\overline{BE} = 3$ cm $\overline{BE} = 3$ cm

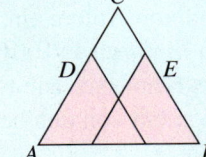

11 Das Dreieck ABC ist gleichseitig. Die
Dreiecke ABD, BCE und AFC
sind kongruent und gleichschenklig.
Zeichne die Figur,
beginne mit dem
Dreieck ABC
mit $c = 6$ cm.
Weiter gilt
$\overline{AD} = 3{,}3$ cm.

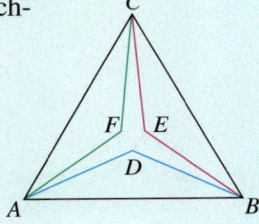

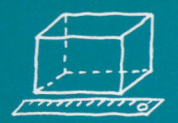

Vermischte Übungen

1 Betrachte die Dreiecke.
a) Sortiere sie nach Winkeln.
b) Sortiere sie nach Seiten.

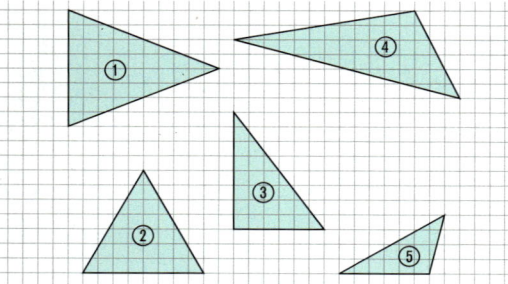

1 Zeichne ein Dreieck, wenn möglich. Wenn nicht, begründe, warum es nicht geht.

a) gleichschenklig, spitzwinklig

b) gleichschenklig, stumpfwinklig

c) gleichseitig, spitzwinklig

d) gleichseitig, rechtwinklig

e) gleichseitig, stumpfwinklig

f) gleichschenklig, rechtwinklig

2 Konstruiere jeweils das Dreieck ABC. Fertige zu einem Dreieck eine Konstruktionsbeschreibung an.
a) $a = 3\,cm$; $b = 6\,cm$; $c = 5\,cm$
b) $c = 5,3\,cm$; $\alpha = 43°$; $\beta = 62°$
c) $b = 2,9\,cm$; $c = 5,3\,cm$; $\alpha = 36°$
d) $a = 4\,cm$; $b = 6\,cm$; $\gamma = 47°$
e) $a = 5,1\,cm$; $c = 4,5\,cm$; $\alpha = 55°$
f) $a = b = c = 4,8\,cm$

2 Begründe zunächst, dass bei der Konstruktion tatsächlich ein Dreieck entsteht. Zeichne dann das Dreieck ABC ins Heft.
a) $c = 4,2\,cm$; $\alpha = 100°$; $\beta = 45°$
b) $a = 2,4\,cm$; $b = 4,7\,cm$; $c = 3,5\,cm$
c) $a = 3,9\,cm$; $b = 4,5\,cm$; $\gamma = 54°$
d) $c = 4\,cm$; $b = 5,1\,cm$; $\beta = 85°$
e) $a = 6,5\,cm$; $\alpha = 83°$; $\beta = 54°$
f) $a = 3,7\,cm$; $b = 5,8\,cm$; $c = a$

3 Damit eine Stufenleiter sicher steht, darf der Winkel α nicht größer als 70° sein.
Wie lang muss die Leiter dann mindestens sein, damit sie an einer Hauswand bis in eine Höhe von 4,5 m reicht? Zeichne 2 cm für 1 m.

3 Damit eine Stufenleiter sicher steht, darf der Winkel α nicht größer als 70° sein. Im Fachhandel werden Leitern in den Längen 4 m, 5 m und 6 m angeboten. Fertige maßstabsgerechte Zeichnungen an, mit deren Hilfe du bestimmen kannst, bis in welche Höhe jede Leiter bei dem größtmöglichen Neigungswinkel reicht.

4 Das Land Guyana liegt in Südamerika. Die Flagge dieses Landes enthält gleichschenklige Dreiecke.
Zeichne diese Flagge mit den angegebenen Maßen.
$a = 3\,cm$; $\alpha_1 = 61°$; $\alpha_2 = 74°$

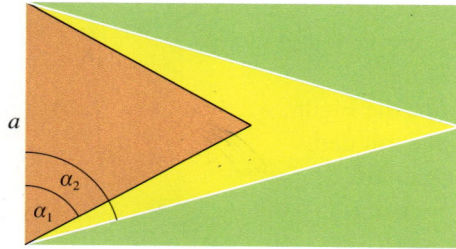

4 Ein Schiff wird von den beiden Orten Juist und Norderney gleichzeitig gesichtet, beide Orte liegen 12 km voneinander entfernt.

Entnimm die Winkelgrößen der Zeichnung und konstruiere ein entsprechendes Dreieck im Maßstab 1 : 100 000.
Bestimme so, wie weit das Schiff in diesem Moment von den beiden Orten entfernt war.

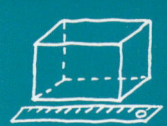

5 Die Höhe eines Bürogebäudes soll vermessen werden.
Dazu wird ein Winkelmessgerät, ein sogenannter Theodolit, in 50 m Entfernung vom Gebäude aufgestellt. Die Messung ergibt einen Winkel von $\alpha = 35°$.

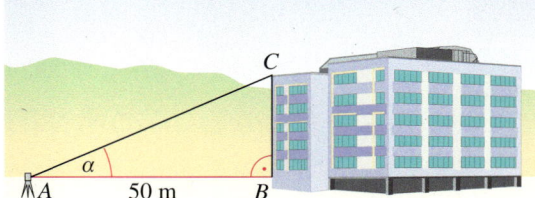

a) Fertige nach der Skizze eine verkleinerte Zeichnung im Maßstab 1 : 500 an.
b) Bestimme aus der Zeichnung die Höhe des Bürogebäudes. Beachte dabei den Hinweis zur Augenhöhe in der Randspalte.

6 Eine Eisenbahngesellschaft plant eine neue Strecke mit einem Tunnel (gestrichelte Linie) durch bergiges Gelände.
Fertige eine maßstabsgetreue Zeichnung an (1 cm entspricht 100 m).
Berechne wie lang der Tunnel ist.

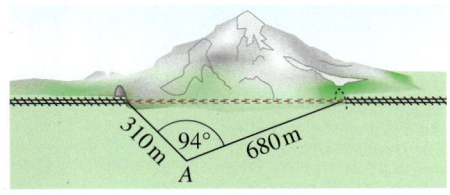

7 Ergänze die dritte Angabe, sodass nach dem angegebenen Kongruenzsatz ein Dreieck eindeutig konstruierbar ist.
a) nach SsW $a = 5,4\,cm$; $c = 6,9\,cm$
b) nach SSS $a = 4,3\,cm$; $b = 8,9\,cm$
c) nach WSW $\alpha = 47°$; $\gamma = 47°$
d) nach SsW $b = 4\,m$; $c = 7,5\,m$

5 Die Höhe eines Kirchturms soll bestimmt werden. Dazu wurden zwei geeignete Punkte A und B im Gelände gewählt.

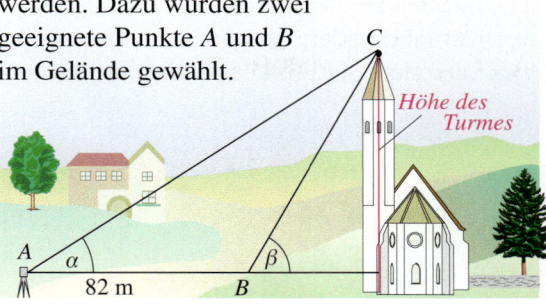

Höhe des Turmes

Die Entfernung der Punkte A und B beträgt 82 m. Von A und von B aus wird die Kirchturmspitze angepeilt. Die Messungen ergeben $\alpha = 27°$ und $\beta = 57°$.
Fertige eine verkleinerte Zeichnung im Maßstab 1 : 1 000 und bestimme mithilfe der Zeichnung die Höhe des Turms in Wirklichkeit. Beachte die Augenhöhe.

6 Eine Segelregatta führt vom Hafen um zwei Bojen herum zurück zum Ausgangspunkt. Die Bojen sind 4,9 km voneinander entfernt. Fertige eine maßstabsgetreue Zeichnung an und bestimme die Länge der gesamten Regattastrecke.

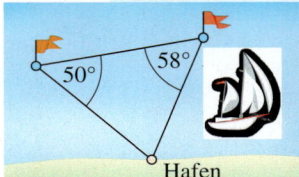

+7 Begründe mithilfe der Kongruenzsätze, welche Dreiecke zueinander kongruent sind.
① Dreieck $A_1B_1C_1$:
   $a_1 = 4\,cm$; $c_1 = 2\,cm$; $\alpha_1 = 100°$
② Dreieck $A_2B_2C_2$:
   $a_2 = 4\,cm$; $c_2 = 2\,cm$; $\beta_2 = 100°$
③ Dreieck $A_3B_3C_3$:
   $a_3 = 2\,cm$; $b_3 = 4\,cm$; $\gamma_3 = 100°$
④ Dreieck $A_4B_4C_4$:
   $a_4 = 4\,cm$; $b_4 = 2\,cm$; $\beta_4 = 100°$
⑤ Dreieck $A_5B_5C_5$:
   $b_5 = 2\,cm$; $c_5 = 4\,cm$; $\gamma_5 = 100°$

+8 Begründe durch einen Kongruenzsatz oder widerlege durch ein Gegenbeispiel, ob die folgenden Aussagen stimmen. Zwei Dreiecke sind kongruent, wenn sie …
a) in allen Winkelgrößen übereinstimmen.
c) in allen Seitenlängen übereinstimmen.
e) in einer Seitenlänge und zwei Winkelgrößen übereinstimmen.
f) in einer Winkelgröße und einer Seitenlänge übereinstimmen.
g) in zwei Seitenlängen und einer Winkelgröße übereinstimmen.
b) den gleichen Umfang haben.
d) den gleichen Flächeninhalt haben.

HINWEIS

Ein **Theodolit** misst Winkel und wird in der Landvermessung eingesetzt. Er ist auf einem Stativ in einer Höhe von 1,50 m über dem Boden (Augenhöhe) befestigt.

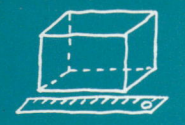

9 Briefmarken aus aller Welt

Die meisten Briefmarken sind viereckig, es gibt aber auch Ausnahmen. Schon seit Beginn des vorigen Jahrhunderts werden auch dreieckige Marken herausgegeben.
Bei Sammlern sind solche Marken besonders beliebt, weil sie so selten sind.

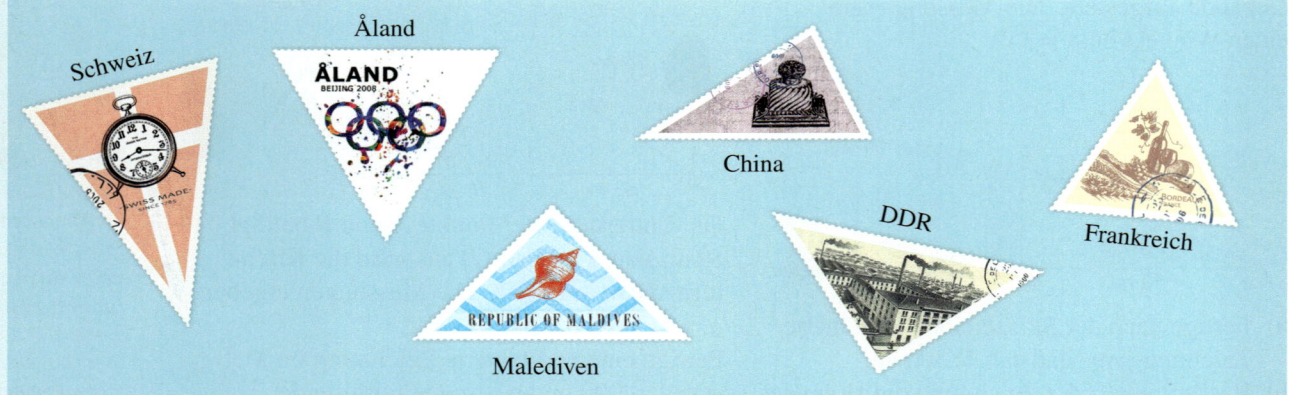

a) Vergleiche die abgebildeten Briefmarken. Bestimme jeweils die genaue Dreiecksform.
b) Zeichne die Umrisse der Marken ab. Überlege vorher, welche Maße du benötigst.
c) Briefmarken werden nicht einzeln, sondern auf Bogen gedruckt.
   Das ist bei rechteckigen Marken einfach (siehe rechts).
   Wie aber können die dreieckigen Marken auf einem Druckbogen angeordnet werden?
   Überlege dir eine Anordnung, sodass möglichst viele Marken auf einen Bogen passen und möglichst wenige Lücken entstehen.
   Die Briefmarkenbogen sollen rechteckig sein und 20 cm mal 15 cm messen.
   ① Beginne mit der Malediven-Marke.
   ② Skizziere auch Bogen mit den Marken aus der Schweiz und aus Åland.

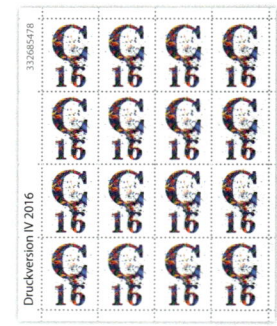

10 Flaggen verschiedener Nationen

Auf den Flaggen zahlreicher Länder sind dreieckige Flächen zu finden.

①    ②    ③

a) Für welche Länder stehen die abgebildeten Flaggen?
b) Bestimme jeweils die Dreiecksformen, die in den Flaggen vorkommen.
c) Welche Dreiecksflächen sind zueinander kongruent?
d) Zeichne die Flaggen ab. Verwende dazu das Rechteckmaß 6 cm × 4 cm.
e) Suche im Internet weitere Flaggen mit Dreiecksflächen.
f) Gestalte selbst im gleichen Format eine Flagge mit Dreiecksformen.
   Stellt eure selbstentworfenen Flaggen aus.

Zusammenfassung

→ *Seite 40*

Dreiecksarten erkennen und beschreiben

Dreiecke können nach ihren **Seiten** oder **Winkeln** unterschieden werden.

Eigenschaften nach Seiten			Eigenschaften nach Winkeln		
unregelmäßig: drei verschieden lange Seiten	**gleichschenklig:** zwei gleich lange Seiten	**gleichseitig:** drei gleich lange Seiten	**spitzwinklig:** drei spitze Winkel	**rechtwinklig:** ein rechter Winkel	**stumpfwinklig:** ein stumpfer Winkel

Dreiecke zeichnen (ohne Zirkel)

→ *Seite 44*

Wenn Dreiecke in den drei Seitenlängen und der Größe ihrer drei Winkel übereinstimmen, dann haben sie die gleiche Form und die gleiche Größe. Die Dreiecke sind deckungsgleich. Man nennt sie **zueinander kongruente** Dreiecke (Zeichen: ≅).

Nach den **Kongruenzsätzen** benötigt man jeweils nur **drei Bestimmungsstücke** zum eindeutigen Zeichnen des Dreiecks.

WSW
Eine Seite und die beiden anliegenden Winkel müssen gegeben sein.

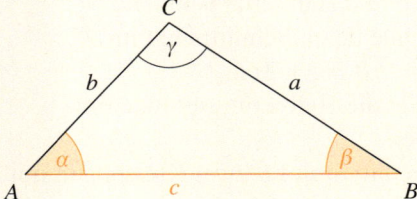

SWS
Zwei Seiten und der eingeschlossene Winkel müssen gegeben sein.

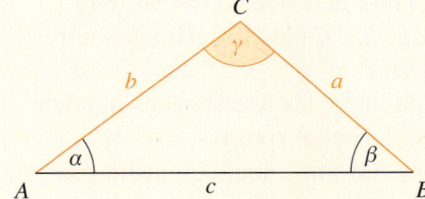

Dreiecke konstruieren (mit Zirkel)

→ *Seite 48*

SSS
Drei Seiten müssen gegeben sein.

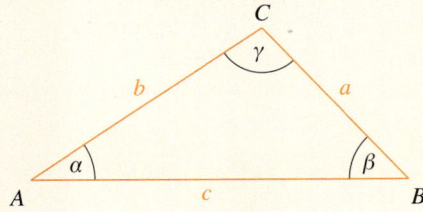

SsW
Zwei Seiten und der Winkel, der der längeren Seite gegenüberliegt, müssen gegeben sein.

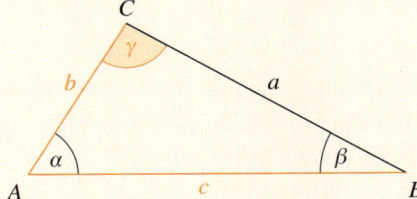

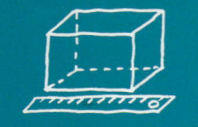

Teste dich!

3 Punkte

1

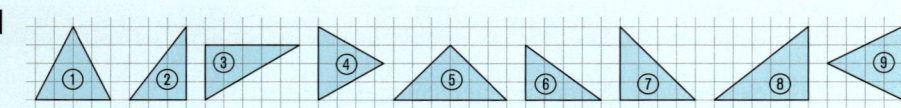

a) Ordne die Dreiecke nach Seiten und nach Winkeln.
b) Welche der Dreiecke sind zueinander kongruent?

2 Punkte | 4 Punkte

2 Wahr oder falsch?
a) In einem gleichseitigen Dreieck sind alle Winkel gleich groß.
b) In einem gleichschenkligen Dreieck sind alle Seiten gleich lang.

2 Wahr oder falsch? Begründe jeweils.
a) In einem spitzwinkligen Dreieck sind alle Winkel kleiner als 90°.
b) Ein rechtwinkliges Dreieck kann nicht gleichzeitig auch gleichschenklig sein.

3 Punkte | 4 Punkte

3 Zeichne das Dreieck mit den vorgegebenen Maßen in dein Heft. Beschrifte das Dreieck vollständig. Miss die fehlenden Größen und schreibe sie in die Zeichnung.

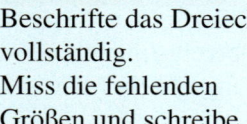

3 Zeichne das Dreieck mit den vorgegebenen Maßen in dein Heft. Beschrifte das Dreieck vollständig. Miss die fehlenden Größen und schreibe sie in die Zeichnung.

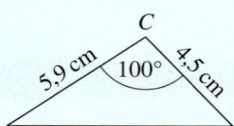

4 Punkte | 6 Punkte

4 Zeichne das Dreieck ABC.
a) Führe diese Konstruktionsbeschreibung aus:
 1. Zeichne $\overline{AC} = b = 4\,\text{cm}$.
 2. Trage in A den Winkel $\alpha = 90°$ an.
 3. Schlage um C einen Kreisbogen mit $r = 5\,\text{cm}$.
 4. Schnittpunkt des Kreisbogens mit dem freien Schenkel von α ist B.
 5. Verbinde B mit C und beschrifte alle Teile.
b) Welche Sonderform des Dreiecks ist entstanden?

4 Bringe die Konstruktionsbeschreibung in die richtige Reihenfolge und konstruiere das Dreieck.
Ⓐ Halbiere alle drei Seiten des Dreiecks und markiere die Halbierungspunkte.
Ⓑ Bezeichne deren Schnittpunkt mit C.
Ⓒ Zeichne $\overline{AB} = c = 7\,\text{cm}$.
Ⓓ Verbinde die Halbierungspunkte miteinander.
Ⓔ Schlage um A und B zwei Kreisbögen mit $r = 7\,\text{cm}$.
Ⓕ Verbinde A mit C und B mit C.

4 Punkte | 6 Punkte

5 Konstruiere die Dreiecke und fertige eine Konstruktionsbeschreibung an.
a) $c = 6{,}3\,\text{cm}$
 $b = 4{,}5\,\text{cm}$
 $\alpha = 84°$
b) $a = 4{,}8\,\text{cm}$
 $\beta = 24°$
 $\gamma = 120°$

5 Konstruiere die Dreiecke und fertige eine Konstruktionsbeschreibung an.
a) $a = 5{,}1\,\text{cm}$
 $b = 5{,}5\,\text{cm}$
 $c = 3{,}4\,\text{cm}$
b) $a = 4{,}2\,\text{cm}$
 $c = 5{,}5\,\text{cm}$
 $\gamma = 46°$

3 Punkte

6 In einer Parkanlage wurde der See vermessen. Wie weit sind die Messstäbe an den beiden Ufern des Sees voneinander entfernt? Ermittle die Entfernung zeichnerisch. Zeichne 1 cm für 10 m.

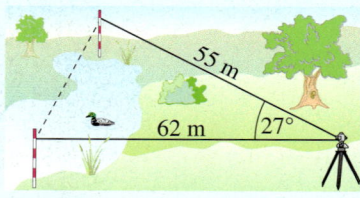

Gold: 23–26 Punkte, Silber: 19–22 Punkte, Bronze: 15–18 Punkte   Lösungen ab Seite 200

Zuordnungen

Zuordnungen findest du überall in deiner Umwelt.
Auf diesem Bild siehst du nummerierte, amerikanische Briefkästen.
Die Nummern werden benötigt, damit jeder Briefträger genau weiß,
welcher Briefkasten zu welchem Haushalt gehört.
Somit kann jedem Briefkasten ein Haushalt zugeordnet werden.

Noch fit?

Einstieg

1 Zahlenreihen
Ergänze die Zahlenreihen um sechs Zahlen.
a) 2; 4; 6; 8; …
b) 7; 14; 21; 28; …
c) 3; 7; 11; 15; …
d) 105; 99; 93; 87; …

2 Paare von Werten ablesen
Erkläre die Einträge in der Tabelle.
a) Mathematikbücher wurden zu einem Turm gestapelt. Die Höhe des Turmes wurde mehrmals gemessen.

Anzahl der Bücher	0	1	10	20
Turmhöhe (in cm)	0	1,2	12	24

b) Nach der Geburt eines Babys wurde die durchschnittliche Schlafzeit pro Tag in einer Tabelle notiert.

Alter (in Monaten)	0	1	3	6
Schlafzeit (in Stunden)	18	17	15	12

3 Sachaufgaben
Berechne und schreibe einen Antwortsatz.
a) Ein Stück Kuchen kostet 1,20 €.
   Wie viel kosten drei Stücke Kuchen?
b) An der Kinokasse zahlen drei Schüler zusammen 13,50 €.
   Wie viel müssen vier Schüler bezahlen?
c) 5 € pro Monat sind so viel wie ■ pro Jahr.
d) Ein Paket wiegt 450 g. Die Verpackung wiegt 55 g. Wie schwer ist der Inhalt?

4 Punkte im Koordinatensystem
a) Lies jeweils den Mittelpunkt der beiden Kreise ab.
   Gib die Koordinaten der Punkte an.
b) Übertrage das Koordinatensystem ins Heft. Zeichne die Punkte ein und verbinde sie der Reihe nach.
   (0|7); (2|8); (9|8); (8|7); (5|7);
   (5|5); (7|4); (8|2); (7|1,5); (6|4);
   (6|0); (5|0); (5|4); (3|4); (3|5);
   (2|7); (1|6); (1|4); (0|4)

Aufstieg

1 Zahlenreihen
Ergänze die Zahlenreihen um sechs Zahlen.
a) 8; 16; ■; 32; 40; ■; 56; …
b) ■; 74; 67; 60; ■; 46; …

2 Paare von Werten ablesen
In dem Diagramm sind Gewicht und Preis von Apfelsinen dargestellt. Lies die Preise für 1 kg, 2 kg, 3 kg, 4 kg und 5 kg ab.

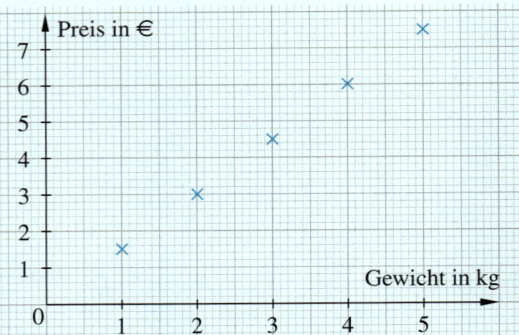

3 Sachaufgaben
Berechne und beantworte die Frage.
a) Marvin fährt 3 km bis zur Schule. Die Fahrt dauert 20 Minuten. Wie lange ist er unterwegs, wenn er 9 km weit fährt?
b) Ein Gärtner pflanzt pro Stunde zehn Sträucher. Wie viele Sträucher pflanzen zwei Gärtner in einer Stunde?
c) Ein Foto kostet 19 ct, der Versand 2,50 €. Wie teuer sind 12 Fotos mit Versand?

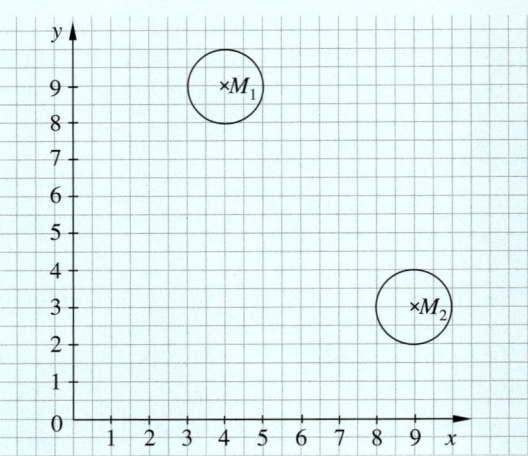

Lösungen ab Seite 200

Zuordnungen erkennen und beschreiben

Entdecken

1 🔢 Hier sind unterschiedliche Situationen beschrieben.

A Anette erstellt eine Übersicht für Briefporto (0,70 € pro Brief) für bis zu 5 Briefe.

B Ein Straßenreinigungsmeister überlegt, wie er seine 60 Arbeiter zur Reinigung einer langen Straße einsetzen kann.

C Die Körpergröße eines Kindes wird ab der Geburt in unregelmäßigen Abschnitten gemessen.

D Eine Badewanne wird in 5 Minuten durch gleichmäßig zufließendes Wasser gefüllt.

E Zu einer Wertetabelle und einem Diagramm fehlt die Situation. Findet dazu eine passende Aufgabe.

a) Ordnet den Texten die Wertetabellen ① bis ⑤ und die Diagramme I bis V zu.

①
x	0	1	6	12	15
y	53	54	67	77	82

②
x	0	1	2	3	4	5
y	0	0,60	1,20	1,80	2,40	3,00

③
x	0	1	2	3	4	5
y	0	20	40	60	80	100

④
x	1	2	3	4	5	6
y	60	30	20	15	12	10

⑤
x	0	5	10	20	40	80
y	0	10	18	32	64	110

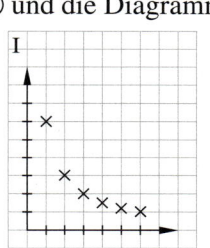
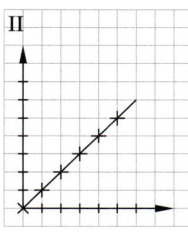
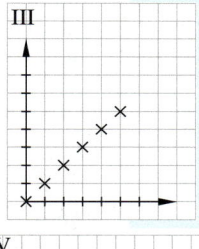
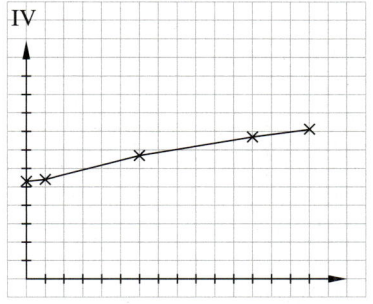
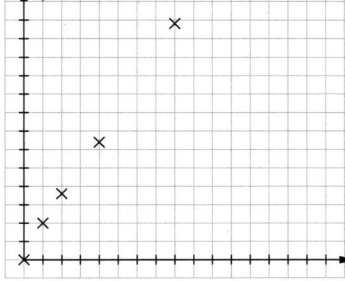

b) Wählt aus folgenden Zuordnungen die zutreffende aus. Beschriftet im Diagramm die Achsen.

Arbeiter → Arbeitszeit (h)

Anzahl → Porto (€)

Wie lautet eine mögliche Zuordnung?

Minuten → Füllmenge (l)

Alter → Körpergröße (cm)

2 🔢 Einige Diagramme bestehen aus Punkten, andere aus durchgezogenen Linien. Begründet.

3 🔢 In der Mathematik unterscheidet man zwischen steigenden und fallenden Zuordnungen. Welche der abgebildeten Zuordnungen in Aufgabe 1 kann man als steigend und welche als fallend bezeichnen. Begründet.

Verstehen

Für Säuglinge und Kleinkinder werden Untersuchungshefte geführt. Darin wird unter anderem der gemessene Kopfumfang notiert.
Franziskas Kopfumfang wurde nach der Geburt und im Alter von einem, drei und sechs Monaten gemessen und aufgeschrieben.

Dem Alter von Franziska ist ihr Kopfumfang zugeordnet: *Alter → Kopfumfang*

Beispiel 1

Alter (in Monaten)	0	1	3	6
Kopfumfang (in cm)	33	37	39	43

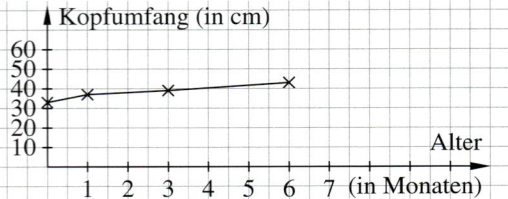

HINWEIS
Die beiden einander zuge-ordneten Werte nennt man ein
Wertepaar.
Beispiele:
(0|33); (3|39)

> **Merke** **Zuordnungen** weisen Werten aus einem vorgegebenen Bereich einen oder mehrere Werte aus einem anderen Bereich zu. Wenn die Vergrößerung des Wertes aus dem ersten Bereich (hier: Alter) zu einer Vergrößerung des Wertes aus dem zweiten Bereich (hier: Kopfumfang) führt, nennt man diesen Zusammenhang eine **steigende Zuordnung**.

Franziskas durchschnittliche Schlafzeit pro Tag verändert sich auch. Ihre Schlafzeit wurde nach der Geburt und im Alter von einem, drei und sechs Monaten gemessen und festgehalten.

Dem Alter von Franziska ist die Schlafzeit zugeordnet: *Alter → Schlafzeit*

Beispiel 2

Alter (in Monaten)	0	1	3	6
Schlafzeit (in h)	18	17	15	12

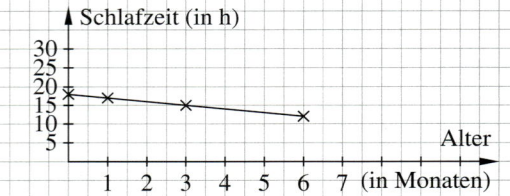

> **Merke** Wenn die Vergrößerung des einen Wertes (Alter) zur Verkleinerung des anderen Wertes (Schlafzeit) führt, nennt man diese Zuordnung eine **fallende Zuordnung**.

Zuordnungen können in verschiedenen Formen dargestellt werden.

Beispiel 3
Wortvorschrift
Dem Alter eines Kindes wird die Schlafzeit zugeordnet.

Wertetabelle

Alter (in Monaten)	0	1	3	6
Schlafzeit (in h)	18	17	15	12

Koordinatensystem

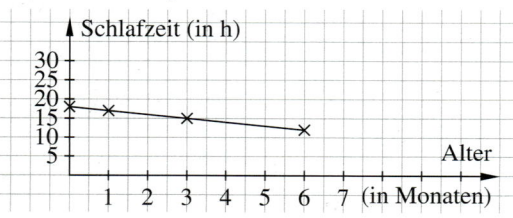

Diagramm, z. B. Säulendiagramm

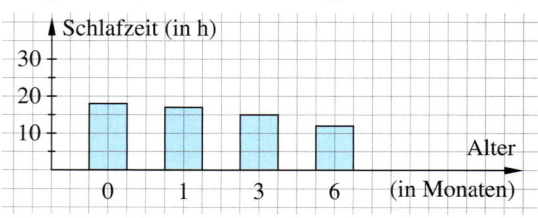

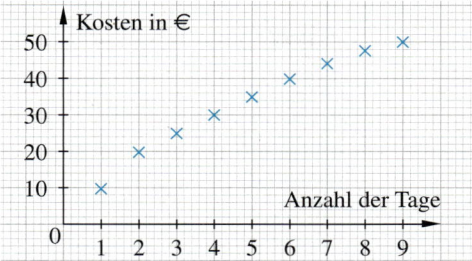

Üben und anwenden

1 Ergänze die folgenden Aussagen.
Findest du mehrere Lösungen?
Notiere mithilfe eines Pfeils wie im Beispiel.

Beispiel Jedem T-Shirt kann ... zugeordnet
werden: *T-Shirt → Preis*

a) Jedem Kind kann ... zugeordnet werden.
b) Jedem Tag kann ... zugeordnet werden.
c) Jedem ... kann seine Einwohnerzahl
 zugeordnet werden.
d) Jedem Auto kann ... zugeordnet werden.
e) Jedem ... kann seine Höhe zugeordnet
 werden.
f) Erfinde eigene Aussagen zu Zuordnungen
 und lass sie von deinem Lernpartner lösen.

2 Handelt es sich um steigende oder fallende
Zuordnungen. Begründe.
a) *Länge des Fußes → Schuhgröße*
b) *Charts-Platzierung → verkaufte CDs*
c) *Anzahl gekaufter CDs → Preis*
d) *Anzahl der Schüler an einer Schule
 → Anzahl der Lehrer*
e) *Punkte in der Mathematikarbeit → Note*

3 Welche Größen sind einander bei der Wetter-
vorhersage zugeordnet?

4 Die 7 b verkauft auf dem Schulfest Waffeln
und notiert jede Stunde den Kassenbestand.

a) Schreibe eine Zuordnungstabelle für die
 Zuordnung *Uhrzeit → Kassenbestand*.
b) Berechne, wie viel in jeder Stunde eingenommen wurde.
c) Ist die Zuordnung fallend oder steigend?
 Begründe.

1 Lies ab und ergänze die Tabelle im Heft.

a)

Tage	2	4	6	7
Kosten (in €)				

b)

Tage				
Kosten (in €)	10	30	48	50

2 Handelt es sich bei den Beispielen aus dem
Autorennen der „Formel 1" um steigende oder
fallende Zuordnungen. Begründe.
a) *Anzahl der Runden → gefahrene Strecke*
b) *Platzierung im Rennen → Punkte*
c) *Geschwindigkeit → Rundenzeit*
d) *Rundenzeit im Qualifying → Platz in der
 Startaufstellung*

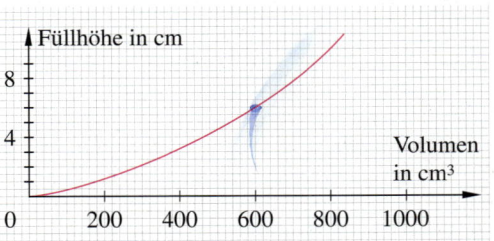

4 Das Diagramm zeigt den Zusammenhang
zwischen Volumen und Füllhöhe einer Vase.

a) Ergänze die fehlenden Werte im Heft.

Volumen (in cm³)	200	400	600	800
Füllhöhe (in cm)				

b) Ist die Zuordnung fallend oder steigend?
 Begründe.
c) 👥 Überlegt zu zweit, welche Form die
 Vase haben könnte. Begründet.

ZU AUFGABE 4

①

②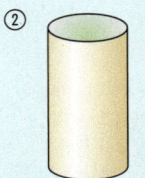

③

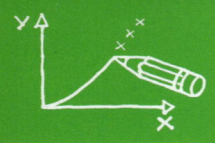

Methode: Zuordnungen grafisch darstellen

Zuordnungen können mithilfe einer Tabelle dargestellt werden.
Dabei enthält die Zuordnungstabelle mehrere Wertepaare.

Beispiel

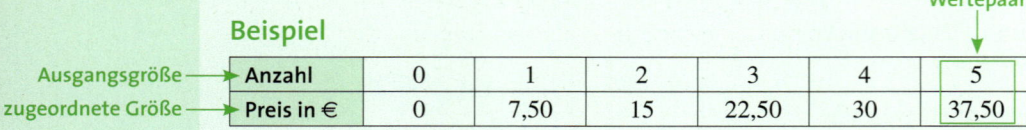

						Wertepaar
Anzahl	0	1	2	3	4	5
Preis in €	0	7,50	15	22,50	30	37,50

Ausgangsgröße → Anzahl
zugeordnete Größe → Preis in €

BEACHTE
Im Beispiel werden die Punkte nicht verbunden, da der Ausgangsbereich keine Zwischenwerte enthält.

Die Wertepaare können in einem Koordinatensystem eingetragen werden.

Dabei bildet jedes Wertepaar einen Punkt $P(x|y)$, der aus einer x-Koordinate und einer y-Koordinate besteht. Die Tabelle für das Beispiel liefert die folgenden Punkte:
$P_1(0|0)$, $P_2(1|7,5)$, $P_3(2|15)$, $P_4(3|22,5)$,
$P_5(4|30)$ und $P_6(5|37,5)$.

Auf der x-Achse wird die Ausgangsgröße abgetragen, auf der y-Achse wird die zugeordnete Größe abgetragen.

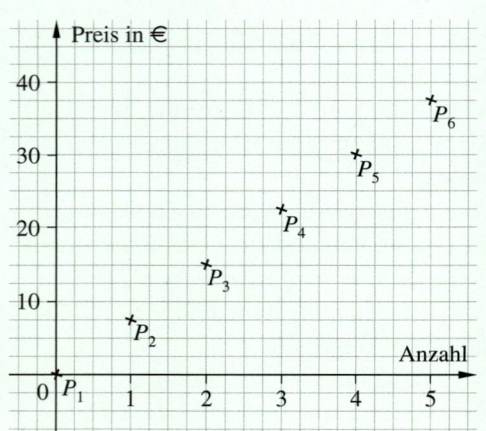

1 Notiere alle Wertepaare aus der Tabelle als Punkte.

Anzahl	0	1	2	3	4	5	6	7
Preis in €	0	3	6	7	10	13	15	18

2 Trage alle Wertepaare aus der Tabelle in ein Koordinatensystem ein. Überlege vor dem Zeichnen, wie du die Achsen einteilst. Entscheide, ob du die Punkte verbinden darfst.

a) Eintrittspreise im Kino

Kartenanzahl	1	2	3	5	7	10	12	15
Preis in €	4,50	9,00	13,50	22,50	31,50	45,00	54,00	67,50

b) Fieberkurve

Messung	1	2	3	4	5	6	7	8
Temperatur in °C	38,0	38,2	38,3	38,1	37,9	38,2	37,5	37,2

ZU AUFGABE 3 c)
*Zwischenhalte auf der Fahrt von Hannover nach München:
Fulda, Ingolstadt, Göttingen, Nürnberg, Würzburg, Kassel-Wilhelmshöhe*

3 Raphael und Kiara fahren mit der Bahn von Hannover nach München. Der Fahrplan gibt die Länge der einzelnen Streckenabschnitte sowie die Fahrzeit an.

Fahrzeit (in min)	0	36	57	89	123	181	215	264
Streckenlänge (in km)	0	120	170	280	390	500	590	670

a) Stelle die Zuordnung *Fahrzeit → zurückgelegte Strecke* in einem Koordinatensystem dar.
b) Der Zug fährt um 9:20 Uhr los. Wann kommen Raphael und Kiara in München an?
c) Gib die richtige Reihenfolge der Zwischenhalte (siehe Randspalte) an. Ein Atlas oder das Internet helfen dabei.

Zuordnungen können auch mithilfe des Computers dargestellt werden. Dazu benötigt man z. B. ein Tabellenkalkulationsprogramm. Auf dieser Seite wird das Vorgehen mit „Microsoft Excel" beschrieben.

Ausgehend von Werten in einer Tabelle erzeugt das Programm mit einigen Klicks ein Diagramm. Diagrammtyp sowie Größe, Farbe und Schrift können beliebig angepasst werden, man nennt das Formatieren. Anschließend kann man das Diagramm speichern und ausdrucken.

1. Tabelle anlegen und Zellen markieren

Zuerst müssen die Wertepaare in eine Tabelle übertragen werden.

Dabei ist es egal, ob die Tabelle längs oder quer angelegt wird.

Dann wird die ganze Tabelle markiert.

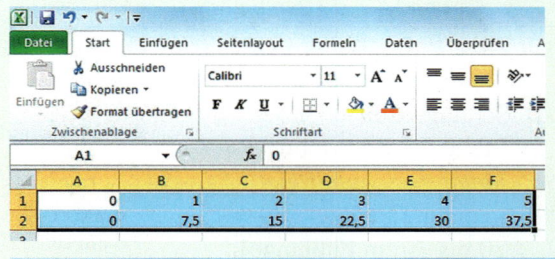

2. Diagrammtyp auswählen

Öffne die Registerkarte **Einfügen** und wähle als Diagrammtyp **Punkt** aus, z. B. Punkte nur mit Datenpunkten.

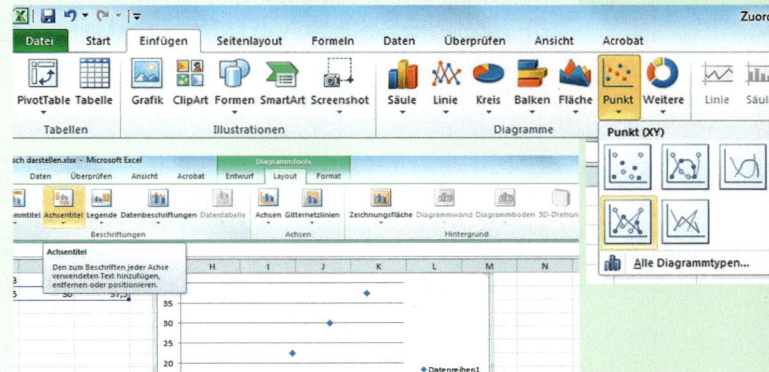

3. Diagramm formatieren

Aus der reinen Tabelle erzeugt Excel ein Diagramm ohne Achsenbeschriftung und Titel. Klicke das Diagramm an und ergänze über den Reiter **Diagrammtools → Layout** z. B. eine Achsenbeschriftung.

Weitere Formatierungen kannst du vornehmen, indem du mit der rechten Maustaste auf die entsprechenden Elemente im Diagramm klickst:

Achsen können Pfeilspitzen erhalten, an den Punkten können Werte angezeigt werden usw. Das fertige Diagramm könnte z. B. so aussehen:

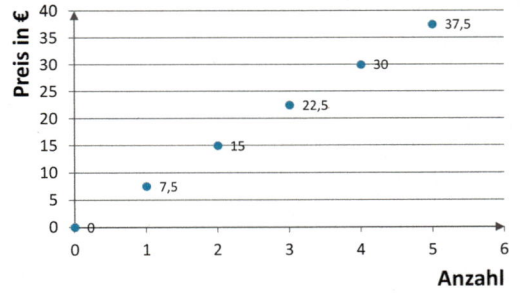

4 Öffne ein Tabellenkalkulationsprogramm und erstelle damit das Diagramm aus dem Beispiel.

Probiere verschiedene Einstellungen aus und beobachte die Auswirkungen.

5 Stelle die Zuordnungen mithilfe eines Tabellenkalkulationsprogramms dar.

a) Haarwachstum beim Menschen

Zeit (in Jahren)	0	0,5	0,75	1	1,25	1,5	1,75	2
Länge in (cm)	0	6	9	12	15	18	21	24

b) Pegelstände der Elbe in Hamburg

Zeit	0	2	4	6	8	10	12	14	16	18	20	24
Pegel (in m)	688	565	455	355	579	673	638	506	408	345	545	664

5 Die Tabelle zeigt die durchschnittlichen Monatstemperaturen in Koblenz. Runde sinnvoll und zeichne ein Temperaturdiagramm.

Monat	Jan	Feb	Mär	Apr	Mai	Jun
Temperatur (in °C)	2,7	3,3	6,8	9,8	14,6	17,4

Monat	Jul	Aug	Sep	Okt	Nov	Dez
Temperatur (in °C)	19,5	19,1	15,2	10,6	6,1	3,9

5 Was meinst du dazu? Begründe.
a) Bei Zuordnungen werden die Werte der zugeordneten Größe immer größer.
b) Handynummern sind eine Zuordnung.
c) In der Punktetabelle der Bundesjugendspiele findet man Zuordnungen.
d) Hinter jeder Währungstabelle verbirgt sich eine Zuordnung.

6 Schuhgrößen
a) Stelle die Zuordnung *Fußlänge → Schuhgröße* in einer Tabelle dar (von 20 bis 30 cm Fußlänge).
b) Berechne deine Schuhgröße. Stimmt sie mit deiner tatsächlichen Schuhgröße überein?

> **Berechnung der Schuhgröße**
> Zur exakten in cm gemessenen Fußlänge werden 1,5 cm addiert. Die Summe wird dann mit 1,5 multipliziert.

6 Arbeite mit einer Tabelle.
a) Welche Schuhgröße entspricht einer Fußlänge von 25,5 cm?
b) Der Amerikaner Matthew McGrory hält mit Schuhgröße 63 bislang den Weltrekord. Wie lang sind seine Füße?

7 Mit einer Kerze, die gleichmäßig Wachs verbrennt, kann man Zeitspannen messen. Die Kerze wurde jeweils im Abstand von 30 Minuten fotografiert.

a) Miss die Kerzenlängen und notiere sie zusammen mit der Brenndauer in einer Tabelle.
b) Gib die Wortvorschrift der Zuordnung an.
c) Stelle die Zuordnung im Koordinatensystem dar. Kannst du vorhersagen, wann die Kerze heruntergebrannt sein wird? Begründe.

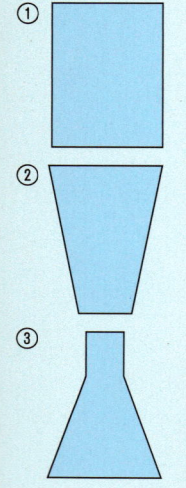

8 👥 Ordnet den Vasen eine Wertetabelle zu.

Ⓐ
Füllmenge (in ml)	0	100	200	300	400	500
Füllhöhe (in cm)	0	3	7	12	18	23

Ⓑ
Füllmenge (in ml)	0	100	200	300	400	500
Füllhöhe (in cm)	0	5	10	15	20	25

Ⓒ
Füllmenge (in ml)	0	100	200	300	400	500
Füllhöhe (in cm)	0	6	11	15	18	20

8 👥 Drei Vasen wurden mit Wasser gefüllt. Ordnet den Vasen jeweils das richtige Diagramm zu.

①    ②    ③

Ⓐ 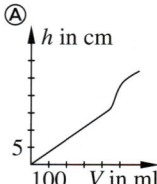   Ⓑ 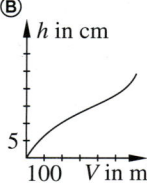   Ⓒ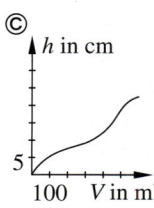

Proportionale Zuordnungen und Dreisatz

Entdecken

1 🏃 Für den folgenden Versuch benötigt ihr
eine Brief- oder Haushaltswaage und Schokolinsen.
Wie kann man die Anzahl der Schokolinsen
in einer Packung ermitteln, ohne alle Schokolinsen abzuzählen?

a) Entwickelt ein Verfahren, wie man mithilfe
der Waage die Anzahl der Schokolinsen
in der Tüte möglichst genau ermitteln kann.

b) Berechnet mithilfe des entwickelten
Verfahrens die Anzahl der Schokolinsen
in der Verpackung und vergleicht eure
Ergebnisse mit denen eurer Mitschüler.

2 👥 Familie Hansen möchte ihren Urlaub in London verbringen.
In Großbritannien bezahlt man mit britischen Pfund (£).
1 £ hat zurzeit einen Wert von 1,20 €.
Um beim Einkaufen schneller umrechnen zu können, hilft eine Umrechnungstabelle:

£	1	2	3	4	5	6	7	8	9	10	11	12	13	14
€	1,20				6,00									

a) Übertragt die Tabelle in euer Heft und vervollständigt sie.

b) Wie könnt ihr mithilfe des Graphen die Werte für 3,50 £;
8,50 £ und 0,50 £ bestimmen?
Erklärt euch gegenseitig, wie ihr dabei vorgeht.
Wählt gemeinsam vier weitere Werte aus und rechnet in Euro um.

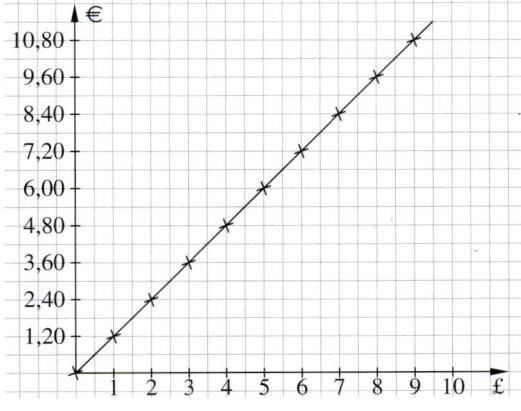

c) Die Punkte im Koordinatensystem sind verbunden.
Begründet, warum das in diesem Fall möglich ist.

d) Eine Jeanshose kostet in England 52 £. Gib den Preis in Euro an.

e) Gebt die folgenden Beträge in Euro an: 60 £; 36 £; 108 £; 264 £.
Erklärt, wie ihr vorgegangen seid.
Vergleicht eure Ergebnisse.

Verstehen

Natascha hat für ihr Handy einen Prepaid-Tarif und zahlt 15 Cent pro Minute für Telefonate in alle Handy-Netze und ins Festnetz. Um eine übersichtliche Zeit-Kosten-Zuordnung zu erhalten, hat sie für sich eine Tabelle (*Kosten für das Telefonieren → Zeit*) erstellt.

Kosten (in €)	0,15	0,30	0,45	0,60	0,75	0,90	1,05	1,20	1,35	1,50
Zeit (in min)	1	2	3	4	5	6	7	8	9	10

Die Werte aus der Tabelle lassen sich im Koordinatensystem durch eine **Halbgerade**, die im Nullpunkt (0|0) beginnt, darstellen.

Man sagt, Kosten und Zeit sind zueinander **proportional**:
– Verdreifacht sich die Zeit, so verdreifachen sich auch die Kosten.
– Halbiert sich die Zeit, so halbieren sich auch die Kosten.

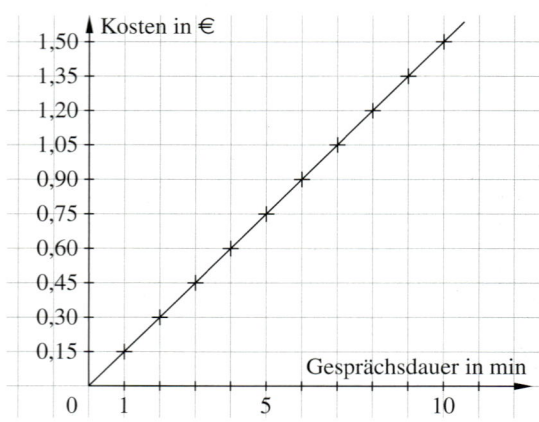

> **Merke** Eine Zuordnung heißt **proportional**, wenn gilt:
> – Zum Doppelten (Dreifachen, Vierfachen usw.) der einen Größe gehört das Doppelte (Dreifache, Vierfache usw.) der anderen Größe.
> – Zur Hälfte (zum Drittel, Viertel usw.) der einen Größe gehört die Hälfte (das Drittel, das Viertel usw.) der anderen Größe.
> Bei der grafischen Darstellung einer **proportionalen Zuordnung** liegen alle Punkte auf einer **Halbgeraden**, die durch den Nullpunkt (0|0) geht.

Natascha hat im April 16 SMS versendet. Für die 16 SMS hat sie 2,88 € gezahlt. Im Mai hat sie 26 SMS verschickt. Wie viel zahlt sie für die 26 SMS?

HINWEIS
Die gesuchte Größe steht rechts in der Tabelle.

① 16 SMS kosten 2,88 €
② 1 SMS kostet 2,88 € : 16 = 0,18 €
③ 26 SMS kosten 0,18 € · 26 = 4,68 €
Natascha bezahlt im Mai 4,68 € für SMS.

SMS (Anzahl)	Kosten (€)
16	2,88
1	$\frac{2,88}{16} = 0,18$
26	0,18 · 26 = 4,68

: 16 ↓ · 26 ↓ ↓ : 16 · 26 ↓

> **Merke** So rechnet man mit dem **Dreisatzschema bei proportionalen Zuordnungen**:
> ① Einander zugeordnete Größen aufschreiben
> ② Einheit berechnen (Division)
> ③ Gesuchte Größe berechnen (Multiplikation)

> ✚ **Merke** Jedes Wertepaar einer proportionalen Zuordnung bildet einen gleichwertigen Bruch. Da alle Quotienten gleich sind, nennt man die Wertepaare bei einer **proportionalen Zuordnung quotientengleich**.

Beispiel
zur Tabelle oben: $\frac{0,15}{1} = \frac{0,30}{2} = \frac{0,45}{3} = \frac{0,60}{4} = 0,15$

Üben und anwenden

1 Welche der folgenden Zuordnungen können proportional sein? Begründe.
a) *Alter → Körpergröße*
b) *Anzahl der Eiskugeln → Preis*
c) *Seitenlänge eines Quadrats → Umfang*
d) *Kantenlänge eines Würfels → Volumen*

1 Unter welchen Bedingungen sind die Zuordnungen proportional?
a) *Größe der Pizza → Preis*
b) *Anzahl der Bananen → Gewicht*
c) *Zeit im Internet → Kosten*
d) *Anzahl der Bäume → Waldgröße*

2 Prüfe, ob folgende Zuordnungen proportional sein können. Begründe.
a) Fünf Eintrittskarten kosten 40 €, zehn kosten 80 €.
b) 3 kg Äpfel kosten 6 €.
   9 kg kosten 18 €.
c) Eine CD-ROM kostet 49 Cent. Zehn CD-ROMs werden für 4,95 € verkauft.
d) Ein Autofahrer fährt in einer Stunde 96 km. In einer halben Stunde fährt er 48 km.
e) Aus 10 kg (2 kg) Beeren kann man 5 l (1,5 l) Johannisbeersaft gewinnen.

2 Angebote für losen Tee:

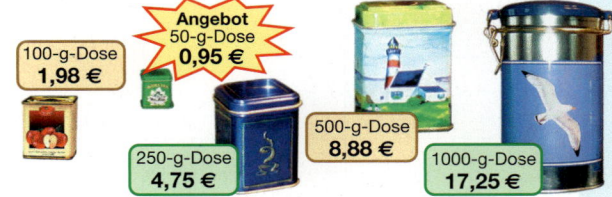

a) Ist die Zuordnung *Teemenge → Preis* proportional? Begründe.
b) Verändere die Preise so, dass eine proportionale Zuordnung vorliegt.

3 Übertrage ins Heft und ergänze die Tabellen so, dass eine proportionale Zuordnung entsteht.

a)
kg	1	2	3	4	5	6
€	1,90	3,80				

b)
Anzahl	1	2	3	4	5	6
€	2,30	4,60				

c)
€	1	2	3	6	10	12
Anzahl	3	6				

3 Übertrage ins Heft und ergänze die Tabellen so, dass eine proportionale Zuordnung entsteht.

a)
Füllmenge (l)	1	5	10	20	30
Preis (€)			12		

b)
Zeit (h)	1	4	7	8	10
Lohn (€)				248	

c)
Anzahl	1	2	3	4	5
Preis (€)				2,20	

NACHGEDACHT
Denke dir zu den Tabellen in Aufgabe 3 jeweils eine passende Situation aus.

4 Übertrage die folgenden Koordinatensysteme in dein Heft.
Ergänze sie um mindestens drei Punkte, sodass eine proportionale Zuordnung entsteht.

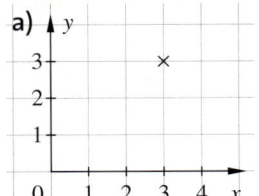 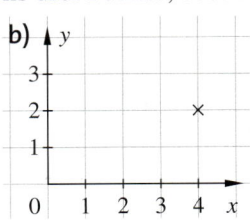 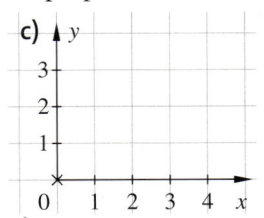 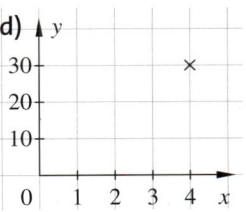

5 Beachte das Bild in der Randspalte. Ist die Zuordnung *Anzahl* der *Brötchen → Preis* proportional?
Beschreibe, wie du bei der Beantwortung der Frage vorgegangen bist.

5 Ergänze die Aussagen für proportionale Zuordnungen.
a) Verdoppelung des einen Wertes führt zu …
b) Jeder Graph ist …
c) Ich prüfe auf Proportionalität, indem …

71

6 Übertrage die Tabellen in dein Heft und vervollständige sie.
Die Zuordnungen sind proportional.

a)

Gewicht (in kg)	Preis (in €)
2	4
1	2
5	

b)

Anzahl	Preis (in €)
3	4,50
1	
10	

c)

Länge (in m)	Preis (in €)
3	24
1	
5	

6 Übertrage die Tabellen in dein Heft und ergänze sie.
Die Zuordnungen sind proportional.

a)

Fahrstrecke (in km)	Verbrauch (in l)
100	8
1	
750	

b)

Anzahl	Masse (in g)
7	245
1	
5	

c)

Fahrdauer (in h)	Strecke (in km)
0,5	46
1	
2,5	

7 Berechne. Erkläre jeweils, wie du vorgegangen bist.
a) Ein Heft kostet 0,24 €.
Wie viel kosten acht Hefte?
b) Eine Tube Klebstoff kostet 1,53 €.
Wie viel kosten drei Tuben?
c) Eine Packung Bleitstifte kostet 1,75 €.
Wie viel kosten drei Packungen? Wie viele Packungen bekommt man für 7 €?
d) Ein Radiergummi kostet 0,89 €.
Wie viel kosten zehn (fünf) Radiergummis?

7 Übertrage die Tabelle in dein Heft und ergänze so, dass eine proportionale Zuordnung vorliegt. Erkläre dein Vorgehen.

a)

x	2	4	10	14	20
y	3,50				

b)

x	4	5	9	13	14
y	9	11,25			

c)

x	3	7	10	13	14
y		$16\frac{1}{3}$	$23\frac{1}{3}$		

8 Eine Fabrik stellt in drei Stunden 105 Volleybälle her. Wie viele Bälle werden in fünf Stunden, acht Stunden und zehn Stunden hergestellt?
a) Löse mithilfe einer grafischen Darstellung.
b) Überprüfe mit dem Dreisatz.
c) Ist die Zuordnung fallend oder steigend? Begründe.

9 👥 Gebt Beispiele aus dem Alltag an und entscheidet jeweils, ob es sich um eine proportionale Zuordnung handelt.
Begründet eure Entscheidung.
a) Je größer …, desto größer …
b) Je größer …, desto kleiner …
c) Verdoppelt sich …, so verdoppelt sich ….
d) Halbiert sich …, so verdoppelt sich ….
e) Finde weitere Beispiele:
je höher …;
je schneller …; usw.

+9 Prüfe, ob die zusammengehörenden Werte quotientengleich sind.
Ist die Zuordnung proportional?

a)

x	5	7	11	13	17
y	20	28	44	52	68

b)

x	1,6	2,4	3,8	4,4	5,2
y	8	12	19	24	26

c)

x	28	36	60	65,6	99,2
y	3,5	4,8	7,5	8,2	12,4

Antiproportionale Zuordnungen und Dreisatz

Entdecken

1 In die 7a gehen 23 Schülerinnen und Schüler. Ihr Klassenraum soll gestrichen werden. Die Klassenlehrerin meint, dass sie ungefähr 12 Stunden benötigt, wenn sie den Raum alleine streicht.

a) Erstelle für die Zuordnung *Anzahl* der *Personen → Zeit* eine Wertetabelle.
b) Unter welchen Voraussetzungen hat deine Tabelle aus Aufgabenteil a) nur Gültigkeit?
c) Stelle die Zuordnung grafisch dar. Dürfen die Punkte miteinander verbunden werden? Begründe.
d) Wie stehst du zu dem Vorschlag, dass die ganze Klasse beim Streichen helfen sollte?

2 Züge erreichen immer höhere Geschwindigkeiten und ermöglichen dadurch immer kürzere Reisezeiten.
Für die 80 km lange Strecke von Dortmund nach Düsseldorf benötigt ein Zug, der mit einer durchschnittlichen Geschwindigkeit von $80 \frac{km}{h}$ fährt, eine Stunde.

a) Die Tabelle zeigt den Zusammenhang zwischen der Geschwindigkeit des Zuges und der benötigten Zeit für die Strecke von Dortmund nach Düsseldorf. Vervollständige.

Geschwindigkeit (in $\frac{km}{h}$)	80	10	40	120	160	240	300
Zeit (in min)	60	480					

b) Hochgeschwindigkeitszüge fahren mit einer Geschwindigkeit von bis zu $300 \frac{km}{h}$, Flugzeuge verbinden Städte mit einer Geschwindigkeit von ca. $800 \frac{km}{h}$.
Der Transrapid, eine Magnetschwebebahn, erreicht Geschwindigkeiten bis zu $500 \frac{km}{h}$.
Stimmst du für oder gegen den Bau einer Transrapid-Trasse zwischen Dortmund und Düsseldorf (Hamburg und Berlin; Entfernung ca. 300 km)? Begründe.

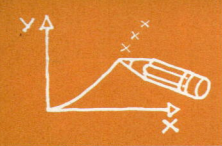

Verstehen

Bei einem Schulfest der Franziskus-Mayer-Schule wurde ein Gewinn von 600 € erzielt. Dieser Gewinn soll gespendet werden. Die Schülervertretung überlegt, wie viel Geld für einzelne Projekte zur Verfügung steht, wenn das Geld an mehrere Projekte gleichmäßig gespendet wird.

Beispiel 1

Die Schülervertretung erstellt eine Tabelle
(*Anzahl der Projekte → Geld pro Projekt*):

Anzahl der Projekte	1	2	3	4	5	6
Geld pro Projekt (in €)	600	300	200	150	120	100

Die Werte aus der Tabelle lassen sich in einem Koordinatensystem darstellen.

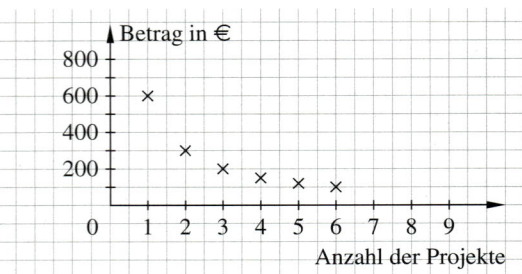

Steigt die Anzahl der Projekte, dann *verringert* sich das Geld pro Projekt.
Die beiden Größen *Anzahl der Projekte* und *Geld pro Projekt* ändern sich im **umgekehrten** Maß. Man sagt, die Größen sind **antiproportional** zueinander.

ERINNERE DICH
*Bei einer proportionalen Zuordnung ändern sich die beiden Größen im **selben** Maß.*

> **Merke** Eine Zuordnung heißt **antiproportional**, wenn gilt:
> – Zum Doppelten (Dreifachen, Vierfachen usw.) der einen Größe gehört die Hälfte (das Drittel, das Viertel usw.) der anderen Größe.
> – Zur Hälfte (zum Drittel, Viertel usw.) der einen Größe gehört das Doppelte (das Dreifache, das Vierfache usw.) der anderen Größe.
> Bei der grafischen Darstellung einer antiproportionalen Zuordnung liegen alle Punkte auf einer fallenden Kurve. Diese Art einer Kurve nennt man **Hyperbel**.

Beispiel 2 Die Schülervertretung möchte gern insgesamt acht Projekte unterstüzen.

HINWEIS
Die gesuchte Größe steht rechts in der Tabelle.

① Einander zugeordnete Größen erkennen:
   6 Projekte erhalten jeweils 100 €.
② Berechnen der Einheit:
   1 Projekt erhält 600 €.
③ Berechnen der gesuchten Größe:
   8 Projekte erhalten jeweils 75 €.

	Anzahl der Projekte	Betrag (in €)	
: 6	6	100	· 6
· 8	1	600	: 8
	8	75	

Operationen (links), Umkehroperationen (rechts)

ERINNERE DICH
Bei proportionalen Zuordnungen sind die Rechenoperationen für beide Größen gleich.

> **Merke** Auch bei einer antiproportionalen Zuordnung kann die gesuchte Größe nach dem **Dreisatzschema** berechnet werden.
> Dabei ist die Rechenoperation für die gesuchte Größe jeweils die Umkehroperation zur Rechenoperation der ersten Größe: Wird bei einer Größe multipliziert, so wird bei der anderen Größe dividiert und umgekehrt.

Jedes Wertepaar der Tabelle hat das gleiche Produkt: 1 · 600 = 2 · 300 = 3 · 200 = ... = 600. Da alle Produkte gleich sind, nennt man die Wertepaare **produktgleich**.

> ＋ **Merke** Bei einer **antiproportionalen Zuordnung** ändern sich die einander zugeordneten Größen im umgekehrten Maß. Die Wertepaare sind **produktgleich**.

Üben und anwenden

1 Entscheide, ob eine antiporportionale Zuordnung vorliegen kann.
a) Je größer die Fluggeschwindigkeit, desto geringer die Flugzeit.
b) Je mehr Helfer bei der Ernte, desto schneller ist das Feld abgeerntet.
c) Je kürzer der Tag, desto länger die Nacht.
d) Je mehr Essensteilnehmer, um so kleiner die Portionen.
e) Je mehr Angler am Teich sitzen, um so weniger Fische fängt jeder.

1 Welche Zuordnungen können antiproportional sein? Begründe und gib gegebenenfalls notwendige Bedingungen an.
a) *Futtermenge → Anzahl der Tiere, die davon ernährt werden können*
b) *Anzahl der Teilnehmer an einem Wettkampf → Anzahl der Medaillen*
c) *Anzahl der Ampeln in einer Stadt → Anzahl der Unfälle*
d) *Geschwindigkeit beim Durchfahren eines Tunnels → Durchfahrzeit*

2 Überprüfe, ob folgende Zuordnungen antiproportional sind. Begründe deine Antwort.

a)
x	1	2	3	4	5
y	60	30	20	15	12

b)
x	1	2	3	4	5
y	60	50	40	30	20

c)
x	0	1	2	3	4
y	15	11	8	6	5

2 Übertrage die Tabellen in dein Heft und ergänze zu einer antiproportionalen Zuordnung.

a)
x	1	2	3	4	5
y	36	18			

b)
x	1	2	3	4	5
y	60				

c)
x	1	2	4	5	8
y				16	

3 Ein Flughafen wird ausgebaut.

Setzt man sechs Walzen an den Landebahnen ein, können die Arbeiten in 30 Tagen abgeschlossen sein.

a) Die Landebahn kann mit weniger Walzen erst später fertig werden.
Ergänze die Tabelle im Heft.

Anzahl der Walzen	6	3	2	1	5	4
Anzahl der Tage	30					

b) Gibt es so viele Walzen, dass die Landebahn in 0 Stunden fertig werden kann?

3 Je höher der Benzinverbrauch, desto kürzer die Fahrstrecke mit einer Tankfüllung.

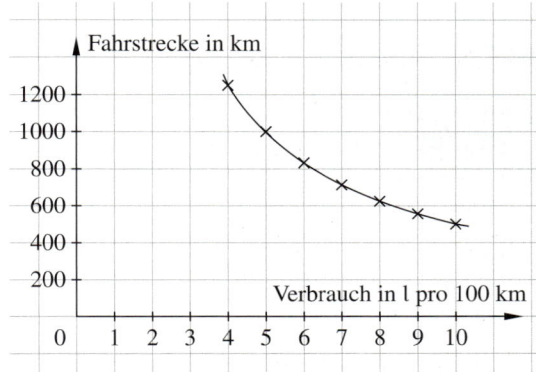

Erstelle eine Wertetabelle und überprüfe, ob die Zuordnung *Verbrauch → Streckenlänge* antiproportional ist.

4 Sind die Zuordnungen antiproportional?

a)
x	1	2	3	4	5
y	180	90	60	45	36

b)
x	1	2	4	8	16
y	50	25	12	6	3

+4 Ist die Zuordnung antiproportional?
Prüfe, ob die Wertepaare produktgleich sind. Berichtige gegebenenfalls.

x	3	5	8	12	15	20
y	24	14,4	9	6	5	4
$x \cdot y$						

5 Vervollständige die Tabellen in deinem Heft. Die Zuordnungen sind antiproportional.

a)

Anzahl der Lkws	Zeit (in h)
1	220
4	

b)

Zeit (in h)	Anzahl der Lkws
4	3
1	

c)

Anzahl der Arbeiter	Zeit (in h)
5	8
1	

d)

Zeit (in h)	Anzahl der Arbeiter
8	2
1	
4	

5 Übertrage die Tabellen in dein Heft und vervollständige sie so, dass eine antiproportionale Zuordnung vorliegt.
Kannst du die Tabellen ergänzen, ohne zunächst die Einheit zu berechnen? Begründe.

a)

x	2	4	6	16	24
y	96				

b)

x	1	4	5	8	10
y		$2\frac{1}{2}$			

c)

x	$1\frac{1}{4}$	$2\frac{1}{2}$	5	10	50
y			20		

d)

x	$\frac{1}{4}$	$\frac{3}{4}$	$1\frac{1}{2}$	3	6
y					3

6 Für eine einwöchige Klassenfahrt wird ein holländisches Segelschiff gemietet.
Bei 29 Teilnehmern müssen 182 € pro Person gezahlt werden.
a) Wie viel kostet die Klassenfahrt insgesamt?
b) Wie verändert sich der Preis pro Person, wenn nur 24 Schülerinnen und Schüler sowie ein Lehrer den Mietpreis aufbringen müssen?
Berechne mithilfe des Dreisatzschemas.

6 In den Parallelklassen 7 a und 7 b sind zusammen 56 Schülerinnen und Schüler. Sie planen gemeinsam eine Fahrt mit dem Bus. Die Klassenlehrer holen dazu folgende Angebote ein:

1. Angebot 2 240 €
2. Angebot 2 380 €
3. Angebot 2 100 €

a) Berechne den Fahrpreis pro Person für jedes Angebot.
b) Wie verändert sich der Fahrpreis pro Person bei jedem Angebot, wenn 6 Teilnehmer ausfallen, so dass nur noch 50 Schülerinnen und Schüler mitfahren?

7 Der Fußboden eines Zimmers soll mit Teppichboden ausgelegt werden. Wählt man Teppichboden von 2 m Breite, braucht man 22,5 m. Wie viel Meter braucht man, wenn der Teppichboden nur 1,5 m breit ist und zerschnitten werden darf?

7 Frau Hansen möchte in ihrem Haus eine Wand mit Holz verkleiden.
Dazu benötigt sie insgesamt 28 Bretter mit einer Breite von 15 cm. Im Baumarkt gibt es nur 21 cm breite Bretter.
Wie viele Bretter benötigt sie davon?

8 Bauunternehmer Reichelt plant für den Ausbau einer Straße die Arbeitszeit:
18 Arbeiter brauchen 30 Tage.
Zu Beginn des Ausbaus werden 3 Arbeiter auf einer anderen Baustelle gebraucht. Wie viel Zeit benötigen die verbleibenden Arbeiter?

8 Um Bauschutt von einer Baustelle abzufahren, müssen 8 Lkws fünfmal fahren. Wie oft müssen 5 Lkws bei gleicher Ladung fahren?
Wie oft müssen 5 Lkws fahren, die doppelt so viel Bauschutt transportieren können?

Methode: Zuordnungen untersuchen

Um bei einer Zuordnung Werte zu berechnen, musst du zuerst prüfen, welche Art von Zuordnung für die vorgegebene Aufgabe vorliegt.
Wenn mehrere Wertepaare gegeben sind, wird zuerst geprüft, ob es sich um eine steigende oder eine fallende Zuordnung handelt. Das weitere Verfahren kannst du dem Diagramm entnehmen.

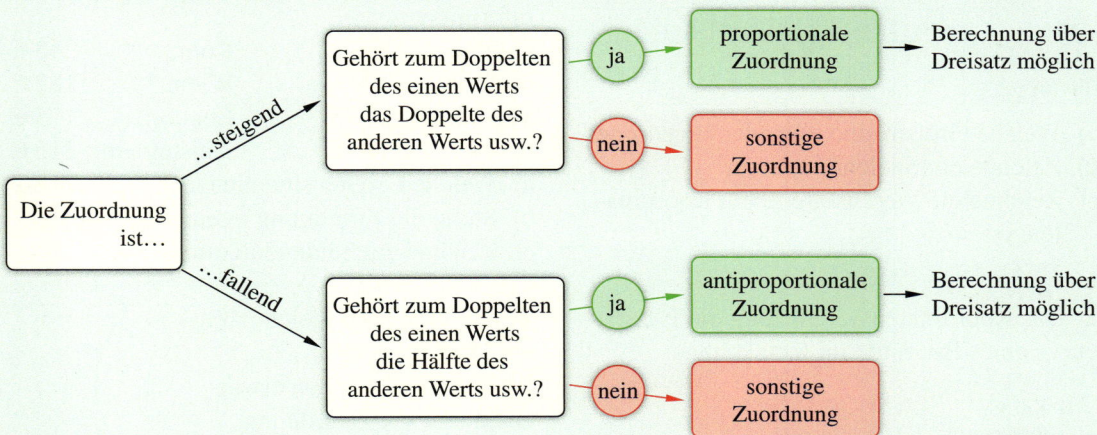

👥 Untersucht die folgenden Aufgaben und prüft, ob es sich um eine proportionale Zuordnung, eine antiproportionale Zuordnung oder eine sonstige Zuordnung handelt.

1 In der Aula wird eine Theateraufführung veranstaltet. Dazu sollen insgesamt 300 Stühle aufgestellt werden.
Der Hausmeister kann folgende Anordnungen wählen:

Anzahl der Reihen	Anzahl der Stühle pro Reihe
30	10
15	20
10	30

2 Eine Libelle kann bei einer Geschwindigkeit von $30\,\frac{km}{h}$ eine Strecke in 6 s überwinden.
Ein Wolf schafft sie mit $60\,\frac{km}{h}$ in 3 s.
Ein Gepard läuft sie mit $120\,\frac{km}{h}$ in 1,5 s.

3 Im Supermarkt
a) Acht Kiwis kosten 2,80 €.

Preis in €	1,40	0,70	0,35
Anzahl	4	2	1

b) Vier Honigmelonen kosten 10,36 €.

Preis in €	7,77	5,18	2,59
Anzahl	3	2	1

c) 2,5 kg Kartoffeln kosten 1,45 €.

Preis in €	5	7,5	25
Kilogramm	2,78	3,98	12,98

4 Julians Vater hat jedes Jahr gemessen, wie groß Julian an seinem Geburtstag war.
Die Messergebnisse hat er in einem Diagramm notiert.

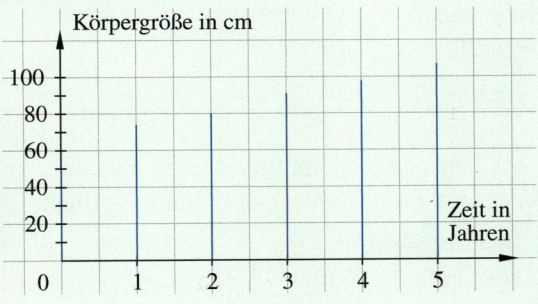

ZUM WEITERARBEITEN
Ergänzt weitere Wertepaare, falls eine porportionale oder eine antiproportionale Zuordnung vorliegt.

77

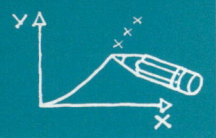

Klar so weit?

→ Seite 64

Zuordnungen erkennen und beschreiben

1 Stefanie hat eine Woche lang jeden Tag um 14 Uhr die Temperatur gemessen.

Tag	10.6.	11.6.	12.6.	13.6.	14.6.	15.6.	16.6.
Temperatur (in °C)	25	23	22	18	17	19	23

a) Welche Größen sind einander zugeordnet?
b) Zeichne ein Säulendiagramm.
c) Zeichne die Wertepaare in ein Koordinatensystem.

2 Das Koordinatensystem zeigt die Fieberkurve eines Patienten im Krankenhaus.

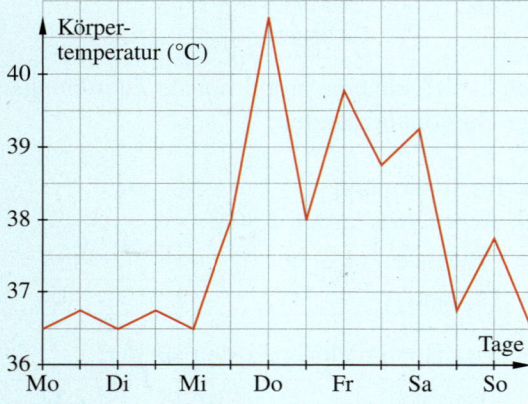

a) Welche Größen sind einander zugeordnet?
b) Lies jeweils die Körpertemperaturen an jedem Tag ab.
c) Erstelle eine Wertetabelle.
d) An welchen Tagen hat der Patient eine höhere Temperatur als 37 °C?

1 Frau Rastinowski hat sich in einem Reisebüro über Flugpreise für eine Wochenendreise informiert:

Dublin: 269 €   Rom: 245 €
Madrid: 199 €   Wien: 187 €
Venedig: 289 €   London: 175 €
Paris: 186 €   Amsterdam: 215 €

a) Welche Größen sind einander zugeordnet?
b) Stelle die Zuordnung in einer Tabelle dar.
c) Zeichne ein Säulendiagramm.

2 Die Vase wird gleichmäßig mit Wasser gefüllt. Welchen Füllgraphen erwartest du für die Zuordnung *Füllmenge → Füllhöhe*?

a) Beschreibe, wie sich die Füllhöhe verändert. Verwende Begriffe wie „steigt schneller an" oder „steigt langsamer an".
b) Überprüfe für beide Graphen, ob er zu der abgebildeten Vase passen kann. Begründe.

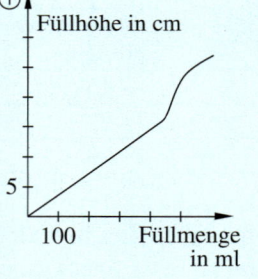

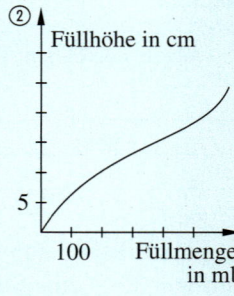

→ Seite 70

Proportionale Zuordnungen und Dreisatz

3 Ist die Zuordnung proportional? Begründe.

Anzahl	1	2	4	8
Preis (in €)	1,20	2,40	4,80	9,60

4 Übertrage die Tabelle ins Heft. Ergänze, so dass eine proportionale Zuordnung vorliegt.

Füllmenge (in l)	1	5	10	20	30
Preis (in €)	2,5				

3 Ist die Zuordnung proportional? Begründe.

Anzahl	5	8	20	3	11	17
Preis (in €)	30	48	120	18	66	102

4 Übertrage die Tabelle ins Heft. Ergänze, so dass eine proportionale Zuordnung vorliegt.

Füllmenge (in l)	1	5	10	20	30
Preis (in €)			13,20		

5 Kartoffelpreise

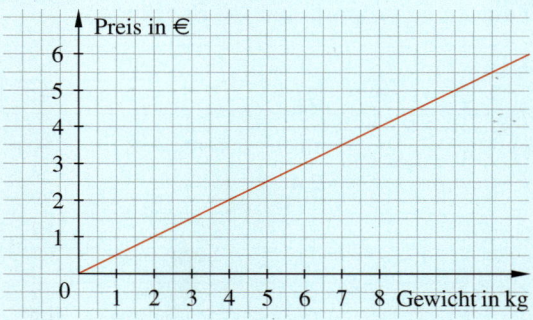

a) Wie teuer sind 2,5 kg Kartoffeln?
   Wie teuer sind 10 kg Kartoffeln?
b) Wie viel kg Kartoffeln kann man für 2 €
   kaufen?
   Wie viel kg Kartoffeln kann man für
   3,50 € kaufen?
c) Stelle eine Zuordnungstabelle für zehn
   Wertepaare auf.

5 Flugdauer

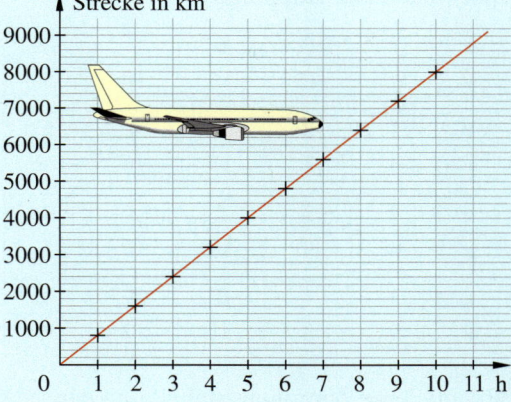

a) Begründe, warum die Zuordnung
   Flugdauer → Strecke proportional ist.
b) Wie viel km legt das Flugzeug in 6 Stunden (3,5 Stunden) zurück?
c) Gib die Dauer für 2 000 km (7 200 km) an.

Antiproportionale Zuordnungen und Dreisatz

→ Seite 74

6 Ist die Zuordnung antiproportional?
Ersetze x und y durch Größen und begründe.

x	1	2	3	4	5
y	24	12	8	6	4

6 Ändere Werte, so dass die Zuordnung antiproportional wird. Gib für x und y Größen an.

x	1	2	3	4	5
y	60	30	20	15	10

7 Ergänze die Tabelle im Heft, so dass eine
antiproportionale Zuordnung vorliegt.

x	1	2	3	4	5
y	1 200				

7 Ergänze die Tabelle im Heft, so dass eine
antiproportionale Zuordnung vorliegt.

x	1	2	3	4	5
y	$\frac{1}{2}$				

8 Ein Springbrunnen wirft in sechs Minuten
48 Liter Wasser aus.
Wie viel Liter Wasser sind es in 13 Minuten?

8 Ein Handwerker berechnet für 8 Arbeitsstunden 336 € Lohnkosten.
Wie teuer sind 17 (28) Arbeitsstunden?

9 Tippgemeinschaften bekommen ihren Lottogewinn gemeinsam ausgezahlt.
Die Gewinnsumme einer Tippgemeinschaft
beträgt 18 144 €.
Ergänze die Tabelle in deinem Heft.

Anzahl der Mitglieder	4	7	9	15
Gewinn pro Mitglied (in €)				

10 Ein Lexikon besteht aus 20 Bänden mit
jeweils 1 000 Seiten.
Wie viele Bände sind für den gleichen Inhalt
erforderlich, wenn jeder Band 800 Seiten hat?

10 Die Ballonfahrer Piccard und Jones um-
rundeten 1999 die Erde in 20 Tagen mit einer
Durchschnittsgeschwindigkeit von 97 $\frac{km}{h}$.
Wie lange benötigt ein Flugzeug mit 900 $\frac{km}{h}$?

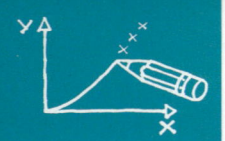

Vermischte Übungen

1 Stelle fest, welche der Zuordnungen proportional sind. Begründe.

a)
x	1	2	6	9	10
y	90	45	15	10	9

b)
x	1	2	3	4	5
y	4	8	12	16	20

c)
x	2	1	5	8	10
y	40	80	16	10	8

d)
x	3	1	7	4	10
y	9	3	21	12	30

2 Erstelle eine Zuordnungstabelle, in der man den Preis für eine bis zehn Eintrittskarten ablesen kann.

3 Ordne die folgenden Eigenschaften und Beispiele und erstelle daraus ein Lernplakat zum Thema „Proportionale und antiproportionale Zuordnungen".
Präsentiere dein Lernplakat vor der Klasse.

Dem Doppelten der Ausgangsgröße wird das Doppelte der zugeordneten Größe zugeordnet.

20 Pflücker benötigen zusammen 8 Stunden, um ein Erdbeerfeld abzuernten.

Dem Doppelten der Ausgangsgröße wird die Hälfte der zugeordneten Größe zugeordnet.

Halbgerade durch Ursprung

Punkte auf einer Kurve

500 g Erdbeeren kosten 1,95 €.

x	1	2	5
y	10	5	2

x	1	2	5
y	2	4	10

4 Berechne.
a) Fünf Flaschen Saft kosten 3,95 €.
Wie viel kostet eine Flasche Saft?
b) 1,5 kg Äpfel kosten 2,97 €.
Wie viel kostet 1 kg Äpfel?
c) 2,5 m Stoff kosten 12,45 €.
Wie viel kostet 1 m Stoff?
d) 750 g Tomaten kosten 1,35 €.
Wie viel kosten 100 g?

1 Ergänze die Tabellen im Heft, falls die Zuordnung proportional ist. Begründe.

a)
x	4	6	8	10
y	14	21			56

b)
x	2	3	6	8	9
y		2,4	1,2		

c)
x	6	2	8		16
y	180	60		15	

d)
x		60	15	5	12
y	1		2	6	

2 Zutaten für Pilzpfannkuchen
Berechne die Mengen, wenn 10 (15; 2; 8; 12) Pfannkuchen gebacken werden sollen.

Für fünf Pfannkuchen brauchst du:

• 4 Eier
• $\frac{1}{8}$ l Milch
• 100 g Mehl
• 500 g Champignons
• eine Zwiebel
• 150 g Schinken

(außerdem Salz, Pfeffer, Butter und Öl).

4 Zu Schuljahresbeginn kauft Familie Becker neue Hefte und Stifte. Wie viel Geld hat jedes der Kinder ausgegeben, wenn 3 Hefte 0,57 € und 5 Stifte 2,75 € kosten?

Name	Anzahl der Hefte	Anzahl der Stifte
Lisa	4	3
Tim	2	4
Nico	5	6

5 Prüfe, ob die Zuordnungen proportional sind. Korrigiere die Werte falls nötig, so dass eine proportionale Zuordnung vorliegt.
a) Zwei Eier kosten 34 Cent.
   Zehn Eier werden für 1,70 € verkauft.
b) 4 Schachteln Pralinen wiegen 500 g.
   20 Schachteln Pralinen sind 2 kg schwer.
c) Ein Inlineskater fährt in einer Stunde 36 km. In den ersten 20 Minuten hat er 15 km geschafft.

5 Welche Zuordnung ist proportional? Begründe deine Antwort.

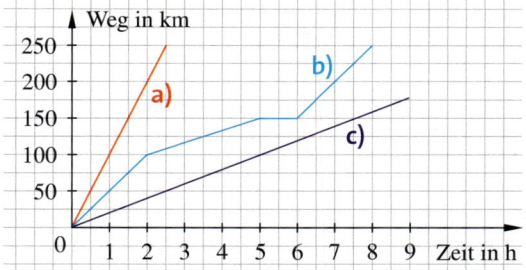

6 👥 Gebt Beispiele aus dem Alltag an und entscheidet jeweils, um welche Art von Zuordnung es sich handelt. Begründet eure Entscheidung.
a) Je mehr …, desto teurer …
b) Je größer …, desto kleiner …
c) Verdoppelt sich …, so verdoppelt sich ….
d) Viertelt sich …, so vervierfacht sich ….

ZUM WEITERARBEITEN
Findet weitere Beispiele:
je höher …;
je schneller …;
usw.

7 Tee wird zu 1,75 € je 100 g verkauft.

a) Erstelle im Heft eine Zuordnungstabelle für 100 g; 200 g; …; 1 000 g.
b) Stelle die Zuordnung in einem Koordinatensystem dar und verbinde die Punkte.
c) Lies die Preise für 150 g; 250 g; …; 950 g im Koordinatensystem ab.
d) Was kosten 2,3 kg Tee? Berechne.

7 An zwei benachbarten Ständen auf einem Markt werden rechteckige Pizzaschnitten vom Blech verkauft.

Pizza Tutti 9,00 €   Pizza Forte 9,60 €

a) Welche Pizzaschnitte ist preiswerter?
b) Was würde Pizza *Tutti* kosten, wenn sie die Größe von Pizza *Forte* hätte?

8 Ordne den Graphen Ⓐ–Ⓓ einen der Texte ① bis ③ zu.
Finde für den übrig gebliebenen Graphen selbst eine Geschichte.

① Zunächst kamen wir sehr gut voran. Aber in Mainz überraschte uns zähfließender Verkehr.

② Matthias lief den ersten Streckenabschnitt recht langsam, setzte dann aber zu einem Spurt an.

③ Kevin rannte los wie die Feuerwehr, bis ihm die Puste ausging und er stehen blieb.

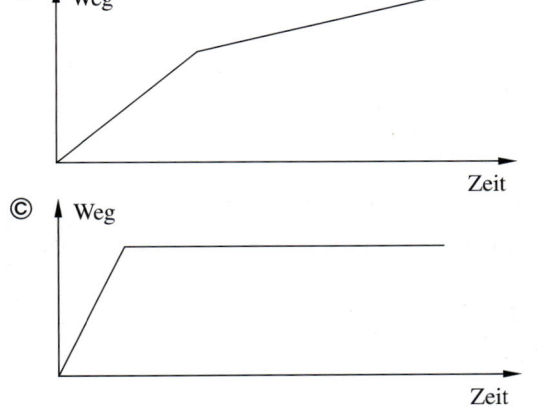

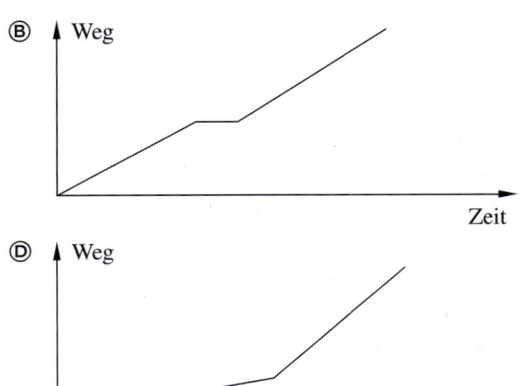

9 Butter wird aus Milch hergestellt. Hier ist dargestellt, wie viel Milch für die Herstellung von Butter benötigt wird.

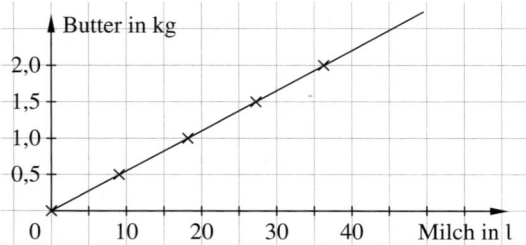

a) Erstelle eine Zuordnungstabelle mit fünf Wertepaaren.
b) Ist die Zuordnung proportional? Begründe.
c) Wie viel Milch braucht man für die Herstellung von 4 kg Butter?

10 Übertrage und ergänze die Tabelle im Heft.

a)

Fahrtdauer (in min)	Strecke (in km)
30	12
1	
80	

b)

Anzahl	Preis (in €)
25	120
1	
15	

11 Beantworte die Fragen mithilfe des Dreisatzverfahrens.

a) Eine Gießmaschine in einer Kerzenfabrik stellt in drei Stunden 30 000 Kerzen her. Wie viele Kerzen stellt sie in einer Schicht von acht Stunden her?
b) Eine Eismaschine stellt in drei Stunden 108 000 Portionen her. Wie viel Eis wird in einer Woche (38 Stunden) hergestellt?
c) Zuckerwattemaschinen können in drei Stunden 1 110 Portionen herstellen. Wie viel Portionen Zuckerwatte sind das in einem Monat (160 Stunden)?

12 In der belgischen Stadt Malmedy wird jedes Jahr ein Riesenomelett gebacken. Dabei werden 10 000 Eier verbraucht. Wie viele Personen können davon essen, wenn acht Eier für ein Omelett für vier Personen reichen?

9 Tanja fährt mit dem Fahrrad zur 10 km entfernten Schule. Ihre Fahrt ist dargestellt.

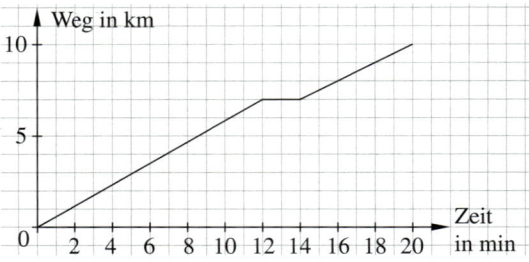

a) Denke dir eine Geschichte aus, die zur Grafik passt.
b) Wie lange braucht Tanja für den Weg?
c) Verändere die Geschichte und den Graphen, damit die Zuordnung *Zeit → Weg* proportional wird.

10 Jana hat auf der Klassenfahrt Fotos gemacht. Für 36 Abzüge hat sie 2,88 € bezahlt. Was kosten die Fotos für ihre Mitschüler?

Name	Anzahl der Fotos	Preis in €
Martin	13	
Tim	7	
Hanna	10	
Nils	4	
Leni	14	

11 Familie Hansen renoviert ihre Wohnung. Es werden drei verschiedene Tapeten gekauft.

a) Drei Rollen von Tapete A kosten 40,80 €. Es werden fünf Rollen benötigt.
b) Acht Rollen von Tapete B haben 79,20 € gekostet. Eine Rolle wird zurückgegeben.
c) Tapete C kostet 6 € mehr als Tapete A. Es werden sieben Rollen benötigt.
d) Wie viel Geld gibt Familie Hansen insgesamt für die 19 Rollen Tapete aus?

13 Alexander und Kira joggen mit einem Schrittzähler, an dem die gelaufene Strecke in Schritten, in Metern und in Kilometern abgelesen werden kann.

a) Alexander hat eine Schrittweite von 0,75 m eingegeben. Wie viele Meter ergeben sich nach 1 000 (2 000; 3 000) Schritten?

b) Welche Strecke hat Kira nach 1 000 (2 000; 3 000) Schritten zurückgelegt, wenn ihre Schrittweite 0,70 m beträgt?

14 Das Bild zeigt die Kosten für ein Fahrgeschäft auf einer Kirmes.
Für 4 € erhält man vier Chips, für 1,20 € einen Chip.

a) Du erhältst von deinen Eltern 8 € (10 €, 11 €, 12 €).
Wie oft kannst du maximal fahren?

b) Deine Eltern erlauben dir, fünfmal zu fahren. Kannst du sie davon überzeugen, dich öfter fahren zu lassen?

c) Bewerte die Preisgestaltung. Würdest du etwas verbessern?

15 Bei einem Löschfahrzeug der Feuerwehr wird die Spritzdüse so eingestellt, dass pro Minute 100 Liter Wasser durch das Löschrohr strömen. So kann aus dem Wassertank 24 Minuten lang gelöscht werden.
Wie lange reicht der Wasservorrat, wenn die Spritzdüse auf 124 Liter pro Minute eingestellt ist?

13 Am 25. Juli 1909 überflog der Franzose Louis Bleriot als Erster den Ärmelkanal.

Für die Strecke von Calais nach Dover benötigte er mit seinem Flugzeug rund 28 Minuten bei einer Geschwindigkeit von $85 \frac{km}{h}$.
In welcher Zeit würde ein Hubschrauber dieselbe Strecke mit einer Durchschnittsgeschwindigkeit von $160 \frac{km}{h}$ zurücklegen?

14 Alte Elektrogeräte haben oftmals einen hohen Stromverbrauch.

a) Ein alter Kühlschrank hat pro Jahr einen Energieverbrauch von 370 kWh. Dadurch entstehen Stromkosten von 66,60 €. Neugeräte verbrauchen nur 240 kWh. Berechne die Stromkosten für das Neugerät.

b) Wie viel Stromkosten können pro Jahr durch einen neuen Kühlschrank eingespart werden? Finde verschiedene Rechenwege und präsentiere sie.

c) Ein alter Fernseher hat einen Energieverbrauch von 170 kWh, ein neuer Fernseher benötigt lediglich 100 kWh. Wie groß sind die Einsparmöglichkeiten pro Jahr?

d) Recherchiere den Energieverbrauch von fünf Elektrogeräten. Wie hoch sind die jährlichen Energiekosten für die Geräte?

15 Max unternimmt eine Radreise.
Er überlegt, wie er sein Taschengeld so einteilen kann, dass er jeden Tag den gleichen Betrag zur Verfügung hat.
Ist er 12 Tage unterwegs, kann er 11 € pro Tag ausgeben.

a) Wie viel Taschengeld hat Max?

b) Vervollständige die Tabelle im Heft.

Anzahl der Tage	12	10	15	6	8	16
Geld pro Tag (in €)	11					

16 Mogelpackungen

Häufig geht man beim Einkaufen davon aus, dass große Packungen günstiger sind als kleine. Die Tabelle zeigt die Preise für verschiedene Packungsgrößen einiger Produkte.

a) Bei welchen Produkten lassen sich die Preise leicht vergleichen? Begründe.

b) Verändere die Preise für die Groß-packungen, sodass die Zuordnung *Packungsgröße → Preis* proportional ist.

c) Berechne für jedes Produkt die Mehrkosten für die Großpackung.

d) Vergleiche in einem Supermarkt die Preise.

Produkte	Packungsgröße	Preis (in €)
Duschgel	250 ml 2 × 250 ml	1,25 2,65
Lollipop	1 Stück 6 Stück	0,55 3,79
Schokolade	100 g 4 × 100 g	0,75 3,48
Pralinen	200 g 250 g	2,59 3,49
Bonbons	125 g 400 g	0,93 2,99
DVD-Rohlinge	25 Stück 50 Stück	16,99 34,99
Kekse	237 g 310 g	1,80 2,69

HINWEIS
*Manchmal müssen in der Tabelle Zwischenwerte bestimmt werden.
Beispiel:
Lena hat 30,5 m weit geworfen. Sie bekommt dafür 400 Punkte.*

17 Bundesjugendspiele

Bei den Sommer-Bundesjugendspielen der 11- bis 12-jährigen Mädchen und Jungen wird ein Dreikampf aus 50-m-Lauf, Weitsprung und Schlagballwurf (80 g) durchgeführt. Jede Disziplin wird mit Punkten bewertet, die zur Gesamtpunktzahl zusammengefasst werden.
Die Tabelle zeigt einen Ausschnitt aus den Wettkampflisten der 11- bis 12-Jährigen:

50-m-Lauf

Zeit in s	10,0	9,9	9,8	9,7	9,6	9,5	9,4	9,3	9,2	9,1	9,0	8,9	8,8	8,7	8,6	8,5
Mädchen	187	194	201	209	217	225	233	241	249	258	267	276	285	294	304	314
Jungen	158	165	172	179	187	194	202	210	218	226	234	243	252	261	270	279

Weitsprung

Weite in m	2,89	3,01	3,13	3,25	3,37	3,49	3,61	3,73	3,85	3,97	4,09	4,21	4,33	4,45	4,57	4,69
Mädchen	291	308	324	340	356	372	387	402	417	432	446	460	474	488	502	515
Jungen	251	266	282	297	313	327	342	356	370	384	398	411	424	438	450	463

Schlagballwurf

Weite in m	20	21	22	23	24	25	26	27	28	29	30	31	32	33	34	35
Mädchen	280	292	305	317	329	340	351	363	373	384	395	405	415	425	435	445
Jungen	152	162	171	181	190	200	209	217	226	235	243	251	259	267	275	283

a) Was wird in den Tabellen jeweils einander zugeordnet?

b) Es gibt eine Sieger- oder eine Ehrenurkunde, wenn insgesamt die Mindestpunktzahlen der linken Tabelle erreicht werden.
Betrachte die rechte Tabelle. Wer erhält welche Urkunde?

	Jungen		Mädchen	
Alter	Sieger-urkunde	Ehren-urkunde	Sieger-urkunde	Ehren-urkunde
11	675	875	700	900
12	750	975	775	975

	Anne	Kai	Jana	Deniz
Alter	11	11	12	12
50-m-Lauf	10,0 s	9,5 s	9,7 s	9,0 s
Weitsprung	3,85 m	4,44 m	3,71 m	3,09 m
Ballwurf	32 m	24,5 m	22 m	35,5 m

c) Gib mögliche Ergebnisse an, mit denen ein 11-jähriger Junge (ein 12-jähriges Mädchen) eine Ehrenurkunde erreicht.

d) Leo ist 12 Jahre alt und hat 9,2 s für den 50-m-Lauf gebraucht. Kann er laut Tabelle noch eine Ehrenurkunde erreichen? Begründe.

Zusammenfassung

Zuordnungen erkennen und beschreiben

→ Seite 64

Zuordnungen weisen Werten aus einem Bereich einen oder mehrere Werte aus einem anderen Bereich zu (**Wertepaar**).
Zuordnungen sind **steigend** oder **fallend** und werden in verschiedenen Formen dargestellt:
Wortvorschrift, **Wertetabelle**, **Koordinatensystem**, **Diagramm**.

Proportionale Zuordnungen und Dreisatz

→ Seite 70

Eine Zuordnung ist **proportional**, wenn gilt:
- Zum Doppelten usw. der einen Größe gehört das Doppelte usw. der anderen Größe.
- Zur Hälfte usw. der einen Größe gehört die Hälfte usw. der anderen Größe.

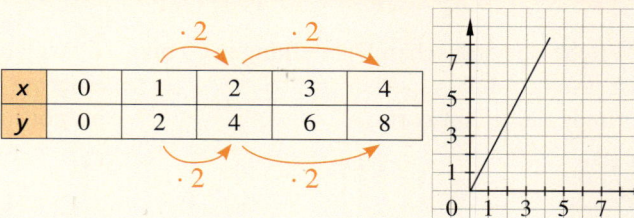

Alle Punkte liegen auf einer **Halbgeraden**, die im Nullpunkt $(0|0)$ beginnt.

Dreisatzschema:
① Wertepaar aufschreiben
② Schluss auf die Einheit
③ Schluss auf das Gesuchte

Anzahl der CDs	Preis (in €)
5	64,95
1	12,99
6	77,94

$: 5$ $: 5$
$\cdot 6$ $\cdot 6$

+ Proportionale Zuordnungen sind **quotientengleich**: $\frac{1}{2} = \frac{2}{4} = \frac{3}{6} = \frac{4}{8} = 0,5$

Antiproportionale Zuordnungen und Dreisatz

→ Seite 74

Für **antiproportionale** Zuordnungen gilt:
- Zum Doppelten usw. der einen Größe gehört die Hälfte usw. der anderen Größe.
- Zur Hälfte usw. der einen Größe gehört das Doppelte usw. der anderen Größe

x	1	2	3	4
y	6	3	2	1,5

$\cdot 2$ $\cdot 2$
$: 2$ $: 2$

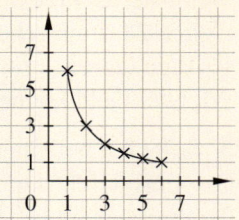

Alle Punkte liegen auf einer fallenden Kurve (**Hyperbel**).

Dreisatzschema:
① Wertepaar aufschreiben
② Schluss auf die Einheit
③ Schluss auf das Gesuchte

Anzahl der Arbeiter	Zeit (in h)
3	16
1	48
4	12

$: 3$ $\cdot 3$
$\cdot 4$ $: 4$

+ Antiproportionale Zuordnungen sind **produktgleich**: $1 \cdot 6 = 2 \cdot 3 = 3 \cdot 2 = 4 \cdot 1,5 = 6$

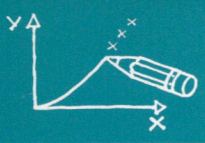

Teste dich!

4 Punkte | 5 Punkte

1 Ergänze in deinem Heft, so dass die Zuordnung ...
a) proportional ist.

x	1	2	3	4	5
y	1,40				

b) antiproportional ist.

x	1	2	3	4	5
y	30				

1 Ergänze in deinem Heft, so dass die Zuordnung ...
a) proportional ist.

x	1	2	3	5	7
y		$4\frac{1}{2}$			

b) antiproportional ist.

x	1	2	4	6	10
y			12		

2 Punkte | 4 Punkte

2 Welche der grafischen Darstellungen ① bis ④ ist proportional? Begründe deine Antwort.

2 Welcher der Graphen ① bis ④ gehört zu einer proportionalen, welcher zu einer antiproportionalen Zuordnung? Begründe jeweils.

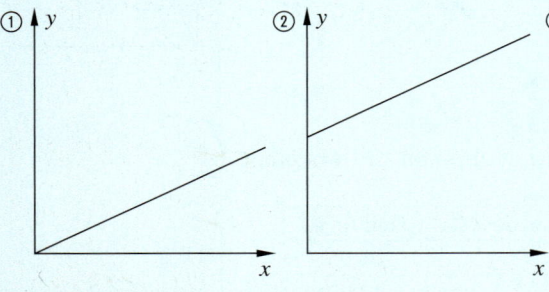
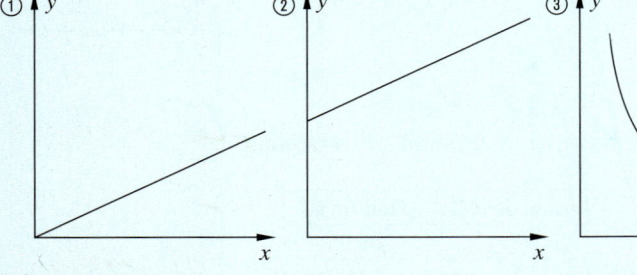

3 Punkte | 4 Punkte

3 Familie Bohm ist mit ihrem Auto 720 km in den Urlaub gefahren. Insgesamt hat sie 54 l Benzin verbraucht.
Berechne den Benzinverbrauch für eine Strecke von 100 km.

3 250 Taschenrechner werden für 2722,50 € angeboten. Die Firma Xekdüs kauft 130 Taschenrechner und die Firma Mascolo 120 Taschenrechner.
Welchen Betrag muss jede Firma bezahlen?

3 Punkte | 4 Punkte

4 Birgül und Aylin machen eine Radtour. Wenn sie 12 Tage unterwegs sind, können sie täglich 24 € ausgeben. Sie wollen aber 16 Tage fahren.
Wie viel Geld können sie täglich ausgeben?

4 Sechs Malergesellen brauchen 4 Tage für die Renovierung eines Hauses. Der Malermeister Franziskus muss vor der Renovierung 2 Gesellen abziehen. Wie lange wird jetzt die Renovierung dauern?

4 Punkte | 5 Punkte

5 Sofie hat bei einem Gewinnspiel 2,5 kg Gummibärchen gewonnen. Sie teilt ihren Gewinn gleichmäßig mit ihren Freundinnen.

a) Wie viel Gummibärchen bekommt jede? Ergänze die Tabelle für 1, 2, 4, 5, 8, 10 und 25 Personen im Heft.

Anzahl der Personen	1	2
Gummibärchen (in g)	2 500	

b) Ist diese Zuordnung proportional oder antiproportional? Begründe.

5 Das Luftschiff „Hindenburg" wurde bis zu der Brandkatastrophe am 6. Mai 1937 für die Flugverbindung zwischen Deutschland und den USA eingesetzt. Für eine Atlantiküberquerung wurden bei einer Reisegeschwindigkeit von 120 km/h etwa 50 Stunden gebraucht.
a) Wie lange hätte eine Überquerung mit 150 km/h gedauert?
b) Mit welcher Geschwindigkeit hätte man fliegen müssen, um diese Strecke in 24 h zu bewältigen?

Gold: 19–22 Punkte, Silber: 16–18 Punkte, Bronze: 13–15 Punkte   Lösungen ab Seite 200

Grundkonstruktionen

„Um den Schatz zu finden, musst du mit deinem Schiff am nördlichsten Punkt der Insel anlegen. Von dort siehst du die Spitze des Vulkans und der Pyramide. Vorsicht! Der einzige Weg an diesen beiden vorbeizukommen ist genau in der Mitte, sonst versinkst du im Treibsand. Wenn du fast auf der anderen Seite der Insel bist, kommst du zu einem Dickicht. Halte dich östlich bis zu dem markierten Punkt auf der Karte.

Aber pass auf, dass du nicht von Blackbeard und seinen Piraten im Süden angegriffen wirst..."

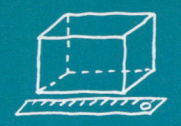

Noch fit?

Einstieg

1 Winkelarten

a) Erkläre die Begriffe: Scheitelpunkt, Schenkel, rechter Winkel, Vollwinkel, gestreckter Winkel.

b) Zeichne Winkel mit den Größen: 35°; 72°; 90°; 108°; 145°; 180°; 215°; 252°.

2 Winkel messen

Miss die Größe der Winkel und gib an, ob es sich um einen spitzen, stumpfen oder überstumpfen Winkel handelt.

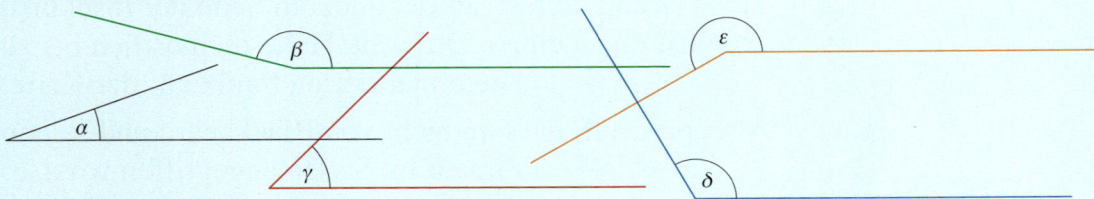

3 Abstand messen

Miss den Abstand von P zur Geraden g.

a)   b)

4 Kreise zeichnen

Zeichne drei Kreise mit den Radien $r_1 = 5\,cm$; $r_2 = 6{,}5\,cm$ und $r_3 = 3{,}8\,cm$ ins Heft. Gib jeweils die Länge des Kreisdurchmessers d an.

5 Dreiecke konstruieren

Konstruiere das Dreieck ABC.
Fertige zunächst eine Planskizze an.

a) $c = 6\,cm$; $\alpha = 60°$; $\beta = 45°$

b) $c = 4{,}5\,cm$; $a = 6\,cm$; $b = 3{,}5\,cm$

6 Übertrage ins Heft und ergänze zu einer achsensymmetrischen Figur.

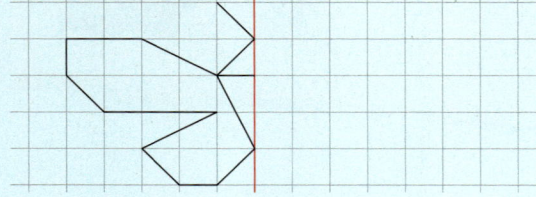

Aufstieg

3 Abstand messen

Zeichne die Punkte $A\,(2|1)$ und $B\,(6|1)$ in ein Koordinatensystem und verbinde sie.

a) Zeichne den Punkt $C\,(3|3)$. Miss den Abstand C zur Strecke durch $\overline{AB}$.

b) Zeichne eine Senkrechte zu $\overline{AB}$ durch den Punkt $D\,(4{,}5|0{,}5)$. Miss den Abstand von A und B zur Senkrechten durch D.

4 Kreise zeichnen

Zeichne die Kreise in ein Koordinatensystem.
① $M_1\,(0|0)$ ② $M_2\,(3|1)$ ③ $M_3\,(-2|0)$
$d = 7{,}2\,cm$ $r = 2{,}5\,cm$ $r = 16\,mm$
Beschreibe die Lage der Kreise zueinander.

5 Dreiecke konstruieren

Konstruiere jeweils das Dreieck und fertige eine Konstruktionsbeschreibung an.

a) $a = 6\,cm$; $b = 6\,cm$; $\gamma = 60°$

b) $c = 5{,}8\,cm$; $\alpha = 32°$; $a = 6{,}5\,cm$

6 Übertrage ins Heft und ergänze zu einer achsensymmetrischen Figur.

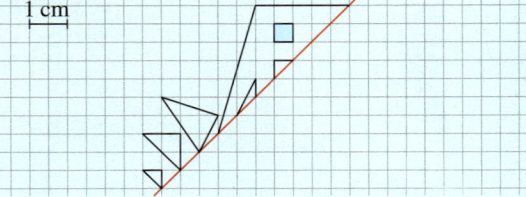

Lösungen ab Seite 200

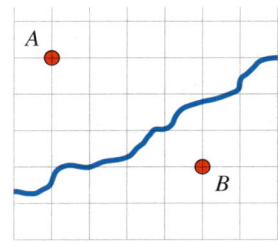

Mittelsenkrechte

Entdecken

1 Zwei wohnen an einem Fluss. Sie wollen nicht länger durch den Fluss getrennt sein und beschließen, eine Brücke zu bauen. Diese soll gleich weit von jedem Haus entfernt sein. An welcher Stelle würdest du die Brücke bauen? Begründe deine Meinung.

2 Zeichne eine Strecke $\overline{AB}$ auf ein Blatt. Markiere die Endpunkte deutlich und falte das Blatt so, dass die beiden Punkte aufeinander fallen.

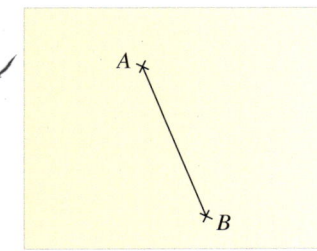 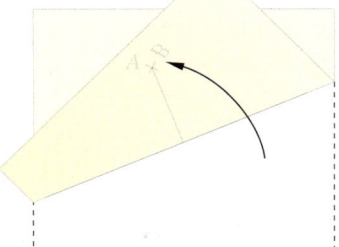 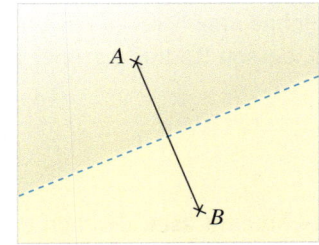

a) Wähle auf der Faltlinie einen beliebigen Punkt C und vergleiche die Längen von $\overline{AC}$ und $\overline{BC}$.

b) Kannst du der Faltlinie einen mathematischen Namen geben?

3

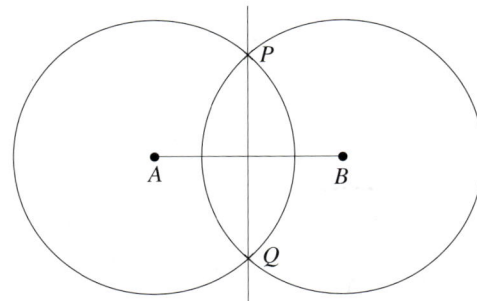

Das Bild wurde mit einer Geometrie-Software erstellt.

a) Beschreibe, welche Eigenschaften die Gerade durch die Punkte P und Q hat.

b) Was lässt sich über die Radien der beiden Kreise sagen?

c) Erkläre, wie die Gerade $\overline{PQ}$ konstruiert wurde, wenn man von der Strecke $\overline{AB}$ ausgeht.

4 Das Bermuda-Dreieck ist eine Region im Atlantik, in der es angeblich übermäßig viele Schiffs- und Flugzeugunglücke gibt. Übertrage die Karte auf eine Folie oder ein Stück Butterbrotpapier. Überprüfe, ob die folgenden Aussagen wahr oder falsch sind. Verwende nur einen Zirkel.

a) $\overline{AM} = \overline{AP}$

b) $\overline{BM} = \overline{BP}$

c) $\overline{MH} > \overline{MA}$

d) $\overline{BA} < \overline{BP}$

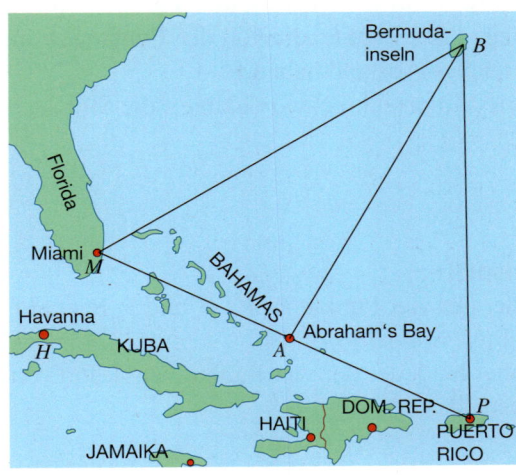

Verstehen

Anna möchte die Mitte eines 3,9 cm breiten
Streifens mit dem Geodreieck bestimmen.
„Die Mittellinie muss dann genau 1,95 cm vom Rand
verlaufen. So genau kann ich aber mit dem Geodreieck nicht zeichnen."

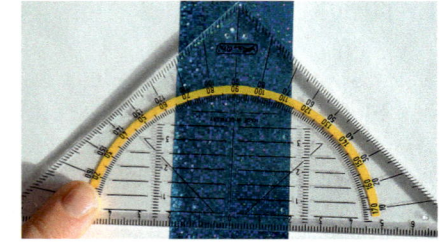

Annas ältere Schwester Nicole stimmt ihr zu.
„Ich erinnere mich aber an ein Verfahren, das schon
die griechischen Mathematiker des Altertums kannten. Mit dem Verfahren kann man die Mittellinie bestimmen, **ohne zu messen**. Man braucht dazu nur ein Lineal und einen Zirkel."

1. Zeichne eine Strecke $\overline{AB}$ und um den Punkt A einen
Kreis, dessen Radius r größer ist als die Hälfte von $\overline{AB}$.

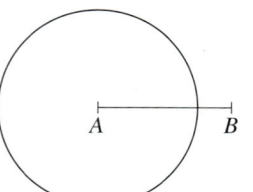

2. Zeichne mit dem gleichen Radius r einen Kreis um B.
Die beiden Kreise schneiden sich in P und Q.

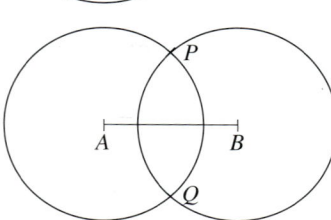

3. Die Gerade durch P und Q halbiert die Strecke $\overline{AB}$ im
Punkt M und ist senkrecht zu ihr.
Sie ist die Mittelsenkrechte von $\overline{AB}$.

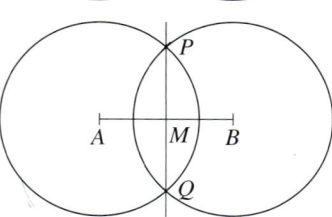

Merke Auf der **Mittelsenkrechten** m einer Strecke $\overline{AB}$
liegen alle Punkte, die von den Punkten A und B den
gleichen Abstand haben.
Die Mittelsenkrechte m halbiert die Strecke $\overline{AB}$.

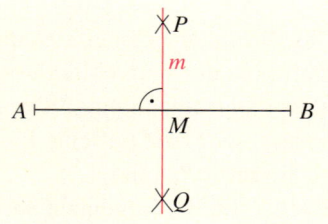

Beispiel

Jeder der vier Punkte P_1, P_2, P_3 und P_4 liegt auf der Mittelsenk-
rechten von $\overline{AB}$.
Daher hat jeder der vier Punkte von A und von B den gleichen
Abstand.

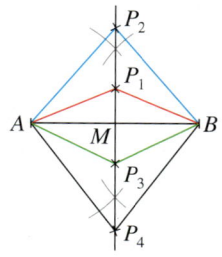

Üben und anwenden

1 Ist *m* die Mittelsenkrechte der Strecke?

a)

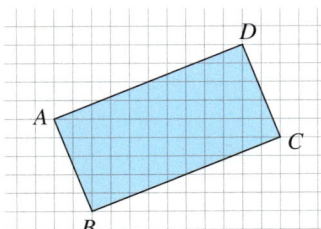

b)

2 Konstruiere jeweils die Mittelsenkrechte mit Zirkel und Lineal.

a) $\overline{AB} = 4\,\text{cm}$ b) $\overline{CD} = 7\,\text{cm}$
c) $\overline{EF} = 3,4\,\text{cm}$ d) $\overline{GH} = 5,2\,\text{cm}$
e) $\overline{IJ} = 6,5\,\text{cm}$ f) $\overline{KL} = 8,3\,\text{cm}$
g) $\overline{MN} = 1,1\,\text{cm}$ h) $\overline{OP} = 4,7\,\text{cm}$

3 Zeichne die Strecke $\overline{AB} = 6,1\,\text{cm}$ in dein Heft.

a) Bestimme die beiden Punkte, die sowohl von *A* als auch von *B* 4 cm entfernt sind.
b) Wie weit sind diese Punkte vom Mittelpunkt der Strecke $\overline{AB}$ entfernt?

4 Übertrage die Figur ins Heft und konstruiere zu jeder Rechteckseite die Mittelsenkrechte.

5 Zeichne ein Koordinatensystem. Zeichne in das Koordinatensystem die Strecke $\overline{AB}$ mit $A(1|1)$ und $B(7|3)$.
Zeichne die Strecke $\overline{CD}$ mit $C(1|5)$ und $D(3|3)$ in ein neues Koordinatensystem.
a) Konstruiere die Mittelsenkrechten von $\overline{AB}$ und $\overline{CD}$.
b) Gib jeweils die Koordinaten des Mittelpunkts *M* der Strecke an.

1 Zur Strecke $\overline{AB} = 3,5\,\text{cm}$ soll die Mittelsenkrechte konstruiert werden. Bringe die Konstruktionsbeschreibung in die richtige Reihenfolge. Konstruiere dann die Mittelsenkrechte nach der Beschreibung.
1. Ich zeichne den Kreis um *B* mit $r = 2\,\text{cm}$.
2. Ich zeichne die Strecke $\overline{AB} = 3,5\,\text{cm}$.
3. Die Kreise schneiden sich in zwei Punkten. Durch diese beiden Punkte zeichne ich eine Gerade. Diese Gerade ist die Mittelsenkrechte von $\overline{AB}$.
4. Ich zeichne einen Kreis um *A* mit $r = 2\,\text{cm}$.

2 Übertrage die Strecken ins Heft. Halbiere sie nur mit Zirkel und Lineal.

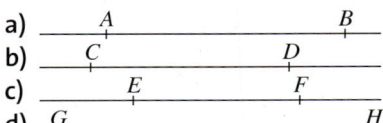

3 Zeichne die Strecke $\overline{AB} = 6,1\,\text{cm}$ in dein Heft.

a) Bestimme alle Punkte, die von *A* und *B* jeweils 4 cm entfernt sind.
b) Nenne die Punkte *C* und *D*. Welche Figur entsteht, wenn man *ABCDA* verbindet?

4 Übertrage das Parallelogramm ins Heft und konstruiere zu jeder Seite des Parallelogramms die Mittelsenkrechte.

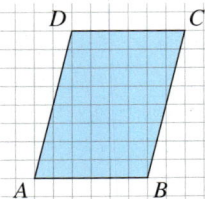

5 Zeichne die Strecke $\overline{AB}$ mit $A(0|0)$ und $B(7|5)$ in ein Koordinatensystem. Zeichne dann die Strecke $\overline{CD}$ mit $C(1|5)$ und $D(7|5)$.
a) Konstruiere zu jeder Strecke die Mittelsenkrechte.
b) Entnimm dem Koordinatensystem den Mittelpunkt jeder Strecke.
c) Gib die Koordinaten des Schnittpunkts der Mittelsenkrechten an.

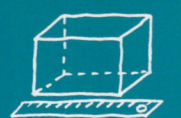

6 Konstruiere nach dieser Planfigur.

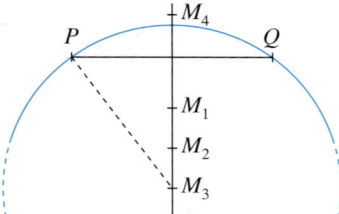

1. Zeichne die Strecke $\overline{PQ} = 6{,}3\,\text{cm}$.
2. Konstruiere ihre Mittelsenkrechte.
3. Wähle auf der Mittelsenkrechten beliebig die Punkte M_1, M_2, M_3 und M_4.
4. Zeichne um jeden dieser Punkte einen Kreis, der durch P und Q geht.

7 Zeichne einen Kreis mit dem Radius $r = 3\,\text{cm}$. Markiere den Mittelpunkt M. Zeichne wie in der Abbildung die beiden Strecken $\overline{AB}$ und $\overline{CD}$ beliebig ein.

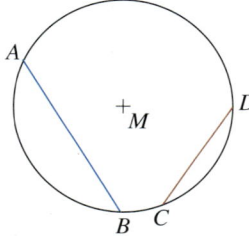

Konstruiere die Mittelsenkrechten beider Strecken. Was fällt dir auf? Beschreibe.

8 Übertrage das Dreieck im Koordinatensystem in dein Heft.

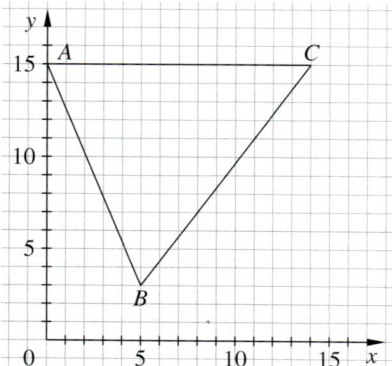

a) Konstruiere mit Zirkel und Lineal zu den Seiten $\overline{AB}$ und $\overline{BC}$ jeweils die Mittelsenkrechte.
b) In welchem Koordinatenpunkt schneiden sich die beiden Mittelsenkrechten?

6 Zeichne einen Kreis mit dem Radius $r = 2{,}5\,\text{cm}$. Markiere den Mittelpunkt M. Zeichne wie in der Abbildung eine Strecke $\overline{AB}$ beliebig ein.

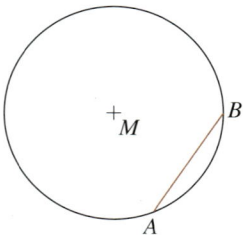

Konstruiere die Mittelsenkrechte der Strecke $\overline{AB}$. Geht sie durch den Punkt M? Begründe.

7 Lea will ein Ziermuster mit Kreisen herstellen. Leider hat sie im Augenblick keinen Zirkel zur Verfügung. Sie benutzt ein Wasserglas, um den Kreis zu zeichnen.

Für ihr Ziermuster braucht sie die Lage des Mittelpunktes. Kannst du ihn konstruieren?

8 Übertrage die Dreiecke ins Heft. Konstruiere jeweils zu den beiden kürzeren Dreiecksseiten die zugehörige Mittelsenkrechte. Vergleiche die Lage der Schnittpunkte.

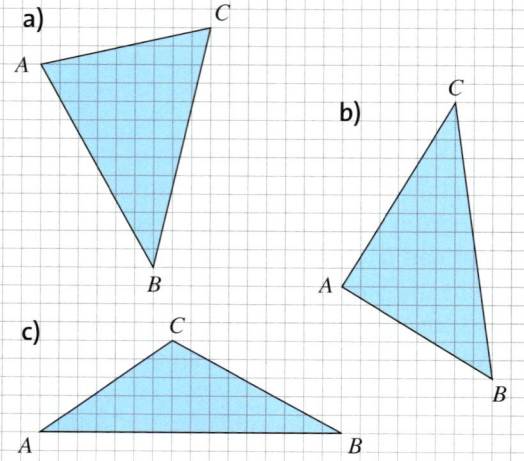

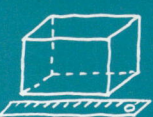

Winkelhalbierende

Entdecken

1 Zeichne einen spitzen Winkel α auf ein Blatt und benenne die Schenkel a und b.
Falte das Blatt so, dass die beiden Schenkel aufeinander liegen.

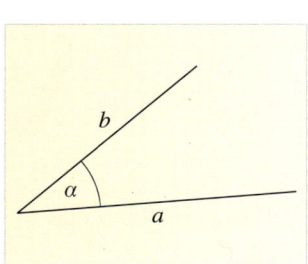
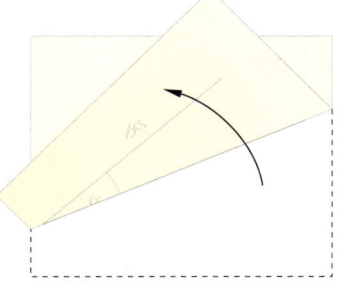
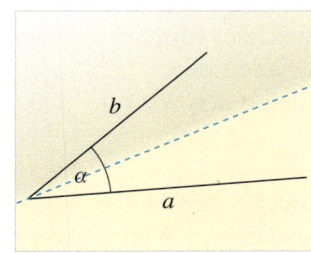

Wähle auf der Faltlinie einen Punkt C.
a) Miss mit dem Geodreieck den Abstand zu jedem der beiden Schenkel.
Was entdeckst du?
b) Miss auch die Größe der beiden Winkel. Was stellst du fest?
Begründe.
c) Kannst du der Faltlinie einen mathematischen Namen geben?

2 Balanciere dein Geodreieck auf einem Stift, so dass ein Eckpunkt des Geodreiecks auf dem Stift liegt. Probiere alle drei Eckpunkte aus.

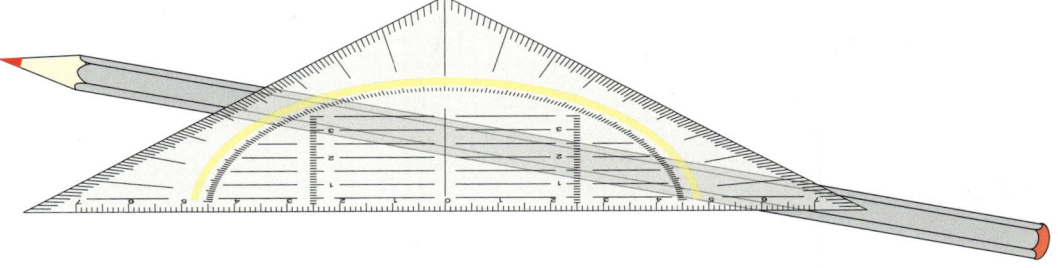

a) 👥 Beschreibt euch gegenseitig, wie ihr das Geodreieck auf den Stift gelegt habt, damit es im Gleichgewicht ist.
b) 👥 Schneidet verschiedene Dreiecke aus stabilem Karton aus. Überlegt zuerst, wie das Dreieck auf den Stift gelegt werden muss, damit es im Gleichgewicht bleibt.
Probiert dann aus und markiert jeweils die Auflagelinie. Was fällt euch auf?

3 Von Dorf Oberau aus verlaufen zwei Wanderwege in einem Winkel von 55°. Es sollen zwei Hochsitze gebaut werden, die von den beiden Wanderwegen jeweils den gleichen Abstand haben.
a) Zeichne die beiden Wanderwege in dein Heft.
b) Finde Punkte, an denen ein Hochsitz gebaut werden könnte. Gib jeweils den Abstand des Hochsitzes zu den Wanderwegen an.
c) 👥 Vergleicht die Lage eurer Hochsitze.
Auf welcher Linie sollten sich alle möglichen Hochsitze befinden?

93

Verstehen

Mit dem Geodreieck kann man einen Winkel halbieren.
Dazu muss man zunächst die Größe des Winkels messen. Dann markiert man am Geodreieck die Hälfte des Winkels.

Man zeichnet vom Scheitelpunkt zur Markierung eine gerade Linie.
Sie halbiert den Winkel.

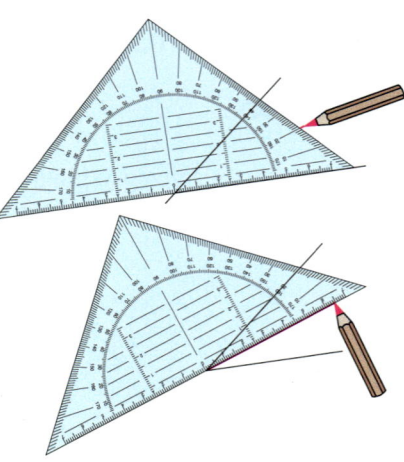

Die griechischen Mathematiker kannten ein Verfahren, mit dem man die Winkelhalbierende eines beliebigen Winkels konstruieren kann, **ohne den Winkel zu messen**.

1. Zeichne einen Kreis um den Scheitelpunkt A des Winkels α.
Der Kreis schneidet die Schenkel in den Punkten B und C.

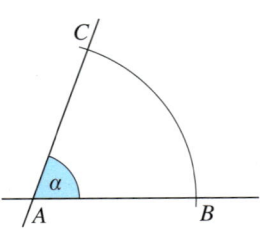

2. Zeichne um B und C je einen Kreis mit dem gleichen Radius.
Die beiden Kreise schneiden sich in dem Punkt D.

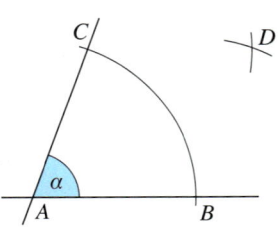

3. Zeichne die Gerade durch die Punkte A und D.
Sie ist die Winkelhalbierende w_α des Winkels α.

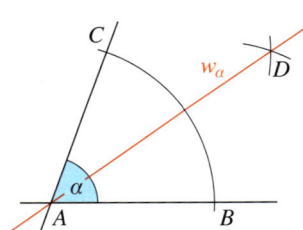

> **Merke** Auf der **Winkelhalbierenden** w_α eines Winkels α liegen alle
> Punkte, die von den Schenkeln des Winkels den gleichen Abstand haben.
> Die Winkelhalbierende halbiert den Winkel α.

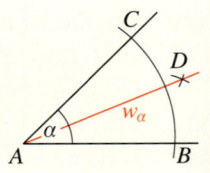

Beispiel

Jeder der Punkte P_1, P_2 und P_3 liegt auf der Winkelhalbierenden w_α.
Daher hat er zu den Schenkeln den gleichen Abstand.

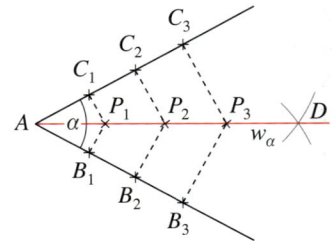

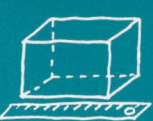

Üben und anwenden

1 Ist die blaue Linie die Winkelhalbierende des markierten Winkels?

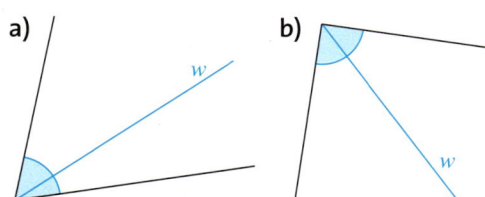

a)

b)

2 Konstruiere die Winkelhalbierende des gegebenen Winkels ohne Geodreieck.

a)	b)	c)	d)
β	ε	α	δ
90°	57°	63°	81°

3 Zeichne ein gleichseitiges Dreieck mit 6,4 cm Seitenlänge.
Konstruiere zu jedem Winkel des Dreiecks die Winkelhalbierende.
Was fällt dir auf?

4 Zeichne das Quadrat in dein Heft. Konstruiere zu jedem Winkel die Winkelhalbierende.

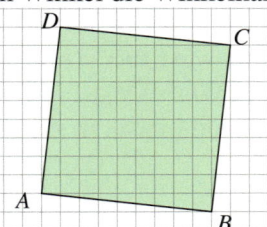

5 Übertrage die Figur in dein Heft. Konstruiere zu jedem Winkel des Vierecks die Winkelhalbierende.

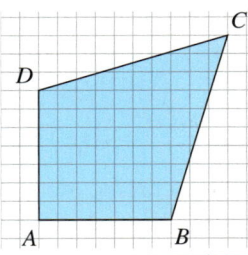

6 Zeichne das gleichseitige Dreieck *ABC* und konstruiere anschließend die Winkelhalbierenden aller Winkel.
a) $c = 5\,cm$
b) $b = 4\,cm$
c) $a = 3,6\,cm$

1 Ist die blaue Linie die Winkelhalbierende des Winkels?

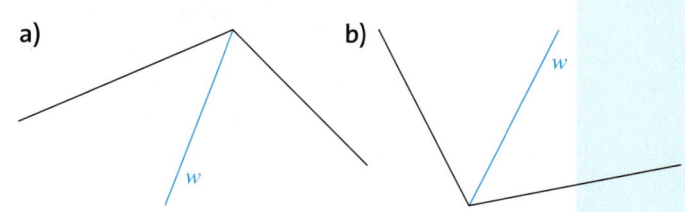

a)

b)

2 Konstruiere die Winkelhalbierende des gegebenen Winkels ohne Geodreieck.

a)	b)	c)	d)
δ	γ	β	α
190°	145°	163°	177°

3 Zeichne ein gleichschenkliges Dreieck mit den Schenkellängen $a = b = 7,3\,cm$ und der Basislänge $c = 5,5\,cm$. Konstruiere zu jedem Winkel im Dreieck die Winkelhalbierende.
Was fällt dir auf?

4 Zeichne das Viereck in dein Heft und konstruiere zu jedem Winkel die Winkelhalbierende.

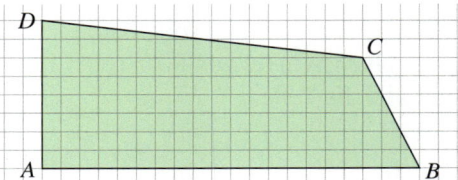

5 Übertrage ins Heft und konstruiere zu jedem Winkel des Vierecks die Winkelhalbierende.

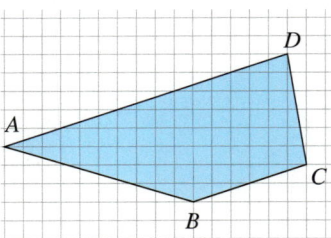

6 Zeichne das gleichschenklige Dreieck *ABC* und konstruiere die Winkelhalbierenden der Winkel, die die gleiche Größe haben.
a) $a = 4\,cm$; $b = 5,5\,cm$; $a = c$
b) $c = 4,8\,cm$; $b = 5,7\,cm$; $a = b$
c) $a = 6,2\,cm$; $b = 4,4\,cm$; $b = c$

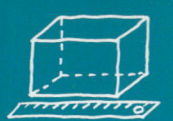

7 Zeichne das rechtwinklige Dreieck *ABC* und die Winkelhalbierenden von α und β.
a) $a = 4{,}7\,\text{cm}$; $c = 4{,}2\,\text{cm}$; $\beta = 90°$
b) $b = 5{,}1\,\text{cm}$; $c = 3\,\text{cm}$; $\alpha = 90°$

7 Zeichne das Dreieck *ABC* und die Winkelhalbierenden von α und β.
a) $b = 6{,}5\,\text{cm}$; $c = 9{,}3\,\text{cm}$; $\alpha = 83°$
b) $a = 3{,}5\,\text{cm}$; $c = 4{,}2\,\text{cm}$; $\beta = 57°$

8 Zeichne das Dreieck *ABC* nach dieser Planfigur $b = 4{,}2\,\text{cm}$; $\alpha = 65°$; $\gamma = 90°$.

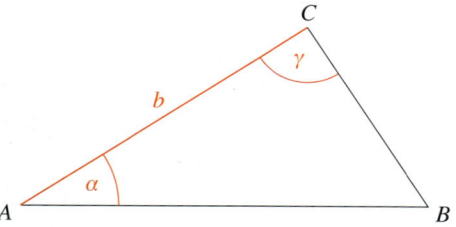

a) Konstruiere mit Zirkel und Lineal die Winkelhalbierende von γ und β.
b) Wie groß ist der Winkel β?

8 Zeichne das Dreieck *ABC* nach dieser Planfigur $a = 43\,\text{mm}$; $\beta = 30°$; $\gamma = 110°$.

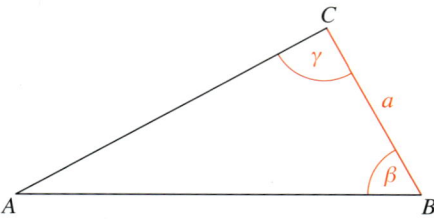

a) Konstruiere mit Zirkel und Lineal die Winkelhalbierende von γ und α.
b) Wie groß ist der Winkel α?

9 Ein Winkel von 120° wurde in vier gleich große Teile geteilt.

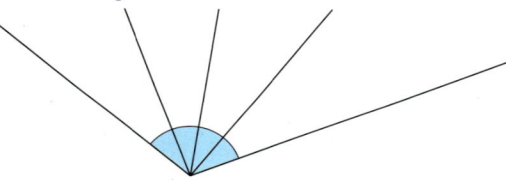

a) Sieh dir die Zeichnung an. Wie würdest du dabei vorgehen?
b) Teile einen Winkel von 80° (160°; 180°) in vier gleiche Teile.

9 In dieser Zeichnung wurde ein Winkel geviertelt.

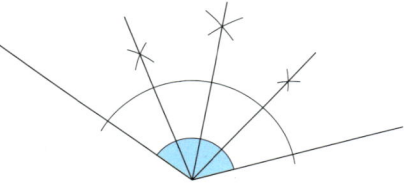

a) Beschreibe, wie dabei vorgegangen wurde.
b) Teile einen Winkel von 135° (173°; 239°) mit Zirkel und Lineal in vier gleiche Teile.

10 Ein Winkel von 70° wurde verdoppelt.

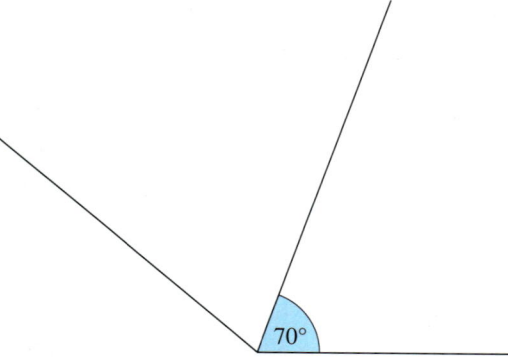

a) Sieh dir die Zeichnung an. Wie würdest du dabei vorgehen?
b) Verdopple einen Winkel von 35° (65°; 84°).
c) Verdreifache einen Winkel von 25° (50°; 60°).

10 Das Prinzip des Halbierens von Winkeln wird auch beim Verdoppeln (Verdreifachen, usw.) von Winkeln angewendet.

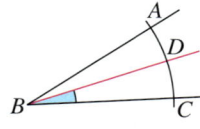

Der Winkel *ABC* ist doppelt so groß wie der ursprüngliche Winkel *DBC*.

a) Beschreibe anhand der Zeichnung, wie du den Winkel α verdoppeln kannst.

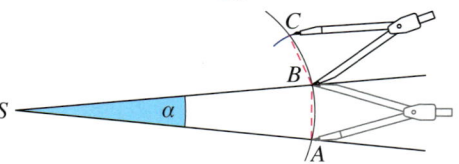

b) Verdopple den Winkel α nur mit Zirkel und Lineal. $\alpha = 26°$ ($\alpha = 34°$; $\alpha = 56°$)
c) Verdreifache den Winkel β. $\beta = 39°$ ($\beta = 47°$; $\beta = 71°$)

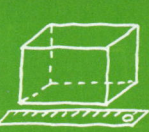

Thema: Anwendungen der Grundkonstruktionen

Der Kupferstich aus dem Jahr 1618 zeigt, wie ein mittelalterlicher Gelehrter mit einem riesigen Zirkel einen Kreis durch zwei Eckpunkte eines gleichschenkligen Dreiecks zeichnet. Vermutlich wollte er einen Kreis durch alle drei Eckpunkte zeichnen, was ihm nicht ganz gelungen ist.

Hast du eine Vermutung, wo der Mittelpunkt dieses Kreises liegen könnte?

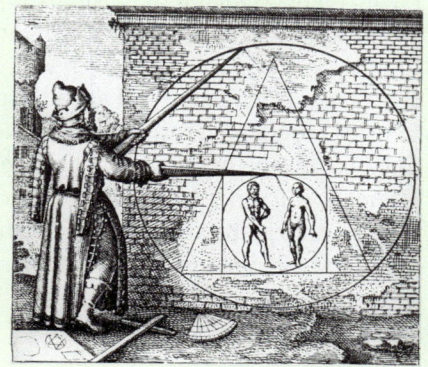

Die **Mittelsenkrechten** eines Dreiecks schneiden sich in einem Punkt M.
Der Kreis um diesen Punkt M, der durch alle drei Eckpunkte des Dreiecks geht, heißt **Umkreis**.

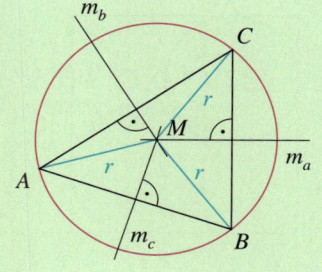

Schneide unterschiedlich große spitzwinklige Dreiecke aus. Falte sie dreimal so, dass jeweils zwei Seiten genau aufeinander liegen. Falte sie wieder auf und zeichne die Linien nach. Was fällt dir auf?
🙌 Vergleicht eure Ergebnisse untereinander.

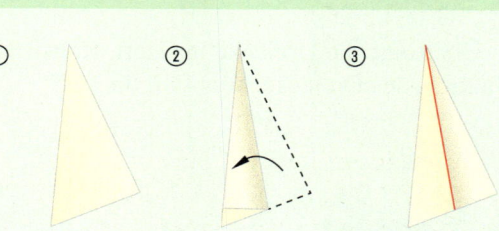

Die **Winkelhalbierenden** eines Dreiecks schneiden sich in einem Punkt M.
Der Kreis um diesen Punkt M, der alle Seiten des Dreiecks genau einmal berührt, heißt **Inkreis**.

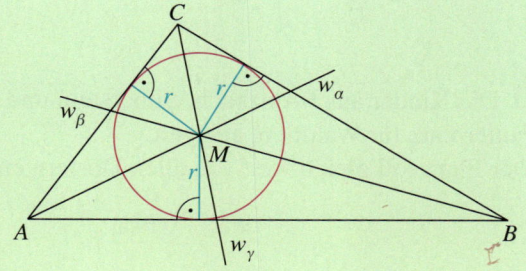

1 Durch Falten kann man auch den Mittelpunkt des Umkreises finden.
Gib an, wie hier vorgegangen wurde.

  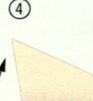 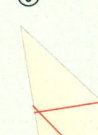 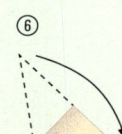 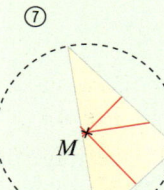

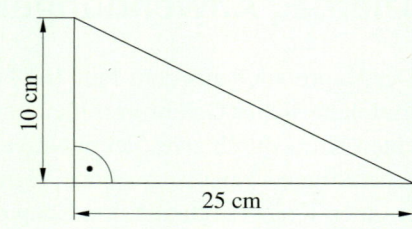

2 Mara soll aus einem dreieckigen Stück Pappe
(siehe rechts) einen möglichst großen Kreis ausschneiden.
Bestimme den Radius des Kreises.

3 In einer Dachgaube soll das kreisrunde
Fenster möglichst groß ausgebaut werden.
Die Dachgaube hat die Form eines gleichschenkligen
Dreiecks mit einer Höhe von 1,50 m und einer Breite von 2,20 m.
Fertige eine maßstabsgerechte Zeichnung an.
Wie groß kann der Radius des Fensters höchstens sein?

4 Zeichne folgende Muster in dein Heft. Überlege zunächst, wie du vorgehst.

a)   b)   c)   d)

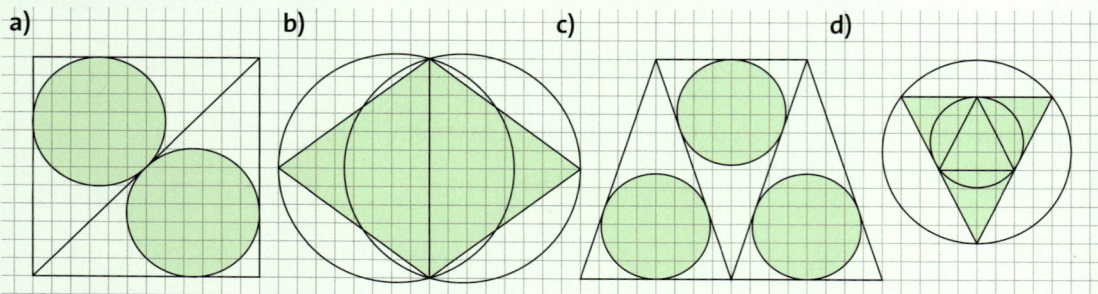

5 Übertrage die Dreiecke ins Heft. Konstruiere jeweils die Mittelsenkrechten und zeichne den
Umkreis des Dreiecks. Was fällt dir auf?

a)   b)   c)

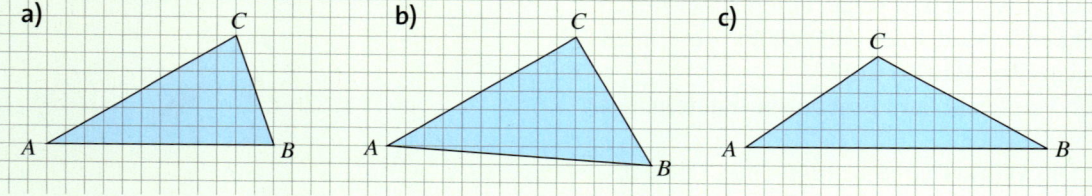

6 Die Kinder aus Bronzbach, Silberstein und Goldberg wollen gemeinsam im Wald einen
Futterplatz für Waldtiere anlegen.
Der Platz soll gleich weit von allen Dörfern entfernt liegen.

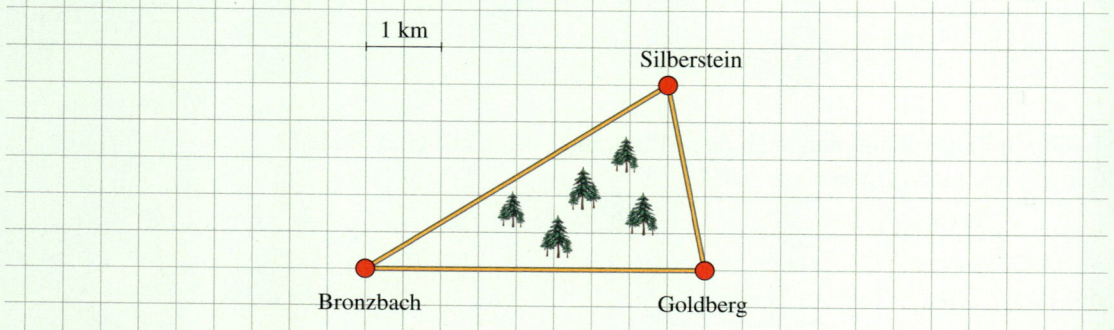

a) Übertrage das Bild in dein Heft.
    Wo sollten die Kinder den Futterplatz anlegen? Begründe.
b) Wie weit ist der Futterplatz in etwa von jedem Dorf entfernt?

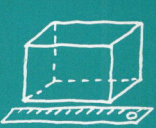

Kreistangenten

Entdecken

1 Sieh dir die Geraden genau an.
Ordne sie nach Gemeinsamkeiten.

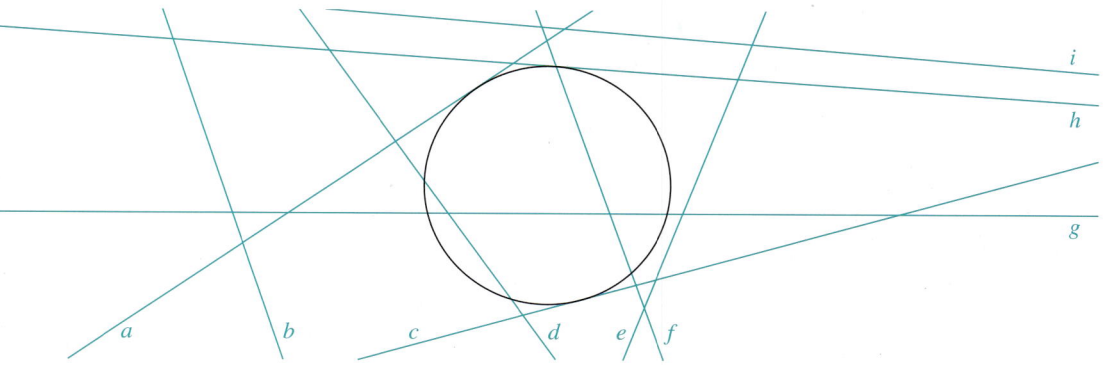

👥 Vergleiche mit deinem Partner, wie ihr geordnet habt.

2 👥 Bei einer totalen Sonnenfinsternis steht der Mond genau zwischen der Erde und der Sonne. Dieses Ereignis kann man nur in einem kleinen Bereich auf der Erde sehen.
Hier siehst du den Moment der Sonnenfinsternis vereinfacht dargestellt.

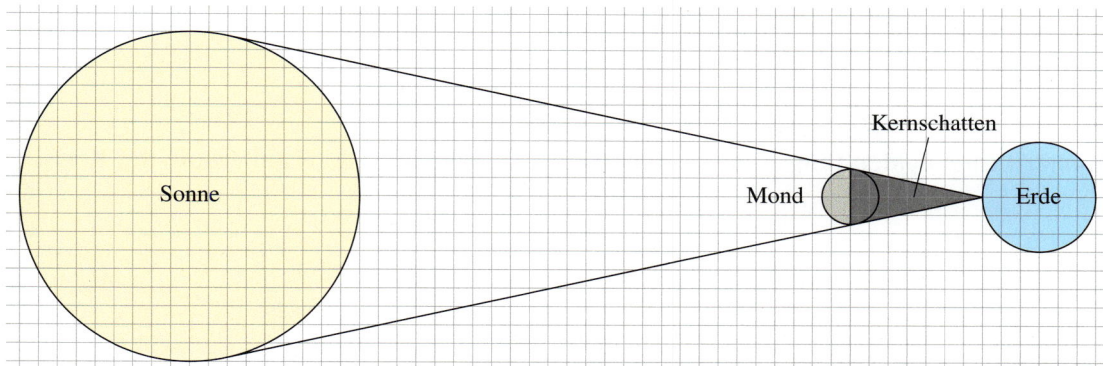

Beschreibe deinem Partner, was du siehst.
Zeichne das Schema anschließend in dein Heft.

3 Zeichne einen Kreis mit dem Durchmesser $d = 5\,\text{cm}$.
Zeichne dann eine Gerade durch den Mittelpunkt.
Zeichne eine weitere Gerade parallel zu der ersten im Abstand von 0,5 cm.
Wiederhole dies solange, bis der Kreis und die Gerade nur noch einen Punkt gemeinsam haben.
Nenne diesen Punkt T und verbinde ihn mit dem Mittelpunkt des Kreises.
Was fällt dir auf?

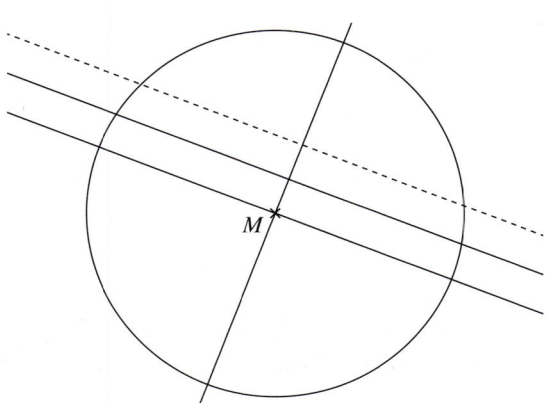

Verstehen

Abgesehen vom Durchmesser d und Radius r gibt es noch andere besondere Linien am Kreis.

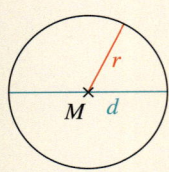

> **Merke** Eine **Tangente** ist eine Gerade, die mit einem Kreis genau einen Punkt gemeinsam hat. Die Tangente steht senkrecht zum Berührungsradius r.
>
> Eine **Sekante** ist eine Gerade, die mit einem Kreis zwei Punkte gemeinsam hat.
>
> Eine **Passante** ist eine Gerade, die keinen Punkt mit einem Kreis gemeinsam hat.

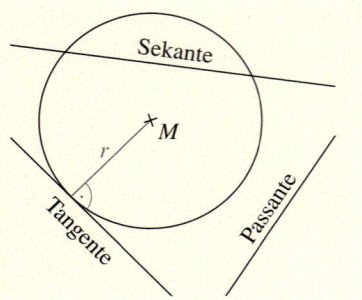

HINWEIS
Die Strecke zwischen zwei Punkten auf dem Kreis heißt **Sehne***.*

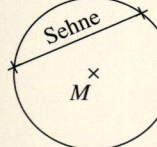

Wenn du eine Tangente von einem bestimmten Punkt an einen Kreis konstruieren möchtest, musst du folgendermaßen vorgehen:

Beispiel 1
Konstruktion der Tangente an einen Kreis im Berührungspunkt T
Willst du eine Tangente zum Kreis in einem bestimmten Punkt T konstruieren, musst du
1. den Berührungsradius $\overline{MT}$ einzeichnen,
2. eine Senkrechte zu $\overline{MT}$ durch den Punkt T zeichnen.

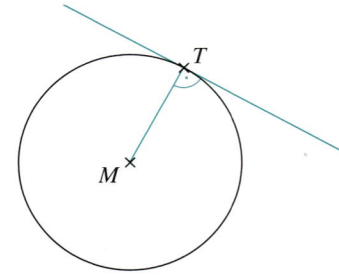

Beispiel 2
Konstruktion beider Tangenten an einen Kreis von einem Punkt P außerhalb des Kreises

①

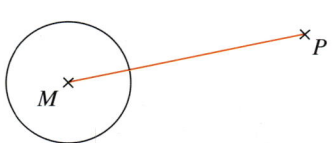

②

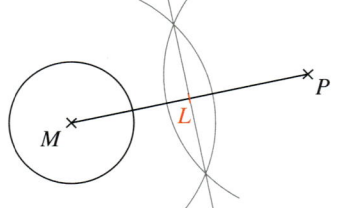

Verbinde den Punkt P mit dem Kreismittelpunkt M.

Halbiere die Strecke $\overline{MP}$. Bezeichne den Mittelpunkt der Strecke mit L.

③

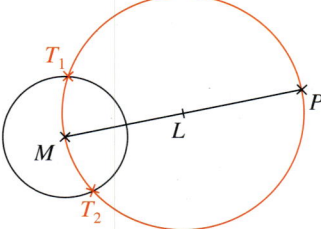

④

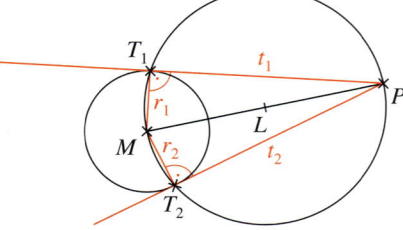

Zeichne einen Kreis um L mit dem Radius $r = \overline{LM} = \overline{LP}$.
Bezeichne die Schnittpunkte der beiden Kreise mit T_1 und T_2.

Zeichne zwei Geraden t_1 und t_2 durch P und T_1 bzw. P und T_2. Zeichne den Berührungsradius ein. Dieser muss jeweils senkrecht zur Tangente stehen.

Üben und anwenden

1 Welche der Geraden sind Tangenten, Sekanten oder Passanten?

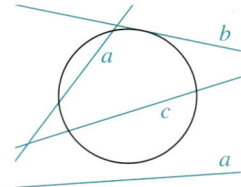

1 Zeichne einen Kreis mit mindestens einer Tangente, einer Sekante und einer Passante. Beschrifte die Zeichnung entsprechend. Gibt es noch weitere Möglichkeiten, wie eine Gerade und ein Kreis zueinander liegen können? Begründe.

2 Übertrage die Figur in dein Heft. Konstruiere Tangenten in den Punkten T, S und V.

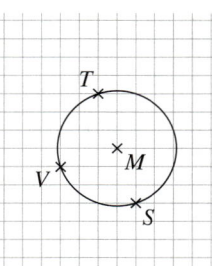

2 Übertrage die Figur in dein Heft und konstruiere Tangenten an den Kreis von den Punkten P, Q und R aus.

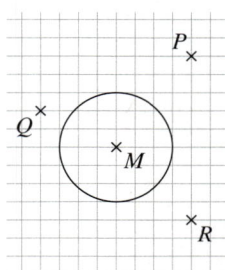

3 Mit zwei Tangenten kann man den Mittelpunkt eines Kreises konstruieren.
– Nimm dir einen runden Gegenstand (z. B. Münze, Glas, Teller, Bierdeckel) und zeichne damit einen Kreis auf Papier.
– Zeichne zwei Tangenten an den Kreis.
– Zeichne jeweils im Berührungspunkt eine Senkrechte zur Tangente.
  Der Schnittpunkt der beiden Senkrechten ist der Mittelpunkt des Kreises.
Überprüfe mit deinem Zirkel, ob du den Mittelpunkt richtig bestimmt hast.

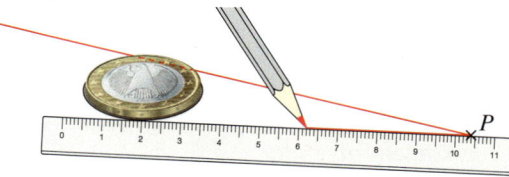

3 Die Tangenten t_1 und t_2 des Kreises bilden den Winkel α.

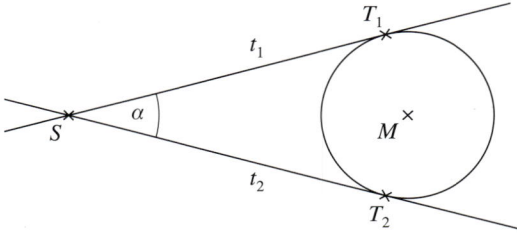

Zeichne jeweils die Tangenten mit dem angegebenen Winkel in dein Heft.
Bestimme den Mittelpunkt M des Kreises, der beide Tangenten im Punkt T_1 bzw. T_2 berührt.
a) $\alpha = 90°$; $\overline{ST_1} = \overline{ST_2} = 3,5\,\text{cm}$
b) $\alpha = 70°$; $\overline{ST_1} = \overline{ST_2} = 4\,\text{cm}$
c) $\alpha = 55°$; $\overline{ST_1} = \overline{ST_2} = 5\,\text{cm}$
d) $\alpha = 120°$; $\overline{ST_1} = \overline{ST_2} = 2\,\text{cm}$

4 Beim Hammerwurf muss das Wurfgerät im Kreis geschwungen werden, um genug Kraft zu sammeln. Die Skizze zeigt den Schwingkreis des Hammerwerfers.
Der Radius beträgt 1,80 m.
Der Hammer fliegt tangential zum Schwingkreis weg.
a) Übertrage die Skizze in einem geeigneten Maßstab in dein Heft ($\alpha = 35°$).
b) In welchem Bereich muss der Hammerwerfer loslassen, damit er bei der 10-m-Linie im Feld landet? Markiere ihn in deiner Skizze.

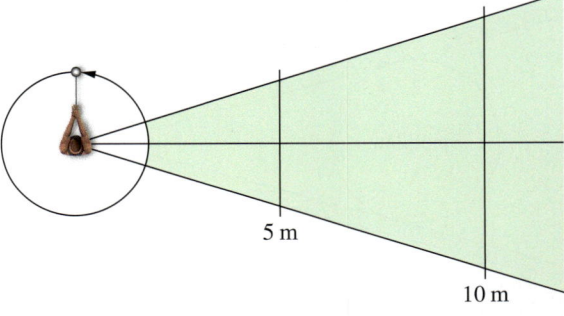

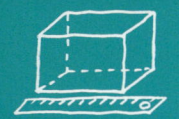

5 Zeichne einen Kreis mit dem Radius $r = 4,5$ cm und einen Punkt R außerhalb des Kreises mit $\overline{MR} = 8$ cm.
Konstruiere die beiden Tangenten an den Kreis durch R.
Prüfe jeweils nach, ob der Berührungsradius senkrecht zur Tangente liegt.

6 Übertrage das Koordinatensystem in dein Heft. Konstruiere jeweils die Tangente in Punkt A und B. In welchem Punkt schneiden sich beide Tangenten?

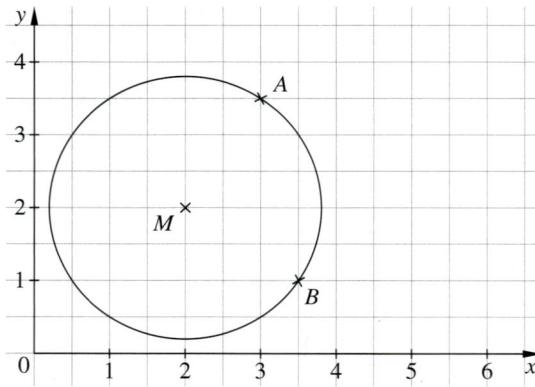

7 Zeichne in einem Koordinatensystem einen Kreis mit dem Radius $r = 2,5$ cm um den Punkt $M(3,5|3,5)$.
Konstruiere die Tangenten in den Punkten $T(5|1,5)$ und $R(5|5,5)$.

8 An einem kreisrunden Spielplatz sollen zwei neue Wege gebaut werden. Vom Kiosk aus sollen beide Wege genau am Spielplatz entlanglaufen. Der Spielplatz hat einen Durchmesser von 40 m. Der Kiosk ist vom Mittelpunkt des Spielplatzes 80 m entfernt.

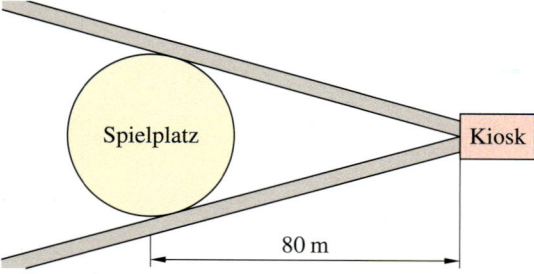

Erstelle eine Zeichnung im geeigneten Maßstab im Heft. Wie groß ist der Winkel, den die zwei Wege am Kiosk einschließen?

5 Zeichne einen Kreis mit dem Radius $r = 3$ cm und dem Mittelpunkt M. Die Punkte Q und R liegen auf einer Geraden, die durch M verläuft ($\overline{MQ} = 3$ cm; $\overline{MR} = 4$ cm; $\overline{QR} = 7$ cm). Konstruiere die Tangenten von Q und R an den Kreis.
Welches Dreieck entsteht?

6 Zeichne einen Kreis mit dem Radius $r = 3,5$ cm.
Zeichne in den Kreis zwei Radien, die einen Winkel von 60° einschließen.

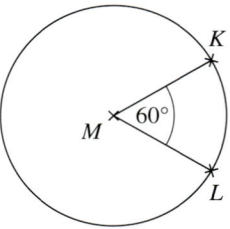

a) Konstruiere die beiden Tangenten in den Punkten K und L.
b) Welchen Winkel schließen die Tangenten ein?
c) Ändert sich der Winkel, den die Tangenten einschließen, wenn der Radius des Kreises vergrößert wird? Prüfe nach.
Eine dynamische Geometrie-Software kann helfen.

7 Zeichne in einem Koordinatensystem einen Kreis mit $r = 2,5$ cm um $M(2,5|2,5)$.
Konstruiere die Tangenten in den Punkten $Q(1|0,5)$; $R(4|0,5)$; $S(1|4,5)$ und $T(4|4,5)$.
Was fällt dir auf?

8 Regelmäßige Vielecke
a) Konstruiere ein gleichseitiges Dreieck nach folgender Konstruktionsbeschreibung:

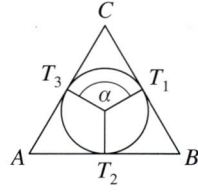

1. Zeichne einen Kreis mit $r = 2,5$ cm.
2. Zeichne in den Kreis drei Radien mit einem Zwischenwinkel von $\alpha = 120°$ ein.
3. Die Radien berühren den Kreis in den Punkten T_1; T_2 und T_3.
Konstruiere in diesen Punkten die Tangenten an den Kreis.
4. Ergänze die Figur zum Dreieck ABC.
b) Konstruiere auf ähnliche Weise ein regelmäßiges Fünfeck (Sechseck) und gib die Konstruktionsbeschreibung an.
👥 Vergleiche mit deinem Nachbarn.

Drehungen und Verschiebungen

Entdecken

1 In den Koordinatensystemen sind je zwei Figuren dargestellt.
Die blaue Figur ist die Originalfigur, die gelbe die Bildfigur.

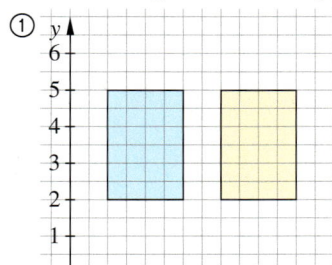
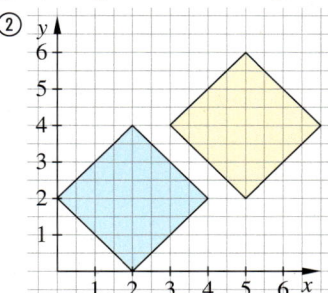
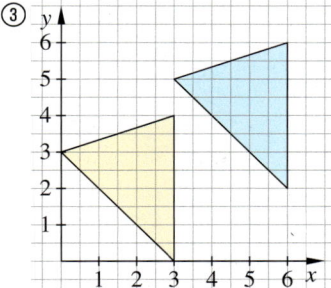

a) Übertrage die Koordinatensysteme mit den Figuren in dein Heft.
b) Vergleiche jeweils die Originalfigur mit der Bildfigur. Vergleiche dabei die Lage und die
Länge der Seiten sowie die Größe der Winkel der beiden Figuren.
c) Beschreibe, wie du aus der blauen Figur die gelbe erhältst.

2 Wie sind die gelben Bildfiguren jeweils aus der blauen Originalfigur entstanden?
Zeichne die Figuren in dein Heft.

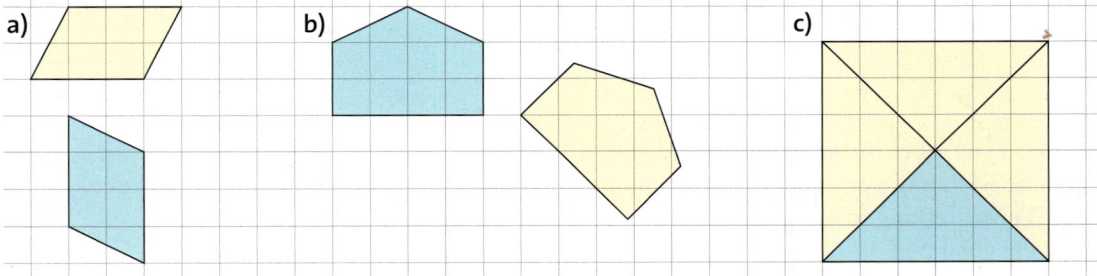

3 Beschreibe jeweils das Muster. Übertrage ein Muster in dein Heft und führe es fort.
Entwickle eigene Muster und präsentiere sie vor der Klasse.

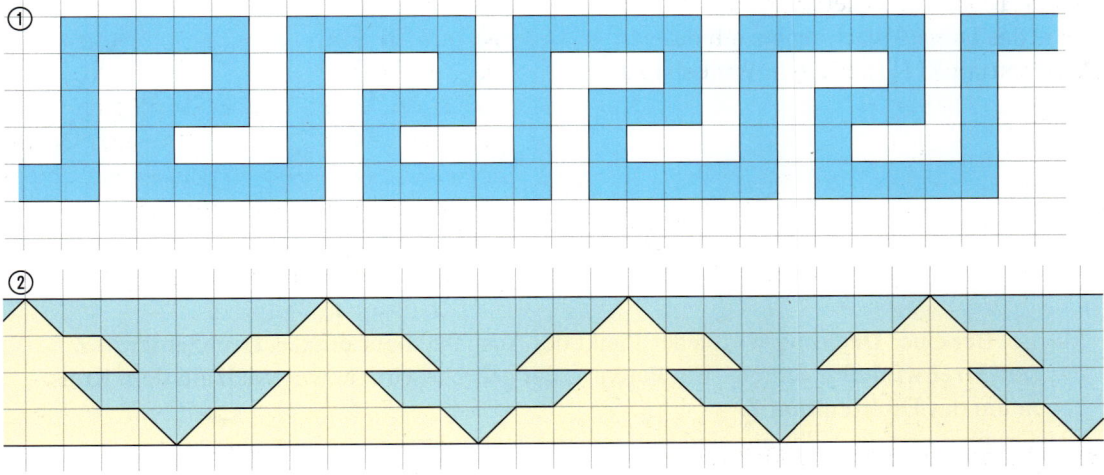

103

Verstehen

Robin und Klara wollen Muster zeichnen.
Sie schneiden sich eine Raute als Schablone aus.

Robin hat daraus dieses Muster gezeichnet:

Klara hat dieses Muster gezeichnet:

Robin hat die Raute immer um 60° gedreht.

Klara hat die Raute immer um die Breite der Raute verschoben.

Zeichne das Dreieck ABC mit den Koordinaten
$A(1|2)$; $B(4|1)$ und $C(3|5)$ in ein Koordinatensystem.
Verschiebe das Dreieck anschließend um drei
Einheiten nach rechts und eine Einheit nach
oben.

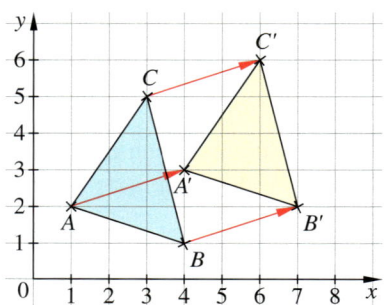

> **Merke** Bei einer **Verschiebung** wird jeder Punkt der Ausgangsfigur gleich weit in die
> gleiche Richtung verschoben. Die Richtung und Länge der Verschiebung werden durch
> den **Verschiebungspfeil** angegeben.
> Das Original und die Bildfigur sind **kongruent** (deckungsgleich) **zueinander**.

Beispiel 2

Zeichne das Dreieck ABC mit den Koordinaten
$A(1|6)$; $B(2|8)$ und $C(5|7)$.
Drehe das Dreieck nach rechts um das
Drehzentrum $Z(1|1)$ mit dem Winkel 45°.

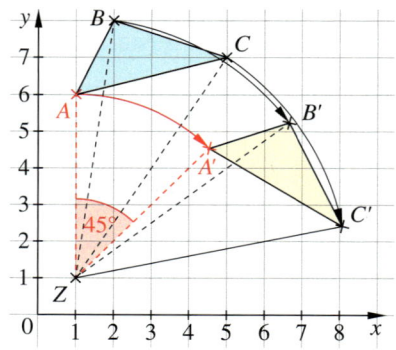

> **Merke** Bei einer **Drehung** wird jeder Punkt der Ausgangsfigur um das **Drehzentrum Z**
> mit dem **Drehwinkel α** gedreht. Ein Punkt A, der gedreht wird, bewegt sich auf dem Kreis-
> bogen um das Drehzentrum Z.
> Das Original und die Bildfigur sind **kongruent** (deckungsgleich) **zueinander**.

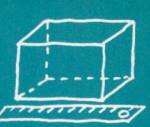

Üben und anwenden

1 Übertrage die Figuren in dein Heft.
Wie ist die Bildfigur entstanden?

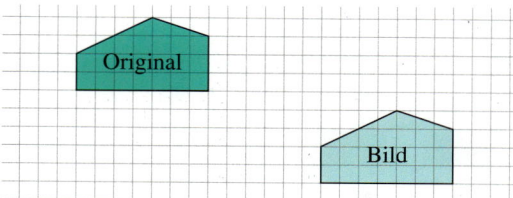

2 Übertrage das Koordinatensystem und die Figur in dein Heft. Verschiebe das Dreieck noch einmal genau so, wie es schon verschoben wurde. Nenne die Koordinaten der Eckpunkte des neuen Dreiecks.

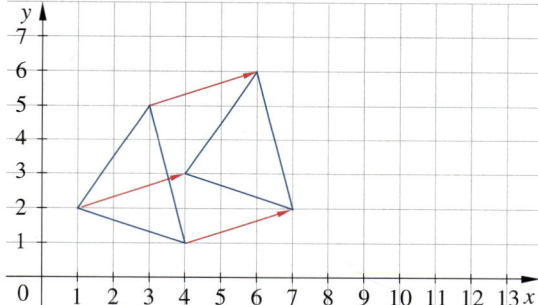

3 Übertrage das Dreieck *ABC* und den Punkt *C′* in dein Heft.
Verschiebe das Dreieck so, dass *C′* der Bildpunkt von *C* ist.

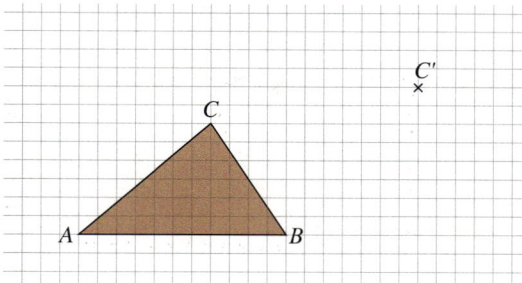

4 Verschiebe die Dreiecke im Koordinatensystem jeweils um 5 Einheiten nach rechts und 2 Einheiten nach oben.
Gib die Koordinaten der Bildpunkte an.
a) $A(3|0)$; $B(5|2)$; $C(3|4)$
b) $A(2|0)$; $B(3|1)$; $C(1|4)$
c) $A(0|0)$; $B(4|2)$; $C(2|2)$

1 Übertrage die Figuren in dein Heft.
Wie ist die Bildfigur jeweils entstanden?

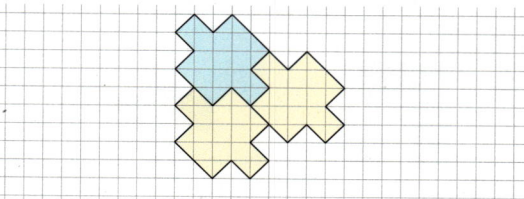

2 Übertrage die Figur in dein Heft.
Verschiebe die Figur erst in die eine und dann in die andere vorgegebene Richtung.
Nenne die Koordinaten der Eckpunkte der neuen Figur.

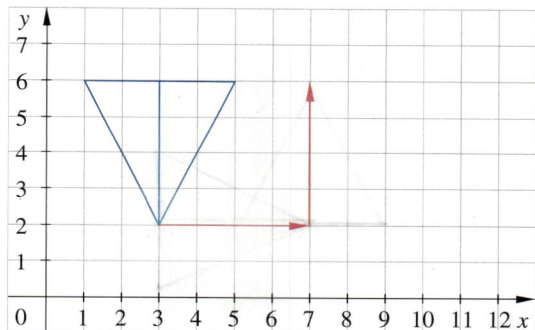

3 Übertrage das Viereck *ABCD* in dein Heft.
Zeichne den Punkt $B′(9|7)$ ein.
Verschiebe das Viereck anschließend so, dass *B′* der Bildpunkt von *B* ist.

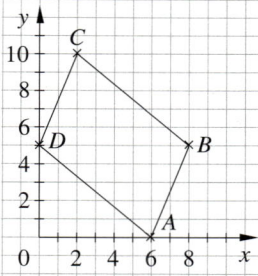

4 Verschiebe die Vierecke im Koordinatensystem jeweils um 5 Einheiten nach rechts und 3 Einheiten nach oben.
Gib die Koordinaten der Bildpunkte an.
a) $A(1|1)$; $B(3|2)$; $C(5|1)$; $D(3|4)$
b) $A(2|1)$; $B(3|0)$; $C(4|1)$; $D(4|4)$
c) $A(0|1)$; $B(2|-1)$; $C(4|2)$; $D(1|4)$

105

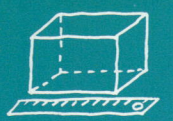

5 Übertrage die Figuren in ein beliebiges Koordinatensystem und verschiebe sie anschließend in Pfeilrichtung. Gib die Koordinaten der Originalfigur und der Bildfigur an.

a)   b)

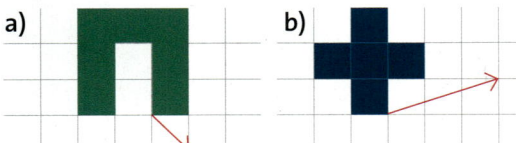

5 Zeichne die Figuren in ein Koordinatensystem und verschiebe sie in Pfeilrichtung. Gib die Koordinaten vorher und nachher an. Hätte man die Koordinaten der neuen Figur auch berechnen können?

a)   b)

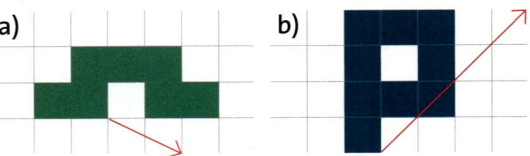

6 Übertrage die Figuren in dein Heft. Wie ist die Bildfigur entstanden?

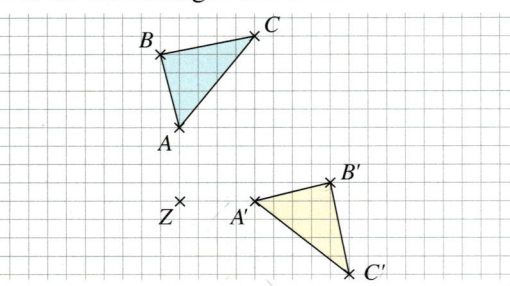

6 Übertrage die Figuren in dein Heft. Wie ist die Bildfigur entstanden?

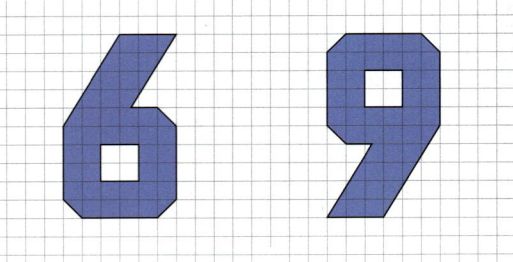

7 Um welchen Drehwinkel wurde die blaue Originalfigur gedreht?

a)   b)

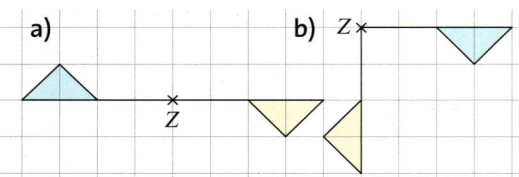

7 Um welchen Drehwinkel wurde die blaue Originalfigur gedreht?

a)   b)

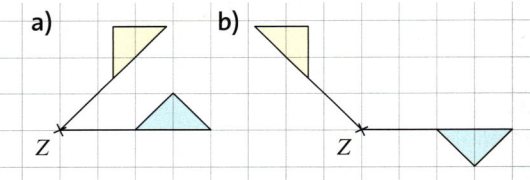

8 Übertrage die Figur zweimal in dein Heft. Drehe sie einmal um 90° nach rechts und einmal um 180° um das Drehzentrum Z. Gib jeweils die Koordinaten der Bildpunkte an.

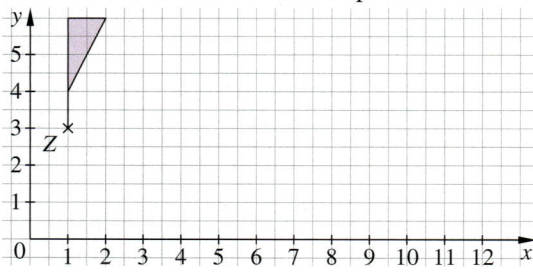

8 Übertrage die Figur in dein Heft. Drehe die Figur erst um 120° und dann nochmals um 120° um das Drehzentrum Z. Was fällt dir auf?

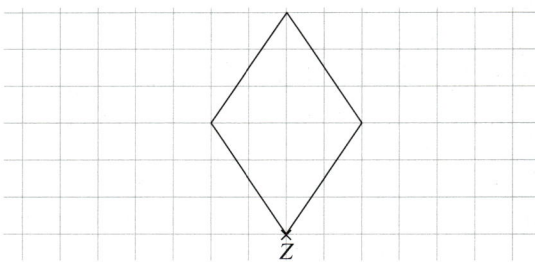

9 Zeichne ein Koordinatensystem und trage die Punkte $A(1|3)$; $B(4|3)$; $C(3|4)$ und $D(2|4)$ ein. Drehe die Figur um 90° nach rechts um das Drehzentrum $Z(0|0)$.

9 Zeichne ein Koordinatensystem und trage die Punkte $A(1|1)$; $B(5|1)$; $C(1|5)$ und $D(5|5)$ ein. Drehe die Figur um 45° nach links um das Drehzentrum $Z(3|3)$.

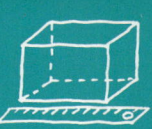

Geometrische Abbildungen untersuchen

Entdecken

1 Zu welchem Schlüsselloch passt der Schlüssel? Begründe.

①  ②  ③  ④  ⑤

2 Erkläre, dass man mit nur einer Schablone das ganze Muster zeichnen kann.
Zeichne dann das Muster mithilfe der Schablone in dein Heft und setze es fort.
Erfinde selbst eine Schablone, mit der du ähnliche Muster zeichnen kannst.

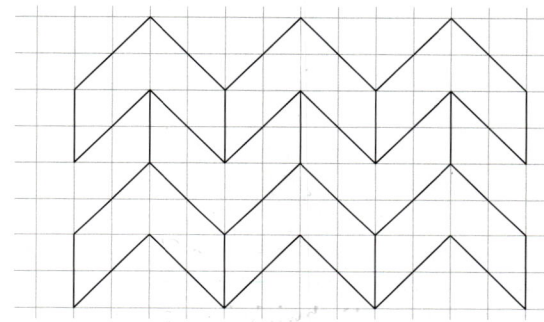

3 Versuche, das Bild mithilfe einer dynamischen Geometrie-Software nachzuzeichnen.
Plane zuerst, wie du einzelne Bestandteile der Zeichnung aus anderen erzeugen kannst (z. B. mit einer Drehung, Verschiebung oder Achsenspiegelung).
Entwirf auch eigene Kunstwerke.

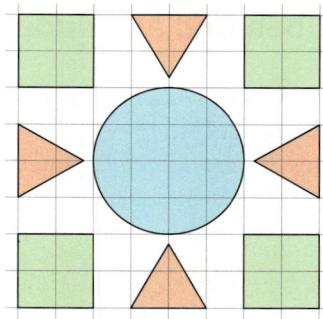

4 Was haben diese Figuren gemeinsam? Gibt es Unterschiede?

a) Welche der Figuren können durch Drehung, Verschiebung oder Achsenspiegelung aufeinander abgebildet werden? Welche Figuren passen nicht dazu?

b) Zeichne die Figuren auf ein kariertes Blatt und schneide sie aus.
Wie kannst du die Figuren legen, sodass sie durch eine Bewegung (Drehung, Verschiebung, Spiegelung) aufeinander abgebildet werden?

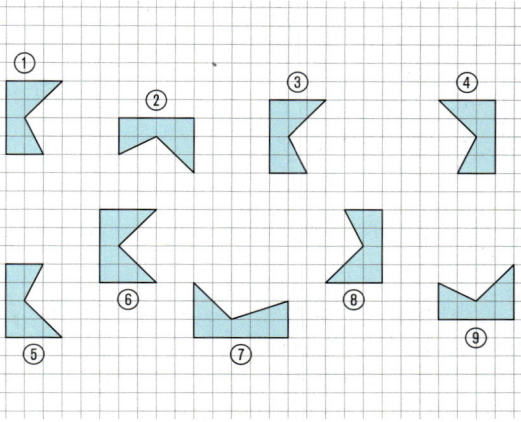

Verstehen

Lilian hat das nebenstehende Muster aus
Trapezen gezeichnet.
Sie hat mit dem roten Trapez begonnen.
Für das blaue Trapez hat sie das rote Trapez
an der langen Seite gespiegelt.
Für das grüne Trapez hat sie das rote Trapez
um 90° im Uhrzeigersinn gedreht.
Für das gelbe Trapez hat sie das rote Trapez
verschoben.

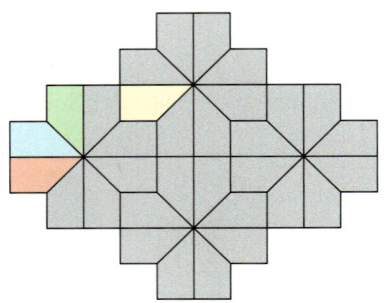

Die Seitenlängen und Winkelgrößen aller Trapeze im Muster stimmen jeweils überein.
Die Trapeze sind somit kongruent zueinander.

> **Merke** Zwei Figuren heißen **kongruent zueinander**, wenn es eine Bewegung (Drehung,
> Verschiebung oder Achsenspiegelung) gibt, die die eine Figur auf die andere abbildet.
> Das heißt auch, dass
> – ihre Seiten gleich lang und
> – ihre Winkel gleich groß sind.
>
> Eine **Kongruenzabbildung** ist eine Abbildung, die jedem Punkt eindeutig einen Bildpunkt
> zuordnet und die Figur kongruent auf die Bildfigur abbildet.

Üben und anwenden

1 Welche Dreiecke sind kongruent
zueinander?
Beschreibe deinen Lösungsweg.

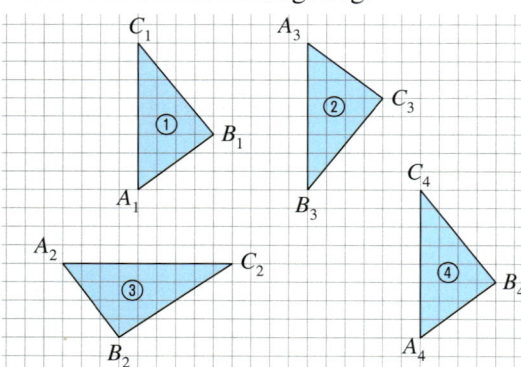

1 Welche Dreiecke sind kongruent
zueinander?
Begründe deine Antwort.

Dreieck 1	**Dreieck 2**
$a = 2{,}3\,\text{cm}$	$\alpha = 30°$
$b = 4{,}7\,\text{cm}$	$\beta = 60°$
$c = 5{,}5\,\text{cm}$	$\gamma = 90°$

Dreieck 3	**Dreieck 4**
$\alpha = 90°$	$a = 4{,}7\,\text{cm}$
$\beta = 30°$	$b = 5{,}5\,\text{cm}$
$\gamma = 60°$	$c = 2{,}3\,\text{cm}$

2 Sind die abgebildeten Figuren kongruent
zueinander?

a) 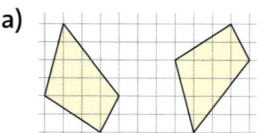   b)

2 Welche Flächen des Körpers sind jeweils
kongruent zueinander?

a) 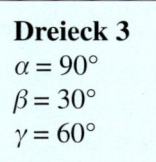   b) 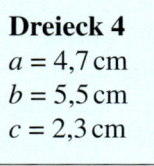   c)

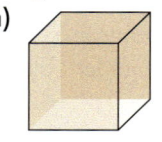 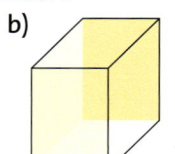 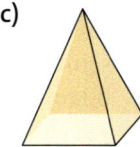

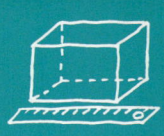

3 Ist der Schatten des Baumes kongruent zum Original? Begründe.

3 Welche Aussagen sind wahr, welche falsch?
Begründe oder gib ein Gegenbeispiel an.
a) Alle Quadrate mit gleichen Seitenlängen sind kongruent.
b) Alle Rechtecke mit gleichem Flächeninhalt sind kongruent.
c) Alle Dreiecke mit zwei gleich langen Seiten und einem gleich großen Winkel sind kongruent.

4 Beschreibe, wie die Muster entstanden sind. Führe die Muster im Heft fort.

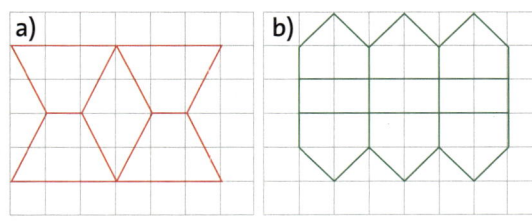

4 Beschreibe, wie die Muster entstanden sind. Führe die Muster im Heft fort.

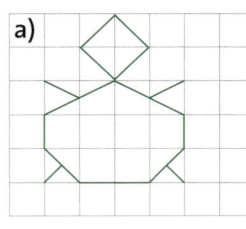
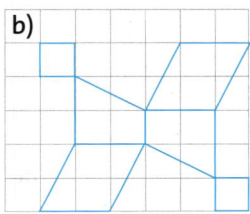

5 Was wurde hier gemacht?
Beschreibe die Kongruenzabbildungen.

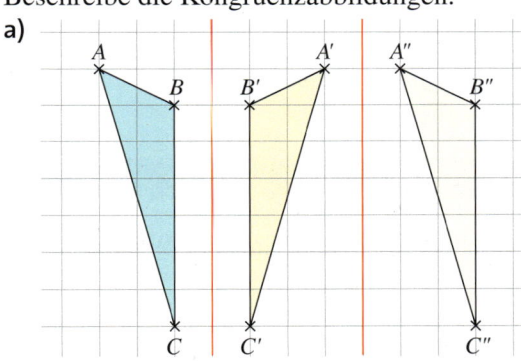

Gibt es jeweils Möglichkeiten, die zweite Bildfigur diekt aus der Originalfigur zu erhalten?

6 Wie sind die Figuren auseinander entstanden?

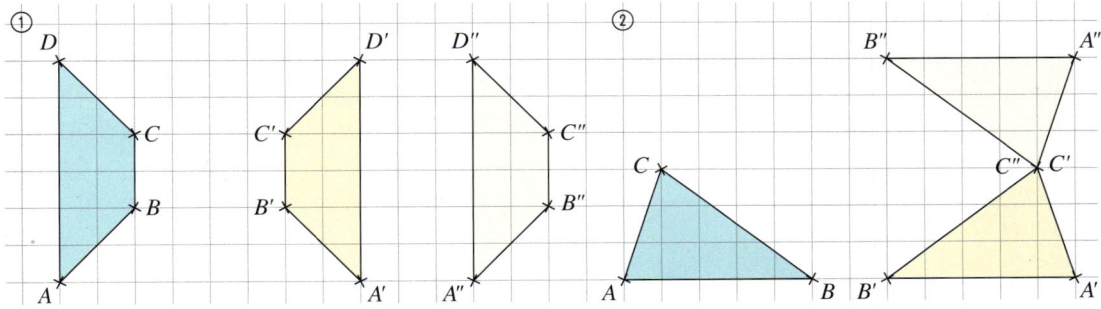

a) Übertrage die Figuren in dein Heft und zeichne ein, wie die Bildfiguren entstanden sind.
b) Kann man die zweite Bildfigur mit nur einer Bewegung konstruieren?

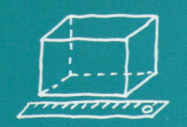

Klar so weit?

→ Seite 90

Mittelsenkrechte

1 Ist m die Mittelsenkrechte von $\overline{AB}$? Begründe.

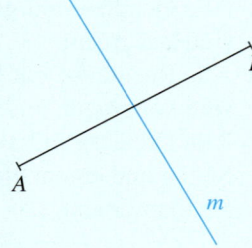

1 Ist m die Mittelsenkrechte von $\overline{BC}$ und n die Mittelsenkrechte von $\overline{CD}$? Begründe.

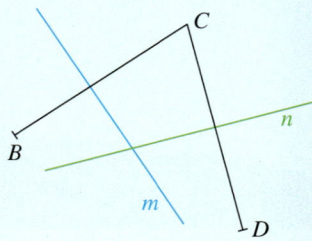

2 Konstruiere jeweils die Mittelsenkrechte.
a) $\overline{AB} = 5\,\text{cm}$ b) $\overline{CD} = 7\,\text{cm}$
c) $\overline{EF} = 4,4\,\text{cm}$ d) $\overline{GH} = 5,2\,\text{cm}$

2 Konstruiere jeweils die Mittelsenkrechte nur mit Zirkel und Lineal.
a) $\overline{AB} = 45\,\text{mm}$ b) $\overline{CD} = 6,3\,\text{cm}$

3 Übertrage das Parallelogramm ins Heft und konstruiere zu jeder Seite des Parallelogramms die Mittelsenkrechte.

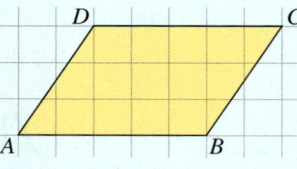

3 Übertrage ins Heft und konstruiere zu jeder Seite die Mittelsenkrechte mit dem Zirkel.

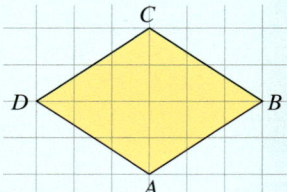

4 Zeichne ein Koordinatensystem. Zeichne die Strecken $\overline{AB}$ mit $A(1|1)$ und $B(7|3)$. Konstruiere die Mittelsenkrechte. Liegt $P(4|5)$ auf der Mittelsenkrechten?

4 Zeichne eine Strecke $\overline{AB}$ mit der Länge 5,5 cm. Bestimme in der Zeichnung Punkte, die sowohl vom Punkt A als auch vom Punkt B 5 cm entfernt sind.

→ Seite 94

Winkelhalbierende

5 Halbiert die blaue Linie den Winkel? Begründe.

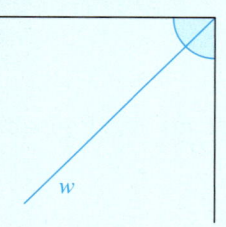

5 Halbiert die blaue Linie den Winkel? Begründe deine Meinung.

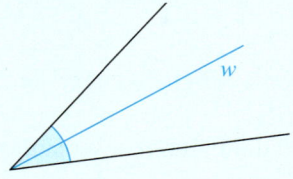

6 Zeichne den Winkel und konstruiere die Winkelhalbierende.
a) $47°$ b) $66°$ c) $81°$

6 Zeichne den Winkel und konstruiere die Winkelhalbierende mit dem Zirkel.
a) $91°$ b) $105°$ c) $180°$

7 Übertrage ins Heft und konstruiere zu jedem Winkel die Winkelhalbierende.

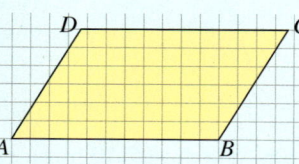

7 Übertrage die Raute $ABCD$ in dein Heft. Konstruiere anschließend zu jedem Winkel der Raute die Winkelhalbierende.

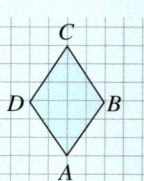

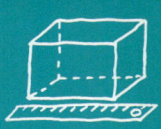

→ Seite 100

Kreistangenten

8 Welche der Geraden sind Tangenten des Kreises? Bezeichne die anderen Geraden.

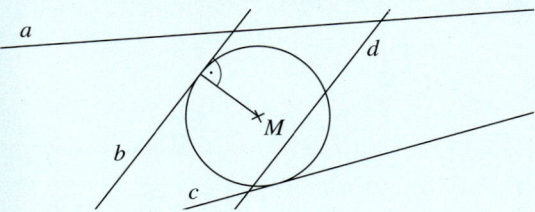

8 Sind die Geraden Tangenten des Kreises? Begründe jeweils.

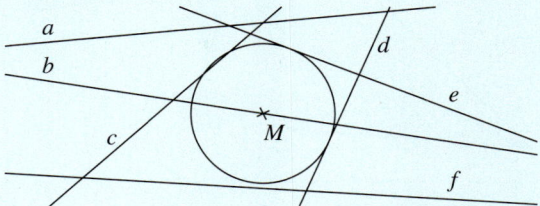

9 Zeichne einen Kreis mit dem Radius $r = 4\,cm$ und dem Mittelpunkt M. Wähle auf dem Kreis einen Punkt T und verbinde T mit M. Konstruiere dann die Tangente im Punkt T. Erstelle eine Konstruktionsbeschreibung.

9 Zeichne einen Kreis mit dem Radius $r = 4\,cm$. Wähle außerhalb des Kreises einen Punkt P. Konstruiere die Tangenten am Kreis. Erstelle eine Konstruktionsbeschreibung.

Drehungen und Verschiebungen / Geometrische Abbildungen untersuchen

→ Seite 104/108

10 Übertrage die Figur ins Heft und verschiebe sie um 10 Kästchenbreiten nach rechts.

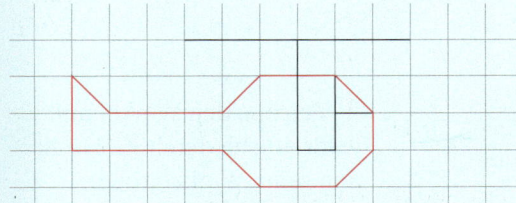

10 Verschiebe den Bagger um 10 Kästchenbreiten nach links und 3 nach unten.

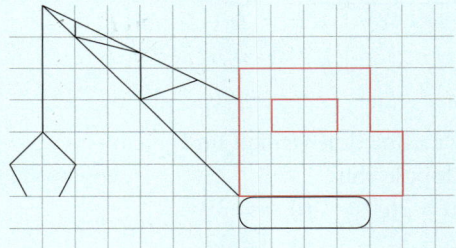

11 Übertrage die Figur ins Heft und drehe sie um 90° nach links um das Drehzentrum Z.

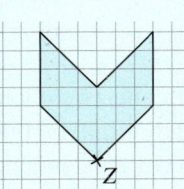

11 Übertrage die Figur ins Heft und drehe sie um 70° nach links um das Drehzentrum Z.

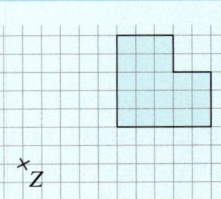

12 Sind die Figuren kongruent? Falls ja, wie sind die Bildfiguren (gelb) aus den Originalfiguren (blau) entstanden? Ergänze im Heft Spiegelachsen, Drehzentren oder Verschiebungspfeile.

a)

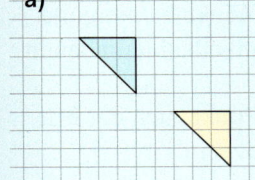

b)

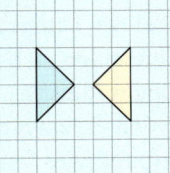

c)

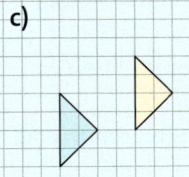

d)

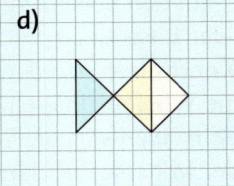

Vermischte Übungen

1 Ist der Strahl *w* in den Zeichnungen jeweils die Winkelhalbierende des Winkels? Begründe deine Entscheidung.

a)   b)

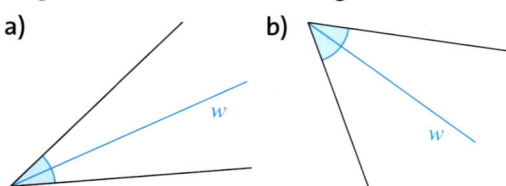

1 Ist der Strahl *w* in den Zeichnungen jeweils die Winkelhalbierende des Winkels? Begründe deine Entscheidung.

a)   b)

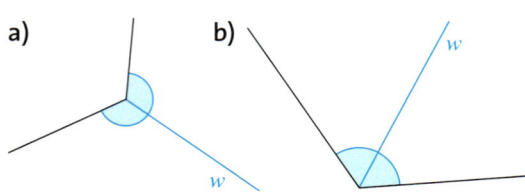

2 Zeichne jeweils den Winkel α in dein Heft und zeichne die zugehörige Winkelhalbierende.

a) $\alpha = 60°$ b) $\alpha = 90°$ c) $\alpha = 78°$
d) $\alpha = 120°$ e) $\alpha = 135°$ f) $\alpha = 155°$

2 Zeichne das Dreieck *ABC* und konstruiere jeweils die Winkelhalbierenden der Winkel α, β und γ nur mit Zirkel und Lineal.

a) $a = 3,5\,\text{cm}$; $\beta = 123°$; $\gamma = 23°$
b) $b = 2\,\text{cm}$; $\alpha = 55°$; $\gamma = 95°$

3 Ist die Gerade *m* jeweils die Mittelsenkrechte der Strecke $\overline{AB}$? Begründe deine Antwort.

a)   b)   c)   d)

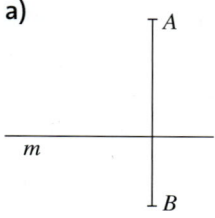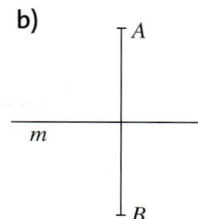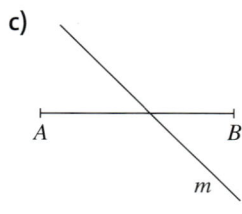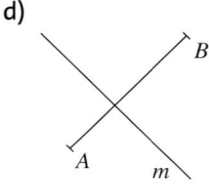

4 Zeichne den Winkel und verdopple ihn.

a) $\alpha = 26°$ b) $\alpha = 39°$
c) $\beta = 34°$ d) $\beta = 47°$
e) $\gamma = 56°$ f) $\gamma = 71°$

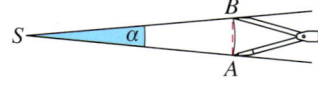

4 Zeichne den Winkel und verdreifache durch Konstruktion seine Winkelgröße.

a) $\alpha = 14°$ b) $\beta = 23°$
c) $\alpha = 28°$ d) $\beta = 34°$
e) $\gamma = 44°$ f) $\gamma = 52°$

5 Zeichne zwei Geraden, die den Winkel α bilden. Halbiere jeden der Winkel. Was stellst du fest?

a) $\alpha = 30°$ b) $\alpha = 78°$

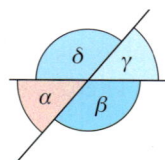

5 Zeichne zwei Geraden, die sich schneiden und den Winkel δ bilden. Halbiere geschickt jeden der entstandenen Winkel. Beschreibe, wie du vorgehst, und begründe.

a) $\delta = 117°$ b) $\delta = 90°$

6 Zeichne ein gleichschenkliges Dreieck *ABC* mit den Schenkellängen $a = b = 7,3\,\text{cm}$ und der Basislänge $c = 5,5\,\text{cm}$.
a) Konstruiere zu jedem Winkel im Dreieck die Winkelhalbierende.
b) Schneiden sich die Winkelhalbierenden auf der Mittelsenkrechten von *c*? Begründe.

6 Zeichne ein gleichseitiges Dreieck mit 6,4 cm Seitenlänge. Konstruiere zu jedem Winkel des Dreiecks die Winkelhalbierende.
a) Schneiden sich die Winkelhalbierenden in einem Punkt?
b) Wenn ja, kann dieser Punkt auch der Mittelpunkt des Umkreises sein? Begründe.

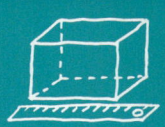

7 Übertrage die Kreise in dein Heft und konstruiere Tangenten im Berührungspunkt.

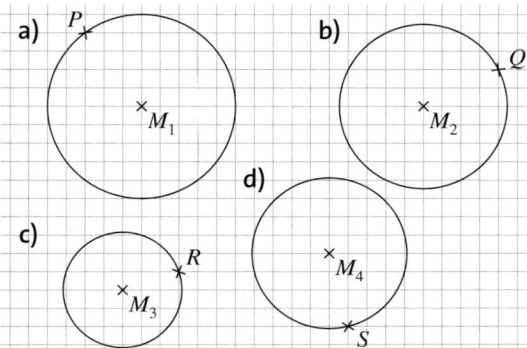

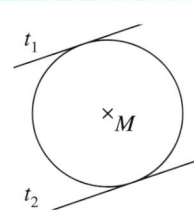

7 Zeichne von den Punkten P und Q die Tangenten an den Kreis mit dem Radius r.

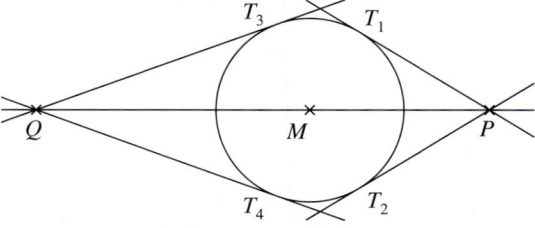

a) $r = 2\,\text{cm}$; $\overline{MP} = 4\,\text{cm}$; $\overline{MQ} = 6\,\text{cm}$
b) $r = 2{,}5\,\text{cm}$; $\overline{MP} = 4\,\text{cm}$; $\overline{MQ} = 5\,\text{cm}$
c) $r = 3\,\text{cm}$; $\overline{MP} = 2{,}5\,\text{cm}$; $\overline{MQ} = 6\,\text{cm}$
d) $r = 2{,}8\,\text{cm}$; $\overline{MP} = 5{,}6\,\text{cm}$; $\overline{MQ} = 7{,}3\,\text{cm}$

8 Zeichne einen Kreis mit $r = 4{,}5\,\text{cm}$. Konstruiere an den Kreis zwei zueinander parallele Tangenten. Wie gehst du vor? Schreibe eine Konstruktionsbeschreibung.

8 Zeichne jeweils ein Koordinatensystem und trage die Punkte M und T ein. Zeichne um M den Kreis mit dem Radius r. Konstruiere von T aus die Tangenten an den Kreis.
a) $M(4|4)$; $T(10|4)$; $r = 2\,\text{cm}$
b) $M(4|4)$; $T(4|10)$; $r = 2\,\text{cm}$
c) $M(3|3)$; $T(8|8)$; $r = 3\,\text{cm}$

9 Zeichne Figuren mit folgenden Eckpunkten jeweils in ein Koordinatensystem ein. Verschiebe jede Figur um 2 Einheiten nach rechts und 2 Einheiten nach unten.
a) $A(6|1)$; $B(6|3)$; $C(2|1)$
b) $A(2|2)$; $B(3|3)$; $C(1|4)$
c) $A(1|6)$; $B(3|2)$; $C(5|6)$; $D(3|4)$

9 Zeichne ein Sechseck mit den Punkten $A(3|1)$; $B(6|1)$; $C(8|3)$; $D(6|5)$; $E(3|5)$ und $F(1|3)$ in ein Koordinatensystem. Verschiebe das Sechseck um 5 Einheiten nach rechts und 2 Einheiten nach oben. Beschreibe mit Worten, wie du vorgehst, um das Sechseck zu verschieben.

10 Zeichne in ein Koordinatensystem eine Gerade durch die Punkte $A(1|1)$ und $B(5|5)$. Drehe die Gerade mit einem Drehwinkel von $90°$ nach rechts um den Ursprung $(0|0)$. Gib mindestens drei Punkte an, die auf der Bildgeraden liegen.

10 Zeichne in einem Koordinatensystem eine Raute mit den Eckpunkten $A(2|2)$; $B(2{,}5|3)$; $C(2|4)$ und $D(1{,}5|3)$. Drehe die Raute jeweils nach rechts um $90°$; $180°$ und $270°$. Welche Figur entsteht?

+11 Spiegelung an zwei sich schneidenden Geraden.
a) Übertrage die Zeichnung in dein Heft.
   1. Spiegele das Dreieck ABC an der Geraden g.
   2. Spiegele das Dreieck $A'B'C'$ an der Geraden h.
   Beschreibe die Lage der Dreiecke ABC und $A''B''C''$ zueinander.
b) Arbeite mit einer dynamischen Geometrie-Software:
   Zeichne zwei sich schneidende Geraden und eine Figur.
   Spiegele die Figur wie in a) an den Geraden.
   Verändere die Lage der Geraden. Was kannst du beobachten?
   Wie liegen die Dreiecke ABC und $A''B''C''$ zueinander, wenn g und h parallel sind?
   Schreibe deine Beobachtungen auf und begründe.

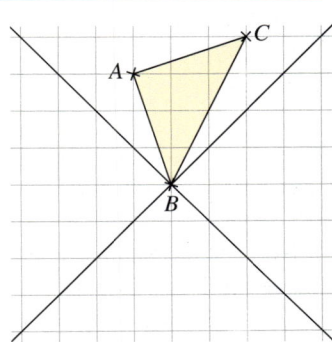

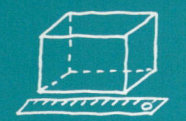

12 Ziermuster

Zeichne auf Karopapier ein Quadrat mit 14 cm Seitenlänge.

Entwirf in diesem Quadrat ein Ziermuster aus Dreiecken mit ihren Inkreisen.

Ein Beispiel, wie das aussehen kann, siehst du hier.

🕱 Stellt eure Muster in der Klasse aus.

Wählt das schönste Muster.

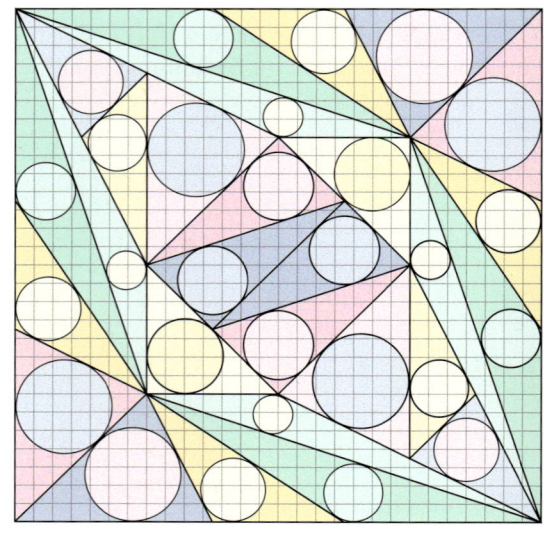

13 Geradlinige Grundfiguren zusammenlegen

Es gibt Figuren, die man lückenlos und ohne Überlappung aneinander legen kann.

Kann eine Fläche mit diesen Figuren ausgelegt werden, so spricht man von einer Parkettierung.

a) Beschreibe, wie die folgenden Parkettierungen entstanden sind.

b) Erstelle eine Schablone aus einem Trapez, aus einem Drachen oder aus einem Parallelogramm. Kannst du mithilfe der Schablone eine Parkettierung zeichnen?

🕱 Diskutiert über eure Ergebnisse.

14 Parkettierungen herstellen

Jasmin möchte eine Parkettierung künstlerisch gestalten.

Dazu erstellt sie aus zwei quadratischen Stücken Pappe eine Schablone.

1. Zwei gleiche Quadrate ausschneiden, auf das eine Linien zeichnen.

2. Quadrat entlang der Linien zerschneiden.

3. Teilflächen an das unzerteilte Quadrat kleben.

Fertige eine eigene Schablone an und zeichne eine Parkettierung.

🕱 Erstellt eine Ausstellung mit verschiedenen Parkettierungen in eurem Klassenraum.

Zusammenfassung

Mittelsenkrechte

→ *Seite 90*

Auf der **Mittelsenkrechten** m einer Strecke $\overline{AB}$
liegen alle Punkte, die von den Punkten A und B
den gleichen Abstand haben.
Die Mittelsenkrechte m halbiert die Strecke $\overline{AB}$.

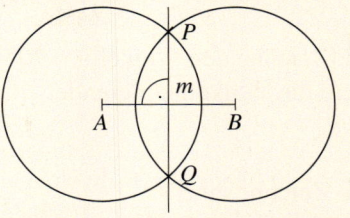

Winkelhalbierende

→ *Seite 94*

Auf der **Winkelhalbierenden** w_α eines Winkels α liegen alle Punkte, die
von den Schenkeln des Winkels den gleichen Abstand haben.
Die Winkelhalbierende halbiert den Winkel α.

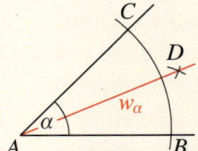

Kreistangenten

→ *Seite 100*

Eine **Tangente** ist eine Gerade, die mit einem Kreis
genau einen Punkt gemeinsam hat. Die Tangente steht
senkrecht zum Berührungsradius.

Eine **Sekante** ist eine Gerade, die mit einem Kreis
zwei Punkte gemeinsam hat.

Eine **Passante** ist eine Gerade, die keinen Punkt mit
einem Kreis gemeinsam hat.

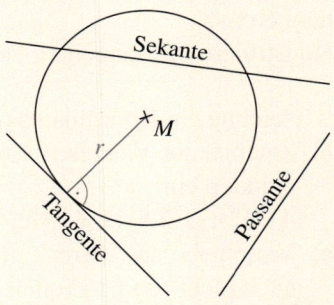

Drehungen und Verschiebungen / Geometrische Abbildungen untersuchen

→ *Seite 104/108*

Bei einer **Verschiebung** wird jeder Punkt der Ausgangsfigur
gleich weit in die gleiche Richtung verschoben. Die Richtung
und Länge der Verschiebung werden durch den **Verschiebungspfeil** angegeben.

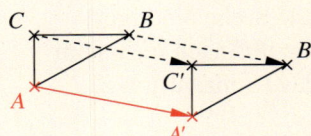

Bei einer **Drehung** wird jeder Punkt der Ausgangsfigur um
das **Drehzentrum** Z mit dem **Drehwinkel** α gedreht. Ein Punkt A,
der gedreht wird, bewegt sich auf dem Kreisbogen um das Drehzentrum Z.

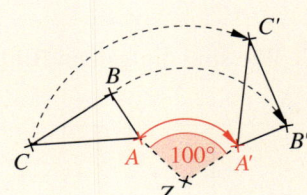

Zwei Figuren heißen **kongruent zueinander**, wenn es eine Bewegung (Drehung, Verschiebung
oder Achsenspiegelung) gibt, die die eine Figur auf die andere abbildet.
Das heißt auch, dass ihre Seiten gleich lang und ihre Winkel gleich groß sind.
Die Bewegung nennt man auch **Kongruenzabbildung**.

Teste dich!

1 Punkt | 2 Punkte

1 Zeichne die Strecke $\overline{AB}$ = 6,8 cm und konstruiere die Mittelsenkrechte.

1 Konstruiere zur Strecke $\overline{CD}$ = 4,5 cm die Mittelsenkrechte nur mit Zirkel und Lineal.

1 Punkt | 2 Punkte

2 Zeichne den Winkel α = 70° und konstruiere die Winkelhalbierende.

2 Zeichne den Winkel β = 85°. Konstruiere die Winkelhalbierende nur mit Zirkel und Lineal.

2 Punkte | 3 Punkte

3 Zeichne einen Kreis mit dem Radius r = 3,5 cm und zwei beliebige Strecken, wie in der Zeichnung. Konstruiere jeweils die Mittelsenkrechte. Wo schneiden sich die Mittelsenkrechten?

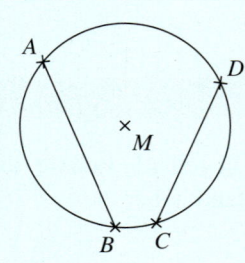

3 Die Geraden t_1 und t_2 schneiden sich unter einem Winkel von α = 50°. Konstruiere einen Kreis, der die Geraden im Punkt T_1 und T_2 berührt. T_1 und T_2 sind 2,4 cm von S entfernt.

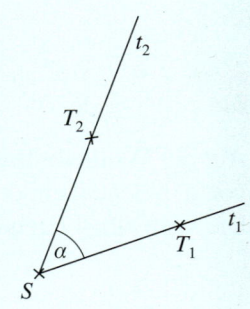

3 Punkte | 4 Punkte

4 Zeichne einen Kreis mit dem Radius r = 3 cm und zwei Punkte T und S auf dem Kreis. Konstruiere die Tangenten an T und S.

4 Zeichne einen Kreis mit r = 3 cm und zwei Punkte Q und R außerhalb des Kreises. Konstruiere die Tangenten von Q und R am Kreis.

3 Punkte | 4 Punkte

5 Zeichne ein Koordinatensystem.
a) Zeichne das Viereck mit folgenden Eckpunkten ein:
$A(1|2)$; $B(2,5|1)$; $C(4|2)$; $D(3|3,5)$.
b) Verschiebe das Viereck um 2 Einheiten nach rechts und 1 Einheit nach unten.

5 Zeichne ein Koordinatensystem in dein Heft. Zeichne das Viereck $ABCD$ mit $A(1|1)$; $B(3|2)$; $C(3|4)$ und $D(1|3)$ in das Koordinatensystem ein.
Verschiebe das Viereck so, dass der Bildpunkt A' von A im Punkt $(4|0)$ liegt.

3 Punkte | 4 Punkte

6 Übertrage die Zeichnung in dein Heft und drehe die Figur um 90° nach rechts um das Drehzentrum Z.

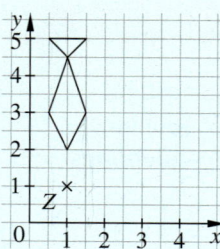

6 Übertrage die Zeichnung in dein Heft und drehe die Figur um 80° nach rechts um das Drehzentrum Z.

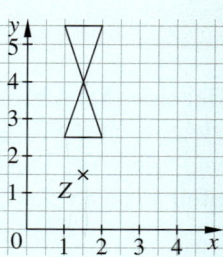

4 Punkte

7 Wie sind die gelben Bildfiguren entstanden? Übertrage in dein Heft und zeichne ein.

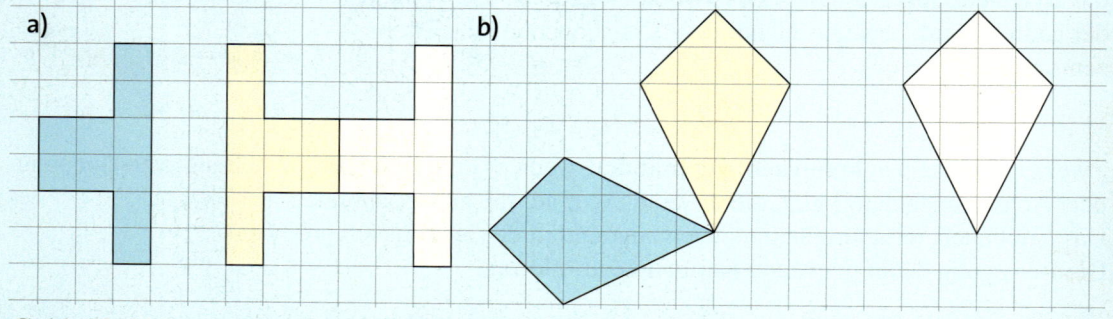

Gold: 20–23 Punkte, Silber: 17–19 Punkte, Bronze: 13–16 Punkte   Lösungen ab Seite 200

Prozentrechnung

Prozentangaben kennst du sicher aus vielen Bereichen. Beim Einkaufen beispielsweise wird häufig mit Prozentangaben geworben. Das Wort Prozent kommt vom italienischen „per cento" (von hundert). „per cento" wurde später abgekürzt mit cto. Daraus entstand mit der Zeit die Schreibweise %.

cento → cto → ℅ → ℅ → ℀ → %

50%

30%

70%

70%

30%

30%

70%

30%

50%

Noch fit?

Einstieg

Aufstieg

1 Bruchbilder

Gib den Anteil der rot gefärbten und der blau gefärbten Fläche jeweils als Bruch an.

a)    b) 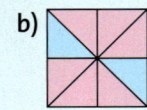   c) 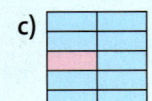   d) 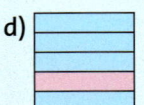   e) 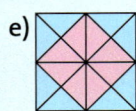   f)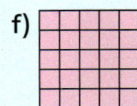

2 Bruchbilder zeichnen

Zeichne drei Rechtecke, jedes mit den Seitenlängen 3 cm und 5 cm.
Färbe im ersten Rechteck 50 %, im zweiten 75 % und im dritten 10 % der Fläche ein.

2 Bruchbilder zeichnen

Zeichne drei Quadrate mit der Seitenlänge 6 cm.
Färbe im ersten Quadrat 25 %, im zweiten $33\frac{1}{3}$ % und im dritten 75 % der Fläche ein.

3 Brüche kürzen

Kürze vollständig.

a) $\frac{2}{4}$ b) $\frac{5}{10}$ c) $\frac{6}{18}$ d) $\frac{4}{20}$

e) $\frac{25}{30}$ f) $\frac{26}{39}$ g) $\frac{84}{48}$ h) $\frac{92}{76}$

3 Brüche kürzen

Kürze vollständig.

a) $\frac{48}{72}$ b) $\frac{56}{144}$ c) $\frac{70}{112}$ d) $\frac{95}{209}$

e) $\frac{144}{180}$ f) $\frac{280}{392}$ g) $\frac{256}{364}$ h) $\frac{432}{688}$

4 Brüche umwandeln

Erweitere auf Zehntel oder Hundertstel und schreibe als Dezimalbruch.

a) $\frac{4}{5}$ b) $\frac{7}{20}$ c) $\frac{3}{4}$ d) $\frac{14}{25}$

4 Brüche umwandeln

Erweitere auf Hundertstel oder Tausendstel und schreibe als Dezimalbruch.

a) $\frac{6}{125}$ b) $2\frac{9}{20}$ c) $\frac{5}{8}$ d) $3\frac{111}{125}$

ERINNERE DICH
3,818181... =
= 3,$\overline{81}$

5 Zahlen dividieren

a) 12 : 10   b) 29 : 4   c) 15 : 8
d) 21 : 6   e) 31 : 3   f) 15 : 6
g) 101 : 9   h) 42 : 11   i) 2 : 3

5 Zahlen dividieren

a) 18 : 8   b) 20 : 9   c) 52 : 7
d) 123 : 5   e) 16 : 11   f) 15 : 16
g) 1 : 12   h) 2 : 11   i) 0,3 : 12

6 Bruchteile berechnen

Wie viel sind …

a) $\frac{1}{2}$ von 240?   b) $\frac{1}{4}$ von 52?

c) $\frac{2}{3}$ von 270?   d) $\frac{5}{6}$ von 54?

6 Bruchteile berechnen

Wie viel sind …

a) $\frac{3}{4}$ von 310?   b) $\frac{5}{8}$ von 96?

c) $\frac{1}{12}$ von 290?   d) $\frac{3}{8}$ von 330?

7 Verschiedene Schreibweisen

Welche Zahlen sind gleich?

7 Verschiedene Schreibweisen

Welche Zahlen sind gleich?

ERINNERE DICH
$\frac{1}{100}$ = 0,01 = 1 %

0,75	75 %	$\frac{75}{100}$
$\frac{34}{100}$	$\frac{3}{4}$	
0,340	$\frac{750}{1\,000}$	$\frac{6}{8}$
$\frac{17}{50}$	0,34	

0,4	$\frac{2}{5}$	$\frac{4}{10}$
40 %	0,04	$\frac{40}{1\,000}$
$\frac{40}{100}$	4 %	$\frac{1}{25}$
$\frac{4}{100}$	0,400	0,040

Lösungen ab Seite 200

Anteile und Prozente

Entdecken

1 Was bedeuten die Prozentangaben hier?
Suche weitere Beispiele und stelle sie in der Klasse vor.

25% Fett

Für den Kredit müssen pro Jahr 6,8 % Zinsen gezahlt werden.

Die Mehrwertsteuer beträgt in Deutschland 19 %.
Für Lebensmittel und bestimmte Güter gilt der ermäßigte Satz von 7 %.

Die Preise sind im letzten Jahr durchschnittlich um 3,1 % gestiegen.

Im Iran sind 70 % der Bevölkerung unter 25 Jahre alt.
In Deutschland sind dies nur 24,7 % aller Menschen.

100 % Baumwolle

10 %   12 %

Bundestagswahl 2013

Gewinne und Verluste im Vergleich zur Wahl 2009

2 Kolja, Merle und Max haben eine Umfrage zu Schwimmabzeichen durchgeführt.
Sie haben in allen siebten Klassen erfragt, wer schon Silber oder Gold hat.

Bei uns haben 18 von 23 Jugendlichen Silber oder Gold.

Bei uns haben es 14, 6 haben es nicht.

In unserer Klasse haben 75 % Silber oder Gold.

3 Die Schülerinnen und Schüler der Kunst-AG üben sich im Zeichnen von Personen. Wichtig ist dabei auch, dass die Proportionen stimmen, also die Größenverhältnisse der einzelnen Körperteile zueinander.
Bei Erwachsenen macht z. B. der Kopf etwa $\frac{1}{8}$ der Körperlänge aus. Die Schülerinnen und Schüler untersuchen das genauer.

Name (Alter)	Körper-länge	Kopf-länge	Anteil
Paul (8)	1,36 m	21 cm	$\frac{21}{136} \approx 15{,}4\,\%$
Liu (10)	1,45 m	21 cm	
Sina (12)	1,50 m	22 cm	
Hannes (13)	1,60 m	23 cm	
David (16)	1,92 m	24 cm	
Fr. Wagner (30)	1,72 m	21 cm	
Hr. Paffen (63)	1,78 m	25 cm	

a) Bestimme jeweils, welchen Anteil der Kopf an der gesamten Körperlänge hat.

b) Ordne die Personen nach dem Anteil des Kopfes an der Körperlänge.
Schreibe auch das Alter dazu.
Was fällt dir auf?

c) Bei welcher Testperson kommt der Anteil der Kopflänge dem typischen Wert $\frac{1}{8}$ am nächsten?

d) 🕮 Messt selbst bei mehreren Personen und wertet die Daten auf ähnliche Weise aus.

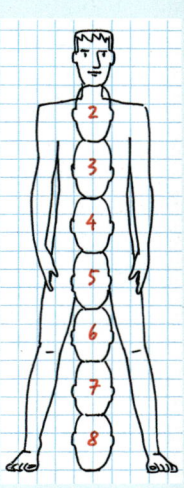

Verstehen

Seit vielen Jahren nehmen die Schülerinnen und Schüler der Jesse-James-Schule an den Prüfungen zum Sportabzeichen teil.
Bisher haben in jedem Jahr mindestens 50% der Teilnehmer das Sportabzeichen erworben.
Die siebten Klassen haben ihre Ergebnisse in einer Tabelle notiert:

Klasse	Teilnehmer	erworbene Abzeichen	Anteil der Kinder, die das Sport- abzeichen geschafft haben
7a	25	20	$\frac{20}{25} = \blacksquare\,\%$
7b	32	24	$\frac{24}{32} = \blacksquare\,\%$
7c	25	18	$\frac{18}{25} = \blacksquare\,\%$
7d	24	21	$\frac{21}{24} = \blacksquare\,\%$

Die Ergebnisse der Klassen kann man mithilfe von **Anteilen** vergleichen.
Anteile werden mit Brüchen dargestellt.
Wenn die Brüche verschiedene Nenner haben, ist ein Vergleichen im Kopf meist schwierig.
Deswegen nutzt man beim Vergleichen von Anteilen Brüche mit dem Nenner 100.

Beispiel 1
Umwandeln in einen Hundertstelbruch:
a) Klasse 7a: $\frac{20}{25} = \frac{20 \cdot 4}{25 \cdot 4} = \frac{80}{100} = 80\,\%$
b) Klasse 7b: $\frac{24 : 8}{32 : 8} = \frac{3 \cdot 25}{4 \cdot 25} = \frac{75}{100} = 75\,\%$
Dividieren des Zählers durch den Nenner:
c) Klasse 7c: $18 : 25 = 0{,}72 = \frac{72}{100} = 72\,\%$
d) Klasse 7d: $21 : 24 = 0{,}875 = \frac{87{,}5}{100} = 87{,}5\,\%$

Merke Brüche mit dem Nenner 100 kann man in der Prozentschreibweise angeben.
$$1\,\% = \frac{1}{100}$$
Das Zeichen % (**Prozent**) bedeutet „von hundert" (Hundertstel).
Das *Ganze* umfasst immer 100%.

Der Anteil der Schüler, die das Sportabzeichen geschafft haben, ist in der Klasse 7d am größten.

In **Streifen-** und **Kreisdiagrammen** kann man Anteile gut darstellen und vergleichen.

Streifendiagramm:

Kreisdiagramm:

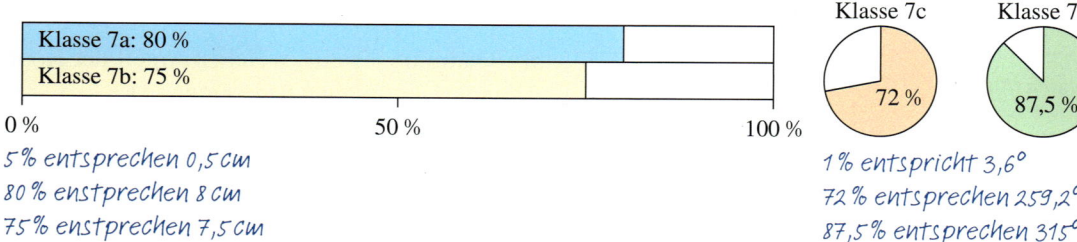

5% entsprechen 0,5 cm
80% enstprechen 8 cm
75% enstprechen 7,5 cm

1% entspricht 3,6°
72% entsprechen 259,2°
87,5% entsprechen 315°

Die folgenden Anteile kommen häufig vor. Präge sie dir ein. Sie sind für das Kopfrechnen, Überschlagen und Schätzen sehr nützlich.

Bruch	$\frac{1}{100}$	$\frac{1}{10}$	$\frac{1}{5}$	$\frac{1}{4}$	$\frac{1}{3}$	$\frac{1}{2}$	$\frac{2}{3}$	$\frac{3}{4}$	1
Dezimalbruch	0,01	0,1	0,2	0,25	$0{,}\overline{3}$	0,5	$0{,}\overline{6}$	0,75	1
Prozent	1%	10%	20%	25%	$33\frac{1}{3}\%$	50%	$66\frac{2}{3}\%$	75%	100%

Üben und anwenden

1 Gib den Anteil in Prozent an.

a) $\frac{1}{100}$; $\frac{12}{100}$; $\frac{35}{100}$; $\frac{60}{100}$; $\frac{85}{100}$

b) $\frac{52}{100}$; $\frac{59}{100}$; $\frac{73}{100}$; $\frac{84}{100}$; $\frac{99}{100}$

c) $\frac{1}{2}$; $\frac{1}{10}$; $\frac{1}{4}$; $\frac{1}{5}$; $\frac{3}{5}$; $\frac{7}{20}$; $\frac{25}{50}$; $\frac{14}{40}$

2 Was gehört zusammen?

Beispiel $\frac{1}{5} = \frac{20}{100} = 20\%$

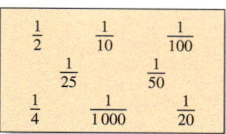

3 Gib den Anteil der gefärbten Fläche an der Gesamtfläche in Prozent an.

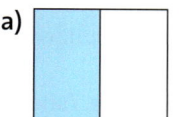 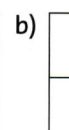 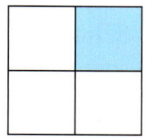 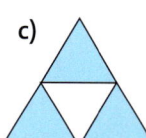

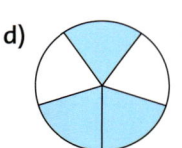 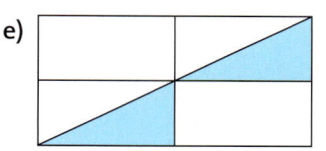

4 Ergänze die Tabelle in deinem Heft.

a)

Dezimalbruch	0,28	0,67		0,17	
Bruch	$\frac{28}{100}$		$\frac{82}{100}$		
Prozent					56%

b) Kürze die Brüche vollständig.

Dezimalbruch	0,2	0,5		0,7	
Bruch	$\frac{1}{5}$		$\frac{3}{10}$		
Prozent					40%

5 Schreibe als Dezimalbruch, runde auf Hundertstel. Schreibe dann als Prozentzahl.

Beispiel $\frac{5}{6} = 5 : 6 \approx 0,83 \approx 83\%$

a) $\frac{5}{6}$; $\frac{4}{6}$; $\frac{3}{6}$; $\frac{2}{6}$; $\frac{1}{6}$

b) $\frac{1}{3}$; $\frac{1}{9}$; $\frac{1}{8}$; $\frac{1}{7}$; $\frac{1}{4}$

c) $\frac{5}{6}$; $\frac{2}{9}$; $\frac{2}{3}$; $\frac{3}{11}$; $\frac{2}{15}$

---

1 Erweitere oder kürze die Brüche auf den Nenner 100. Schreibe sie dann als Prozent.

a) $\frac{3}{4}$; $\frac{9}{20}$; $\frac{7}{50}$; $\frac{3}{25}$; $\frac{3}{10}$; $\frac{1}{4}$; $\frac{4}{5}$

b) $\frac{21}{25}$; $\frac{154}{200}$; $\frac{81}{900}$; $\frac{2}{5}$; $\frac{480}{600}$

c) $\frac{13}{50}$; $\frac{7}{20}$; $\frac{3}{5}$; $\frac{9}{10}$; $\frac{45}{100}$; $\frac{75}{150}$

d) $\frac{2}{5}$; $\frac{1}{2}$; $\frac{7}{10}$; $\frac{10}{10}$; $\frac{36}{300}$; $\frac{7}{100}$

2 Welche Angaben sind gleich?

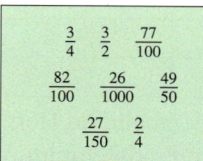

$\frac{3}{4}$ $\frac{3}{2}$ $\frac{77}{100}$

$\frac{82}{100}$ $\frac{26}{1000}$ $\frac{49}{50}$

$\frac{27}{150}$ $\frac{2}{4}$

50% 82% 150%

2,6% 18% 75%

98% 77%

3 Schreibe den Anteil der gefärbten Flächen an der Gesamtfläche als Prozentzahl.

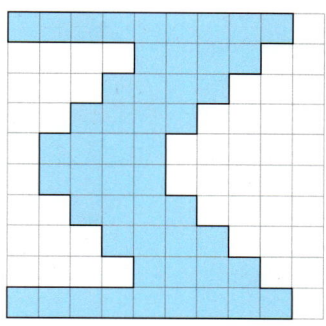 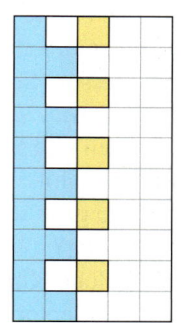

4 Ergänze die Tabelle in deinem Heft.

a)

35%			65%			71%
$\frac{35}{100}$	$\frac{45}{100}$				$\frac{87}{100}$	
		0,85		0,24		

b) Kürze die Brüche vollständig.

$\frac{1}{50}$				$\frac{17}{20}$		$\frac{12}{25}$
0,02		0,9			0,07	
	22%		31%			

5 Schreibe als Dezimalbruch, runde auf Tausendstel. Schreibe dann als Prozentzahl.

a) $\frac{1}{6}$; $\frac{1}{5}$; $\frac{1}{13}$; $\frac{1}{15}$; $\frac{1}{21}$

b) $\frac{5}{6}$; $\frac{5}{7}$; $\frac{5}{8}$; $\frac{5}{9}$; $\frac{5}{10}$

c) $\frac{6}{9}$; $\frac{8}{12}$; $\frac{10}{15}$; $\frac{12}{18}$; $\frac{14}{21}$

d) $\frac{1}{50}$; $\frac{2}{25}$; $\frac{3}{40}$; $\frac{12}{80}$; $\frac{15}{90}$

ERINNERE DICH

Erweitern:

$\frac{3}{25} = \frac{3 \cdot 4}{25 \cdot 4} = \frac{12}{100}$

Kürzen:

$\frac{18}{600} = \frac{18 : 6}{600 : 6} = \frac{3}{100}$

6 Tim hilft seinem Vater bei der Vorbereitung der Mitgliederversammlung des Sportvereins „Kondor 09". Er möchte die Mitgliederzahlen in Diagrammen präsentieren.
Hierzu hat er folgende Tabelle angelegt:

Sportverein „Kondor 09"		Anteil als Bruch	Anteil in %	Winkelgröße	Streifenlänge in cm
Abteilung	Mitglieder				
Fußball	128	$\frac{128}{640}$	20	72°	2
Basketball	192				
Leichtathletik	256				
Schwimmen	64				
Insgesamt	640	$\frac{640}{640}$	100	360°	10

a) Übertrage und ergänze die Tabelle im Heft.
b) Zeichne ein passendes Streifendiagramm. Wähle 10 cm als Streifenlänge.
c) Zeichne ein passendes Kreisdiagramm mit einem Radius von 5 cm.
d) Welches Diagramm würdest du Tim empfehlen? Begründe.

7 Die Grafik zeigt, dass die Schülersprecherwahl der Maria Montessori-Schule heiß umkämpft war. Von den 995 Schülerinnen und Schülern haben 885 gewählt.
a) Wie groß war die Wahlbeteiligung?
b) Welche Klasse stellt den Schülersprecher?
c) Ist das Kreisdiagramm aussagekräftig?

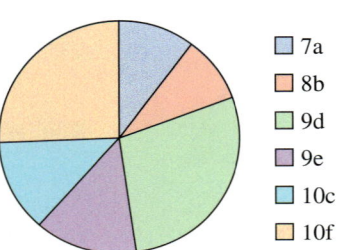

- 7a
- 8b
- 9d
- 9e
- 10c
- 10f

7 In der Maria-Montessori-Schule wurde der Schülersprecher gewählt.
Berechne mithilfe der Tabelle die jeweiligen Anteile der Klassen von den 885 abgegebenen Stimmen.
Runde sinnvoll.

Klasse	7a	8b	9d	9e	10c	10f
Winkel in °	38	33	102	51	46	92

8 Welche Klasse war am besten?
Vergleiche erst die Anzahlen und dann die Anteile.
a) Sportfest

	Schüleranzahl	Anzahl der Urkunden
7a	22	11
7b	30	24
7c	20	17
7d	25	16

b) Diktate
   200 Worte (Kl. 7c): durchschn. 5 Fehler
   250 Worte (Kl. 8a): durchschn. 6 Fehler

8 Durchschnittswerte in Deutschland

	Körperlänge	Kopflänge
Neugeborenes	48 cm	12 cm
6 Jahre alt	1,08 m	18 cm
12 Jahre alt	1,40 m	20 cm
25 Jahre alt	1,76 m	22 cm

a) Beschreibe die Informationen.
b) Gib jeweils den Anteil des Kopfes an der Körperlänge als Bruch an.
c) Berechne auch die entsprechenden Prozentwerte.
   Runde sinnvoll.

9 In einer Klassenarbeit werden 20 Englisch-Vokabeln abgefragt.
An wie viel Prozent der Vokabeln erinnern sich die Schüler noch?
a) Katrin weiß noch 17 Vokabeln.
b) Paul erinnert sich an 15 Wörter.
c) Cedric kann 12 Vokabeln übersetzen.
d) Lea erinnert sich an 9 Vokabeln.
e) Fritz weiß noch 5 Übersetzungen.
f) Klara erinnert sich an 18 Vokabeln.

Prozentsatz

Entdecken

1 👥 Arbeitet mit einer „Prozente-Scheibe".

Für den Bau einer Prozente-Scheibe benötigt ihr zwei Prozentskalen. Zeichnet dazu zwei Kreise auf ein Blatt Papier und unterteilt sie gleichmäßig in Prozentschritten.

Anleitung:

1. Schneidet die beiden Prozentskalen kreisförmig aus.

2. Färbt eine Prozentskala beidseitig ein.

3. Schneidet entlang der gestrichelten Linie jeweils einen Schlitz bis zum Mittelpunkt.

a) Ergänzen zum Ganzen

Steckt die Scheiben so ineinander, wie im Bild zu sehen ist.

Stellt auf der weißen Seite einen Prozentsatz ein. Welcher Anteil von der weißen Scheibe ist auf der Rückseite zu sehen?

Ergänzt die Tabelle im Heft, wählt abwechselnd weitere Werte aus.

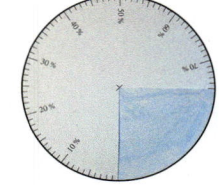

Vorderseite	75 %	25 %	30 %			
Rückseite						

b) Spiel: Anteile raten

Steckt die Scheiben diesmal anders zusammen: so, dass nur ein Partner die Skalen sehen kann.

– Der eine stellt auf der weißen Scheibe einen Prozentwert ein,

– die andere schätzt, welcher Anteil auf der Vorderseite eingestellt ist.

Wechselt euch ab.

Notiert die eingestellten und die geschätzten Werte. Wer 10-mal näher dran war, gewinnt.

Tipp: Überlegt zuerst, ob man beim Schätzen auf den weißen oder auf den farbigen Teil der Rückseite achten muss.

2 Zum Regieren brauchen Parteien mehr als 50 % der Sitze im Parlament. Um die 50 % zu erreichen, schließen sich meistens zwei Parteien zusammen. Das nennt man eine Koalition.

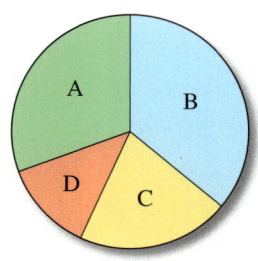

a) Schätze, ohne genau zu messen: Welche der Parteien könnten eine Koalition bilden?

b) Gib die Anteile der Parteien an den Parlamentssitzen so genau wie möglich in Prozent an.

c) Recherchiere die aktuelle Sitzverteilung im Landtag von Schleswig-Holstein.

Erstelle ein passendes Kreisdiagramm.

3 Brüche umwandeln

a) Schreibe zuerst als Bruch mit dem Nenner 10; 100; 1 000 oder 10 000.

Schreibe dann als Prozentzahl.

① $\frac{3}{20}$; $\frac{3}{25}$; $\frac{11}{50}$; $\frac{1}{4}$ ② $\frac{10}{40}$; $\frac{3}{30}$; $\frac{36}{80}$; $\frac{18}{60}$

③ $\frac{1}{500}$; $\frac{6}{250}$; $\frac{3}{125}$; $\frac{7}{2000}$ ④ $\frac{6}{15}$; $\frac{30}{150}$; $\frac{9}{12}$; $\frac{3}{1500}$

b) Wähle aus ①, ②, ③ und ④ jeweils ein Beispiel und beschreibe Schritt für Schritt wie du vorgegangen bist. Stelle deine Erklärung auf einem Plakat dar.

Verstehen

In der Klasse 7a sind 25 Jugendliche. Davon sind 12 Mädchen und 13 Jungen. Wie groß ist der Anteil an Mädchen in der Klasse?

Rahel rechnet so:
$$\frac{12}{25} = \frac{12 \cdot 4}{25 \cdot 4} = \frac{48}{100} = 48\%$$

48% der Jugendlichen aus der 7a sind Mädchen.

Begriffe der Prozentrechnung

In der Klasse 7a sind 25 Jugendliche.	**Grundwert:** 25 Jugendliche	Der Grundwert ist immer **das Ganze**. Er entspricht **100%**.
Davon sind 12 Mädchen.	**Prozentwert:** 12 Mädchen	Der Prozentwert ist ein Teil vom Ganzen: 12 von 25 Jugendlichen.
Das sind 48%.	**Prozentsatz:** 48%	Der Prozentsatz gibt den Anteil in Prozent an: $\frac{12}{25} = 48\%$

In der 7b sind 14 Mädchen und 17 Jungen.
Der Anteil der Mädchen der Klasse 7b beträgt $\frac{14}{31}$.

Martin rechnet schriftlich:
$$\frac{14}{31} = 14 : 31 = 0{,}451\,612\,9\ldots \approx 45{,}2\%$$

In der 7b sind rund 45,2% der Jugendlichen Mädchen.

Merke Der Anteil in Prozentschreibweise heißt **Prozentsatz**.
Man schreibt: **$p\%$**

Beispiel
Der Prozentsatz der Mädchen in der 7a beträgt $p\% = 48\%$.

Es gibt drei Möglichkeiten, den Prozentsatz zu berechnen.

Ⓐ $\frac{12}{25} = \frac{48}{100} = 48\%$ **$p\% = 48\%$**   Manche Brüche kann man auf den Nenner 100 (den Nenner 10; 1 000; …) kürzen oder erweitern.

Ⓑ $\frac{14}{31} = 14 : 31 \approx 45{,}2\%$ **$p\% \approx 45{,}2\%$**   Bei allen Brüchen kann man den Zähler durch den Nenner (schriftlich) dividieren.

Ⓒ Man nutzt das **Dreisatzschema**:
Jona fragt: „Wie hoch ist der Mädchenanteil in den beiden 7. Klassen zusammen?"
26 Mädchen von 56 Jugendlichen

TIPP
Schreibe beim Dreisatz immer links die bekannten Werte und rechts die gesuchten Werte.

bekannt: Anzahl	gesucht: Anteil ($p\%$)
56	100%
1	$\frac{100\%}{56}$
26	$\frac{100\%}{56} \cdot 26 \approx 46{,}4\%$

: 56 ⟵ ⟶ : 56
· 26 ⟵ ⟶ · 26

① Das Ganze ist immer gleich 100%.
Hier: „*alle Jugendlichen der 7. Klassen*".

② Man berechnet zuerst $p\%$ für 1 Mädchen.

③ Der Prozentsatz $p\%$ für die 26 Mädchen beträgt gerundet 46,4%.

Üben und anwenden

1 Welche Werte sind markiert? Ordne zu: Grundwert, Prozentwert und Prozentsatz.
a) In einem Kinosaal sind **75 %** der **260 Plätze** belegt. Das sind **195 Plätze**.
b) Von **7 Schülern** tragen **2 Schüler** eine Brille. Das sind rund **29 %**.
c) Eine Hose kostet **35 €**. Jana bekommt **20 %** Rabatt. Dadurch spart sie **7 €**.

1 Markiere im Heft den Grundwert blau, den Prozentwert rot und den Prozentsatz grün.
a) Lennard spart monatlich 5 € von 20 € Taschengeld. Das sind 25 %.
b) Eine Jacke kostet 90 Euro. Anka bekommt 3 Prozent Rabatt. Sie spart 2,70 Euro.
c) In einem Liter Multivitaminsaft sind 10 % Orangensaft enthalten. Das sind 100 ml.

2 Bestimme den Prozentsatz. Berechne im Kopf.
a) 25 von 100 Kindern
b) 50 m von 100 m
c) 20 € von 50 €
d) 5 kg von 25 kg
e) 20 cm von 200 cm

2 Bestimme den Prozentsatz, wenn möglich, im Kopf.
a)

2 €	20 €	25 €	50 €	75 €
von 200 €				

b)

80 g von				
120 g	400 g	600 g	880 g	1 kg

3 Wie rechnet Magnus?

① 15 von 60 Handys

② 40 von 160 Elfmetern

③ 45 von 90 Telefonaten

Bei diesen Aufgaben muss ich nicht lange rechnen, um die Prozentsätze zu bestimmen.

4 Berechne den Prozentsatz.
a) 5 Schüler von 125 Schülern
b) 40 Pkw von 800 Pkw
c) 300 Zuschauer von 1500 Zuschauern
d) 100 Fahrräder von 250 Fahrrädern
e) 15 Ausweise von 120 Ausweisen

4 Berechne den Prozentsatz.
a) 6 Teilnehmer von 150 Teilnehmern
b) 18 Brote von 300 Broten
c) 60 Mitglieder von 500 Mitgliedern
d) 72 Jacken von 240 Jacken
e) 225 Lkw von 9000 Lkw

5 Berechne den Prozentsatz. Runde das Ergebnis auf eine Nachkommastelle.
a) 13,45 € von 1000 €
b) 37,56 £ von 240 £
c) 6,41 CHF von 250 CHF
d) 239,13 $ von 500 $

5 Berechne den Prozentsatz. Runde das Ergebnis auf eine Nachkommastelle.
a) 194,75 € von 19 000 €
b) 198,48 £ von 800 £
c) 378,25 CHF von 500 CHF
d) 320,88 $ von 400 $

6 Berechne den Prozentsatz. Achte auf die Einheiten.
a) 1 cm von 1 m   b) 1 g von 1 kg
c) 1 min von 1 h   d) 37 cm von 10 m
e) 48 ct von 7,68 €   f) 65 cm von 2 m

6 Wie viel Prozent …
a) sind 50 ct (40 ct; 75 ct) von 1 €?
b) sind 750 m (0,1 km; 50 cm) von 1 km?
c) sind 25 min (0,4 h; 100 s) von 1 h?
Was war jeweils dein erster Lösungsschritt?

7 In der Klasse 7 c einer Schule sind 12 Jungen und 18 Mädchen. Wie viel Prozent der Schülerzahl sind das jeweils?

7 Von 1 500 Schülerinnen und Schülern einer Schule gehören 117 der 7. Jahrgangsstufe an. Wie viel Prozent sind das?

NACHGEDACHT
Betrachte die Rechenverfahren Ⓐ bis Ⓒ auf der Verstehensseite gegenüber:
– *Mit welchem Verfahren kommst du am besten zurecht?*
– *Bei welchen Aufgaben kann man Verfahren Ⓐ nicht anwenden?*

8 Bei der letzten Klassenarbeit gab es bei 25 Arbeiten nur einmal die Note 1. Wie viel Prozent sind das?

9 Ein Fahrrad wurde für 500 € (400 €) im Schaufenster angeboten. Beim Kauf wird es aber 50 € (60 €) billiger verkauft. Wie viel Prozent beträgt der Preisnachlass?

10 Bei einem Basketballspiel erzielte Lukas bei 9 Würfen 4 Treffer, Amelie mit 15 Würfen 9 Treffer und Kevin traf bei 25 Würfen 11-mal. Vergleiche die Trefferquoten: Wer hatte die beste Trefferquote?

11 Wie viel Prozent der Lose sind jeweils Gewinne? Wo würdest du kaufen? Begründe.

a) 2000 Lose 500 Gewinne

b) 870 Lose 175 Gewinne

c) 750 Lose 162 Gewinne

12 Was wurde falsch gemacht? Begründe.
a) 8 von den Jugendlichen sind 100 m gelaufen.
$p\% = 8\%$
b) 10 m von den Holzleisten kosten 25 €.
$p\% = 40\%$
c) 3 Jungen und 9 Mädchen
$p\% \approx 33,3\%$

13 Entfernungen, die jeder Deutsche im Jahr durchschnittlich zurücklegt

500 km mit dem Flugzeug
1800 km mit öffentlichen Verkehrsmitteln
9000 km mit dem Auto oder Motorrad
400 km zu Fuß
300 km mit dem Fahrrad

Berechne die Prozentsätze für die fünf Bereiche und trage sie in eine Tabelle ein.

---

8 In einer Schulklasse mit 24 Jugendlichen sind 6 an Grippe erkrankt. Wie viel Prozent sind das?

9 Ein Auto wird für 5700 € verkauft. Der Neuwert des Autos betrug 15000 €. Wie viel Prozent des Neuwertes beträgt der Kaufpreis?

10 Stadt A hat 25000 Einwohner, Stadt B hat 45000 Einwohner. In A fahren 12000 Menschen mit dem Auto zur Arbeit, in B 16000.
a) Wie viel Prozent hat Stadt B mehr an Einwohnern als Stadt A?
b) In welcher Stadt fährt ein höherer Prozentsatz mit dem Auto zur Arbeit?

11 Um in die Schule zu kommen, nutzen von 920 Schülerinnen und Schülern einer Schule 257 den Bus, 449 das Fahrrad und 42 ein Moped. Die anderen kommen zu Fuß zur Schule. Wie viel Prozent fahren mit welchem Verkehrsmittel bzw. kommen zu Fuß zur Schule?

12 Finde die Fehler und korrigiere im Heft.
a) 7 kg von 50 kg

bekannt: Gewicht	gesucht: Anteil (p %)
50 kg	100 %
1 kg	100 % · 50
7 kg	$\frac{100\% \cdot 50}{7} \approx$ ▢

b) 2 € von 12,50 €

bekannt: Anteil (p %)	gesucht: Preis
100 %	12,50 €
1 %	$\frac{12,50\,€}{100}$
2 %	$\frac{12,50\,€ \cdot 2}{100} \approx$ ▢

13 **Zeitungen in Deutschland**

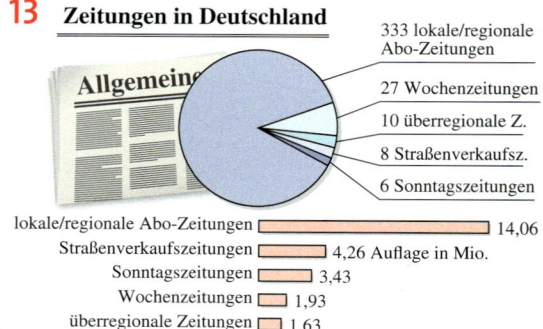

Allgemeine

333 lokale/regionale Abo-Zeitungen
27 Wochenzeitungen
10 überregionale Z.
8 Straßenverkaufsz.
6 Sonntagszeitungen

lokale/regionale Abo-Zeitungen 14,06
Straßenverkaufszeitungen 4,26 Auflage in Mio.
Sonntagszeitungen 3,43
Wochenzeitungen 1,93
überregionale Zeitungen 1,63

Hier sind zwei Statistiken dargestellt. Berechne für beide die prozentuale Verteilung und stelle sie in einer Tabelle dar. Was fällt dir auf?

Zeitungsart	Anteil an Anzahl	Anteil an Auflage

Prozentwert

Entdecken

1 Said zeichnet sich ein Hunderterfeld mit Schälchen.
Auf diese Schälchen verteilt er 360 € gleichmäßig.
a) Wie viel Geld liegt in *einem* Schälchen?
Wie viel Prozent vom gesamten Betrag sind das?
b) Wie viel Geld enthalten 12 Schälchen?
Wie viel Prozent von 360 € sind das?
c) Beschreibe, wie man den Geldbetrag für
verschiedene Prozentsätze bestimmen kann.
d) Bestimme 40 % vom Gesamtbetrag?
e) Bestimme 72 % vom Gesamtbetrag?

2 Gestern war Bürgermeisterwahl in Neustadt.
8000 Personen sind wählen gegangen.

Bürgermeisterwahl in Neustadt	
Jana Berwig	40 %
Peter Petersen	5 %
Florian Segelke	20 %
Dr. Katrin Wagner	35 %

Wie viele Leute haben Frau Berwig gewählt?

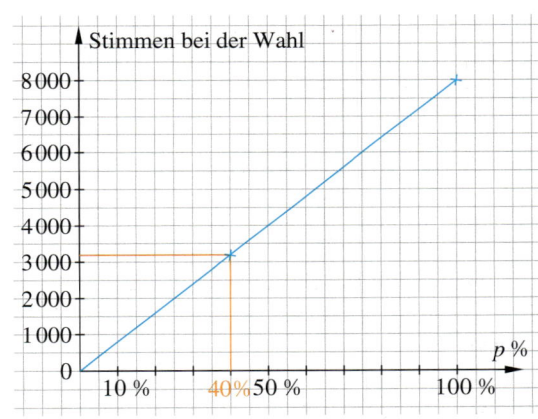

a) Claire versucht ihre Frage zeichnerisch
zu lösen. Erkläre, was sie gemacht hat.
b) Übertrage die Zeichnung in dein Heft.
Markiere die Werte aller Kandidaten und
lies sie ab.

3 Eine Internetbuchhandlung wirbt für ein Hörbuch.
a) 👥 Klärt untereinander die Angaben,
die für euch unverständlich sind.
b) Helena und Tom wollen überprüfen,
ob der Preis wirklich um 40 % reduziert wurde.
Erkläre die unterschiedlichen
Rechenwege.

Harry Potter Gesamtausgabe
Audio-CD von Joanne K. Rowling und Rufus Beck von
Dhv der Hörverlag (Audio-CD)
Unverb. Preisempfehlung ~~EUR 89,95~~
Preis: **EUR 53,97**
Sie sparen: EUR 35,98 (40%) [Auf Lager]

Helena berechnet 40 % von 89,95 €:

bekannt: Anteil (p %)	gesucht: Geldbetrag
100 %	89,95 €
1 %	0,8995 €
40 %	35,98 €

: 100 ↓ ↓ : 100
· 40 ↓ ↓ · 40

Tom rechnet so:

bekannt: Anteil (p %)	gesucht: Geldbetrag
40 %	35,98 €
1 %	0,8995 €
100 %	89,95 €

: 40 ↓ ↓ : 40
· 100 ↓ ↓ · 100

127

Verstehen

Wie viele Jungen sind an der Schule von Claudia?

Kenan rechnet:

55 % von 500 sind

$\frac{55}{100} \cdot 500 = 275$

An Claudias Schule sind 275 Jungen.

> **Merke** Der Wert, der dem Prozentsatz $p\,\%$ entspricht, heißt **Prozentwert**.

Beispiel

Der Prozentsatz der Jungen an Claudias Schule ist $p\,\% = 55\,\%$. Der dazu passende Prozentwert ist 275 Jungen.

Auch den Prozentwert kann man auf drei verschiedene Weisen berechnen:

Paul fragt: „Wie viele Mädchen sind dann an unserer Schule?"

Ⓐ $45\,\% \cdot 500 = \frac{45}{100} \cdot 500 = 225$

Man multipliziert mit dem entsprechenden Bruch.

Ⓑ $45\,\% \cdot 500\,€ = 0{,}45 \cdot 500 = 225$

Man multipliziert mit dem entsprechenden Dezimalbruch.

Ⓒ Man nutzt das **Dreisatzschema**:

bekannt: Anteil ($p\,\%$)	gesucht: Anzahl
100 %	500
1 %	$\frac{500}{100}$
45 %	$\frac{500}{100} \cdot 45 = 225$

: 100 ⟶ : 100

· 45 ⟶ · 45

① 100 % (also die *gesamte* Anzahl), das sind 500 Schüler.
② Man berechnet zuerst den Prozentwert, der 1 % entspricht.
③ Dann berechnet man den gesuchten Prozentwert, der 45 % entspricht. Der gesuchte Prozentwert ist 225.

An der Schule von Claudia, Kenan und Paul sind 225 Mädchen.

Üben und anwenden

1 Bestimme den Prozentwert.
Berechne im Kopf.
a) 5 % von 100 €
b) 20 % von 100 Äpfeln
c) 5 % von 200 m
d) 20 % von 200 h
e) 50 % von 26 Schülern

2 Berechne den Prozentwert.
a) 5 % von 50 € b) 20 % von 80 kg
c) 25 % von 125 m d) 30 % von 4 h
e) 40 % von 150 km f) 60 % von 70 t

3 Berechne. Runde dein Ergebnis sinnvoll.
a) 9 % von 150 Bällen b) 2 % von 35 €
c) 12 % von 160 Tüten d) 4,5 % von 365 h
e) 6 % von 31 Wochen f) 7 % von 128 g

4 Berechne.
Warum ist es notwendig zu runden?
a) 6 % von 803 Fahrrädern
b) 3 % von 666 Ausbildungsplätzen
c) 15 % von 246 Mathe-Büchern
d) 65 % von 4 567 Lehrern

5 In vielen Lebensmitteln befindet sich ein
großer Anteil Wasser. Die Abbildung zeigt die
entsprechenden Prozentsätze.
a) Wie viel Wasser befindet sich in 1 kg des
jeweiligen Lebensmittels?

Kartoffeln 76%
Kernobst 83%
Roggenbrot 41%
Käse 44%

b) Wie viel Wasser sind in 25 kg Kartoffeln,
in 3 kg Kernobst, in 500 g Roggenbrot und
in 200 g Käse enthalten?

1 Bestimme den Prozentwert, wenn möglich,
im Kopf.

a)

1 %	1,5 %	7 %	65,5 %	100 %
von 200 m				

b)

12,5 % von				
8 l	40 l	52 l	88 l	92 l

2 Berechne den Prozentwert.
a) 2,5 % von 345 t b) 7,8 % von 646 kg
c) 10,5 % von 55 km d) 4,5 % von 725 m
e) 72 % von 405 € f) 27 % von 126 $

3 Berechne. Runde dein Ergebnis sinnvoll.
a) 5,5 % von 125 t b) 12,5 % von 90 h
c) 0,4 % von 3,55 kg d) 35 % von 725 t
e) 85 % von 4,95 km f) 0,01 % von 12 m

4 Bei Vokabeltests verwendet Miss Finn zur
Benotung immer die gleiche Tabelle.
a) Wie viele Vokabeln muss man richtig
haben für die einzelnen Noten?
① Test mit 20 Vokabeln
② Test mit 18 Vokabeln
③ Test mit 28 Vokabeln
b) Tim meint: „Bei den Tests ② und ③
muss man alle Werte aufrunden."
Hat er recht? Begründe.

richtig (*p* %)	Note
ab 95 %	1
ab 85 %	2
ab 75 %	3
ab 50 %	4
ab 30 %	5

5 Bei normaler körperlicher Anstren-
gung soll man täglich höchstens 75 g Fett
zu sich nehmen. Hält Kevin diese Emp-
fehlung ein? Heute hat er gegessen:

15 g Walnüsse   (63 % Fett)
120 g Roggenbrot (1 % Fett)
25 g Butter   (80 % Fett)
15 g Wurst   (41 % Fett)
60 g Ei   (10 % Fett)
100 g Rindfleisch (19 % Fett)

6 Promille werden oft genutzt, wenn Anteile kleiner als 1 % sind. Promille (‰) sind Anteile
mit dem Nenner 1000. Man berechnet den Promillewert auf die gleiche Weise wie den Prozentwert. Es gilt: 1 ‰ = $\frac{1}{1000}$ = 0,001 = 0,1 %
Fahrer eines Autos dürfen maximal 0,3 ‰ Alkohol im Blut haben, Fahranfänger 0,0 ‰.
Ein Mensch hat ca. 5 l Blut. Wie viel ml Alkohol sind jeweils in 5 l Blut?
a) 0,3 ‰   b) 0,5 ‰   c) 0,8 ‰   d) 1,1 ‰

7 Preissenkung
Ein Fahrrad kostet im Laden 500 €. Kira und Lorenzo bekommen 15 % Rabatt.
Sie berechnen auf unterschiedliche Weise den neuen Preis.

Kira:

bekannt: Anteil (p %)	gesucht: Betrag
:100 ⌐100 %	500 € ⌐:100
↓ 1 %	5 € ↓
·15 ↘ 15 %	75 € ↙ ·15

500 € − 75 € = 425 €

Lorenzo:

bekannt: Anteil (p %)	gesucht: Betrag
:100 ⌐100 %	500 € ⌐:100
↓ 1 %	5 € ↓
·85 ↘ 85 %	425 € ↙ ·85

a) Erkläre jeweils, wie sie vorgegangen sind. Wo sind die Unterschiede?

b) Wie würdest du vorgehen? Begründe.

8 Berechne die reduzierten Preise beim Räumungsverkauf.

8 Ein Geschäft wirbt mit „Alles 30 % billiger". Wurde alles richtig reduziert?
a) Herrenanzug von 198,00 € auf 138,60 €
b) T-Shirt: bisher 13 €, jetzt 10 €
c) Freizeitjacke: von 69,00 € auf 48,30 €
d) Turnschuhe: bisher 53,00 €, jetzt 30,00 €
e) Mantel: von 210,00 € auf 150,00 €
f) Jeans: von 33,90 € auf 22,60 €
g) Pullover: von 48,50 € auf 33,95 €

9 Kreisdiagramme zeichnen
Fatih zeichnet ein Kreisdiagramm zu den Verletzungen beim Surfen. Zuerst stellt er folgende Rechnung auf.

bekannt: Anteil (p %)	gesucht: Winkelgröße
100 %	360°
1 %	3,6°
49 %	3,6° · 49 ≈ 176°

(:100 and ·49 on the left; :100 and ·49 on the right)

Windsurfen ist ein beliebter Freizeitsport. Allerdings kommt es häufig zu Stürzen mit Verletzungen.

Prellungen, Zerrungen	49 %
Schürf- und Platzwunden	45 %
sonstige Verletzungen	6 %

a) Beschreibe Fatihs Vorgehen.
b) Berechne auch die anderen Winkelgrößen und erstelle das Kreisdiagramm.

10 Zeugnisnoten Englisch

10 Zeugnisnoten Englisch

Englischnoten in der Jahrgangsstufe 7 (127 Schülerinnen und Schüler)

Note	sehr gut	gut	befriedigend	ausreichend	mangelh./ungen.
p % (gerundet)	4 %	22 %	40 %	26 %	

a) Wie viel % der Noten waren schlechter als ausreichend?
b) Stelle die Ergebnisse in einem Kreisdiagramm dar.

a) Wie viele Jugendliche bekamen im Fach Englisch welche Note? Runde sinnvoll.
b) Stelle die Ergebnisse in einem Kreisdiagramm dar.

Grundwert

Entdecken

1 Übertrage das Viereck in dein Heft und ergänze es, bis 100 % erreicht sind.
Gibt es immer mehrere verschiedene Möglichkeiten?

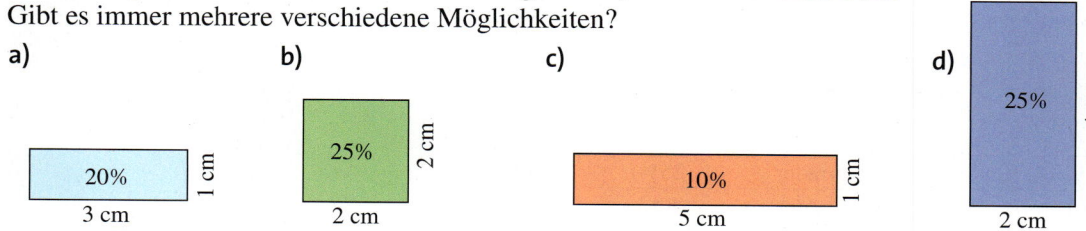

a) 20 % — 3 cm / 1 cm

b) 25 % — 2 cm / 2 cm

c) 10 % — 5 cm / 1 cm

d) 25 % — 2 cm / 4 cm

2 Aus dem Neustädter Tageblatt

Hausaufgabenzeit
Von den befragten Schülerinnen und Schülern gaben 30 an, in der Woche mehr als 6 Stunden für die Hausaufgaben zu benötigen. Das entspricht einem Prozentsatz von 15 %.

Anteil ($p\,\%$)	Schülerzahl
100 %	
1 %	
15 %	30

: 100 · 15   : 100 · 15

a) Kann man mit dem rechts gezeigten Dreisatzschema berechnen, wie viele Schülerinnen und Schüler insgesamt befragt wurden?

b) Sonja will das obige Dreisatzschema verändern: Sie will die Lösung der Aufgabe rechts unten in der Tabelle ablesen, so wie sie es bei den bisher verwendeten Dreisatzschemata getan hat. Erstelle ein solches Schema.

c) Überprüfe die in b) gefundene Art des Dreisatzschemas mit einer weiteren Angabe aus derselben Umfrage:

45 % der Schülerinnen und Schüler benötigen pro Woche 4 bis 6 Stunden für die Hausaufgaben. Diese Zeitspanne gaben 90 von den Befragten an.

3 Frau Schmidt-Kroos sucht eine günstige Autoversicherung.
Autoversicherungen gewähren den Kunden, die längere Zeit keinen Unfall verschuldet haben, einen Rabatt. Der Rabatt steigt im Laufe der Jahre.

Wie viel kosten denn eure Versicherungen?

Ich zahle 30 % des Anfangsbeitrages. Das sind 210 €.

Ich habe gerade gewechselt und zahle 100 %. Das sind 875 €.

Ich zahle 240 €. Das sind 40 % des Anfangsbeitrages.

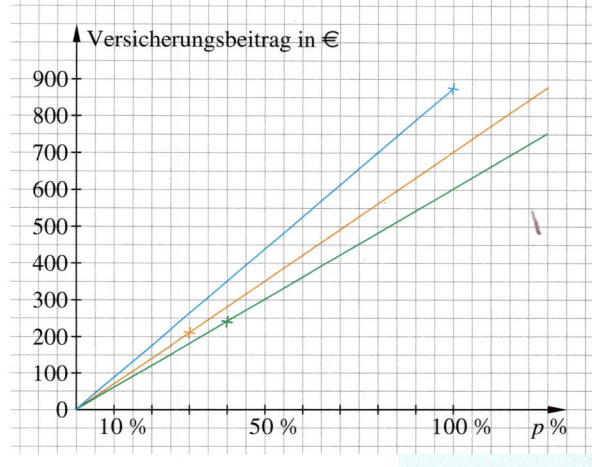

Übertrage das Diagramm in dein Heft.

a) Erkläre, wie man die Anfangsbeiträge der Versicherungen am Diagramm ablesen kann.
Welche Versicherung würdest du empfehlen?

b) Nach drei Schäden stuft die Versicherung Herrn Neuer von 40 % auf 120 % herauf. Kann man auch seinen erhöhten Beitrag aus dem Diagramm ablesen?

131

Verstehen

In der Verkehrssicherheitswoche an der Mahatma-Gandhi-Schule wurden die Fahrräder stichprobenartig überprüft.

Fahrer/-in	Fahrräder mit Mängeln	
	absolut	(in p%)
5.–8. Klasse	16 Fahrräder	(20%)
9./10. Klasse	7 Fahrräder	(25%)
Lehrer/-innen	2 Fahrräder	(8%)

Alessia, Ozan und Nina wollen wissen, wie viele Räder von jeder Gruppe überprüft wurden.

Beispiel
Bei den Fünft- bis Achtklässlern rechnet Alessia im Kopf, Nina nutzt eine Tabelle.

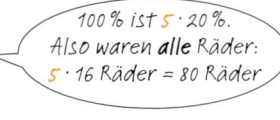

100% ist 5 · 20%.
*Also waren **alle** Räder:*
5 · 16 Räder = 80 Räder

bekannt: Anteil (p%)	gesucht: Anzahl Fahrräder
20%	16
100%	80

· 5   · 5

Insgesamt wurden 80 Fahrräder der Fünft- bis Achtklässler kontrolliert.

> **Merke** Der **Grundwert** ist „das Ganze",
> er entspricht immer 100%.

Der Grundwert ist hier „80 Fahrräder".

Und wie viele Lehrer-Räder wurden überprüft?

8 ist kein Teiler von 100, daher kann der Grundwert nicht so leicht im Kopf berechnet werden. Ozan nutzt das Dreisatzschema.

Dreisatzschema

TIPP
Schreibe wie immer links die bekannten Werte und rechts die gesuchten Werte.

bekannt: Anteil (p%)	gesucht: Anzahl Fahrräder
8%	2
1%	$\frac{2}{8}$
100%	$\frac{2}{8} \cdot 100 = 25$

: 8   : 8

· 100   · 100

① 8%, das sind 2 Fahrräder.

② Man berechnet zuerst den Prozentwert, der 1% entspricht.

③ Dann berechnet man den Grundwert, also *alle* Lehrer-Fahrräder (100% der Lehrer-Fahrräder). Der Grundwert beträgt 25.

Es wurden 25 Fahrräder der Lehrerinnen und Lehrer überprüft.

Üben und anwenden

1 Ordne den passenden Grundwert zu.
a) 10% sind 50
b) 1% sind 3
c) 80% sind 4
d) 25% sind 20
e) 75% sind 2 250

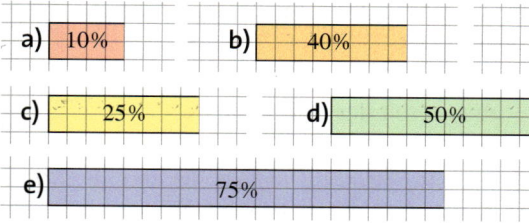

5   300   500   80   3 000

1 Beurteile, ob die Angaben den gleichen Grundwert haben.
a) 5% sind 30 g, 10% sind 60 g
b) 10% sind 3 m, 50% sind 30 m
c) 2% sind 3 kg, 20% sind 30 kg
d) 70% sind 35 €, 10% sind 5 €

2 Ergänze die Streifen im Heft zu 100%.

a) 10%   b) 40%   c) 25%   d) 50%   e) 75%

2 Wie groß ist jeweils der Grundwert?

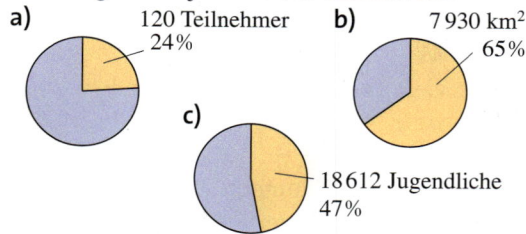

a) 120 Teilnehmer 24%
b) 7 930 km² 65%
c) 18 612 Jugendliche 47%

3 Bestimme den Grundwert.
a) 3% sind 12 €   b) 50% sind 36 kg
c) 40% sind 80 m   d) 65% sind 455 l
e) 80% sind 728 km   f) 5% sind 45 €
g) 20% sind 120 kg   h) 25% sind 2 m

3 Berechne den Grundwert.
a) 44% sind 968 g   b) 32% sind 736 cm
c) 61% sind 1 647 m   d) 89% sind 267 l
e) 57% sind 9,69 km   f) 99% sind 2,97 m
g) 1,5% sind 2,7 kg   h) 2,4% sind 1,2 l

4 Bestimme den Grundwert. Runde sinnvoll.
a) 21% sind 266 t   b) 13% sind 56 l
c) 7% sind 8,81 m   d) 5,4% sind 99 km
e) 11% sind 78,99 kg   f) 12,7% sind 90,25 g

4 Berechne den Grundwert. Runde sinnvoll.
a) 4,5% sind 107 g   b) 10,3% sind 7,6 mm
c) 16,8% sind 409 m   d) 80,5% sind 1 l
e) 0,07% sind 9 m²   f) 99% sind 4,31 mm

5 An einem Wochenende führte die Polizei eine Verkehrskontrolle durch. Von den kontrollierten Fahrern mussten 5 ihre Führerscheine wegen Alkohol am Steuer abgeben, das waren 4% der kontrollierten Personen. Wie viele Personen wurden kontrolliert?

5 Berufskraftfahrer dürfen nicht länger als 4 Stunden ohne Pause fahren. Ein Fahrtenschreiber kontrolliert die Zeiten. Bei einer Polizeikontrolle hatten 1,2%, das waren 6 Fahrer, die erlaubte Zeit überschritten. Wie viele Fahrer wurden konttrolliert?

6 Das Wohnzimmer von Familie Reimer hat eine Fläche von 32 m². Das sind 22% der gesamten Wohnfläche. Wie groß ist die gesamte Wohnfläche? Runde sinnvoll.

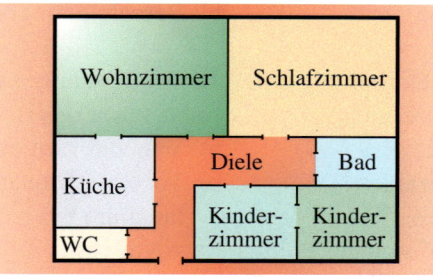

Wohnzimmer   Schlafzimmer
Küche
Diele   Bad
Kinder-zimmer   Kinder-zimmer
WC

6 Das Kinderzimmer von Familie Reimer hat eine Fläche von 13 m². Das sind 9% der gesamten Wohnfläche. Die Fläche der Küche wird mit 15% angegeben. Stelle verschiedene Fragen und beantworte sie.

7 Die Kalkschale eines Hühnereis wiegt 7,15 g, das sind 11% des Gesamtgewichts. Wie schwer ist das Ei?

7 Zum Jahresende zählt der Sportverein 98 Jugendliche, das sind 35% seiner Mitglieder. Wie viele Mitglieder hat der Verein?

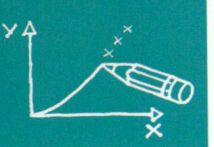

8 An einer Losbude

35% Gewinne

140 Lose sind Gewinne

a) Wie viele Lose gibt es insgesamt?
b) Wie viele Nieten sind vorhanden?

9 Tina fährt seit 3 Stunden Zug. Sie ist froh, dass sie schon 60% ihrer Fahrzeit hinter sich hat. Wie lange muss sie insgesamt fahren?

HINWEIS
Erhöht sich der Grundwert, spricht man von einer Zunahme, verringert sich der Grundwert, spricht man von einer Abnahme.

10 Der Ölpreis schwankt ständig. Zeitweilig kostete ein Barrel (159-Liter-Fass) 42 $. Die letzte Preiserhöhung betrug 23,8%. Luca und sein Vater berechnen auf unterschiedliche Weise den neuen Preis.

a) Erkläre jeweils, wie sie vorgegangen sind. Wo sind die Unterschiede?
b) Wie würdest du vorgehen? Begründe.

Luca:

bekannt: Anteil (p%)	gesucht: Betrag in $
: 100 ⟶ 100%	42 ⟵ : 100
1%	0,42
· 23,80 ⟶ 23,80%	9,996 ≈ 10 ⟵ · 23,80

42 $ + 10 $ = 52 $

Vater:

bekannt: Anteil (p%)	gesucht: Betrag in $
: 100 ⟶ 100%	42 ⟵ : 100
1%	0,42
· 123,80 ⟶ 123,80%	51,996 ≈ 52 ⟵ · 123,80

Nach der Preiserhöhung kostet ein Barrel 52 $.

8 Melissas Klasse führt eine Befragung zum Fernsehverhalten und zur Computernutzung in ihrer Klasse durch. 7 Personen (das waren 28% der Befragten) gaben an, dass sie täglich fernsehen. 19 gaben an, dass sie täglich den Computer nutzen.

a) Wie viele Jugendliche sind in der Klasse?
b) Bestimme den Anteil derjenigen, die täglich den Computer nutzen.
c) Addiere die Prozentsätze und erkläre dein Ergebnis.
d) Kann man das Ergebnis in einem Kreisdiagramm darstellen?

9 Auf einer Radtour wurde die erste Rast nach 18 km gemacht. Bis dahin waren 60% des Weges zurückgelegt. Wie lang war die Tour?

11 Eine Jeans kostet nach einer Preissenkung um 13% noch 43,50 €.
a) Leyla meint: „Der neue Preis für die Jeans entspricht 87% des alten Preises." Erkläre.
b) Berechne den alten Preis.

12 Lillis Eltern haben eine Mieterhöhung um 4% erhalten. Sie zahlen jetzt 34 € mehr.
a) Wie hoch war die alte Miete?
b) Wie viel müssen sie jetzt bezahlen?

13 An einer Tankstelle erhöhte sich der Preis für Superbenzin um ca. 1,6%. Das entsprach einer Preiserhöhung von 3 ct pro Liter.
a) Wie teuer war das Benzin vorher?
b) Wie teuer war das Benzin nach der Preiserhöhung?
c) Berechne den Preis für 40 l Benzin.

11 Frau Özdemir verdient nach einer Lohnsteigerung um 5% jetzt 5 827,50 €.
a) Tim meint: „Ihr neues Gehalt entspricht 105% des alten Gehalts." Begründe.
b) Berechne ihr voriges Gehalt.

12 Herr Bonner zahlt monatlich 360,74 € Lohnsteuer, das sind 17% seines Gehalts.
a) Wie viel verdient Herr Bonner monatlich?
b) Vor zwei Monaten hat er eine Gehaltserhöhung um 8% bekommen. Wie viel hatte er zuvor verdient?

13 Der durchschnittliche Preis für Diesel ist gegenüber dem Vorjahr um rund 10,7% gestiegen. Dieses Jahr kostet ein Liter im Durchschnitt rund 1,76 €. Wie teuer war Diesel im vorigen Jahr? Runde sinnvoll.

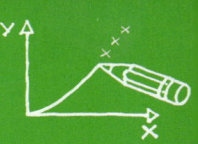

Thema: Prozente im Alltag

Ilka hilft ihrer Hauswirtschaftslehrerin beim Einkauf im Großhandel. Sie kaufen für 120 €
Kochtöpfe ein. Im Großhandel werden die Preise als Nettopreise, also ohne Mehrwertsteuer,
ausgewiesen.

Kleines Begriffs-Lexikon für Prozente im Alltag:

Mehrwertsteuer: Anteil am Verkaufserlös einer Ware, den der Händler an den Staat abgeben muss. In Deutschland beträgt sie zur Zeit 19 % bzw. 7 %.
Bruttopreis: Preis, der die Mehrwertsteuer enthält
Nettopreis: Preis ohne Mehrwertsteuer
Rabatt: Preisnachlass vom Händler
Skonto: Preisnachlass u. a. bei Barzahlung

HINWEIS
*Für Lebensmittel
und Bücher gilt
z. B. der ermäßigte Mehrwertsteuersatz von
7 %.*

Beispiel Wie viel kosten die Kochtöpfe mit 19 % Mehrwertsteuer?

Der Nettopreis (120 €) beträgt:
  100 %
Der Bruttopreis entspricht:
  100 % + 19 % = 119 %

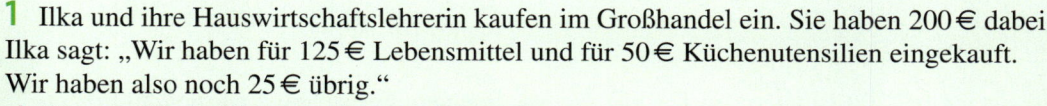

Anteil (p %)	Preis (in €)
100 %	120
1 %	1,20
119 %	142,80

:100 ... :100
·119 ... ·119

Sie zahlen 142,80 €.

1 Ilka und ihre Hauswirtschaftslehrerin kaufen im Großhandel ein. Sie haben 200 € dabei.
Ilka sagt: „Wir haben für 125 € Lebensmittel und für 50 € Küchenutensilien eingekauft.
Wir haben also noch 25 € übrig."
a) Was hat Ilka bei ihrer Rechnung nicht bedacht?
b) Recherchiere, für welche Produkte 7 % und für welche 19 % Mehrwertsteuer berechnet
   werden. Berechne die Bruttopreise. Reichen die 200 €?

2 Beim Einkauf in einem Elektrogroßhandel sind zusätzlich zum angegebenen Preis 19 %
Mehrwertsteuer zu zahlen. Gib jeweils den Verkaufspreis an.
① Staubsauger 140 €   ② DVD-Player 59 €   ③ Radio 101 €
④ CD-Player 42 €   ⑤ Monitor 209 €   ⑥ Rasierer 32 €

3 👥 Zu Beginn des Jahres 2007 wurde die Mehrwehrtsteuer von 16 % auf 19 % erhöht.
Sind demnach die Preise um 3 % gestiegen? Diskutiert und argumentiert gemeinsam.
Tipp: Argumentiert anhand von Beispielen.

4 Frau Kämper möchte ein neues Firmenauto kaufen. Sie vergleicht zwei Angebote:

Händler A bietet für das Auto „Merle" einen
Preisabschlag um 10 % auf 22 000 €.

Händlerin B reduziert den Preis für das Auto
„Xavier" um 1 450 €, sie verlangt 92,5 % des normalen Preises.

a) Erläutere die Grafiken aus der Randspalte zu den Angeboten.
b) Wie teuer wären die beiden Autos ohne Rabatt?

5 👥 Erweitert das Begriffs-Lexikon um weitere Begriffe aus der Prozentrechnung im Alltag.
Welche stehen für eine Steigerung des Grundwerts, welche für eine Senkung?

ZU AUFGABE 4
Angebot A:

Angebot B:

135

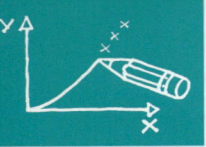

Klar so weit?

→ Seite 120

Anteile und Prozente

1 Welche Begriffe sind jeweils gegeben: Grundwert, Prozentwert oder Prozentsatz?
a) 50 % von 5 kg
b) 3 € von 10 €
c) 25 m von 100 m
d) 10 min sind 20 %

1 Welche der 3 Grundbegriffe sind gegeben?
a) fünf Autos von sechs Autos
b) 40 % von acht Stunden
c) 78 m sind 60 Prozent

2 Gib den Anteil der gefärbten Fläche als Bruch und in Prozent an.

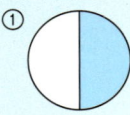 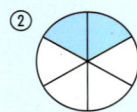 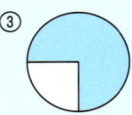

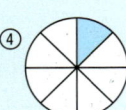 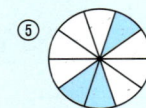 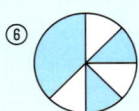

2 Gib den Anteil der gefärbten Fläche als Bruch und in Prozent an.

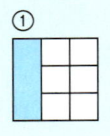  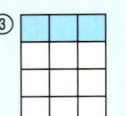 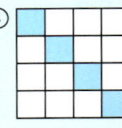

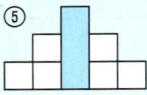 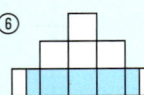 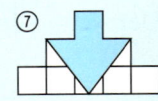

3 Schreibe als Dezimalbruch und dann in Prozentschreibweise.
a) $\frac{7}{10}$; $\frac{7}{25}$; $\frac{4}{80}$; $\frac{1}{8}$; $\frac{5}{25}$
b) $\frac{9}{25}$; $\frac{16}{40}$; $\frac{68}{102}$; $\frac{94}{141}$; $\frac{59}{177}$

3 Schreibe als Dezimalbruch. Runde, wenn nötig, auf die Tausendstelstelle.
Schreibe dann in Prozentschreibweise
a) $\frac{18}{60}$; $\frac{36}{80}$; $\frac{11}{20}$; $\frac{72}{90}$; $\frac{10}{40}$
b) $\frac{1}{3}$; $\frac{5}{7}$; $\frac{5}{9}$; $\frac{4}{24}$; $\frac{0}{2}$

4 Alina stand bei 20 Elfmetern im Tor, sie hat 3-mal gehalten. Jasmin war bei 25 Elfmetern Torwärterin und hat 4-mal gehalten. Vergleiche die prozentualen Anteile der gehaltenen Elfmeter.

4 In einem Fernsehquiz wurden 50 Fragen gestellt.
Frau Schilling hat 68 % der Fragen richtig beantwortet. Frau Penny hat 33-mal richtig geantwortet. Wer war besser?

→ Seite 124

Prozentsatz

5 Bestimme den Prozentsatz im Kopf.
a) 2 m von 500 m
b) 20 € von 500 €
c) 10 g von 40 g
d) 10 cm von 80 cm

5 Bestimme den Prozentsatz im Kopf.
a) 1 l von 200 l
b) 51 g von 200 g
c) 1,50 € von 15 €
d) 1,50 m von 30 m

6 Gib den Prozentsatz an.
Überprüfe durch einen Überschlag.
a) 13 m von 25 m
b) 18 l von 60 l
c) 176 m von 320 m
d) 144 kg von 900 kg
e) 206 € von 320 €
f) 77 g von 9 kg
g) 51 ct von 30 €
h) 14 m von 8 km

6 Überschlage zuerst das Ergebnis.
Berechne den Prozentsatz auf eine Stelle nach dem Komma.
a) 3,50 € von 12 €
250 € von 2 700 €
724 € von 6 600 €
b) 23 kg von 52 kg
1,75 kg von 20,4 kg
7,8 t von 12 600 kg

7 In einer Schule mit insgesamt 460 Schülerinnen und Schülern sind 69 in der 7. Jahrgangsstufe.
Wie viel Prozent sind das?

7 Von 250 in einer Woche vom TÜV geprüften Fahrzeugen erhielten 175 die TÜV-Plakette.
Wie viel Prozent sind das?

Prozentwert

→ Seite 128

8 Berechne.

a) 2% von 800 € (von 1 200 €; von 640 €)

b) 45% von 60 m (von 1 500 m; von 3,60 m; von 9,60 m; von 6 m; von 62 km)

c) 75% von 1 kg (von 400 g; von 60 kg; von 6 kg; von 0,6 kg; von 5,6 kg)

8 Korrigiere, falls vorhanden, die Fehler.

a) 70% von 70 m sind 49 m.

b) 90% eines Tages sind 1 296 min.

c) 50% von 1 h sind 50 min.

d) 105% von 140 kg sind 135 kg.

e) 7,5% von 88 l sind 66 l.

9 Surfartikel im Herbst

> Surfbrett ~~966~~ € reduziert um 25 %
> 4-m²-Segel ~~404~~ € reduziert um 15 %

a) Wie viel Euro beträgt die Ermäßigung?

b) Berechne die neuen Preise.

9 Ein Sportgeschäft wirbt mit Sonderangeboten.

a) Wie viel Euro beträgt die Ermäßigung?

b) Berechne die neuen Preise.

> **Sonderangebote**
> Ski 294,-
> 18% billiger
> Skischuhe 194,-
> 15% billiger
> Skianzug 222,-
> 25% billiger

10 Frau Seidel verdient monatlich 3 012 €. Sie erhält eine Gehaltserhöhung von 4%. Gib die Gehaltserhöhung in Euro an und berechne das neue Gehalt.

10 Ein Vertreter hat für 15 620 € Waren verkauft. Als Honorar bekommt er 8% des Verkaufspreises der verkauften Ware. Berechne sein Honorar.

11 1000 Personen haben gewählt. Stelle die Ergebnisse in einem Kreisdiagramm dar.

GBP: 500 Stimmen	DIP: 300
Die Gelben: 150	Sonstige: 50

11 In Kleinhausen wurde gewählt. Stelle die Ergebnisse in einem Kreisdiagramm dar.

GPD: 532 Stimmen	MDP: 412
Die Milden: 265	Sonstige: 31

Grundwert

→ Seite 132

12 Gesucht ist der Grundwert.

a) 20% sind 8 kg

5% sind 12 kg

80% sind 24 kg

2% sind 7 kg

b) 40% sind 16 h

3% sind 15 Liter

70% sind 49 m

6% sind 24 kg

12 Berechne den Grundwert.

a) 168 cm sind 24%

390 cm sind 26%

2,88 m sind 96%

7,77 m sind 37%

b) 108 l sind 45%

7,8 h sind 65%

45 900 m sind 9%

584,8 l sind 68%

13 Bei einer Verlosung gibt es 75 Gewinnlose, das sind 25% aller Lose. Wie viele Lose gibt es insgesamt bei der Verlosung?

13 Die 7 d plant eine Verlosung mit 30 Gewinnen. 15% der Lose sollen Gewinnlose sein. Wie viele Lose müssen sie insgesamt erstellen?

14 Bei einer Schulveranstaltung erwirtschaftete die Klasse 7 b insgesamt 80 €. Das waren 12,5% der Gesamteinnahmen in der Schule. Wie hoch waren die Gesamteinnahmen?

14 Ermittle den alten Preis. Der Laden „Deine Klamotte" wirbt: „Alles muss raus! Alles 20% billiger!"

① Die Hose ist jetzt 12 € günstiger.

② Das Hemd ist jetzt 3 € günstiger.

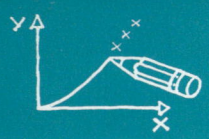

Vermischte Übungen

1 Gib den gefärbten Anteil als Bruch und in Prozent an.

a)
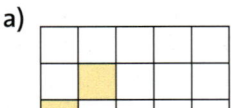

b)

c)
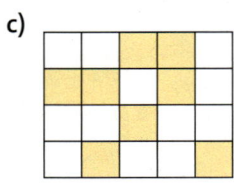

d)
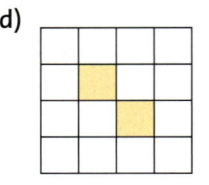

1 Gib den gefärbten Anteil als Bruch und in Prozent an.

a)   b)
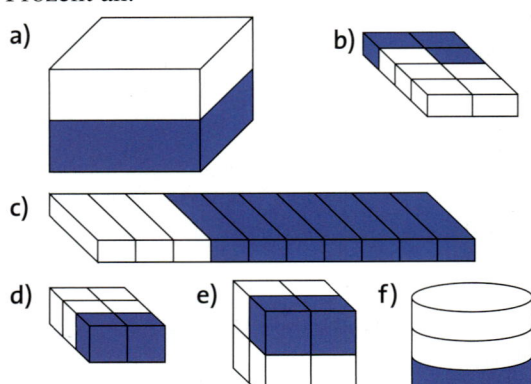

c)

d)   e)   f)

2 Was ist jeweils gegeben, was ist gesucht? Grundwert, Prozentwert oder Prozentsatz? Berechne möglichst im Kopf.

a) 20 t sind 50 Prozent
b) 25 Prozent von 500 €
c) 2,5 l von 250 l Wasser
d) 30 % von 50 Fahrrädern
e) 44 der 400 Schüler   **f)** 18 € sind 20 %
g) 2,4 m sind $33\frac{1}{3}$ %   **h)** 16 % von 16 km

2 Was ist jeweils gegeben, was ist gesucht? Grundwert, Prozentwert oder Prozentsatz? Berechne möglichst im Kopf.

a) 6 Prozent von 120 €
b) 6 von 24 Stunden
c) 45 m sind 90 Prozent
d) 1,8 kg sind 40 Prozent
e) 36 min von 1 h   **f)** 13 % von 200 t
g) 120 % sind 240 €   **h)** 2 von 2000 m

NACHGEDACHT
Wie viel Prozent sind das?
a) 50 % von 80 %
b) 50 % von 50 %
c) 50 % von 1 %
d) 1 % von 80 %

3 Fülle die Tabelle im Heft aus.

Grundwert	Prozentsatz	Prozentwert
1 100	35 %	
	70 %	154
820		451
3	66 %	
	12 %	45
8		0,08

3 Fülle die Tabelle im Heft aus.

Grundwert	Prozentsatz	Prozentwert
12 €	12 %	
	2,4 %	4,8 m
2,5 l		0,1 l
	0,2 %	1,2 ha
39 km	17 %	
140 g		22,49 g

4 Frau Wendt möchte 3 Liter Ringelblumensalbe herstellen. Hierzu benötigt sie Ringelblumenöl und Bienenwachs. Die Salbe besteht zu 94 % aus Ringelblumenöl und zu 6 % aus Bienenwachs.

a) Wie viel Ringelblumenöl und Bienenwachs benötigt sie?
b) Wie viele 250 ml-Dosen kann sie mit der Salbe füllen?

4 Weizen

a) Wie viel Gramm dieser Inhaltsstoffe sind in 1,5 kg Weizen enthalten?

b) Wie viel Weizen muss man essen, um 150 g Eiweiß zu sich zu nehmen?

67 % Stärke   2 % Salze
12 % Eiweiß   2 % Fasern
15 % Wasser   2 % Fett

c) Zwei Scheiben Toastbrot liefern ca. 0,8 g Salz. Überschlage den Salzanteil von Toastbrot.

5   Marathonlauf
Stelle passende Fragen und beantworte sie.
Ordne den Werten die Begriffe „Prozentsatz",
„Prozentwert" und „Grundwert" zu.
a) Von 200 Teilnehmern eines Marathonlaufs
    gaben 28 vor Erreichen des Zieles auf.
b) Von den 200 Teilnehmern erreichten
    6 Läufer das Ziel in weniger als 3 Stunden.
c) Mit 2054 Läuferinnen und Läufern gab es
    dieses Jahr 3,8 % mehr Teilnehmer als im
    vorigen Jahr.

6   Der Preis für eine Jeanshose wird um 20 %
auf 28 € reduziert.
a) Auf wie viel Prozent wurde reduziert?
b) Wie viel kostete die Jeans vorher?

7   In der Beethoven-Schule haben die Schüler
vier Parteien zusammengestellt, um ein
Schülerparlament mit 15 Sitzen zu wählen.

Wahlergebnis für die Parteien
„Schule macht Spaß":   135 Stimmen
„Sonnenblumen":   113 Stimmen
„Mehr Sport":   98 Stimmen
„Ohne-Lehrer-Lernen":   32 Stimmen

a) Wie viel Prozent der Stimmen haben die
    Parteien gewonnen?
b) Stelle das Ergebnis mit einem Kreis-
    diagramm dar.
c) Wie sollten deiner Meinung nach die
    15 Sitze verteilt werden?
    Begründe.

8   Ein Aquarium ist 60 cm lang, 20 cm breit
und 30 cm hoch. Es wurden 27 Liter Wasser
eingefüllt. Welcher Prozentsatz des Gesamt-
volumens ist das?

5   Stelle passende Fragen und beantworte sie.
Ordne den Werten die Begriffe „Prozentsatz",
„Prozentwert" und „Grundwert" zu.
a) Bei den Bundesjugendspielen warf Tim
    den Schlagball 44,1 m weit. Er verbesserte
    damit die Weite des Vorjahrs um 12,3 %.
b) Lena lief die 60-m-Strecke in 11,2 s. Damit
    lief sie schneller als 85,6 % der 111 Ju-
    gendlichen ihres Jahrgangs.
c) Cemre verbesserte ihre Höhe beim Hoch-
    sprung um fast 13 % auf 1,05 m.

6   Frau Seiler kauft eine Waschmaschine mit
Lackschäden.
Sie erhält 20 % Rabatt und zahlt 572 €.
Wie hoch war der Preis vorher?

7   „Top Five" der dualen Ausbildungsberufe
2014

männliche Azubis insgesamt	312 694
Kraftfahrzeugmechatroniker	19 272
Industriemechaniker	12 480
Kaufmann im Einzelhandel	12 249
Elektroniker	11 838
Anlagemechaniker	11 154

weibliche Azubis insgesamt	209 538
Kauffrau für Büromanagement	21 681
Verkäuferin	14 796
Kauffrau im Einzelhandel	14 265
Medizinische Fachangestellte	13 875
Zahnmedizinische Fachangestellte	11 838

a) Berechne jeweils die Prozentsätze, auch
    für die Berufe außerhalb der „Top Five".
b) Erstelle jeweils ein Kreisdiagramm.

8   Ein Würfel hat eine Kantenlänge von 2 cm.
a) Berechne den Oberflächeninhalt des
    Würfels.
b) Auf wie viel Prozent ändert sich der
    Oberflächeninhalt des Würfels, wenn sich
    die Kantenlänge verdoppelt (verdreifacht,
    halbiert, um 50 % verlängert)?
c) Berechne das Volumen des Würfels.
d) Auf wie viel Prozent ändert sich das
    Volumen des Würfels, wenn sich die
    Kantenlänge verdoppelt (verdreifacht,
    halbiert, um 50 % verlängert)?

9 Peter und Nina machen während des Ur-laubs in der Nähe von Rotterdam im Hafen ein paar Fotos für ihr Referat über Container-schiffe und europäische Häfen.
Sie beobachten, wie das Containerschiff „Xin Shanghai" einfährt und zählen die Container an Deck. 19 Container stehen nebeneinander, 7 übereinander und 18 hintereinander.
Die Tragfähigkeit beträgt 9580 TEU.

a) Wie viele Container befinden sich an Deck des Schiffes?
b) Wie viele Container könnte die „Xin Shanghai" insgesamt befördern?
c) Wie viel Prozent der insgesamt möglichen Container stehen an Deck?

10 Containerschiff-Riesen
Die Containerschiffe in der Tabelle gehören zu den größten auf der Welt. Die „MSC ZOE" hat eine Länge von 395 m. Die Breite beträgt 59 m.
a) Wie viel Prozent mehr Stellplätze hat dieses Schiff als die „Xin Shanghai"?
b) Stelle weitere Fragen zu der Tabelle und beantworte sie.

Schiffsname	TEU
MSC ZOE	19 224
MSC Oscar	19 224
CSCL Globe	19 100
Maersk Mc Kinney	18 000
Marco Polo	16 020

11 Der Hafen von Rotterdam
Im Rotterdamer Hafen wurden im Jahr 2015 etwa 466,4 Mio. Tonnen Güter gelöscht, das heißt ausgeladen. 103,1 Mio. Tonnen davon entfielen auf Erdöl aus Tankschiffen und 126,2 Mio. Ton-nen auf Güter aus Containerschiffen.
a) Gib den Anteil der Erdölladungen und Containerladungen an den gesamten Gütern an.
b) Lies den nebenstehenden Zeitungsartikel.
Wie viele Mammuttanker löschten 2014 (2012) ihre Ladung in Rotterdam?
c) Gib die prozentuale Veränderung der Mammuttanker in 2015 im Vergleich zu 2014 an.

> **2015 – neues Rekordjahr für Mammuttanker**
> 2015 war ein neues Rekord-jahr für die großen Tanker im Hafen von Rotterdamm. Bei 51 dieser Tanker wurde Heizöl gelöscht und/oder geladen.
> Das sind 22 mehr als im Vorjahr und 12 mehr als im Rekordjahr 2012.

12 Europäische Häfen
Die fünf größten europäischen Häfen von 2013 bis 2015 (in Mio. Tonnen)

			2013	2014	2015
1	Rotterdam	Niederlande	440,5	444,7	466,4
2	Antwerpen	Belgien	190,8	199,0	208,4
3	Hamburg	Deutschland	139,0	145,7	137,8
4	Novorossiysk	Russland	112,9	122,3	128,4
5	Amsterdam	Niederlande	95,8	97,8	96,5

①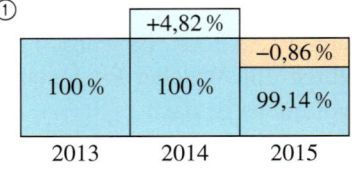

②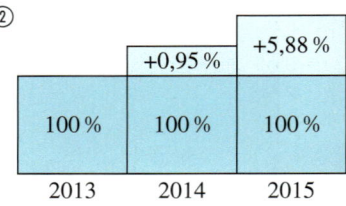

a) Berechne jeweils die prozentuale Veränderung der gelöschten Güter von Jahr zu Jahr.
b) Beschreibe die Grafiken rechts.
Welche Veränderungen wurden hier dargestellt?
Zu welchem Hafen gehört die Grafik?

Zusammenfassung

Anteile und Prozente

→ Seite 120

Brüche mit dem Nenner 100 kann man in Prozentschreibweise angeben. Das Zeichen % (**Prozent**) bedeutet „von Hundert" (Hundertstel).

Will man **Anteile vergleichen**, so vergleicht man die Brüche oder die entsprechenden Zahlen in Prozentschreibweise.

1 von 100 schreibt man kurz $\frac{1}{100} = 1\%$.

Das Ganze umfasst immer 100%.

Klasse 7a: 25 Schüler, davon 21 aus Bonn.
Klasse 7b: 29 Schüler, davon 23 aus Bonn.
In der 7a ist der *Anteil* der Schüler aus Bonn größer, denn:
$\frac{21}{25} = \frac{84}{100} = 84\%$ und $\frac{23}{29} \approx 79{,}3\%$; $84\% > 79{,}3\%$

Prozentsatz

→ Seite 124

Der **Prozentsatz** ($p\%$) gibt den Anteil am Ganzen in Prozentschreibweise an.

Es gibt drei Möglichkeiten, den Prozentsatz zu berechnen, eine davon ist der Dreisatz.

Schreibe beim **Dreisatzschema** immer links die bekannten Werte und rechts die gesuchten Werte.

In den 7. Klassen: 26 Mädchen und 30 Jungen.
Anteil der Mädchen: $p\% \approx 46{,}4\%$

bekannt: Anzahl	gesucht: Anteil ($p\%$)
56	100%
1	$\frac{100\%}{56}$
26	$\frac{100\%}{56} \cdot 26 \approx 46{,}4\%$

$: 56$ $: 56$
$\cdot 26$ $\cdot 26$

Prozentwert

→ Seite 128

Der Wert, der dem Prozentsatz $p\%$ entspricht, heißt **Prozentwert**.

Der Prozentwert ist ein Teil der Gesamtmenge, also ein Teil des Grundwertes.

Auch zur Berechnung des Prozentsatzes gibt es drei Möglichkeiten, eine davon ist der Dreisatz.

Wie viel € beträgt die Ermäßigung?
Die Ermäßigung beträgt rund 11,10€.

Jacke 74€
alles um 15% reduziert

bekannt: Anteil ($p\%$)	gesucht: Preisanteil
100%	74€
1%	$\frac{74€}{100}$
15%	$\frac{74€}{100} \cdot 15 \approx 11{,}10€$

$: 100$ $: 100$
$\cdot 15$ $\cdot 15$

Grundwert

→ Seite 132

Der **Grundwert** ist „das Ganze", er entspricht immer 100%.

Den Grundwert kann man immer mit dem Dreisatz berechnen.

Fahrradkontrolle: 2 Räder (8%) haben Mängel. Wie viele wurden insgesamt überprüft?

bekannt: Anteil ($p\%$)	gesucht: Anzahl Fahrräder
8%	2
1%	$\frac{2}{8}$
100%	$\frac{2}{8} \cdot 100 = 25$

$: 8$ $: 8$
$\cdot 100$ $\cdot 100$

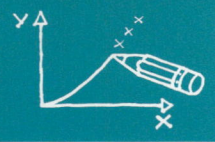

Teste dich!

3 Punkte | 4 Punkte

1 Ergänze die Tabelle im Heft.

Beispiel	a)	b)	c)
0,25	0,87		
$\frac{25}{100}$		$\frac{45}{100}$	
25 %			56 %

1 Ergänze die Tabelle im Heft.

Beispiel	a)	b)	c)
0,25	0,02		
$\frac{25}{100}$		$\frac{3}{100}$	
25 %			4,5 %

3 Punkte | 4 Punkte

2 Gib jeweils den Anteil der Schüler/-innen mit Handy in Prozent an.

Klasse	7 a	7 b	7 c
Anzahl der Schüler/-innen	20	28	24
Schüler/-innen mit Handy	10	14	16

2 Vergleiche die prozentualen Anteile der Schüler/-innen mit Handy.

Klasse	7 a	7 b	7 c
Anzahl der Schüler/-innen	20	25	27
Schüler/-innen mit Handy	12	14	16

3 Punkte | 4 Punkte

3 Übertrage die Tabelle ins Heft. Bestimme die fehlenden Werte.

Grundwert	200 l	30 cm	
Prozentsatz	3 %		15 %
Prozentwert		1,5 cm	200 kg

3 Übertrage die Tabelle ins Heft. Ergänze die Begriffe und bestimme die fehlenden Werte.

		15 %	5,10 %
	4,5 s	21,6 kg	
	12,5 s		400 m

4 Punkte | 5 Punkte

4 Beantworte die Fragen mithilfe des Kreisdiagramms.
a) Wie viele der 25 Schüler und Schülerinnen fahren mit dem Bus?
b) Wie viele fahren nicht mit dem Bus?

4 Beantworte die Fragen mithilfe des Kreisdiagramms.
a) Wie viele Schüler und Schülerinnen wurden insgesamt befragt?
b) Wie viele fahren mit dem Bus?

4 Punkte | 5 Punkte

5 Für 12 % der 500 Lose für das Schulfest der Marienschule sind schon Preise gestiftet worden.
a) Wie viele Preise sind das?
b) Wie viele Preise fehlen noch, wenn es für 25 % der Lose einen Preis geben soll?

5 Ein Laden stellt 200 Fahrräder aus.
a) 3,5 % der Fahrräder kosten weniger als 159,90 €. Wie viele sind das?
b) 10 % der Fahrräder kosten weniger als 200 €. Wie viele Fahrräder davon kosten mehr als 159,90 €?

4 Punkte | 5 Punkte

6 20 Mobilfunkanbieter wurden verglichen. Neun bieten eine Vertragslaufzeit von 24 Monaten, acht eine Laufzeit von einem Monat und drei einen Vertrag ohne Laufzeit. Berechne die prozentualen Anteile.

6 15 von 60 Handys haben eine Displaydiagonale von 4,5 Zoll, 20 haben eine Displaydiagonale von 4,98 Zoll, bei den restlichen Handys misst die Diagonale 5,7 Zoll. Berechne die prozentualen Anteile.

3 Punkte | 4 Punkte

7 Die Polizei hat am Wochenende eine Pkw-Kontrolle durchgeführt und bei 4 % der Pkw Mängel festgestellt. Laut Polizeibericht waren das zwölf Pkw.
Wie viele Fahrzeuge wurden kontrolliert?

7 37,5 % der Schüler der Klassenstufe 7 wählen eine Sport-AG. Die restlichen 75 Schüler der Klassenstufe wählen eine Kunst-AG. Wie viele Schüler hat die Klassenstufe 7 insgesamt?

Gold: 29–31 Punkte, Silber: 24–28 Punkte, Bronze: 19–23 Punkte   Lösungen ab Seite 200

Daten und Zufall

Bei einer Lottoziehung hängen die gezogenen
Zahlen vom Zufall ab.
Viele Menschen spielen Lotto und erhoffen sich
einen großen Gewinn.
Allerdings ist die Wahrscheinlichkeit, einen
Sechser zu haben, äußerst gering.

Noch fit?

Einstieg

1 Brüche in verschiedener Schreibweise
Wandle in Prozentschreibweise um.

Beispiel $\frac{1}{5} = \frac{2}{10} = \frac{20}{100} = 20\%$

a) $\frac{7}{10}$ b) $\frac{1}{2}$ c) $\frac{3}{4}$ d) $\frac{3}{20}$

2 Brüche am Zahlenstrahl
Zeichne einen Zahlenstrahl (mit 10 cm Abstand zwischen 0 und 1) und markiere die Brüche.

$\frac{1}{2}, \frac{7}{10}, \frac{3}{4}, \frac{2}{5}, \frac{1}{20}, \frac{25}{100}, \frac{15}{50}$

3 Umfrageergebnisse auswerten
Marco hat unter zehn Freunden eine Umfrage über deren Lieblingssportarten durchgeführt. Übertrage die Tabelle in dein Heft und ergänze die fehlenden Werte.

Sportart	Anzahl	absolute Häufigkeit	relative Häufigkeit
Fußball	IIII	5	
Basketball	III		$\frac{3}{10} = 0{,}3 = 30\%$
Handball	II		

4 Daten aus Diagrammen ablesen
Schüler der Klasse 7 f wurden nach ihrem Schulweg gefragt:

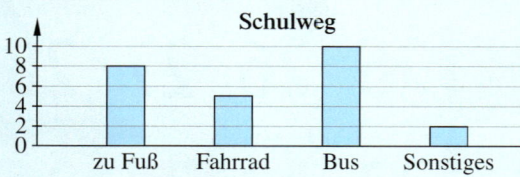

a) Auf welche Weise kommen die meisten (die wenigsten) Schüler zur Schule?
b) Berechne jeweils die relative Häufigkeit.

5 Relative Häufigkeiten berechnen
In der Mathematikarbeit der Klasse 7 c wurden folgende Noten erteilt.

Note	1	2	3	4	5	6
Anzahl	2	6	8	5	3	1

a) Wie viele Schüler haben mitgeschrieben?
b) Stelle die Ergebnisse in einem geeigneten Diagramm dar.
c) Gib die relative Häufigkeit für jede Note an.

Aufstieg

1 Brüche in verschiedener Schreibweise
Schreibe als Dezimalzahl und in Prozent.

a) $\frac{3}{10}$ b) $\frac{9}{25}$ c) $\frac{3}{5}$ d) $\frac{9}{20}$
e) $\frac{7}{25}$ f) $\frac{14}{50}$ g) $\frac{34}{200}$ h) $\frac{15}{500}$

2 Brüche am Zahlenstrahl
Zeichne einen Zahlenstrahl (mit 12 cm Abstand zwischen 0 und 1) und markiere die Brüche.

$\frac{1}{2}, \frac{1}{3}, \frac{5}{6}, \frac{7}{12}, \frac{3}{4}, \frac{5}{8}, \frac{11}{24}$

3 Beobachtungsergebnisse auswerten
Bei einer Verkehrszählung wurden die folgenden Fahrzeuge gezählt. Übertrage die Tabelle in dein Heft und ergänze die fehlenden Werte.

Fahrzeug	Anzahl	absolute Häufigkeit	relative Häufigkeit
Pkw	IIII IIII IIII IIII IIII		
Lkw	IIII		
Motorrad	IIII III		
Fahrrad	IIII IIII III		

4 Daten aus Diagrammen ablesen
Die Schüler der Klasse 7 d wurden nach ihrem Lieblings-Pausengetränk gefragt:

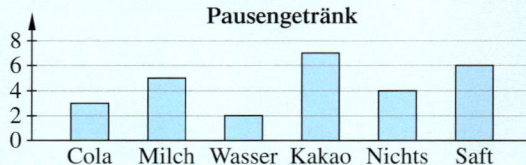

a) Welches ist das beliebteste Pausengetränk, welches das unbeliebteste?
b) Stelle das Ergebnis als Kreisdiagramm dar.

5 Relative Häufigkeiten berechnen
Folgende Noten wurden in der 7 b vergeben:

4; 2; 1; 4; 3; 3; 2; 5; 4; 6; 2; 3; 2; 3; 4; 4; 5; 1; 1; 3; 3; 4; 2; 5; 4; 4

a) Stelle die Ergebnisse in einem geeigneten Diagramm dar.
b) Berechne die relative Häufigkeit je Note.
c) Gib das arithmetische Mittel und den Median der Ergebnisse an.

Lösungen ab Seite 200

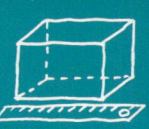

Daten auswerten

Entdecken

1 🐾 Beim Sportfest sollen die besten Weitspringer der 7. Klassen gegeneinander antreten. Jede Klasse darf zwei Weitspringer bestimmen. Die 7 b hat hierfür eine Tabelle mit den fünf letzten Sprungweiten ihrer fünf besten Weitspringer angelegt:

Name	1. Sprung	2. Sprung	3. Sprung	4. Sprung	5. Sprung
Meik	3,7 m	3,8 m	4,3 m	4,1 m	3,9 m
Kevin	4,1 m	4,8 m	3,6 m	4,9 m	3,7 m
Onur	2,9 m	4,5 m	4,3 m	4,4 m	4,2 m
Marcel	3,9 m	4,0 m	3,9 m	4,8 m	3,8 m
Christopher	4,7 m	4,6 m	2,3 m	2,9 m	4,8 m

a) Überlegt, nach welchen Kriterien man geeignete Kandidaten auswählen könnte.
b) Diskutiert, welche zwei Springer ihr in den Wettkampf schicken würdet.
c) Stellt die Sprungweiten grafisch dar. Ihr könnt euch dabei auf eine Auswahl beschränken (z. B. größte Weite, die Sprünge nur eines Schülers usw.).

2 Diagrammarten
a) Ordne die Überschriften einem geeigneten Diagrammtypen zu. Begründe deine Auswahl.
Ⓐ Datenvolumen pro Monat
Ⓑ Monatspreise verschiedener Handytarife
Ⓒ Zusammensetzung der Inhaltsstoffe
Ⓓ Verlauf der Luftfeuchtigkeit in einer Woche
Ⓔ Ergebnisse der Klassenarbeit
b) 👥 Wie könnnten die Achsen bzw. die Legende des Diagramms jeweils beschriftet sein? Vergleicht untereinander.

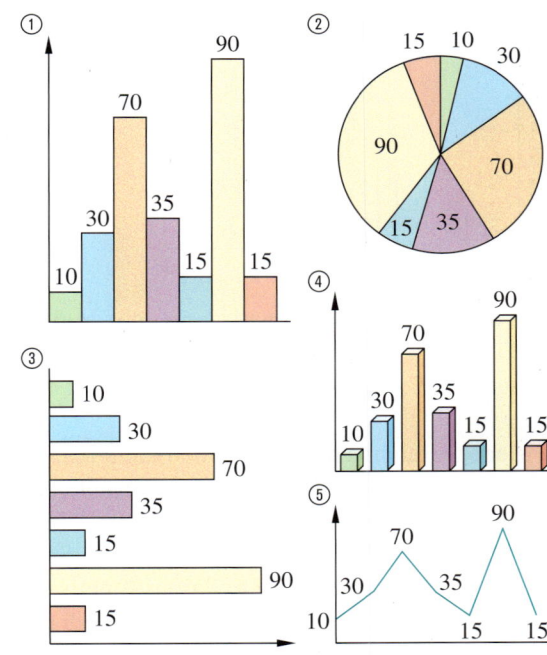

3 Betrachte die Tabelle und die Aussagen.
a) Welche Aussagen treffen zu? Begründe.

Spendenaktion „Menschen in Not"

Name	F.	B.	I.	E.	L.	J.	Z.	P.	T.	K.
Spende in €	1	5	8	2	1	7	8	3	5	2

Die Hälfte der Personen spendete mehr als 4 €.	Weniger als ein Viertel spendeten über 5 €.	Die meisten Personen spendeten zwischen 2 € und 7 €.	Die höchste Spende betrug 10 €.

b) Formuliere weitere zutreffende Aussagen und erläutere, wie du sie gefunden hast.

145

Verstehen

Die Mädchen der Klasse 7 c möchten ihre Ergebnisse beim Vokabeltest mit denen der Jungen vergleichen.

Mädchen: Meggie 5– (4 Punkte); Sarah 3 (12 Punkte); Sabrina 1 (18 Punkte); Jennifer 4 (9 Punkte); Diana 1– (17 Punkte); Melanie 3 (12 Punkte); Ayse 2– (14 Punkte); Ramona 4+ (10 Punkte); Tugba 2+ (16 Punkte); Rihanna 4+ (10 Punkte); Sina 5+ (7 Punkte) ; Jaqueline 4 (9 Punkte); Chantal 2 (15 Punkte); Rabea 4 (9 Punkte); Anna 2– (14 Punkte); Lea 2 (15 Punkte)

Jungen: Timo 3 (12 Punkte); Alican 4– (8 Punkte); Marc 4+ (10 Punkte); Tobias 4 (9 Punkte); Joel 4+ (10 Punkte); Marcel 3+ (13 Punkte); Chris 3– (11 Punkte); Ben 4 (9 Punkte); Onur 2 (15 Punkte); Mike 3– (11 Punkte); Rene 4+ (10 Punkte)

Eine Möglichkeit, die Daten auszuwerten, ist die Darstellung der **absoluten** bzw. **relativen Häufigkeit**.

		1	2	3	4	5	6
Absolute Häufigkeit	M	2	5	2	5	2	0
	J	0	1	4	6	0	0
Relative Häufigkeit	M	12,5%	31,25%	12,5%	31,25%	12,5%	0%
	J	0%	9%	36%	55%	0%	0%

Die absoluten Häufigkeiten kann man z. B. im **Säulendiagramm** darstellen.

Die relativen Häufigkeiten kann man z. B. im **Kreisdiagramm** veranschaulichen.

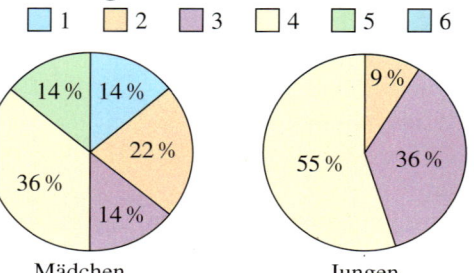

Die Schüler erstellen jeweils eine **geordnete Datenreihe** für die Punktzahl:

Mädchen: 4; 7; 9; 9; 9; 10; 10; 12; 12; 14; 14; 15; 15; 16; 17; 18
Jungen: 8; 9; 9; 10; 10; 10; 11; 11; 12; 13; 15

> **Merke** Statistische Datenreihen kann man mit bestimmten **Kennwerten** beschreiben:
> - **Maximum** bzw. **Minimum:** der größte bzw. kleinste Wert einer Datenreihe
> - **Spannweite:** die Differenz zwischen Maximum und Minimum
> - **Median:** bei *ungeraden* Datenreihen: der mittlere Wert der geordneten Datenreihe; bei *geraden* Datenreihen: das arithmetische Mittel der beiden mittleren Werte
> - **unteres** bzw. **oberes Quartil:** der Median der ersten bzw. zweiten Hälfte einer geordneten Datenreihe

Beispiel 1 **Punktzahlen des Vokabeltests**

Mädchen:
Spannweite: 14

Jungen:
Spannweite: 7

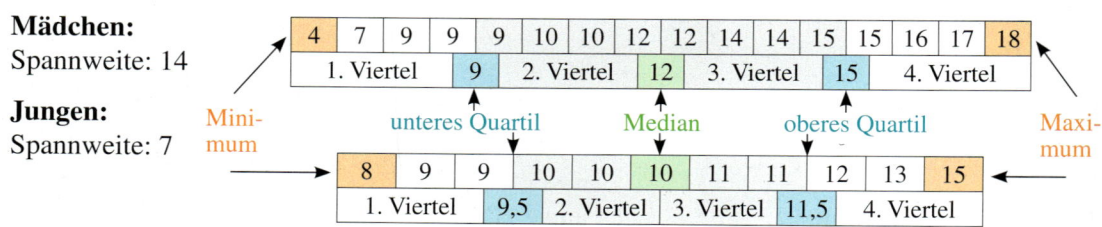

Die Kennwerte einer Datenreihe kann man in einem **Boxplot** (Kastendiagramm) darstellen.

Merke Ein **Boxplot** ist ein Diagramm mit einer Box, die die Hälfte aller Daten enthält.
Die äußeren Kanten der Box kennzeichnen das **untere bzw. obere Quartil**. Eine Linie in der Box markiert den **Median**.

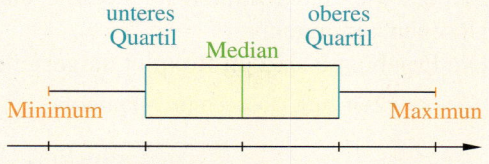

Mit Antennen werden das **Minimum** und das **Maximum** mit der Box verbunden.
Boxplots eignen sich besonders dazu, mehrere Datenreihen miteinander zu vergleichen.

Beispiel 2

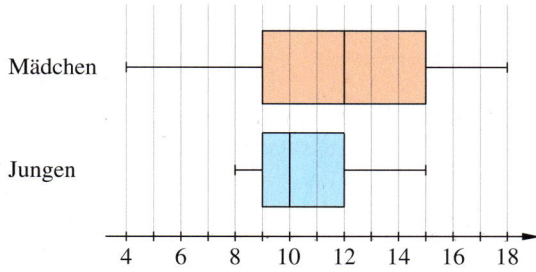

Die Boxplots für die erreichten Punkte bei den Mädchen und Jungen werden untereinander geschrieben und beziehen sich beide auf die darunterliegende Zahlengerade. Man erkennt, dass die Spannweite bei den Mädchen viel größer ist als bei den Jungen. Etwa ein Viertel der Mädchen hatte mehr Punkte als der beste Junge.

Üben und anwenden

1 Bei der Frage nach dem Alter der Lehrkräfte an der Realschule am Waldhain wurden folgende Antworten ermittelt:
Alter der Lehrkräfte in Jahren: 49; 35; 65; 59; 60; 32; 53; 24; 38; 47; 50; 62; 47; 30; 25; 64; 58.
a) Ordne die Datenreihe aufsteigend der Größe nach.
b) Gib das Minimum, das Maximum und die Spannweite an.
c) Ermittle den Median sowie das obere und untere Quartil. Stelle die Daten als Boxplot dar.

2 In der Tabelle sind die ungefähren Einwohnerzahlen von acht Städten in Rheinland-Pfalz angegeben:

Stadt	Einwohnerzahl
Kaiserslautern	100 000
Koblenz	110 000
Ludwigshafen	160 000
Mainz	210 000
Neustadt a. d. W.	52 500
Speyer	50 000
Trier	110 000
Worms	80 000

a) Gib das Minimum, das Maximum und den Median der Daten an.
b) Stelle die Daten in einem geeigneten Diagramm dar. Du kannst auch eine Tabellenkalkulation nutzen.

2 Länge von Flüssen in Rheinland-Pfalz

a) Gib die Kennwerte der Daten an.
b) Welche Werte ändern sich, wenn der Rhein aus der Tabelle herausgenommen wird?
c) Stelle die Daten in einem geeigneten Diagramm dar. Begründe deine Auswahl.

Fluss	Länge in km
Sieg	153
Sauer	173
Saar	246
Ruwer	49
Rhein	1236
Our	78
Nahe	125
Mosel	544
Lahn	245
Kyll	142
Glan	90
Ahr	86

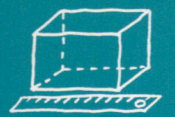

3 Die Schüler der Klassen 7 a und 7 b wurden gefragt, wie viele Minuten sie morgens zum Duschen benötigen.
Die Ergebnisse sind im Boxplot dargestellt.

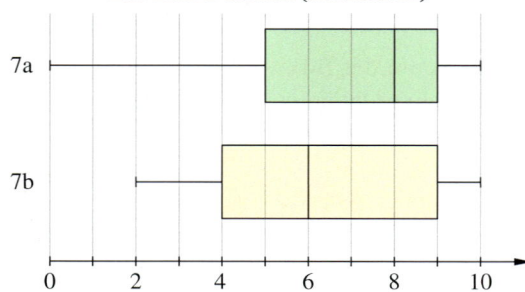

Zeit zum Duschen (in Minuten)

a) Gib die Kennwerte für beide Boxplots an.
b) Kann man ablesen, wie viele Schüler in den jeweiligen Klassen sind? Begründe.
c) Für welche Klasse(n) gilt, dass über die Hälfte der Schüler sechs Minuten oder länger duscht?
d) Für welche Klasse(n) gilt, dass mindestens ein Viertel der Schüler weniger als vier Minuten duscht?

4 Der PenFix-Tintenroller ist im Internet zu kaufen. Kunden können 1; 1,5; 2; 2,5; 3; 3,5; 4; 4,5 und 5 Zufriedenheitspunkte vergeben.

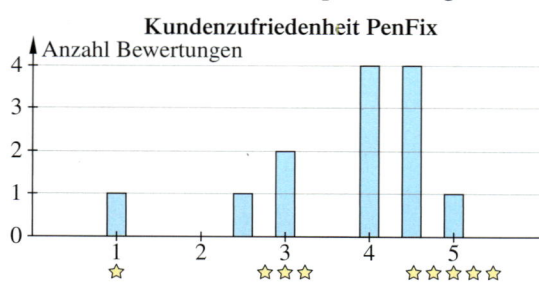

Kundenzufriedenheit PenFix

a) Wie viele Kunden haben abgestimmt?
b) Stelle die Daten aus dem Diagramm als geordnete Datenreihe dar.
c) Bestimme das Minimum, das Maximum den Median und das obere und untere Quartil.
d) Stelle die Daten in einem Boxplot dar.

3 Drei Klassen wurden gefragt, wie lange sie auf dem Schulweg zu Fuß unterwegs sind.

Fußweg zur Schule (Minute)

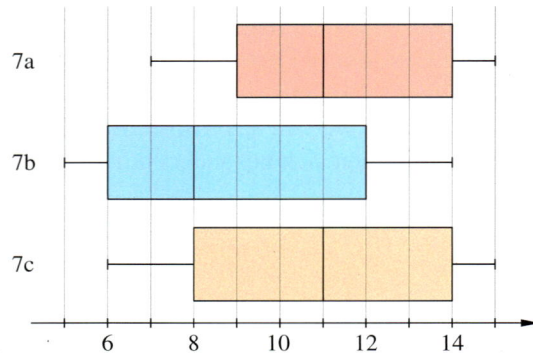

Begründe mithilfe der Boxplots, für welche der Klassen die Aussagen zutreffen.
① Die Länge des Fußwegs liegt zwischen sechs und 15 Minuten.
② Die kürzeste Fußwegzeit ist sieben Minuten.
③ Weniger als die Hälfte der Schüler hat einen Fußweg unter 20 Minuten.
④ Ein Viertel der Schüler hat einen Schulweg von 14 Minuten oder länger.
⑤ In der Klasse sind mehr als 25 Schüler.

4 Celine möchte ein neues Fahrrad kaufen. Sie vergleicht im Internet Kundenbewertungen für zwei Fahrräder, die in Frage kommen.

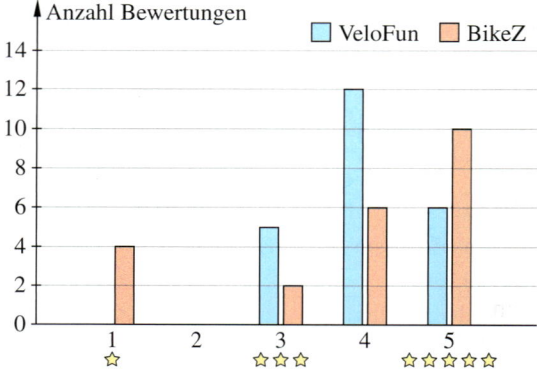

a) Vergleiche die Daten für die zwei Räder mithilfe zweier Boxplots.
b) Welches Rad sollte Celine kaufen? Begründe anhand der Kundenbewertungen.

5 👥 Entscheidet euch für ein Produkt, das euch interessiert.
Sucht für dieses Produkt im Internet nach Kundenbewertungen und stellt diese mit einem geeigneten Diagramm dar.
Begründet, warum ihr euch für die jeweilige Darstellung entschieden habt.

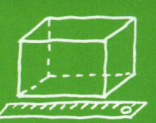

Thema: Manipulation mithilfe von Diagrammen

Mit Diagrammen kann man Daten anschaulich darstellen. Es ist möglich, Entwicklungen auf einen Blick darzustellen oder Größen direkt miteinander zu vergleichen.
Einige Darstellungen werden aber dazu genutzt, den Betrachter gezielt dazu zu verleiten, falsche Schlüsse zu ziehen. Solche Strategien, die uns bewusst in die Irre führen wollen, nennt man Manipulationen.

👥 Arbeitet in Kleingruppen. Wählt eine der Aufgaben 1–4 aus und geht wie folgt vor.
1. Schaut euch die Aufgabenstellung genau an und bearbeitet die Arbeitsaufträge.
2. Tauscht euch darüber aus, aus welchen Gründen hier möglicherweise manipuliert wurde und sammelt Ideen, wie man sich vor solchen Manipulationen schützen kann.
3. Erstellt ein Plakat zu eurem Thema. Dieses soll darüber informieren, welche Manipulations-möglichkeiten bei der Darstellung eurer Daten angewendet wurden.
4. Falls noch Zeit ist: Erstellt eine manipulationsfreie Variante für euer Beispielthema.
5. Präsentiert eure Ergebnisse den anderen Gruppen.

1 Die Grafik zeigt die nationalen Goldreserven von vier Staaten.

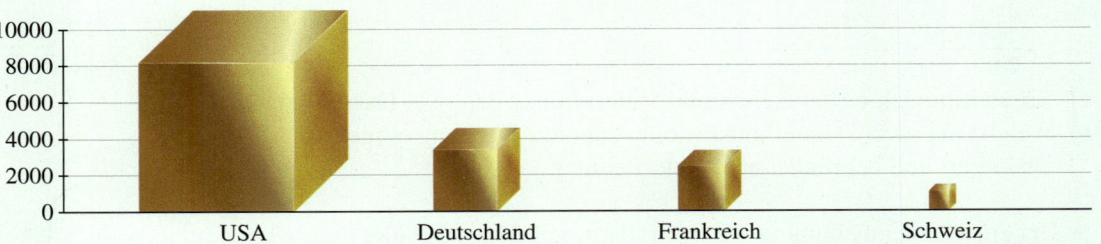

Nationale Goldreserven in Tonnen (Stand: Juni 2016)

a) Schätzt nur anhand der dargestellten Goldwürfel ab, wie die Goldreserven voneinander ab-weichen: Wie viel mal mehr Reserven hat der eine Staat im Vergleich zu den anderen?
b) Lest nun die Werte anhand der y-Achse ab. Welche Probleme treten dabei auf und was fällt euch auf? Erklärt, worin die Manipulation bei diesem Diagramm bestehen könnte.

2 Die Schülerzeitung der Nahetalschule veröffentlichte den folgenden Artikel.

Zu viele Hausaufgaben an der Nahetalschule!

Wir haben es immer schon geahnt, nun ist der Beweis da: Die Lehrer geben zu viele Haus-aufgaben auf! Eine Umfrage unter Schülern unserer Schule zeigt, dass sehr viele von uns dieser Meinung sind. Nur 5 der 1200 Schüler unserer Schule fanden demnach den Umfang der Hausaufgaben OK, eine große Mehrheit meint dagegen, dass es zu viel bzw. sogar viel zu viele Hausaufgaben an unserer Schule gibt.
Wir fordern: Jetzt muss die Schulleitung endlich handeln!

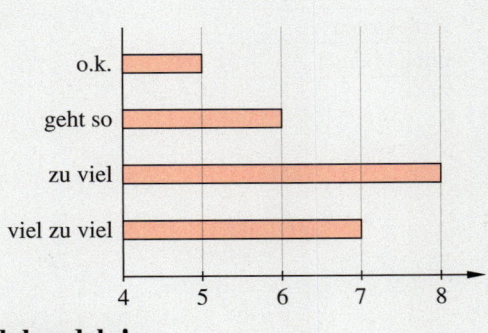

a) Wie viele Schüler waren an der Befragung beteiligt? Was bedeutet die Anzahl der befragten Schüler für die Aussagekraft der Befragung?
b) Betrachtet im Diagramm die Beschriftung der x-Achse. Was erscheint euch daran unge-wöhnlich und warum wurde möglicherweise diese Form der Darstellung gewählt?

HINWEIS
Die nationalen Goldreserven sind die Menge an Gold, die ein Staat als Geld-reserve auf-bewahrt. Sie stehen meist im Verantwortungs-bereich einer Zentralbank oder eines Finanz-ministeriums.

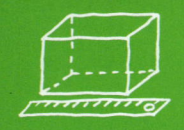

3 Das Fitness-Studio „WorkOut" möchte neue Kunden werben.
Es soll mit der Zahl der Anmeldungen pro Jahr geworben werden.
Die beiden folgenden Diagramme stehen hierfür zur Verfügung.

HINWEIS
Die Anmelde-zahlen sind nicht unbedingt ein gutes Qualitäts-merkmal für ein Fitnessstudio. Bei der Auswahl sollten noch an-dere Aspekte ei-ne Rolle spielen.

Zahl der Anmeldungen

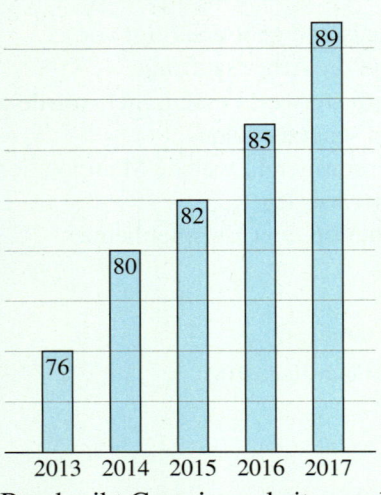

Zahl der Anmeldungen

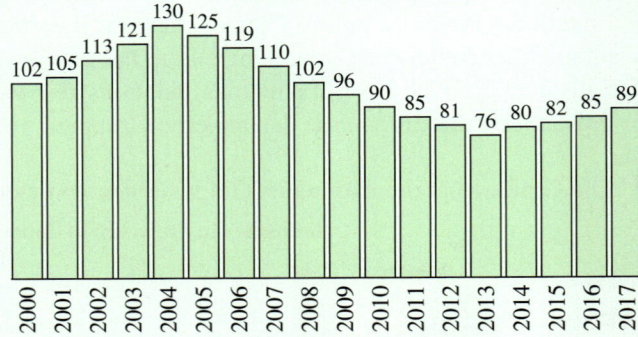

a) Beschreibt Gemeinsamkeiten und Unterschiede der zwei Darstellungen.

b) Welche der zwei Darstellungen sollte eher zur Werbung eingesetzt werden?
Diskutiert und begründet eure Entscheidung.

4 Bei einer Untersuchung an 98 Fahrrädern, mit denen Schüler unterwegs waren, wurden folgende Mängel festgestellt:

Mängel an Fahrrädern (98 Fahrräder getestet)	
Beleuchtung	45
Bremsen	12
Reifen	19
Sattel und Lenker	23
Reflektoren	15
ohne Mängel	51

Sicherheit bei Fahrrädern - Nur ein Drittel ohne Mängel
Festgestellte Mängel an Fahrrädern

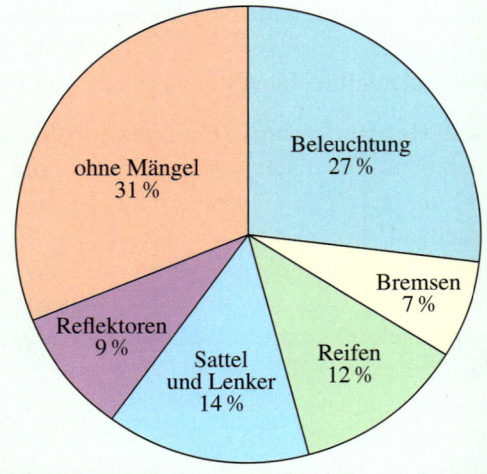

a) Berechnet den prozentualen Anteil der Fahrräder ohne Mängel an den insgesamt getesteten Fahrrädern.
Vergleicht euer Ergebnis mit der Angabe im Kreisdiagramm.

b) Erklärt, wie die Prozentsätze im Kreisdiagramm zustande kommen und welcher Denkfehler bei dieser Darstellung gemacht wurde.

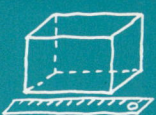

Relative Häufigkeit und Wahrscheinlichkeit

Entdecken

1 Im Wetterbericht wird folgende Vorhersage gemacht:

„Heute ist am Mittelrhein in den Nachmittagsstunden mit heftigem Regen zu rechnen."

Würdest du dort um 11 Uhr vormittags mit Regenkleidung Fahrrad fahren?
Begründe deine Meinung.

2 Ben spielt „Mensch ärgere dich nicht".
Er ist sauer, denn schon seit 5-mal Würfeln wartet er auf eine „6".
Er glaubt, einen schlechten Würfel erwischt zu haben.
Was meinst du dazu?

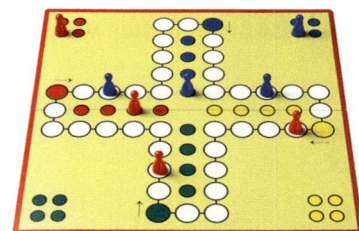

3 Tom und Mia möchten beim Auslosen etwas schummeln.
Sie überlegen, ob das mit einem Quaderwürfel klappen kann. Zur Sicherheit führen sie ein Zufallsexperiment mit 1 000 Würfen durch.

Augenzahl	1	2	3	4	5	6
absolute Häufigkeit	192	78	207	214	90	
relative Häufigkeit	19,2 %					

Was hältst du von der Idee? Was rätst du den beiden?
👥 Diskutiere darüber mit einem Partner.

4 👥 Setzt euch um einen Tisch herum. Dreht einen Bleistift in der Mitte des Tischs.
Notiert euch, auf wen die Bleistiftspitze zeigt.
a) Diskutiert, ob das Verfahren geeignet ist, einen Schüler aus eurer Gruppe zufällig auszuwählen. Wie kann man das genauer herausfinden?
b) Wie könnt ihr erreichen, dass der Bleistift häufiger auf einen bestimmten Schüler zeigt als auf die anderen?
c) Findet weitere Möglichkeiten, zufällig einen von eurer Gruppe auszuwählen.
Diskutiert Vor- und Nachteile der unterschiedlichen Verfahren.

5 Mit dem Befehl **=ZUFALLSZAHL()*A+B** kann man bei einer Tabellenkalkulation eine Zufallszahl erzeugen.
Für **A** und **B** kannst du dabei beliebige Zahlen eingeben.
Finde heraus, wie das genau funktioniert.
a) Gib den Befehl in eine Tabellenzelle ein.
Wähle für **A** und **B** natürliche Zahlen zwischen 0 und 10.
b) Kopiere den Befehl. Erstelle auf diese Weise eine Liste mit zehn Zufallszahlen.
Welches ist der größte, welches der kleinste Wert in der Liste?
c) Wähle für **A** und **B** andere Zahlen. Was stellst du fest? Wie verändert sich der größte bzw. kleinste Wert abhängig davon, welche Zahlen du für **A** und **B** wählst?

	f_x	=ZUFALLSZAHL()*3+5
	A	**B**
1	7,0047478	
2		
3		

HINWEIS
Kopiere die Zeilen, indem du das kleine Quadrat an der unteren rechten Ecke nach unten ziehst.

Verstehen

Jana und Martin werfen in einem **Zufallsexperiment** einen Legostein.
Folgende **Ergebnisse** sind möglich:

– Noppen oben    – Boden oben   – Seite oben

HINWEIS
Beispiel für ein
Ergebnis: *mit*
einem Würfel
wird eine „1"
geworfen.
Beispiel für ein
Ereignis: *mit*
einem Würfel
wird eine gerade
Zahl geworfen.

> Merke **Zufallsexperimente** sind immer vom Zufall abhängig.
> Man kann sie beliebig oft wiederholen.
> Bei Zufallsexperimenten sind immer verschiedene **Ergebnisse** möglich.
> Welches Ergebnis beim Experiment eintritt, kann man nicht sicher vorhersagen.
> Mehrere Ergebnisse können zu einem **Ereignis** zusammengefasst werden.

Jana behauptet: „Am häufigsten werden die Noppen oben liegen bleiben, da die Unterseite am größten ist."
Martin behauptet: „Da die Noppen schwerer sind, wird der Legostein häufiger mit dem Boden nach oben landen."

Beispiel 1

Gemeinsam mit der Klasse überprüfen Jana und Martin ihre Aussagen.
Nach je 50 Würfen notieren sie, wie oft die Ergebnisse „Boden oben" und „Noppen oben" eintraten.

Würfe	50	100	150	200	250	300	350	400	450	500
absolute Häufigkeit für „Boden oben"	26	50	66	89	111	136	161	185	210	236
relative Häufigkeit für „Boden oben"	**0,52**	**0,50**	**0,44**	**≈ 0,45**	**≈ 0,44**	**≈ 0,45**	**≈ 0,46**	**≈ 0,46**	**≈ 0,47**	**0,47**
absolute Häufigkeit für „Noppen oben"	8	24	35	49	63	77	92	107	122	133
relative Häufigkeit für „Noppen oben"	**0,16**	**0,24**	**≈ 0,23**	**≈ 0,25**	**≈ 0,25**	**≈ 0,26**	**≈ 0,26**	**≈ 0,27**	**≈ 0,27**	**≈ 0,27**

Nach 500 Würfen stellen sie fest, dass sich die relative Häufigkeit kaum noch ändert.
Die Ergebnisse haben sie in einem Diagramm festgehalten.

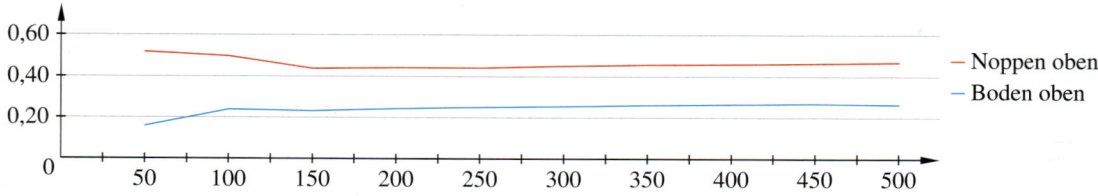

Rund 47 % der Steine bleiben mit dem Boden oben liegen.
Mit den Noppen oben bleiben nur rund 27 % liegen.
Martins Behauptung stimmt also.

Oft ist es sinnvoll, die **relative Häufigkeit** eines Ergebnisses zu berechnen.

$$\text{relative Häufigkeit eines Ergebnisses} = \frac{\text{absolute Häufigkeit des Ergebnisses}}{\text{Gesamtzahl der Versuche}}$$

> Merke Bei häufigen Wiederholungen eines Zufallsexperiments ist die **relative Häufigkeit** eines Ergebnisses ein **Schätzwert für die Wahrscheinlichkeit** des Ergebnisses.

Üben und anwenden

1 👥 Entscheidet jeweils, ob oder unter welchen Umständen es sich bei den folgenden Auswahlverfahren um ein Zufallsexperiment handelt oder nicht. Es wird derjenige ausgewählt, …
a) der einen Tennisball am weitesten wirft.
b) der beim 10-maligen Werfen einer Münze am häufigsten „Zahl" wirft.
c) der bei der Mathematikarbeit die höchste Punktzahl hat.
d) der beim 5-maligen Elfmeterschießen die meisten Tore schießt.
e) der mit verbundenen Augen das kürzeste Streichholz zieht.
f) der beim Raten des Geburtsjahres der Lehrerin am genauesten trifft.
g) der beim Ziehen einer Karte aus einem Kartenspiel den kleinsten Wert zieht.
h) der eine zufällig mit zwei Würfeln geworfene Zahl am genauesten vorhersagt.

2 Eine Schachtel mit 33 Reißzwecken wurde ausgeschüttet. Das Bild kann als Ergebnis eines 33-mal ausgeführten Zufallsversuchs aufgefasst werden.
a) Wie lauten die beiden möglichen Ergebnisse für das Werfen einer Reißzwecke?
b) Gib jeweils einen Schätzwert für beide Wahrscheinlichkeiten an.

3 Bei einem Würfelspiel wurde protokolliert, wie häufig die jeweiligen Augenzahlen bei insgesamt 30 Würfen vorkamen.

Augenzahl	1	2	3	4	5	6
absolute Häufigkeit	3	6	4	2	7	8
relative Häufigkeit						

a) Gib die relative Häufigkeit in Prozent an. Beachte den Hinweis in der Randspalte.
b) Kann man genau vorhersagen, wie oft die „2" bei 300 Würfen geworfen wird? Begründe.
c) Nach 300 Würfen wurde 73-mal die Augenzahl „6" geworfen.
   Glaubst du, dass der Würfel fair ist? Begründe deine Meinung.
d) Welche absolute Häufigkeit kann man für die einzelnen Augenzahlen nach 300 000 Würfen erwarten, wenn mit einem fairen Spielwürfel geworfen wird?

HINWEIS
zu Aufgabe 3:
So berechnet mit
die relative Häufigkeit für die
Augenzahl 1:
$\frac{3}{30} = 0,1 = 10\,\%$

4 Bei einer Verkehrszählung wurde ermittelt, wie viele Personen in einem Pkw sitzen.

Personen im Pkw	1	2	3	4 und mehr
absolute Häufigkeit	936	90	44	130

a) Wie viele Autos wurden beobachtet?
b) Überschlage die Wahrscheinlichkeiten folgender Ereignisse:
   – Im Pkw sitzen höchstens zwei Personen.
   – Im Pkw sitzen mehr als zwei Personen.
c) Berechne jeweils die Wahrscheinlichkeit für die beiden Ereignisse aus b).

4 In der Tabelle stehen die Ergebnisse einer technischen Sicherheitskontrolle von Autos.

Alter des Autos in Jahren	Anzahl der Untersuchungen	Anzahl der Autos ohne Mängel
0 bis 3	365 458	264 598
4 bis 5	325 489	214 887
6 bis 7	274 334	138 790
8 bis 9	279 884	117 589
10 bis 11	468 664	139 822

a) Mit welcher Wahrscheinlichkeit hatte ein 6 bis 7 Jahre altes Auto einen Mangel?
b) Mit welcher Wahrscheinlichkeit hatte ein 8 bis 9 Jahre altes Auto *keinen* Mangel?

ZUM
WEITERARBEITEN
Ermittelt auch
die Buchstaben-
häufigkeit in
anderssprachi-
gen Texten.
Was fällt euch
auf?

5 🦉 Führt ein Experiment zur Buchstabenhäufigkeit in deutschsprachigen Texten durch.

a) Nehmt verschiedene Texte und zählt, wie häufig bestimmte Buchstaben darin vorkommen.

b) Vergleicht eure Ergebnisse untereinander und mit Angaben im Internet.

6 In einer Fabrik werden Monitore hergestellt. Während der Produktion wird die Qualität von zufällig ausgewählten Geräten überprüft. Von 800 Monitoren waren 16 fehlerhaft.

Wie viele fehlerhafte Artikel sind bei einer Gesamtproduktion von 1 000 (10 000; 1 450) Artikeln zu erwarten?

Nutze die relative Häufigkeit als Schätzwert.

6 Wetterstationen messen, wie viele Stunden an einem Ort die Sonne scheint.

Ort	Sonnenscheindauer in einem Jahr
Göttingen	1 422 Stunden
Arkona (Rügen)	1 806 Stunden
Kempten (Allgäu)	1 721 Stunden

Ohne Bewölkung wären an jedem der drei Orte 4 464 Sonnenstunden möglich gewesen. Gib jeweils die relative Häufigkeit für Sonnenstunden an.

7 Die Tabelle enthält für die angegebenen Jahre die Anzahl an Geburten in Deutschland.

Jahr	Jungen	Mädchen	insgesamt
2012	345 629	327 915	673 544
2013	349 820	332 249	682 069
2014	366 835	348 092	714 927
2015	378 503	359 127	737 630

a) Berechne für jedes Jahr die relativen Häufigkeiten für die Geburt eines Jungen und eines Mädchens.

b) Welche Werte konnte man 2015 für Rheinland-Pfalz erwarten? Insgesamt wurden dort 34 946 Kinder geboren.

8 Die Grafik zeigt die Wahrscheinlichkeit für weiße Weihnachten in verschiedenen Regionen von Deutschland.

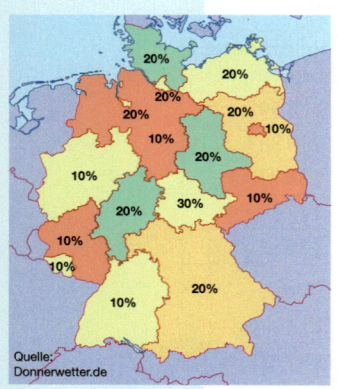

a) Wie wahrscheinlich sind weiße Weihnachten in deinem Wohnort? Lies in der Grafik ab.

b) In welcher Region ist die Wahrscheinlichkeit für weiße Weihnachten am geringsten, in welcher Region am höchsten?

c) Wie lässt sich die Wahrscheinlichkeit für weiße Weihnachten ermitteln? Diskutiert in Gruppen und beschreibt ein mögliches Verfahren.

8 In Deutschland liegt die Wahrscheinlichkeit dafür, dass ein Mann farbenblind ist, bei 8 %. Bei Frauen ist die Wahrscheinlichkeit für Farbenblindheit nur halb so groß.
2015 lebten in Deutschland 40,2 Mio. Männer und 41,5 Mio. Frauen.

a) Bestimme die Anzahl der farbenblinden Frauen und Männer in Deutschland.

b) Wie lässt sich die Wahrscheinlichkeit für Farbenblindheit ermitteln?

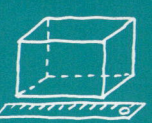

Laplace-Experimente

Entdecken

1 Bei einem Gewinnspiel kann man sich zunächst entscheiden, aus welchem Topf man eine Kugel ziehen will. Dann werden die Augen verbunden.
Hauptgewinn ist die Kugel mit der Zahl „5".
Aus welchem Gefäß würdest du die Kugel ziehen?
Begründe deine Wahl.

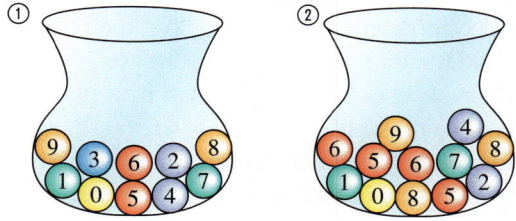

2 👥 Werft einen Spielwürfel 100-mal.
Berechnet nach 10, 20, 30, …, 100 Würfen jeweils die relative Häufigkeit des Ergebnisses „Sechs gewürfelt".
Zeichnet das Koordinatensystem in euer Heft und tragt die berechneten Werte ein.
Was fällt euch auf?

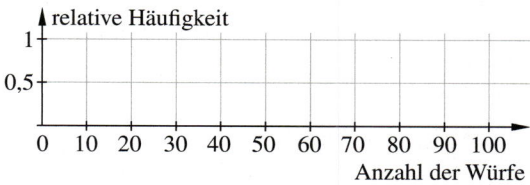

3 Stelle dir vor, dass aus den folgenden Würfelnetzen Würfel gebastelt werden.
a) Gib für jeden Würfel alle möglichen Ergebnisse an.
b) Nenne jeweils auch ein Ergebnis, das nicht auftreten kann.
c) Welchen Würfel wählst du aus, um möglichst sicher eine „4" zu würfeln?
d) Welchen Würfel wählst du aus, um möglichst keine „4" zu würfeln?

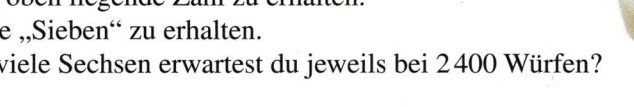

4 Betrachte die drei Würfel. Sie haben unterschiedlich viele Seitenflächen.
a) Bestimme die Anzahl der Seitenflächen der Würfel.
b) Schätze, wie oft du mit jedem dieser Würfel würfeln musst, um …
   – die oben liegende Zahl zu erhalten.
   – eine „Sieben" zu erhalten.
c) Wie viele Sechsen erwartest du jeweils bei 2 400 Würfen?

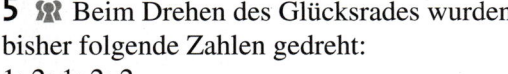

5 👥 Beim Drehen des Glücksrades wurden bisher folgende Zahlen gedreht:
1; 2; 1; 2; 2
Diskutiert in Kleingruppen, wie oft noch gedreht werden muss, um eine „3" als Ergebnis zu erhalten.

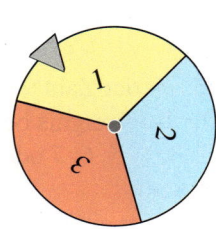

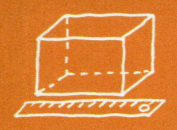

Verstehen

Pinar und Philipp drehen beim Schulfest
das Glücksrad.
Das Glücksrad ist in acht **gleich große**
Felder aufgeteilt und läuft vollkommen gleichmäßig.
Beim Drehen können die **Ergebnisse** 1 bis 8 auftreten.
Alle möglichen Ergebnisse kann man in der **Ergebnismenge** S
zusammenfassen: $S = \{1; 2; 3; 4; 5; 6; 7; 8\}$.
Auf welcher Zahl der Zeiger stehenbleibt, hängt vom Zufall ab.
Die Wahrscheinlichkeit dafür kann berechnet werden.

Hauptgewinn bei 3:
1 Tag hausaufgabenfrei
Kleingewinn bei 5 und 8

Beispiel 1
Nur das rote Feld mit der 3 bringt den Hauptgewinn, d. h. dass ein Feld von acht möglichen
Feldern günstig ist. Die Wahrscheinlichkeit für das Ergebnis „3" beträgt

$$P(3) = \frac{1}{8} = 0{,}125 = 12{,}5\,\%.$$

> **Merke** Zufallsexperimente, bei denen alle **Ergebnisse gleich wahrscheinlich** sind, nennt
> man **Laplace-Experimente**.
> Für die **Wahrscheinlichkeit** P für das Eintreten eines Ergebnisses e gilt:
>
> $$P(e) = \frac{1}{\text{Anzahl der möglichen Ergebnisse}}$$

Oft interessiert man sich bei einem Zufallsversuch nicht nur für ein einzelnes Ergebnis, sondern für mehrere Ergebnisse mit einer bestimmten Eigenschaft. Mehrere Ergebnisse können zu einem **Ereignis** zusammengefasst werden.

Beispiel 2
Wenn man am Glücksrad die Zahlen 5 oder 8 dreht, erhält man einen Kleingewinn, d. h. dass
zwei Felder von acht möglichen Feldern günstig sind.
Die Wahrscheinlichkeit für das Ereignis „Kleingewinn" beträgt

$$P(\text{„Kleingewinn"}) = \frac{2}{8} = \frac{1}{4} = 0{,}25 = 25\,\%.$$

> **Merke** Mehrere Ergebnisse eines Zufallsversuchs können zu einem **Ereignis** E zusammen-
> gefasst werden.
> Für die **Wahrscheinlichkeit** P für das Eintreten eines Ereignisses E gilt:
>
> $$P(E) = \frac{\text{Anzahl der günstigen Ergebnisse}}{\text{Anzahl der möglichen Ergebnisse}}$$

Bei Ereignissen gibt es zwei Spezialfälle:
1. das Ereignis trifft **unmöglich** ein und 2. das Ereignis trifft **sicher** ein.

Beispiel 3
Am Glücksrad kann kein Feld mit der Zahl 9 gedreht werden. Das Ereignis 9 ist unmöglich
und die Wahrscheinlichkeit für das Ereignis beträgt 0 (0 %).
Für das sichere Ereignis „1; 2; 3; 4; 5; 6; 7 oder 8" beträgt die Wahrscheinlichkeit 1 (100 %).

> **Merke** Die Wahrscheinlichkeit für ein Ereignis nimmt Werte von 0 (0 %) bis 1 (100 %) an.

HINWEIS
Die Wahrschein-
lichkeit kann in
Prozentschreib-
weise, als Bruch
oder Dezimal-
bruch angege-
ben werden.

Üben und anwenden

1 Welche der Urnen entspricht einem Laplace-Experiment? Begründe deine Antwort.
Gib an, wie man bei den anderen Urnen durch Entnahme bzw. Hinzufügen von Kugeln ein
Laplace-Experiment erzeugen kann.

2 Betrachte das Glücksrad.

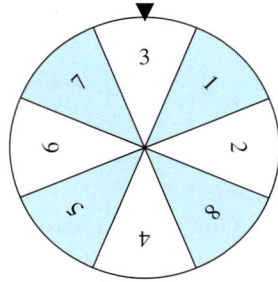

a) Gib alle möglichen Ergebnisse an.
b) Wie groß ist die Wahrscheinlichkeit dafür,
    dass die „3" gedreht wird?
c) Wie groß ist die Wahrscheinlichkeit für das
    Drehen eines weißen Feldes?

3 Entscheide und begründe, ob es sich
jeweils um ein Laplace-Experiment handelt.
a) Wurf einer Münze: Kopf oder Zahl
b) Marmeladenbrot fällt vom Tisch auf die
    Marmeladenseite oder die Unterseite
c) Elfmeterschuss: Tor oder daneben
d) Ankreuzen im Fragebogen:
    ja oder nein
e) aus drei farbigen Stäbchen (gelb, grün,
    blau) verdeckt eines ziehen
f) Uli bekommt im Fach Sport die Note
    „befriedigend".
g) In einer Schule fehlen am Montag
    13 Schülerinnen und Schüler.

4 Gib jeweils ein sicheres und ein unmögliches Ereignis an. Begründe.
a)   b)

2 Betrachte das Glücksrad.

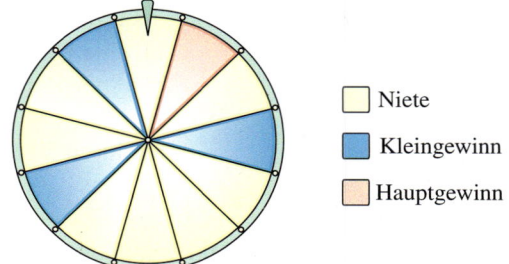

☐ Niete

☐ Kleingewinn

☐ Hauptgewinn

a) Gib alle möglichen Ergebnisse an.
b) Wie groß ist die Wahrscheinlichkeit für
    das Drehen des Hauptgewinns?
c) Beschreibe ein Ereignis. Gib die Wahr-
    scheinlichkeit für das Ereignis an.

3 Begründe, warum es sich um Laplace-
Experimente handelt. Gib jeweils die Wahrscheinlichkeit an.
a) Aus einem vollständigen Skatspiel mit
    32 Karten möchte Angelina den Kreuz-
    Buben ziehen.
b) Zehn Schüler knobeln aus, wer eine Ein-
    trittskarte für das Kino gewinnt.
    Fynn zieht das kürzeste Hölzchen und
    gewinnt.
c) Beim „Mensch ärgere dich nicht" muss
    Nele eine „2" werfen, um zu gewinnen.
d) Beim Fußball entscheidet der Münzwurf
    über die Seitenwahl.

4 Nenne drei verschiedene Beispiele für ein
Laplace-Experiment.
Gib jeweils ein sicheres und ein unmögliches
Ereignis an.
Begründe deine Antwort.

5 Handelt es sich um Laplace-Experimente? Begründe deine Antworten.

a)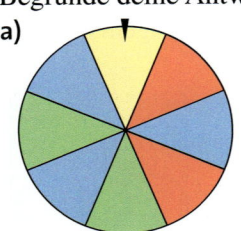

b)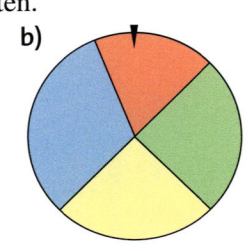

5 Wie groß ist bei jedem Würfel die Wahrscheinlichkeit für eine Drei (Sechs)?

a)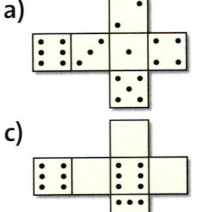

b)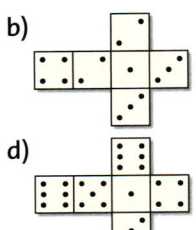

c)

d)

6 In einer Lostrommel befinden sich 30 Lose mit den Losnummern 1 bis 30. Wie groß ist die Wahrscheinlichkeit dafür, dass beim ersten Zug eines Loses Folgendes gilt: Die Losnummer ist …

a) eine Primzahl.
b) eine Quadratzahl.
c) 21.
d) eine gerade Zahl.
e) kleiner als 18.
f) 36.
g) durch 7 teilbar.
h) durch 30 teilbar.
i) größer als null.

7 Zeichne ein Glücksrad mit 16 gleich großen Feldern. Färbe die Felder so, dass folgende Wahrscheinlichkeiten gelten.

 $\frac{1}{8}$  $\frac{1}{4}$ $\frac{3}{16}$ $\frac{7}{16}$

7 Zeichne ein Glücksrad, sodass folgende Wahrscheinlichkeiten gelten:

rot $\frac{1}{4}$, grün $\frac{1}{3}$ und gelb $\frac{1}{6}$.

Färbe die restlichen Felder blau.
Gib an, wie groß die Wahrscheinlichkeit für das Ergebnis „blau" ist.

HINWEIS ZU DEN AUFGABEN 8 UND 8
Eine Skizze hilft beim Lösen der Aufgaben.

8 Beim Spiel „Wer wird Millionär?" muss bei einer Frage aus vier Antwortmöglichkeiten die richtige ausgewählt werden. Wie groß ist die Wahrscheinlichkeit, …

a) eine Frage durch Raten richtig zu beantworten?
b) eine Frage durch Raten richtig zu beantworten, wenn zwei Antworten mithilfe des 50 : 50-Jokers sicher ausgeschlossen werden können?

8 In einem Gefäß liegen eine schwarze und fünf weiße Kugeln.

a) Wie groß ist die Wahrscheinlichkeit, dass du beim blinden Hineingreifen die schwarze Kugel ziehst?
b) Aynur hat beim ersten Zug eine weiße Kugel erwischt. Sie legt sie nicht wieder zurück. Berechne nun die Wahrscheinlichkeit, dass sie beim zweiten Versuch die schwarze Kugel zieht.

9 In einer Schale befinden sich drei Kugeln.

a) Wie groß ist die Wahrscheinlichkeit dafür, dass beim ersten Zug das „T" gezogen wird?
b) Angenommen, beim ersten Zug wurde das „T" gezogen und nicht wieder zurückgelegt. Wie groß ist die Wahrscheinlichkeit, dass beim zweiten Zug das „O" gezogen wird?
c) Es werden nacheinander alle drei Kugeln aus der Schale gezogen. Welche Buchstabenreihenfolgen können auftreten? Notiert die Möglichkeiten.
Welche ergeben ein richtiges Wort?

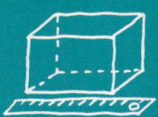

Wahrscheinlichkeiten nutzen

Entdecken

1 👥 Ein Pausengespräch
Lest die Geschichte mit verteilten Rollen und diskutiert anschließend über diese besondere Wahrscheinlichkeitsrechnung.

Klaus: Morgen habe ich meine Aufnahmeprüfung bei der Schule für Hochbegabte.
Mandy: Da wünsche ich dir aber viel Glück. Das soll nämlich sehr schwer sein.
Ich habe gehört, 4 von 5 Leuten schaffen es nicht!
Klaus: Super! Dann bestehe ich ganz bestimmt. Ich bin nämlich schon viermal durchgefallen.

2 👥 Seit vielen tausend Jahren wird das Wetter beobachtet. Besonders die Bauern haben daraus Wetterregeln entwickelt. Sie haben die Zusammenhänge genau beobachtet und für ihre Wettervorhersagen genutzt.

> **So war das Wetter im Mai 2016**
>
> Die Durchschnittstemperatur im Mai 2016 lag mit 13,6 Grad in etwa um +1,5 Grad über dem langjährigen Mittelwert von 1961–1990. Der Mai 2016 ist damit zu warm ausgefallen. Trotzdem kam es zu den Eisheiligen zu einem Temperatureinbruch: Die Temperaturen waren in den Nächten und auch tagsüber sehr niedrig, teilweise sogar kühler als zu Weihnachten 2015. Die höchste Temperatur wurde am 22. Mai in Jena gemessen (31,5 Grad), die niedrigste am 5. Mai in Oberstdorf (−4,1 Grad).

SCHON GEWUSST?
Pankratius, Servatius und Bonifatius (12.–14. Mai) werden in einigen Gegenden die „Eisheiligen" genannt.

Manche Gärtner sind der Meinung, dass man erst nach den Eisheiligen sicher sein kann, dass kein Frost mehr zu erwarten ist.
Traf diese Wetterregel im Jahr 2016 zu? Glaubt ihr, dass sie in jedem Jahr zutrifft?
Wie könntet ihr die Wahrscheinlichkeit für das Eintreten der Eisheiligen-Regel bestimmen?

3 Versuch mit Gummibärchen
Ihr benötigt eine Packung Gummibärchen und einen Schal oder ein Tuch.
Zieht mit verbundenen Augen 25 Gummibärchen aus der Packung heraus.
a) Ergänze die folgende Tabelle in deinem Heft:

Farbe	rot	gelb	grün	weiß	…
Anzahl					
Anteil					

b) In einer 300-g-Tüte befinden sich 125 Gummibärchen.
Wie viele rote Gummibärchen erwartest du in der Tüte? Vergleicht eure Rechenwege.
c) Der Hersteller gibt an, dass $\frac{1}{3}$ der Gummibärchen rot und $\frac{1}{6}$ der Gummibärchen gelb sind.
Vergleiche die Angaben mit deinen Ergebnissen.

Verstehen

Familie Schnitzler möchte im kommenden Sommer auf der Nordsee-Insel Föhr Urlaub machen. Da sie viel Zeit am Strand verbringen möchten, hoffen sie auf gutes Wetter. Ihr Nachbar war schon mehrfach auf der Insel und sagt: „Wir hatten im Mai immer schönes Wetter."

Herr Schnitzler meint daraufhin: „Dann haben wir im kommenden August sehr wahrscheinlich auch schönes Wetter."

Frau Schnitzler möchte das Risiko für schlechtes Wetter einschätzen und sucht im Internet nach einem Klimadiagramm von Föhr.

Beispiel 1

Im Mai gab es bisher durchschnittlich acht Sonnenstunden pro Tag, im August dagegen nur sieben.

Im Mai gab es bisher acht Regentage, im August hat es durchschnittlich an elf von 31 Tagen geregnet. Damit liegt die Regenwahrscheinlichkeit im Mai bei ca. 26 %, im August bei ca. 35 %.

Klimadiagramm für Föhr

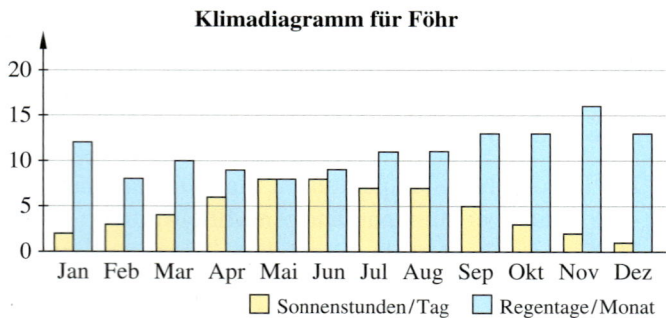

Gutes Urlaubswetter auf Föhr ist im Mai wahrscheinlicher als im August.

> **Merke** Um **Chancen** und **Risiken** beurteilen zu können, bedient man sich häufig der Wahrscheinlichkeitsrechnung.

Wahrscheinlichkeiten werden manchmal auch genutzt, um Vorhersagen (Prognosen) zu treffen. Voraussetzung für eine gute Vorhersage ist eine große Anzahl statistischer Erhebungen. Zum Beispiel zeichnen Wetterdienste seit vielen Jahren Wetterdaten auf.

HINWEIS
Die Regenwahrscheinlichkeit von 100 % gibt an, dass es an diesem Tag sicher regnen wird. Sie sagt nichts darüber aus, wann und wie lange es regnen wird.

Beispiel 2

Die Insel Föhr gehört zu den Nordfriesischen Inseln.

Wetterbericht:
Während sich das Wetter am Dienstag in der Region „Nordfriesische Inseln" noch vielfach heiter zeigt, nimmt die Bewölkung am Mittwoch zu.
Am Mittwoch muss vereinzelt mit Schauern gerechnet werden.

Wetter in der Region Nordfriesische Inseln

	Mi, 05.09.	Do, 06.09.
Tiefst-/Höchst-temperatur	14/17 °C	13/16 °C
Vormittag		
Nachmittag		
Abend/Nacht		
Niederschlags-wahrscheinl.	60%	40%

> **Merke** **Je größer die Anzahl** der Ergebnisse eines Zufallsexperiments ist, **umso genauer** kann die **Wahrscheinlichkeit** bestimmt werden. Welches der möglichen Ergebnisse als nächstes eintrifft, kann **nicht vorhergesagt** werden.

Die Wahrscheinlichkeit für ein Ereignis wird oft in **Prozentschreibweise** angegeben.

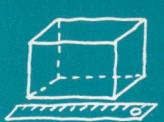

Üben und anwenden

1 Alina ist Torhüterin im FC Heimberg. Sie hat in der letzten Saison von 24 Elfmetern genau zehn halten können.
Welche der folgenden Aussagen treffen zu? Begründe jeweils.
a) Alina wird von den nächsten zehn Elfmetern wahrscheinlich vier halten.
b) Die Wahrscheinlichkeit, dass Alina den nächsten Elfmeter hält, ist 24%.
c) Es ist wahrscheinlicher, dass Alina den nächsten Elfmeter nicht hält, als dass sie ihn halten kann.
d) Es ist möglich, dass Alina die nächsten fünf Elfmeter alle halten kann.

1 Robert ist Jugendtrainer beim FC Grailheim. Für die neue Saison wird ein neuer Stürmer gesucht. Er hat die Erfolge dreier möglicher Kandidaten notiert.

Spieler	Saison 2014	Saison 2015	Saison 2016
Ali	12 Tore	9 Tore	15 Tore
Ben	7 Tore	9 Tore	13 Tore
Chris	18 Tore	3 Tore	12 Tore

a) Sammle anhand der Tabelle Argumente für und gegen die jeweiligen Kandidaten.
b) Begründe, für welchen Spieler sich Robert entscheiden soll.

2 Aus einem Internetforum

> AUGENFARBE: Erstaunlich viele User haben an unserer Onlinebefragung zu ihrer Augenfarbe teilgenommen. 857 gaben an, braune Augen zu haben. 2811 Teilnehmer haben die Augenfarbe blau, und bei 3132 Teilnehmern ist die Augenfarbe grau oder grün.
> Weltweit ist mit 90% braun die häufigste Augenfarbe. Bei weniger als 2% ist die Augenfarbe grün. Die Anteile schwanken aber je nach Land sehr stark: In Süddeutschland ist z.B. blau mit 20%–50% und in Norddeutschland mit 50% bis über 80% vertreten.

a) Das Internetforum verlost unter den Teilnehmern zehn Gutscheine.
Wie wahrscheinlich ist es, dass einer der Gewinner die Augenfarbe braun hat?
b) 👥 Untersucht die Verteilung der Augenfarbe in eurer Klasse und vergleicht das Ergebnis mit der Umfrage.

2 👥 Die Grafik zeigt die Wahrscheinlichkeit für die Augenfarbe eines Babys.

Eltern   Kind

● + ● = ● 75% ● 18,75% ● 6,25%
● + ● = ● 50% ● 37,5% ● 12,5%
● + ● = ● 50% ● 0% ● 50%
● + ● = ● <1% ● 75% ● 25%
● + ● = ● 0% ● 50% ● 50%
● + ● = ● 0% ● 1% ● 99%

a) Erfindet Aufgaben zu der Grafik. Bezieht auch den Artikel aus Aufgabe 2 mit ein.
b) Recherchiert im Internet nach der Vererbung weiterer Merkmale (z.B. Haarfarbe) und stellt die Ergebnisse grafisch dar.

3 Aus einer Pressemeldung

> **Schwarzfahrer**
> Die Verkehrsunternehmen kostet das Schwarzfahren viel Geld: 250 Millionen Euro gehen ihnen jedes Jahr durch nicht gekaufte Tickets verloren – so schätzt es der Verband Deutscher Verkehrsunternehmen (VDV). Allein dem Rhein-Main-Verkehrsverbund (RMV) entgehen pro Jahr rund 25 Millionen Euro. Laut Kriminalstatistik gab es 2014 bundesweit 271119 Fälle von Schwarzfahren. Das ist im Vergleich zu 2013 ein Anstieg um 15,2 Prozent. Andererseits gilt aber auch: 97,98 Prozent der Fahrgäste sind ehrliche Kunden.

a) Wie viele Schwarzfahrer sind bei der Kontrolle von 50000 Fahrgästen zu erwarten?
b) Finde weitere Aufgaben zu der Pressemeldung und erkläre, wie du sie lösen kannst.

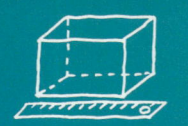

4 Eine Tageszeitung hat eine Befragung unter 1 000 Lesern durchgeführt.
5 % von ihnen gaben an, die Werbeanzeigen zu lesen.
Die Zeitung hat 160 000 Abonnenten.
Wie viele davon lesen wahrscheinlich die Werbeanzeigen?

4 In einem Gefäß befinden sich insgesamt zehn Kugeln. Bei 100 Versuchen wird 63-mal eine weiße Kugel und 37-mal eine schwarze Kugel gezogen.
Wie viele weiße und wie viele schwarze Kugeln befinden sich wahrscheinlich in dem Gefäß? Begründe.

5 Susanne möchte Schulsprecherin werden. Um ihre Chancen einzuschätzen macht sie in ihrer Klasse eine Testwahl.
Nach diesem Ergebnis hofft Susanne auf insgesamt 420 Stimmen bei der Schulsprecherwahl. Enttäuscht erfährt sie, dass sie nur 156 Stimmen erhalten hat. Nimm Stellung zu ihrem Vorgehen.

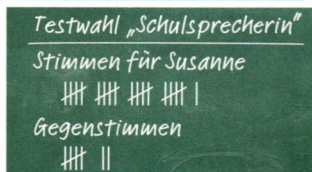

BEISPIEL ZU 6
Bei einer relativen Häufigkeit von 6 % für einen Fehler berechnet man so die erwartete Fehlerzahl bei einer Produktion von 10 000 Stück:
0,06 · 10 000
= 600

6 In einer Textilfirma wird die Qualität der Textilien ständig kontrolliert. Dazu werden nach der Herstellung von T-Shirts Stichproben genommen.
Bei der letzten Kontrolle wurden 700 T-Shirts überprüft, 21 davon waren fehlerhaft.
a) Berechne die relative Häufigkeit für fehlerhafte T-Shirts in dieser Stichprobe.
b) Wie viele fehlerhafte T-Shirts könnten in der Gesamtproduktion von 8 000 (5 500; 13 500) T-Shirts wahrscheinlich enthalten sein? Nutze die relative Häufigkeit aus a).

6 Eine Firma stellt Akkus für Handys her. Bei den letzten Kontrollen gab es folgende Anzahlen fehlerhafter Akkus je Stichprobe:
  – 17 von 850
  – 25 von 714
  – 37 von 1 947
a) Haben sich die Produktionsergebnisse verbessert oder verschlechtert?
b) Berechne die wahrscheinliche Anzahl fehlerhafter Akkus für eine Produktion von 15 000 Stück bei den besten (schlechtesten) Produktionsbedingungen.

7 👥 Für ein Schulfest hat sich die Klasse 7 c ein Glücksrad mit besonderen Regeln ausgedacht.
a) Lässt sich mit diesem Glücksrad ein Gewinn für die Klassenkasse erzielen, wenn alle Ergebnisse gleich wahrscheinlich sind?
b) Mario hat festgestellt, dass das Glücksrad unregelmäßig läuft und deshalb keine gleich wahrscheinlichen Ergebnisse erzeugt.

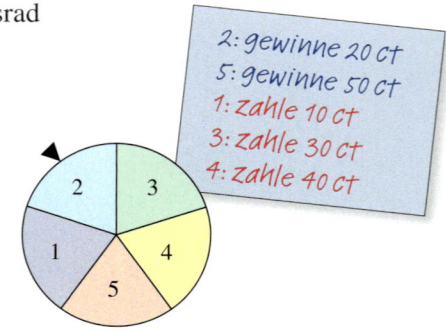

Ergebnis	1	2	3	4	5
Anzahl	40	50	60	20	10

Lässt sich mit diesem Glücksrad ein Gewinn erzielen, wenn es beim Schulfest insgesamt 2 000-mal gedreht wird? Diskutiert und präsentiert euer Ergebnis in der Klasse.

8 Herr Lab möchte im Sommer segeln gehen.
Soll er an die italienische Mittelmeerküste mit einer Regenwahrscheinlichkeit von 7 % fahren? Oder ist die türkische Westküste besser geeignet, wo es laut Prospekt im Sommer (Juli bis September) durchschnittlich drei Regentage gibt?
Der Wind ist an der türkischen Westküste mit durchschnittlich $2\,\frac{m}{s}$ stärker als an der Mittelmeerküste mit $1{,}5\,\frac{m}{s}$.

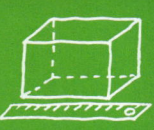

Thema: Glücksspiele

Man unterscheidet zwischen Glücksspielen und Gewinnspielen. Anders als bei Gewinnspielen muss man bei Glücksspielen zuerst Geld einsetzen, um teilnehmen zu können. Damit erhält man die Möglichkeit, mehr Geld zu gewinnen.
Glücksspiele sind in Deutschland für Kinder und Jugendliche unter 18 Jahren verboten.

Beim **Lotto** werden aus 49 nummerierten Kugeln sechs Gewinnzahlen und eine Zusatzzahl aus einer Lostrommel gezogen. Für „sechs Richtige" braucht man eine Menge Glück.
Am Lottospiel gewinnt vor allem der Staat über Steuern und Abgaben.

Ein **Rubbellos** enthält Zahlen oder Symbole unter einer Deckschicht. Diese Schicht wird z. B. mithilfe einer Münze freigerubbelt. Bei gleichen Symbolen erhält man einen Gewinn.

In Kneipen findet man häufig **Geldspielautomaten**, man nennt sie auch einarmige Banditen. Ein Gewinn wird durch die richtige Kombination von Symbolen auf Walzen oder Scheiben ausgelöst.
Die Bundeszentrale für gesundheitliche Aufklärung schreibt dazu: „Der Verlust pro Stunde beträgt beim Automatenspiel durchschnittlich 33 €."

1 🗣 Nennt Beispiele für Gewinnspiele. Diskutiert darüber, warum große Firmen Gewinnspiele veranstalten.

2 Die Bundeszentrale für gesundheitliche Aufklärung schreibt zum Thema Geldspielautomaten: „Die Ausschüttungsquote pro Automat beträgt ungefähr 60 %, das heißt, dass 40 % aller Geldeinsätze der Automatenindustrie zufließen."
Welche Aussagen sind richtig? Begründe.
① Beim Einsatz von 10 € werden durchschnittlich nur 6 € wieder als Gewinn ausgegeben. Den Rest behält der Automat.
② Bei Geldspielautomaten verliert man auf lange Sicht mehr Geld als man gewinnt.
③ Bei 40 € Einsatz gewinnt man durchschnittlich 60 €.

3 🗣 Herr Meyer meint: „Gestern habe ich 2 € in einen Geldspielautomaten geworfen und sofort 14 € gewonnen. Also stimmt die Behauptung nicht, dass man pro Stunde 33 € verliert."
Was meinst du dazu? Diskutiere darüber mit deinem Sitznachbarn oder deiner Sitznachbarin.

4 🗣 Arbeit zu zweit oder in Kleingruppen.
a) Welche anderen Glücksspiele kennt ihr?
b) Wie hoch ist die Gewinnwahrscheinlichkeit bei diesen Glücksspielen? Haltet ihr die Glücksspiele für fair? Begründet eure Antworten.
c) Sammelt im Internet oder im Lexikon Informationen zu Glücksspielen.
Stellt die Informationen auf einem Plakat zusammen und präsentiert eure Plakate in der Klasse.

Klar so weit?

→ Seite 146

Daten auswerten

1 Marcus isst Kekse.
Für die letzten sieben Kekse hat er festgehalten, wie viele Mandeln und Rosinen enthalten waren.

Keks	1	2	3	4	5	6	7
Rosinen	2	8	7	4	11	6	9
Mandeln	1	4	3	2	5	3	5

a) Gib die Kennwerte der beiden Datenreihen an: Minimum, Maximum, Spannweite, Median, oberes und unteres Quartil.
b) Zeichne für Rosinen und Mandeln je einen Boxplot und vergleiche.

2 Der Boxplot ist unvollständig. Übertrage ihn ins Heft.

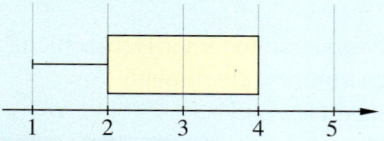

a) Wie groß ist das Minimum der Daten? Wie groß ist das untere Quartil?
b) Die Spannweite der Daten beträgt 6. Der Median beträgt 3,5. Wie groß ist das obere Quartil? Vervollständige den Boxplot im Heft.

2 Der Boxplot ist unvollständig. Übertrage ihn ins Heft.

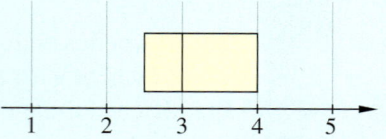

a) Wie groß ist das untere Quartil? Wie groß ist das obere Quartil?
b) Wo liegt der Median?
c) Die Spannweite beträgt 5,5. Die untere Antenne hat eine Spannweite von 1. Vervollständige den Boxplot im Heft.

→ Seite 152

Relative Häufigkeit und Wahrscheinlichkeit

3 Hängen diese Vorgänge vom Zufall ab?
a) Ziehung der Lotto-Zahlen
b) Geschlecht eines Kindes
c) Beginn der Sommerferien
d) Ziehen einer Karte bei einem Quartett

3 Handelt es sich um Zufallsversuche? Falls ja, gib mögliche Ergebnisse an.
a) Ziehung der ersten Kugel bei „6 aus 49"
b) Ziehen eines Loses
c) Ermitteln eines Gewichtes einer Kugel

4 Ein Glücksrad mit den Zahlen 1–5 wurde 100-mal gedreht:

1	2	3	4	5
13	22	25	29	11

a) Berechne jeweils die relativen Häufigkeiten.
b) Welches Glücksrad lieferte vermutlich die Zahlenreihe? Begründe.

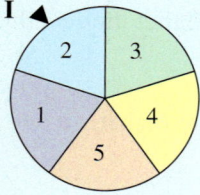
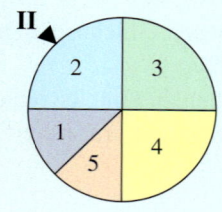

4 Ein Glücksrad wird mehrfach gedreht:

weiß, rot, rot, weiß, weiß, blau, blau, gelb, rot, weiß, blau, blau, weiß, blau, weiß, blau, blau, weiß, blau, blau, weiß, blau, rot, gelb, gelb, weiß, gelb, rot, blau, weiß, blau, weiß, weiß, gelb, weiß, gelb, rot, weiß, weiß, blau, gelb, weiß, rot, weiß, blau, gelb, blau, blau, weiß, rot.

a) Schätze zuerst und bestimme dann mithilfe der relativen Häufigkeiten die Wahrscheinlichkeit, dass das Glücksrad auf einem roten (weißen, blauen, gelben) Feld stoppt.
b) Zeichne ein Glücksrad, das zu dem Zufallsversuch oben passt.

Laplace-Experimente

→ Seite 156

5 Vergleiche die drei Zufallsversuche. Gibt es Unterschiede bei den Wahrscheinlichkeiten? Begründe.

① Werfen eines Würfels

② Ziehen einer Karte aus den sechs gemischten Karten Ass, König, Bube, Sieben, Zehn und Neun

③ Ziehen einer Kugel aus einer Lostrommel, in der sich sechs verschiedenfarbige Kugeln befinden

6 Ohne hinzusehen wird eine Kugel gezogen.

Berechne die Wahrscheinlichkeit, zufällig …
a) eine gelbe Kugel zu ziehen.
b) eine rote oder blaue Kugel zu ziehen.
c) keine rote und keine blaue Kugel zu ziehen

5 Wie kommt die Klasse 7 b zur Schule?

Bus	Fahrrad	Auto	zu Fuß
10	9	5	6

Gib die Wahrscheinlichkeit für die folgenden Ereignisse an: Eine zufällig ausgewählte Person erreicht die Schule…
a) mit dem Fahrrad,
b) zu Fuß,
c) nicht mit dem Auto,
d) mit dem Fahrrad oder zu Fuß.

6 Die Flächen des Spielwürfels sind mit den Zahlen 1 bis 12 beschriftet. Berechne die Wahrscheinlichkeit für folgende Ereignisse.

a) $P(3)$
b) $P(\text{„Primzahl"})$
c) $P(\text{„Zahl kleiner 9"})$
d) eine ungerade Zahl
e) eine durch 4 teilbare Zahl
f) ein Vielfaches von 2

Wahrscheinlichkeiten nutzen

→ Seite 160

7 An einer Kreuzung gibt es drei verschiedene Fahrspuren. Um den Verkehrsstrom festzustellen, hat man während der Hauptverkehrszeit eine Stunde lang gezählt.

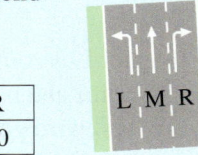

Richtung	L	M	R
Anzahl	105	125	60

Gib die Wahrscheinlichkeit in Prozent an, mit der ein ankommendes Fahrzeug jeweils eine der drei Richtungen wählt.

7 Vor einem Konzert des Rappers „Cro" wurden 50 Personen von Redakteuren einer Schülerzeitung nach ihrem Lieblingsstar befragt. In der folgenden Ausgabe der Schülerzeitung findet sich folgende Überschrift:
„Cro" beliebtester Musiker Deutschlands – 9 von 10 Befragten nennen „Cro" als Lieblingsstar
Hältst du die Überschrift für gerechtfertigt? Begründe deine Meinung.

8 Einige Schülerinnen und Schüler der 7 d haben am Kiosk eingekauft.
a) Wie viel Euro haben sie insgesamt ausgegeben?
b) Der Kioskbesitzer möchte aus diesen Verkaufszahlen seinen Einkauf für die nächste Woche berechnen.
Nimm Stellung zu seinem Vorgehen.

	Brötchen	Pizza	Riegel	Brezel
Anzahl	3	8	3	6
Preis (€)	1,10	1,00	0,80	0,80

Vermischte Übungen

1 Ein Prospekt wirbt für unterschiedliche Grundstückstypen in einer Neubausiedlung.

a) Vergleiche die Grundstücksgrößen und die Preise. Wieviel kostet jeweils 1 m²?

b) Warum werden die Kunden mit der Darstellung im Diagramm manipuliert? Begründe deine Antwort.

c) Aufgrund einer Beschwerde soll die Darstellung überarbeitet werden. Fertige einen Vorschlag an, bei dem die Kunden nicht manipuliert werden.

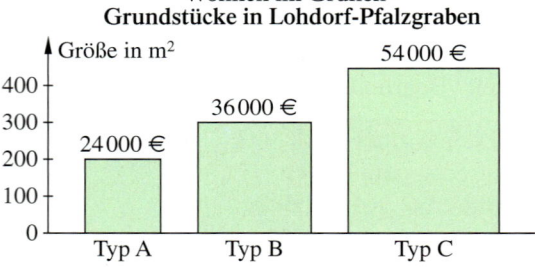

2 17 Sportler haben Korbleger im Basketball geworfen. Folgende Anzahlen an Treffern wurden erreicht:

4; 5; 2; 7; 4; 7; 9; 10; 8; 3; 5; 1; 3; 8; 5; 6; 9

a) Gib in einer Tabelle die relative Häufigkeit für die verschiedenen Trefferzahlen an.

b) Gib alle Kennzahlen der Datenreihe an und zeichne einen Boxplot.

2 Clarissa und Rene gehen zum Bowling. Die Ergebnisse ihrer ersten zehn Würfe sind in der Tabelle aufgeführt.

C	0	8	6	7	6	0	9	0	6	8
R	4	7	6	7	6	8	5	3	8	7

Stelle die beiden Datenreihen untereinander als Boxplots dar und vergleiche.

3 Die einzelnen Felder des Glücksrads sind gleich groß. Wie groß ist jeweils die Wahrscheinlichkeit, beim ersten Drehen …

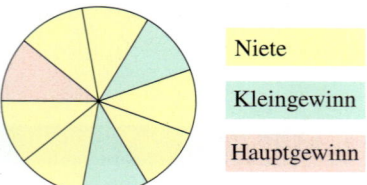

Niete

Kleingewinn

Hauptgewinn

a) einen Hauptgewinn, b) einen Gewinn,
c) eine Niete zu erzielen?

3 Bestimme die Wahrscheinlichkeit dafür, dass der Kreisel wie folgt stehenbleibt.

a) auf einem grünen Feld
b) auf einem gelben Feld
c) auf einem roten oder auf einem blauen Feld
d) auf einem grünen Feld oder blauen Feld
e) weder auf einem grünen Feld noch auf einem blauen Feld

4 Es wird ein Würfel geworfen. Wie groß ist die Wahrscheinlichkeit dafür, dass folgende Ereignisse eintreten? Die Augenzahl ist …

a) gerade. b) kleiner als zwei.
c) kleiner als sieben. d) größer als eins.
e) sieben.

4 In einer Lostrommel liegen 25 Kugeln, die mit den Zahlen 1 bis 25 beschriftet sind. Eine Kugel wird gezogen. Bestimme die Wahrscheinlichkeit für das Ziehen einer …

a) Primzahl. b) Quadratzahl.
c) durch drei teilbaren Zahl.
d) geraden und durch drei teilbaren Zahl.

5 Wie groß ist die Wahrscheinlichkeit, dass die grüne Spielfigur beim nächsten Zug ins Haus gerettet wird? Begründe.

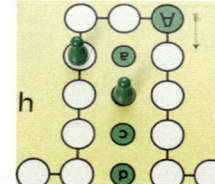

5 Zeichne jeweils ein Glücksrad, sodass folgende Wahrscheinlichkeiten gelten.

a) $P(\text{rot}) = \frac{1}{4}$ b) $P(\text{grün}) = \frac{1}{3}$
c) $P(\text{blau}) = 0$ d) $P(\text{gelb}) = \frac{1}{5}$
e) $P(\text{schwarz}) = 30\%$; $P(\text{weiß}) = 60\%$ und $P(\text{grau}) = 10\%$

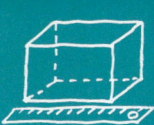

6 Eine Streichholzschachtel wurde wie ein Würfel geworfen.

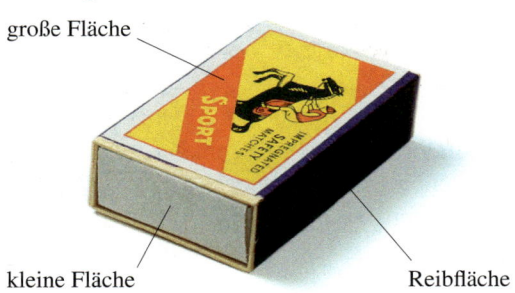

große Fläche

kleine Fläche

Reibfläche

Die Tabelle zeigt, wie oft die Schachtel auf der großen Fläche, auf der kleinen Fläche und auf der Reibefläche gelandet ist.

Ergebnis	große Fläche	kleine Fläche	Reib-fläche
Anzahl	124	28	48

a) Gib die relativen Häufigkeiten der einzelnen Ergebnisse an.
b) Ist die relative Häufigkeit ein Schätzwert für die Wahrscheinlichkeit der einzelnen Ergebnisse? Begründe.

7 In einem Gefäß liegen eine weiße und drei schwarze Kugeln. Es wird ohne hinzusehen eine Kugel gezogen.

a) Wie groß ist die Wahrscheinlichkeit, dass die gezogene Kugel …
– weiß,
– schwarz ist?
b) Die erste Kugel war schwarz. Sie wird *nicht* wieder ins Gefäß zurückgelegt. Bestimme die Wahrscheinlichkeit, beim zweiten Ziehen eine …
– weiße,
– schwarze Kugel zu ziehen.

6 Ein Drehwürfel hat drei gleich große Felder. Bei einem Zufallsversuch wurde er 120-mal gedreht.

Die Urliste zeigt die Ergebnisse:

1; 1; 3; 3; 2; 1; 3; 1; 1; 1; 2; 1;
2; 2; 1; 1; 3; 3; 3; 1; 2; 1; 3; 2;
1; 1; 1; 2; 3; 3; 3; 3; 3; 3; 2; 2;
1; 1; 1; 2; 2; 2; 2; 3; 2; 1; 2; 1;
3; 3; 1; 2; 2; 2; 1; 1; 1; 1; 3; 3;
1; 2; 1; 2; 1; 2; 3; 1; 1; 1; 1; 2;
1; 3; 2; 1; 3; 2; 1; 3; 2; 1; 3; 3;
3; 1; 1; 3; 1; 2; 3; 1; 2; 1; 1; 1;
2; 2; 1; 1; 1; 3; 1; 1; 1; 1; 2; 1;
1; 1; 1; 2; 1; 2; 1; 2; 1; 2; 1; 1

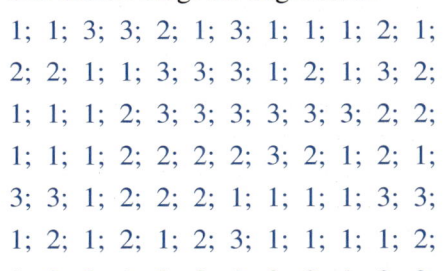
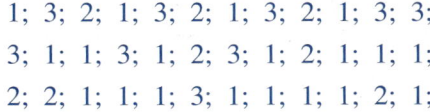

a) Fertige eine Strichliste an.
b) Gib die absoluten Häufigkeiten der einzelnen Ergebnisse an.
c) Gib Schätzwerte für die Wahrscheinlichkeiten der einzelnen Ergebnisse an.

7 In einer Lostrommel befinden sich insgesamt 112 Nieten, 69 Kleingewinne und 19 Hauptgewinne.

a) Wie groß ist die Wahrscheinlichkeit, beim ersten Ziehen …
– einen Kleingewinn,
– eine Niete oder einen Kleingewinn,
– einen Hauptgewinn zu ziehen?
b) Es wurden bereits 50 Lose verkauft und es wurde 3-mal ein Hauptgewinn gezogen. Hat sich die Wahrscheinlichkeit, einen Hauptgewinn zu ziehen, verbessert oder verschlechtert? Begründe.

8 Von zwei Batterieherstellern wurden zehn Batterien auf ihre Haltbarkeit getestet. Die Tabelle zeigt die Haltbarkeit in Stunden.

Galvani	15,5	14	14	24	19	16,5	15	11,4	16	15
Volta	18	14	16	9	12	16	20	16	13	15

a) Stelle für jede Firma die Daten in einem Boxplot dar.
b) Lies jeweils im Boxplot ab:
Wie groß ist die Spannweite der Haltbarkeit insgesamt?
In welchem Bereich liegen 50 % der Werte?
c) Von welcher Firma würdest du deine Batterien kaufen? Begründe.

Rund ums Blutspenden

Täglich spenden Freiwillige einen kleinen Teil ihres Blutvolumens. Damit helfen sie, das Leben anderer zu retten.

Nach der Spende wird das Blut untersucht und aufbereitet, bevor es z.B. bei einer Operation eingesetzt wird.

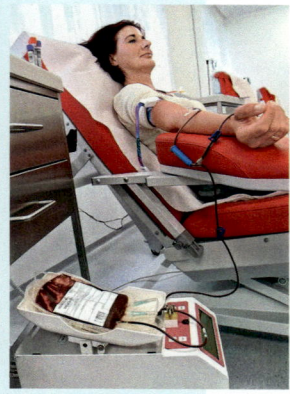

9 Jeder Mensch kann nach einem Unfall oder bei einer schweren Krankheit in die Situation kommen, Blut von einem anderen Menschen zu benötigen.

Es wird geschätzt, dass 80% aller Deutschen mindestens einmal im Leben Blut oder Blutplasma von einem anderen Menschen brauchen. Im Jahr 2015 lebten in Deutschland insgesamt 81 248 691 Menschen.

a) Wie viele Menschen in Deutschland benötigen mindestes einmal in ihrem Leben eine Blutspende?

b) Bundesweit werden jährlich etwa 5 475 000 Blutspenden benötigt. Bei einer Spende werden 450 cm³ Blut abgenommen.
   Wie viel Liter Blut werden jährlich benötigt?

c) Vergleiche dein Ergebnis aus Aufgabenteil b) mit dem Volumen eines Schwimmbads, das 50 m lang, 25 m breit und 2 m tief ist.

10 Blut ist nicht gleich Blut. Ein Merkmal der Unterscheidung sind die sogenannten Blutgruppen A, 0, B und AB.

a) Welche Blutgruppe ist in Deutschland am meisten (wenigsten) vertreten?

b) In einem Fußballstadion sind 27 500 Zuschauer. Gib an, wie viele von ihnen wahrscheinlich zu den einzelnen Blutgruppen gehören.

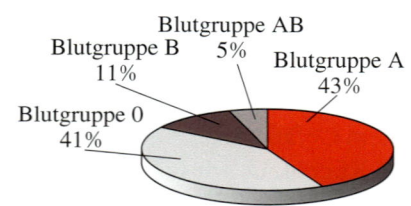

11 Die Häufigkeit der Blutgruppen ist regional verschieden.

Land \\ Gruppe	A	0	B	AB	Gesamtbevölkerung
Deutschland	43%	41%	11%	5%	81 248 691
Schweiz	47%	41%	8%	4%	8 325 200
Türkei	42,5%	33,7%	15,8%	8,0%	80 694 485

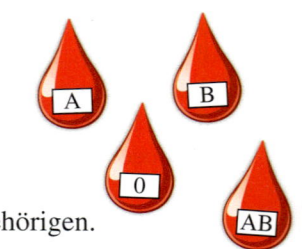

a) Berechne für jedes Land die absoluten Zahlen der Blutgruppenzugehörigen.

b) Stelle sie in einem geeigneten Balkendiagramm dar.

12 Zur Universitäts-Medizin der Johannes-Gutenberg-Universität kamen 9 500 Blutspender.

a) Bei wie vielen von ihnen ist nach der Statistik für Deutschland in Aufgabe 10 die Blutgruppe AB zu erwarten?

b) Die Tabelle zeigt, zu welcher Blutgruppe die Spender an einem Dienstag gehörten.
   Bei welcher Blutgruppe kommt das Tagesergebnis der statistischen Verteilung für Deutschland aus Aufgabe 10 am nächsten?

Blutgruppe	A	0	B	AB
Anzahl	48	41	16	3

c) An einem Vormittag wurde das Alter aller Spender notiert.
   Stelle an einem Ausschnitt des Zahlenstrahls die Datenverteilung als Boxplot dar.

Alter	19	21	22	28	32	39	40	49	52	60
Anzahl	4	2	6	12	4	2	8	1	1	2

Zusammenfassung

Daten auswerten

→ Seite 146

Der größte (kleinste) Wert einer statistischen Datenreihe heißt **Maximum** (**Minimum**). Die **Spannweite** ist die Differenz zwischen Maximum und Minimum.

Der mittlere Wert einer Datenreihe heißt **Median**. Der Median der unteren (oberen) Hälfte einer geordneten geraden Datenreihe heißt **unteres (oberes) Quartil**.

Die Kennwerte einer Datenreihe können als **Boxplot** dargestellt werden.

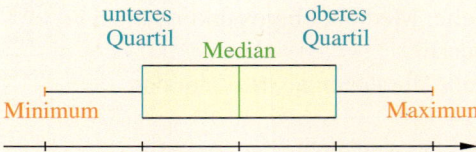

Relative Häufigkeit und Wahrscheinlichkeit

→ Seite 152

Die relative Häufigkeit gibt an, welchen Anteil ein bestimmtes Ergebnis an der Gesamtzahl aller Versuchsausgänge hat.

$$\text{relative Häufigkeit eines Ergebnisses} = \frac{\text{absolute Häufigkeit des Ergebnisses}}{\text{Gesamtzahl der Versuche}}$$

Bei einer großen Anzahl von **Versuchsdurchgängen** ist die **relative Häufigkeit** für ein Ergebnis ein **Schätzwert für die Wahrscheinlichkeit** des Ergebnisses.

Laplace-Experimente

→ Seite 156

Zufallsexperimente, bei denen alle **Ergebnisse gleich wahrscheinlich** sind, nennt man **Laplace-Experimente**.

Für die **Wahrscheinlichkeit P** für das Eintreten eines Ergebnisses e gilt:

$$P(e) = \frac{1}{\text{Anzahl der möglichen Ergebnisse}}$$

Für die **Wahrscheinlichkeit P** für das Eintreten eines Ereignisses E gilt:

$$P(E) = \frac{\text{Anzahl der günstigen Ergebnisse}}{\text{Anzahl der möglichen Ergebnisse}}$$

Beim Würfeln mit einem Würfel können die **Ergebnisse** 1 bis 6 auftreten. **Ergebnismenge S** $= \{1; 2; 3; 4; 5; 6\}$.

Alle Ergebnisse sind gleich wahrscheinlich.

Die Wahrscheinlichkeit, eine Drei zu werfen, beträgt $P(3) = \frac{1}{6} \approx 0{,}167 \approx 16{,}7\,\%$.

Die Wahrscheinlichkeit, eine gerade Zahl zu werfen, beträgt
$P(\text{„gerade Zahl"}) = \frac{3}{6} = 0{,}5 = 50\,\%$.

Wahrscheinlichkeiten nutzen

→ Seite 160

Um **Chancen** und **Risiken** beurteilen zu können, bedient man sich häufig der Wahrscheinlichkeitsrechnung.

Beträgt die Regenwahrscheinlichkeit für eine Region 80 %, dann ist es wahrscheinlich, dass es in einem Teil der Region regnen wird. Eventuell regnet es aber auch gar nicht.

Teste dich!

4 Punkte | 6 Punkte

1 Die Tabelle gibt an, wie viele Punkte einzelne Schüler beim Mathematiktest erreicht haben.

a) Gib alle Kennwerte der Datenreihe an: Maximum, Minimum, Spannweite, Median, oberes und unteres Quartil.

b) Stelle die Daten als Boxplot dar.

Erreichte Punkte:

Andi	20
Bea	8
Cem	4
Daisy	9
Erkan	12
Fabio	14
Greta	4
Heiko	9
Jana	18
Kia	17
Leon	6
Mike	4
Nele	12
Onur	2
Pia	15

1 Die Tabelle zeigt die Ergebnisse eines Mathe-Tests in der 7 a.

a) Erstelle zwei geordnete Datenreihen für Jungen (blau) und Mädchen (rot).

b) Gib für beide Datenreihen die Kennwerte an und vergleiche sie mithilfe von Boxplots.

3 Punkte | 4 Punkte

2 Handelt es sich hier um einen Zufallsversuch? Begründe.

a) Note in der Klassenarbeit

b) Würfeln mit einem Spielwürfel

c) Werfen einer Münze

2 Gummibärchen werden in eine Schüssel geschüttet. Alex entnimmt eines.

a) Ist das ein Zufallsversuch?

b) Was muss erfüllt sein, damit es ein Laplace-Experiment wird?

3 Punkte | 6 Punkte

3 Eine Münze wird 100-mal hintereinander geworfen. Nach 10 Würfen kam 4-mal, nach 50 Würfen 27-mal und nach 100 Würfen 48-mal „Kopf".

a) Berechne jeweils die relativen Häufigkeiten für „Kopf".

b) Wie hoch ist ungefähr die Wahrscheinlichkeit, mit der Münze „Kopf" zu werfen?

3 Ein Würfel wird 500-mal hintereinander geworfen. Nach 50 Würfen ist die „1" 9-mal, nach 100 Würfen 16-mal, nach 250 Würfen 42-mal und nach 500 Würfen 87-mal gewürfelt worden.

a) Berechne die relativen Häufigkeiten.

b) Wie hoch ist ungefähr die Wahrscheinlichkeit, keine 1 zu werfen?

3 Punkte | 4 Punkte

4 Berechne die Wahrscheinlichkeit, mit einem 6-seitigen Spielwürfel…

a) eine Fünf zu würfeln.

b) keine 2 zu würfeln.

c) eine 8 zu würfeln.

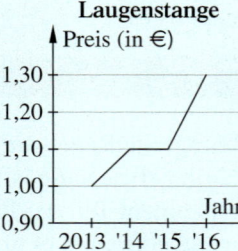

4 Berechne die Wahrscheinlichkeit, mit einem 8-seitigen Spielwürfel…

a) eine gerade Zahl zu würfeln.

b) eine Primzahl zu würfeln.

c) eine Zahl kleiner als 3 zu würfeln.

4 Punkte | 5 Punkte

5 Von den 28 Schülern der 7 c hatten sieben letztes Jahr eine „5" auf dem Zeugnis.

a) Wie viele der 320 Schüler der Schule hatten letztes Jahr vermutlich eine 5?

b) 5 % an der Schule hatten eine „1" auf dem Zeugnis. Auf wie viele Schüler der 7 c trifft das vermutlich zu?

5 Von 357 befragten Mainzern gaben 98 an, nicht in Mainz geboren zu sein.

a) Wie viele der 210 000 Mainzer wurden vermutlich nicht dort geboren?

b) 85 % aller Mainzer kennen den Namen des Bürgermeisters. Auf wie viele Befragte trifft das vermutlich zu?

4 Punkte | 5 Punkte

6 Das Diagramm zeigt den Preis für Laugenstangen.

a) Erkläre, wie hier manipuliert wird.

b) Stelle die Daten als Säulendiagramm dar.

Laugenstange

Preis (in €)

1,30
1,20
1,10
1,00
0,90

2013 '14 '15 '16

Jahr

6 Die Tabelle unten zeigt die Verkaufszahlen für den Schulkalender:

Jahr	'11	'12	'13	'14	'15	'16
St.	450	520	580	590	570	540

a) Stelle die Daten als Diagramm dar.

b) Erkläre, wie man die Darstellung der Verkaufszahlen manipulieren könnte.

Von Termen zu Gleichungen

Hallo Tobi,

hier ist ein kleines Rätsel für dich:
1) Mein Bruder rechts auf dem Foto ist 5 Jahre jünger als ich.
2) Mein kleiner Cousin ist 2 Jahre alt. Er und meine Schwester zusammen sind so alt wie mein Bruder.
3) Mein Vater ist dreimal so alt wie ich.
4) Wenn ich das halbe Alter meines Bruders vom Alter meines Vaters subtrahiere, dann erhalte ich das Alter meiner Mutter.
5) Meine Oma ist so alt wie mein Vater und meine Mutter zusammen.
6) Der Altersunterschied zwischen meinen Großeltern ist derselbe wie der zwischen meinen Eltern.

Viel Spaß beim überlegen,
deine Clara

PS: Du weißt nicht mehr, wie alt ich bin?? Ein Tipp: Ich gehe in die 7. Klasse und mein Alter gehört zu den Primzahlen!

Noch fit?

Einstieg

1 Zahlenfolgen
Ergänze um drei weitere Zahlen.
Formuliere jeweils eine Regel.
a) 17; 34; 51; 68; …
b) 1; 3; 5; 7; …
c) 200; 195; 190; …
d) 4; 9; 14; 19; …

2 Einfache Gleichungen
Setze jeweils eine geeignete Zahl ein.
a) $17 + \blacksquare = 32$
b) $\blacksquare \cdot 12 = 48$
c) $53 - \blacksquare = 37$
d) $57 : \blacksquare = 19$
e) $\blacksquare - 45 = 55$

3 Addieren und Subtrahieren
Schreibe eine Aufgabe und löse sie.
a) Addiere die Zahlen 54 und 226.
b) Bilde die Differenz aus 37 und 17.
c) Der erste Summand ist 527, der Wert der Summe ist 617. Gesucht ist der zweite Summand.
d) Der Wert der Differenz ist 36, der Minuend ist 47. Wie lautet der Subtrahend?

4 Rechenregeln
Ergänze die Regeln zum Rechnen mit Brüchen im Heft.
a) Brüche werden addiert oder subtrahiert, indem man …
b) Zwei Brüche werden multipliziert, indem man …
c) Man dividiert eine Zahl durch einen Bruch, indem man …

5 Rechnen mit Brüchen
a) $\frac{2}{3} + \frac{4}{5}$　　b) $3 - \frac{2}{7}$　　c) $-\frac{3}{5} - \frac{5}{6}$
d) $\frac{5}{6} \cdot \frac{18}{25}$　　e) $\frac{3}{4} \cdot \left(-\frac{5}{6}\right)$　　f) $\frac{12}{7} : \frac{36}{77}$

Aufstieg

1 Zahlenfolgen
Ergänze um drei weitere Zahlen.
Formuliere jeweils eine Regel.
a) 1; 4; 9; 16; 25; …
b) 1; 3; 6; 10; 15; …
c) $\frac{1}{2}$; $\frac{1}{4}$; $\frac{1}{8}$; $\frac{1}{16}$; …
d) $\frac{1}{4}$; $\frac{1}{2}$; 1; 2; …

2 Einfache Gleichungen
Setze jeweils eine geeignete Zahl ein.
a) $120 - \blacksquare = 65$
b) $63 : \blacksquare = 7$
c) $\blacksquare \cdot 8 = 56$
d) $47 - 3 \cdot \blacksquare = 41$
e) $12 + \blacksquare : 6 = 21$

3 Addieren und Subtrahieren
Schreibe eine Aufgabe und löse sie.
a) Der erste Summand ist 158, der zweite Summand ist um 50 größer als der erste Summand. Berechne die Summe.
b) Der Wert der Differenz ist 148, der Subtrahend ist 60. Berechne den Minuenden.
c) Der Wert der Summe beträgt 1 328. Beide Summanden sind gleich groß.

5 Rechnen mit Brüchen
a) $\frac{8}{5} : \frac{12}{15}$　　b) $\frac{2}{3} + \frac{4}{7} \cdot \frac{14}{8}$　　c) $\frac{9}{8} - \frac{3}{4} : \frac{1}{2}$
d) $\frac{1}{3} : \frac{1}{4} \cdot \frac{4}{6}$　　e) $\frac{4}{3} - \frac{2}{3} \cdot \frac{7}{4}$　　f) $\frac{7}{5} : \frac{2}{3} \cdot \frac{1}{4}$

6 Berechnungen am Rechteck
Übertrage die Tabelle in dein Heft und ergänze sie.

Länge a	Breite b	Umfang des Rechtecks	Flächeninhalt des Rechtecks
4 cm	3,5 cm		
7,5 dm	1,5 dm		
7 cm		22 cm	
	6 cm		102 cm^2

Lösungen ab Seite 200

Variablen und Terme

1 Auf der Tafel sind Aussagen und Terme angeheftet.

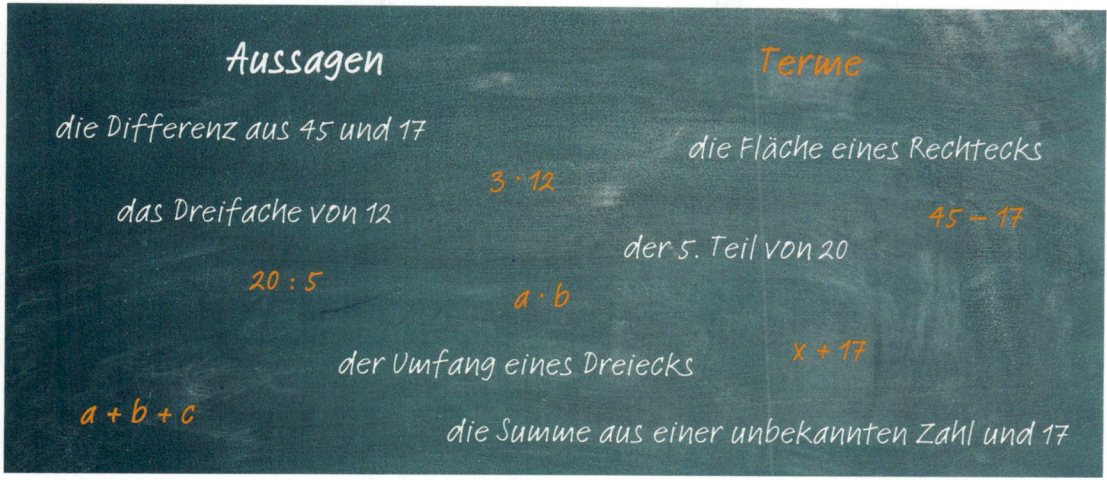

Aussagen

die Differenz aus 45 und 17

das Dreifache von 12

$3 \cdot 12$

$20 : 5$

$a \cdot b$

der Umfang eines Dreiecks

$a + b + c$

Terme

die Fläche eines Rechtecks

$45 - 17$

der 5. Teil von 20

$x + 17$

die Summe aus einer unbekannten Zahl und 17

a) Ordne jeder Aussage den passenden Term zu.
b) Welche Terme haben Platzhalter? Was kann man für die Platzhalter einsetzen?
c) Bilde vier weitere zusammengehörende Paare.

2 🐵🐵 Im Buchstabendschungel

Ihr braucht: den Spielplan, einen Würfel und je Mitspieler einen Spielstein.
– Beginnt auf dem Startfeld.
– Wer an der Reihe ist, würfelt. Beachte den Rechenausdruck, auf dem du stehst. Setze die gewürfelte Augenzahl anstelle von x ein und berechne.
– Ist das Ergebnis positiv, ziehe die entsprechende Anzahl der Felder vor. Bei einem negativen Ergebnis gehe entsprechend zurück. Bei 0 bleibst du stehen.
– Kommst du auf ein hellgrünes Feld mit Liane, kletterst du hoch; kommst du auf ein oranges Lianenfeld, rutschst du herunter.

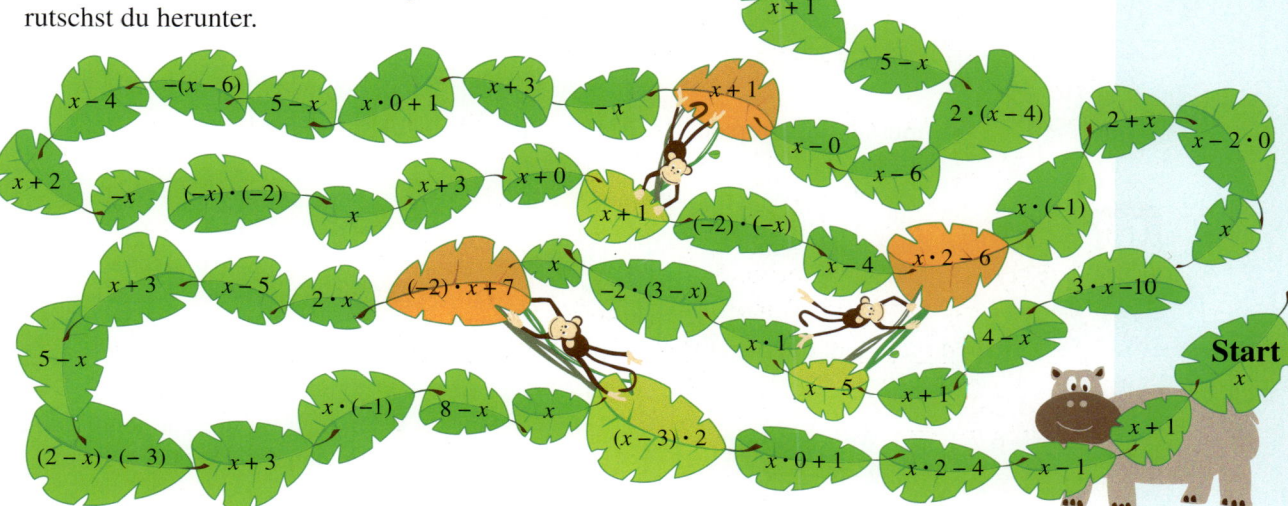

Verstehen

Nico darf sich zum Geburtstag ein Handy aussuchen.
Die laufenden Kosten muss er aber selbst tragen.
Seine Schwester hilft ihm, zwei Angebote zu vergleichen.

PREPAID	
pro SMS	0,19 €
Telefonieren (pro Minute):	0,15 €

BASIS	
monatliche Grundgebühr	8 €
SMS Flatrate	5 €
Telefonieren (pro Minute):	0,07 €

Wie viele SMS schreibst du denn jeden Monat? Und wie viele Minuten telefonierst du?

Hm, das weiß ich doch nicht so genau.

Nicos Schwester hat eine Idee und schreibt auf ein Blatt:

„Prepaid"		„Basis"	
		monatl. Grundgebühr:	8 €
SMS:	0,19 € · ◆	Flatrate SMS (monatl.):	5 €
Telefonminuten:	0,15 € · ●	Telefonminuten:	0,07 € · ●
insgesamt:		insgesamt:	
	$0,19 \cdot ◆ + 0,15 \cdot ●$		$13 + 0,07 \cdot ●$

Super!
Jetzt kann ich statt ◆ und ● verschiedene Zahlen einsetzen und berechnen, wie viel ich dann zahlen müsste.

Ein Platzhalter, für den man verschiedene Zahlen oder Größen einsetzen kann, heißt **Variable**.
Statt Zeichen wie ■, ▲, ◆ oder ● verwendet man für Variablen meist kleine Buchstaben, z. B. a, b, c oder auch x, y, z.

BEACHTE
„13 –" oder „x +" sind **keine** Terme.

Beispiel 1 Terme:
12; m; $12 + 3$; $27 : 9$; y^2; $2 - (r + s)$
$13 + 0,07 \cdot y$ (der Tarif „Basis")

Merke Eine sinnvolle Verbindung von Variablen, Zahlen und Rechenzeichen heißt **Term** (Rechenausdruck).

... pro Monat 30 SMS und 60 Minuten, also:
$x = 30$ und $y = 60$

„Prepaid"	„Basis"
$0,19 \cdot x + 0,15 \cdot y$	$13 + 0,07 \cdot y$
$0,19 \cdot 30 + 0,15 \cdot 60 =$	$13 + 0,07 \cdot 60 =$
$= \quad 5,7 \quad + \quad 9 \quad = 14,7$	$= 13 + \quad 4,2 \quad = 17,2$

Nico müsste für „Prepaid" 14,70 € und für „Basis" 17,20 € bezahlen.

... vielleicht 45 SMS und 100 Minuten, also:
$x = 45$ und $y = 100$

„Prepaid"	„Basis"
$0,19 \cdot x + 0,15 \cdot y$	$13 + 0,07 \cdot y$
$0,19 \cdot 45 + 0,15 \cdot 100 =$	$13 + 0,07 \cdot 100 =$
$= \quad 8,55 \quad + \quad 15 \quad = 23,55$	$= 13 + \quad 7 \quad = 20$

In diesem Fall müsste er für „Prepaid" 23,55 € und für „Basis" 20 € bezahlen.

Beispiel 2
$2 \cdot y - 6$
mit $y = \frac{1}{2}$

Wert des Terms:
$2 \cdot \frac{1}{2} - 6 = 1 - 6 = -5$

Merke Wenn man für die Variablen Zahlen einsetzt, kann man den **Wert des Terms** bestimmen.

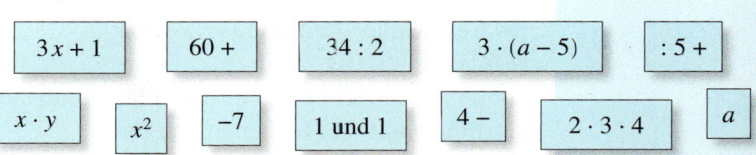

Üben und anwenden

1 Ergänze die Tabelle im Heft.

kein Term	reiner Zahlen-Term	Term mit Variablen
1 und 1		$3x + 1$

$3x + 1$ ⁓ $60 +$ ⁓ $34 : 2$ ⁓ $3 \cdot (a - 5)$ ⁓ $: 5 +$

$x \cdot y$ ⁓ x^2 ⁓ -7 ⁓ 1 und 1 ⁓ $4 -$ ⁓ $2 \cdot 3 \cdot 4$ ⁓ a

2 Terme bilden
a) Bilde aus diesen Zahlen und Variablen mehrere Additionsterme.
b) Bilde aus den Zahlen und Variablen Subtraktionsterme.
c) 👥 Habt ihr zusammen alle Terme gefunden? Begründet.

$\frac{1}{2}$ 4 $1,8$ $-0,3$ a k -7 $3\frac{1}{3}$ f d

2 Terme bilden
a) Bilde aus diesen Zahlen und Variablen mindestens zehn Terme. Nutze dabei alle Rechenzeichen und auch Klammern.
b) 👥 Habt ihr zusammen alle Terme gefunden? Begründet.

3 Berechne den Wert des Terms $4 \cdot x$.
Beispiel $x = 3$ ergibt $4 \cdot 3 = 12$
a) $x = 5$ b) $x = 25$ c) $x = 0,7$
d) $x = -3,5$ e) $x = 2,7$ f) $x = -1\frac{1}{2}$

3 Berechne den Wert des Terms $2 \cdot a + 4$.
a) $a = 1$ b) $a = 2$ c) $a = -2$
d) $a = 13$ e) $a = 24$ f) $a = 0$
g) $a = -0,4$ h) $a = -1\frac{3}{4}$ i) $a = -0,245$

4 Übertrage die Tabelle in dein Heft und berechne die Werte der Terme.

x	0	1	2	5	−3	0,5
$x + 10$		11				
$x + 2,5$						
$8 \cdot x$					−24	
$3 \cdot x$						
$x - 5$				0		
$17 - x$						
$x : 2$						

4 Übertrage in dein Heft und berechne.

a)

x	4	6		9		48
$x + 28$			35		42	

b)

x	25		32		100	
$x - 16$		14		34		100

c)

x			5		11	17
$5 \cdot x$	15		35		65	

d)

x		3	4			12
$144 : x$	−72		24	18		

5 Überprüfe, ob der Term richtig ist. Berichtige falsche Terme im Heft.
a) die Summe aus einer Zahl und 5: $x + 5$
b) das Produkt aus einer Zahl und 7: $x \cdot 7$
c) der 12. Teil einer Zahl: $12 : x$
d) die Differenz aus 20 und einer Zahl: $20 - x$
e) die Hälfte einer Zahl: $x : 2$
f) das Doppelte einer Zahl, vermehrt um 7:
   $2 \cdot x - 7$

5 Schreibe als Term. Nutze als Variable x.
a) die Summe aus einer Zahl und 35
b) das Siebenfache einer Zahl
c) der 3. Teil einer Zahl
d) die Differenz aus 17 und einer Zahl
e) 10 geteilt durch eine Zahl
f) die Summe aus dem Doppelten einer Zahl und 15

6 Welche Terme beschreiben den Umfang des Rechtecks?
a) $2 \cdot a + b$ b) $a + b + a + b$
c) $a \cdot b$ d) $a + a + b + b$
e) $2 \cdot a + 2 \cdot b$ f) $2 \cdot (a + b)$

a
b □ b
a

6 Schreibe den Term jeweils mit Worten.
a) $x + 3$ b) $x : 4$
c) $8 \cdot x$ d) $17 - x$
e) $100 : x$ f) $x + x + 3$
g) $x : 2$ h) $5 \cdot x - 3 \cdot x$

7 In einem Eiscafé kostet eine Kugel Eis 90 Cent. Sahne und Streusel kosten je 40 Cent.
Stelle jeweils einen Term für die abgebildeten Portionen auf und berechne den Preis.

a)

+ Sahne

b)
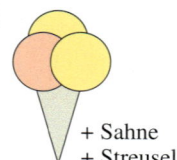
+ Sahne
+ Streusel

c)

+ Streusel

d)
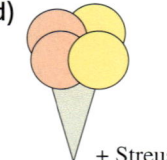
+ Streusel

7 Umfang
a) Stelle jeweils einen Term für den Umfang der Figur auf.
b) Setze für die Variablen folgende Zahlen ein und berechne den Umfang:
$x = 2{,}5$ cm; $a = 17$ m; $y = 0{,}75$ cm

① ② ③
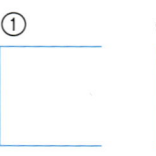
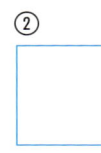
x

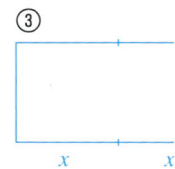
x x x

④ ⑤ ⑥
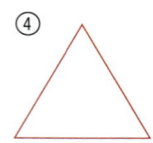
a

y

y

8 Vier Freunde besuchen die Lautrer Kerwe in Kaiserslautern.
Beispiel Henry fährt 3-mal mit den Boxautos, 1-mal auf dem Riesenrad und 2-mal Achterbahn. Er berechnet die Kosten:
$3 \cdot b + 1 \cdot r + 2 \cdot a = 3 \cdot 2 + 1 \cdot 5 + 2 \cdot 4 = 19$, also 19 €

a) Lea will 3-mal aufs Kettenkarussell und 1-mal Achterbahn fahren.
   Schreibe zunächst als Term, dann rechne aus.
b) Kim schreibt diesen Term auf: $2 \cdot r + 3 \cdot a + k$
   Welche Fahrgeschäfte hat er wie oft besucht?
   Was muss er zahlen?
c) Yasmin möchte ihre 20 € Kirmesgeld so ausgeben, dass sie alle Fahrgeschäfte mindestens 1-mal besucht.
d) Finde 3 unterschiedliche Möglichkeiten genau 25 € auszugeben.
e) Was würdest du am liebsten besuchen?
   Stelle einen Term auf und berechne.

Achterbahn (a)   4 Euro
Boxautos (b)   2 Euro
Kettenkarussell (k)   2,50 Euro
Riesenrad (r)   5 Euro

9 Die neue Mathematiklehrerin stellt sich vor.

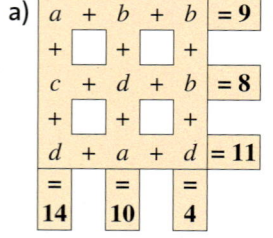

Steckbrief
Alter: $15 \cdot x - 65$
Anzahl der Kinder: $x - 4$
Schuhgröße: $3 \cdot (x + 6)$
Telefonnummer: $999 \cdot x + 123456$
x ist um 2 kleiner als die größte einstellige Ziffer.

Schreibe einen Steckbrief über dich.
👥 Gebe ihn einer Partnerin oder einem Partner zum Lösen.

9 Ersetze die Variablen so durch Zahlen, dass in jeder Zeile das Ergebnis die außen stehende Zahl ist und dass in jeder Spalte das Ergebnis die unten stehende Zahl ist.
Gleiche Variablen bedeuten gleiche Zahlen.

a)
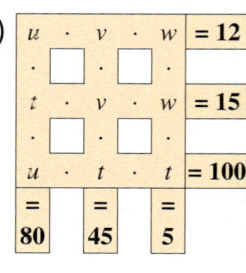

a +	b +	b	= 9
+	+	+	
c +	d +	b	= 8
+	+	+	
d +	a +	d	= 11
=	=	=	
14	10	4	

b)
$u \cdot$	$v \cdot$	w	= 12
$\cdot$	$\cdot$	$\cdot$	
$t \cdot$	$v \cdot$	w	= 15
$\cdot$	$\cdot$	$\cdot$	
$u \cdot$	$t \cdot$	t	= 100
=	=	=	
80	45	5	

Terme vereinfachen

Entdecken

1 Streichholzfiguren

a) Gib den Umfang der Figuren als Term an. Bezeichne eine Streichholzlänge mit s.

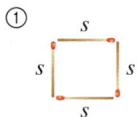 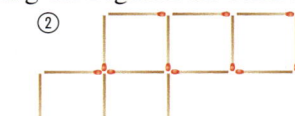 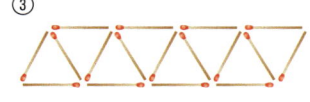 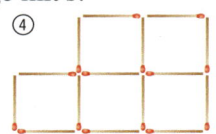

b) Zeichne oder lege weitere Figuren und bestimme den Umfangsterm.

c) Finde Streichholzfiguren, die nur aus Quadraten bestehen, mit Umfangstermen von:
   $6 \cdot s$; $8 \cdot s$; $10 \cdot s$; $12 \cdot s$; $14 \cdot s$.

d) Gibt es Streichholzfiguren, die nur aus Quadraten bestehen, die einen Umfangsterm mit ungeradem Faktor vor s haben (z. B. $5 \cdot s$; $7 \cdot s$; $9 \cdot s$)? Prüfe nach.

2 Betrachte die folgenden Figuren.

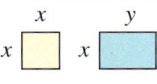 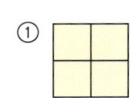 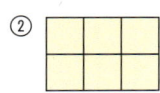 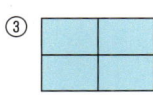 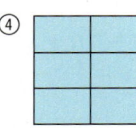

HINWEIS
Schreibe in
Aufgabe 2a)
wie folgt:
① $u = \ldots$

a) Gib jeweils einen möglichst einfachen Term für den Umfang der abgebildeten Figuren an.

b) Die folgenden Terme geben die Flächeninhalte der Figuren an.
   Ordne jeder Figur mindestens einen Term zu.

$2x \cdot 2x$	$(x+x) \cdot (x+x+x)$	$4x \cdot x$
$6x^2$	$4x^2$	$(x+x) \cdot (x+x)$	$2x \cdot 3x$

$2x \cdot 2y$	$6xy$	$4xy$	$3x \cdot 2y$
$3xy + 3xy$	$(x+x) \cdot (y+y)$	$2xy + 2xy$

c) 👥 Vergleicht eure Zuordnungen. Für die Figuren gibt es mehrere Terme, die aber gleichwertig sind. Formuliert Rechenregeln, wie man Terme vereinfachen kann.
   Notiert die Regeln auf einer Folie oder einem Plakat und präsentiert sie.

3 Die Firma Hell beginnt bereits im Mai mit der Herstellung von Weihnachtsbeleuchtungen. Das Modell „Weihnachtsbaum" ist aus einem Leuchtschlauch hergestellt und wird in verschiedenen Größen angeboten.

a) Beschreibe mit eigenen Worten, in welchem Größenverhältnis die anderen Längen zur „Dicke des Stamms" x stehen.

b) Gib die Gesamtlänge des Leuchtschlauches mithilfe der Variablen x an.

c) Rechne mit deinem Term aus, wie lang der Leuchtschlauch insgesamt sein muss, wenn der „Stamm" eine Dicke von $x = 10\,\text{cm}$ haben soll.

d) Wie dick muss der Stamm sein, wenn man den Baum aus genau 4,55 m Leuchtschlauch herstellen möchte?

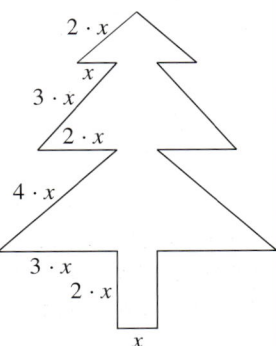

Verstehen

Akin und Max haben Terme für den Umfang des Rechtecks und Quadrats aufgestellt.

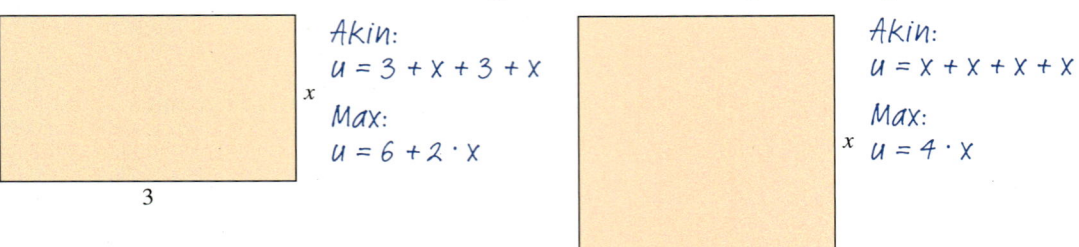

Akin:
$u = 3 + x + 3 + x$

Max:
$u = 6 + 2 \cdot x$

Akin:
$u = x + x + x + x$

Max:
$u = 4 \cdot x$

Merke Beim **Addieren und Subtrahieren** kann man gleiche Variablen zusammenfassen. Eine Variable, die alleine steht, hat immer als gedachte Vorzahl eine 1. Unterschiedliche Variablen dürfen nicht addiert bzw. subtrahiert werden.

Beispiel 1

$x + x + x = 3 \cdot x = 3x$ aber: $2x + 3y$ kann nicht weiter zusammengefasst werden
$5a + a = 5a + 1a = 6a$
$c - 4 \cdot c = 1c - 4c = -3c$

Beachte beim Vereinfachen von Termen:
– Treten verschiedene Variablen auf, werden sie alphabetisch sortiert.
– Das Rechenzeichen vor einer Variable musst du beim Sortieren mitnehmen.
– Kennzeichne gleiche Variablen durch unterstreichen. Es hilft dir beim Rechnen.

Beispiel 2

a) $3a - 2b + 5a + 6b + 2a$ *1. markieren*   b) $x + y - x - 2y$
 $= 3a + 5a + 2a - 2b + 6b$ *2. ordnen* $= 1x - 1x + 1y - 2y$
 $= 10a + 6b$ *3. zusammenfassen* $= 0x - 1y = -y$

Akin und Max haben Terme für den Flächeninhalt des Quadrats und Rechtecks aufgestellt.

Akin:
$A = x \cdot x$

Max:
$A = x^2$

Akin:
$A = (x + 5) \cdot x$

Max:
$A = x^2 + 5x$

$x + 5$

Merke Beim **Multiplizieren** kann man die Reihenfolge der Faktoren vertauschen. Gleiche Faktoren kann man zu einer **Potenz** zusammenfassen.

Beispiel 3

a) $x \cdot 5$ b) $2x \cdot 7$ c) $3a \cdot 4b$ d) $a \cdot a \cdot a$ e) $c \cdot 3d \cdot 4c$
 $= 5 \cdot x$ $= 2 \cdot 7 \cdot x$ $= 3 \cdot 4 \cdot a \cdot b$ $= a^3$ $= 3 \cdot 4 \cdot c \cdot c \cdot d$
 $= 5x$ $= 14 \cdot x$ $= 12ab$ $= 12c^2 d$

Üben und anwenden

1 Fasse zusammen.

a) $a + a + a$

b) $y + y + y + y + y$

c) $e + e + e + e + e + e + e$

d) $m + m + m - m$

e) $-x - x - x$

f) $a + b + a + a$

1 Ordne die Variablen und fasse zusammen.

a) $z + z + z + z + z + z$

b) $a + b + b + a + b$

c) $x + y + x + x + y + x$

d) $m + n - m + m + n + m - n$

e) $f + e + g + e + g + e$

f) $c - d - d + c + c - d - c$

---

2 Fasse zusammen.

a) $5a + a$ b) $7x - x$

c) $10y - 2y$ d) $z - 7z$

e) $12b + b - 9b$ f) $-3x - 4x - x$

2 Sortiere alphabetisch und fasse zusammen.

a) $5x - 7y - y + x$ b) $2f - 12g - 5g + f$

c) $-a - 2z + 3a - z$ d) $5m - n - n - 3n$

e) $8b + 7c + 2d - b - 4c - 5b - 2d$

---

3 Vereinfache die Terme so weit wie möglich.

a) $4a + 3 + 7a$

b) $25 - 4y - 10 + 7y$

c) $5x + 6 - 8x - 3 + 12x$

d) $18b - 12 + 9b + 17 - b$

3 Vereinfache die Terme so weit wie möglich.

a) $7a + 12b + 10a + 13b - 4b$

b) $17a + 19b + 26c + 4$

c) $0,5a + 1,3b + 2,8a$

d) $a + a + 2 \cdot 3b$

---

4 Je zwei Kärtchen gehören zueinander. Finde die Paare.

$x + 8x$ $2x + 9x$ $x + 5x + x$

$x + 5x + 6x$ $15x - 5x$

$4x \cdot 2$ $14x - 9x + 2x + x$

$12x - x - 4x$ $4 \cdot 3x$ $13x - 4x$

$20x - 9x$ $3x + 7x$

4 Welche Terme haben den gleichen Wert?

$a + 12b + 18a - 2b + c - 8b - c$ 0

$a - b$ $3,5b + 7a - 3\frac{1}{2}b - 7a$

$4b + 7a$

$\frac{1}{4}a + \frac{1}{8}a + a - \frac{3}{8}a + b$

$3b + 7a + 4 - 2b + 3b - 4$

$\frac{1}{4}a - \frac{1}{5}b + \frac{3}{4}a + \frac{1}{5}b$

$19a + 2b$ a $a + b$

---

5 Schreibe als Potenz.

a) $3 \cdot 3 \cdot 3 \cdot 3 \cdot 3 \cdot 3$

b) $x \cdot x \cdot x \cdot x \cdot x \cdot x \cdot x$

c) $5 \cdot k \cdot k \cdot k$

d) $a \cdot b \cdot b \cdot a \cdot b$

5 Verwende die Potenzschreibweise.

a) $y \cdot y \cdot y \cdot y \cdot y \cdot y \cdot y \cdot y$

b) $x \cdot 4 \cdot x \cdot 3 \cdot x$

c) $a^2 \cdot a \cdot a$

d) $a \cdot b \cdot b \cdot c \cdot b \cdot a$

---

6 Vereinfache die Produkte.

a) $b \cdot b$ b) $z \cdot z \cdot z \cdot z$

c) $4 \cdot 5a$ d) $12x \cdot 3$

e) $0,5a \cdot 8b$ f) $25f \cdot 5g$

g) $4a \cdot 2a$ h) $13x \cdot 7x$

i) $2x \cdot 3x \cdot 4x$ j) $14y \cdot 2y \cdot y$

6 Vereinfache die Produkte.

a) $r \cdot r \cdot r \cdot r \cdot r$ b) $b \cdot a \cdot b$

c) $y \cdot x \cdot y \cdot x \cdot x$ d) $z \cdot z \cdot v \cdot z \cdot z$

e) $3a \cdot 17b \cdot 5a$ f) $12x \cdot 3y \cdot 5y$

g) $0,1m \cdot 3x^2 \cdot 6m$ h) $4y^2 \cdot 3x^2 \cdot 2a$

i) $20a \cdot 3b^2 \cdot 5a$ j) $a \cdot 7b \cdot 2a \cdot 25b$

7 Fasse so weit wie möglich zusammen. Achte auf die Regel „Punkt- vor Strichrechnung".
Beispiel $9 - 4 \cdot 2x = 9 - 8x$
a) $2 + 3 \cdot 2a$
b) $4y \cdot 5 + 3$
c) $10c - 4 + 5c$
d) $8 + 12x : 2$
e) $38x : 2x + 4$
f) $18 - 3x \cdot 10 - 9$

7 Fasse so weit wie möglich zusammen. Achte auf die Regel „Punkt- vor Strichrechnung".
a) $7x \cdot 3 + 3$
b) $16 + 32y : 8$
c) $25e : 5e - 4$
d) $2 \cdot 3a \cdot 4 + 5$
e) $63x - 7 \cdot 9x$
f) $24 - 9b \cdot 3 + 3$
g) $12mn + 3m \cdot 4n$
h) $14x^2 : 7x - 21$

8 Jo und Carina haben noch Probleme beim Vereinfachen der Terme. Erkläre ihnen, welche Fehler sie gemacht haben.

$13x + 18x = 21x$
$6y + 5 = 11y$
$9b - 7 = 2b$
$m + 7m + 5 = 7m + 5$

$9a \cdot 8b = 17ab$
$a \cdot a \cdot a = 3a$
$x + x + x + x = x^4$

8 Jo und Carina haben noch Probleme beim Vereinfachen der Terme. Erkläre ihnen, welche Fehler sie gemacht haben.

$20a + 20b = 20ab$
$-12x - 13x = 25x$
$30x + 6y = 36y$

$7x \cdot 3x = 21x$
$12a^2 \cdot 4a = 48a^2$
$2a \cdot 4b \cdot 3a = 24a^2b^2$
$12a + 12b = 12ab$

9 Was musst du jeweils zum Term addieren, um $10x + 15$ zu erhalten?
Beispiel $9x + 11 + \underline{x + 4} = 10x + 15$

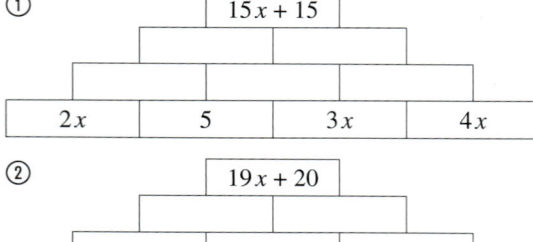

| $9x + 11$ | $11 + 2x$ | $7x$ |
| $20x + 11$ | $x - 3$ | $2x + 5$ |

9 Welche dieser Terme musst du addieren, um den Term $\frac{9}{10}x + \frac{14}{15}y$ zu erhalten? Schreibe die Addition auf.

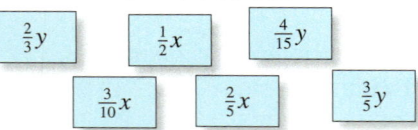

| $\frac{2}{3}y$ | $\frac{1}{2}x$ | $\frac{4}{15}y$ |
| $\frac{3}{10}x$ | $\frac{2}{5}x$ | $\frac{3}{5}y$ |

10 Ergänze die Termmauern, indem du jeweils die zwei benachbarten Terme addierst.

①

| | $15x + 15$ | | |
| $2x$ | 5 | $3x$ | $4x$ |

②

| | $19x + 20$ | | |
| $x + 2$ | $3x$ | $3x + 4$ | 6 |

10 Ergänze die Termmauern der Addition.

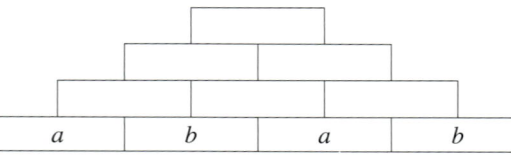

| a | b | a | b |

a) Welche Zahl ergibt sich an der Spitze, wenn man für $a = 5$ und $b = 7$ einsetzt?
b) Martin behauptet, dass die Zahl an der Spitze immer durch 4 teilbar ist. Überprüfe seine Behauptung.

ZU AUFGABE 11
Bei magischen Quadraten ist die Summe in den Zeilen, Spalten und Diagonalen gleich (hier 12).

1	6	5
8	4	0
3	2	7

11 Stelle zwei verschiedene Terme für die Summe der Kantenlängen des Quaders auf.

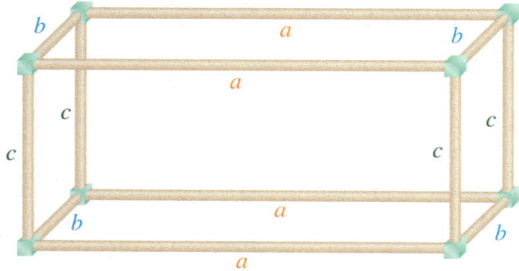

11 Magisches Quadrat
a) Ist es ein magisches Quadrat?
b) Denke dir Zahlen für a, b und c aus und setze sie ein.
👥 Ratet gegenseitig, welche Zahlen ihr eingesetzt habt.

$a + b$	$a - b - c$	$a + c$
$a - b + c$	a	$a + b - c$
$a - c$	$a + b + c$	$a - b$

Terme aufstellen

Entdecken

1 Terme werden oft mit Worten beschrieben und müssen dann in die mathematische Sprache übersetzt werden.

| zu einer Zahl 2 addieren | eine Zahl vermindert um 6 | 5 durch eine Zahl dividieren |

| das Produkt aus 3 und einer Zahl | 4 von einer Zahl subtrahieren |

| eine Zahl um 8 vermehren | die Differenz aus 6 und einer Zahl |

| eine um 5 vergrößerte Zahl | der Quotient aus einer Zahl und 3 | das Doppelte einer Zahl |

| die Summe aus 3 und einer Zahl | 4 mit einer Zahl multiplizieren |

| von einer Zahl 7 abziehen | die Hälfte einer Zahl | eine Zahl verdreifachen |

a) Stelle zu jedem Kärtchen einen passenden Term auf.

b) 🐾 An welchen Begriffen habt ihr erkannt, dass ihr addieren, subtrahieren, multiplizieren bzw. dividieren musstet? Legt ein Begriffs-Lexikon an oder fertigt ein Lernplakat an.

2 👥 Stellt zu jedem der Körper einen Term auf, mit dem man sein Volumen bestimmen kann.

NACHGEDACHT
Wie kann man die Oberfläche der Würfel-bauten geschickt bestimmen?

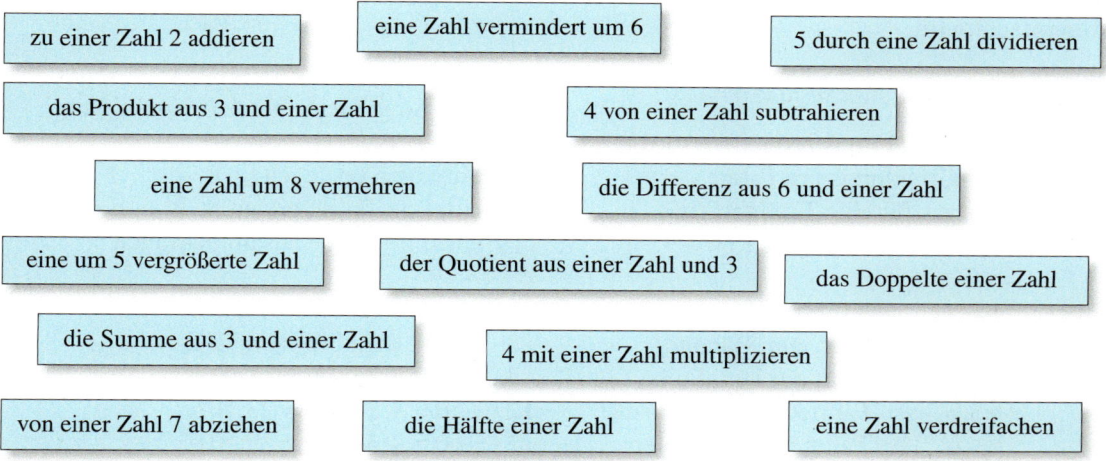

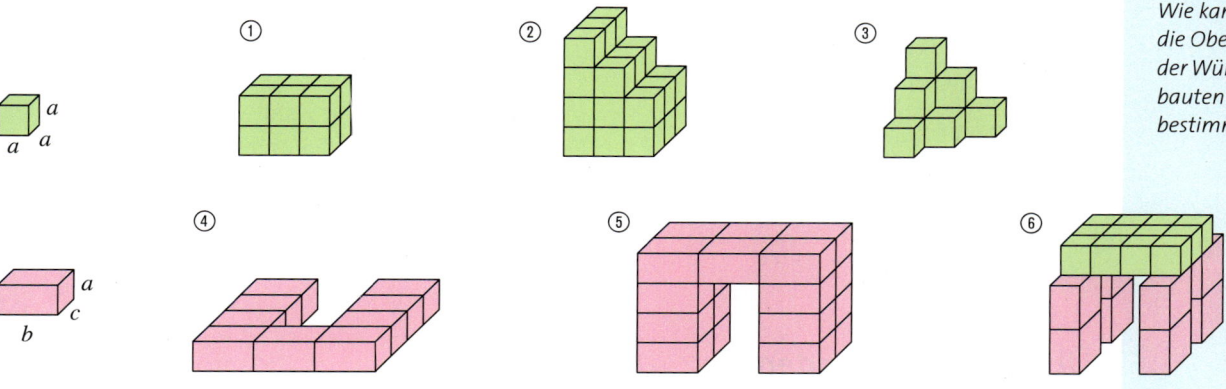

3 In einem dreistöckigen Haus wohnen im 1. Stockwerk doppelt so viele Personen wie im Erdgeschoss. Im 2. Stockwerk wohnen doppelt so viele Personen wie im 1. Stockwerk.

a) Wie viele Personen würden in dem Haus wohnen, wenn im Erdgeschoss 6 Personen wohnen?

b) Kann es sein, dass 21 Personen in dem Haus wohnen?

c) Gib weitere Gesamtzahlen der Hausbewohner an, die zu der oben genannten Regel passen würden.

d) Gib einen Term für die Gesamtzahl der Bewohner des Hauses an.

e) Erfinde eine ähnliche Geschichte für die folgenden Terme:

① $2x + 4x + 5$ ② $0{,}5x + x + 5x$

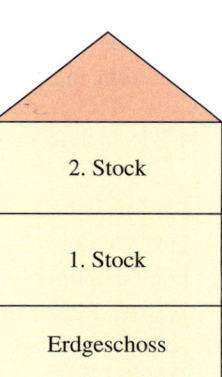

Verstehen

Carolins älterer Bruder Philipp jobbt während der Sommerferien in einer Taxizentrale.
Bei telefonischer Taxibestellung wird häufig nachgefragt, wie teuer Fahrten zu bestimmten Zielen sind.
Deshalb legt Philipp einen Term an, mit dem die Berechnung vereinfacht wird.

Grundpreis   3,90 €
Preis pro km   5,40 €

TAXI

① Länge der Fahrstrecke in km: x

② Anzahl km mal Preis pro km: $x \cdot 1{,}60$
   dazu der Grundpreis pro Fahrt: 3,90

③ Gesamtpreis für eine Taxifahrt (in €):
                                $x \cdot 1{,}60 + 3{,}90$

Merke So gehst du bei der Termbildung vor:
① Variablen festlegen (z. B. a; x; y)
② einzelne Terme bilden (z. B. 6 a; $x + 2$)
③ einzelne Terme zusammenfügen

Ab Stadtmitte zu häufigen Zielen:
Bahnhof ....3 km
Uniklinik .... 5 km
Freizeitpark ....12 km
Flughafen ....22 km

Philipp rechnet nun so:
Fahrt zum Bahnhof:
Fahrt zur Uniklinik:
Fahrt zum Freizeitpark:
Fahrt zum Flughafen:

$3 \cdot 1{,}60 € + 3{,}90 € = \;8{,}70 €$
$5 \cdot 1{,}60 € + 3{,}90 € = 11{,}90 €$
$12 \cdot 1{,}60 € + 3{,}90 € = 23{,}10 €$
$22 \cdot 1{,}60 € + 3{,}90 € = 39{,}10 €$

Beispiel 1
Subtrahiere vom Dreifachen einer Zahl 25.

① „eine Zahl" x

② „Dreifaches der Zahl" $3 \cdot x$
   „subtrahiere 25" $- 25$

③ Gesamtterm: $3 \cdot x - 25$

Beispiel 2
Addiere zur Hälfte einer Zahl das 5-Fache einer anderen Zahl.

① „eine Zahl" x
   „eine andere Zahl" y

② „die Hälfte der Zahl" $\frac{1}{2}x$
   „das 5-Fache der anderen Zahl" $5y$

③ Gesamtterm: $\frac{1}{2}x + 5y$

Üben und anwenden

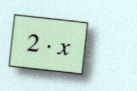
$2 \cdot x$

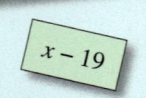
$x \cdot 1{,}40 + 2{,}20$

$x - 19$

***ZU AUFGABE* 1**
Finde Aussagen zu den übrigen Termen.

1 Welcher Term beschreibt die Aussage? Wofür steht in dem Term die Variable?

 $x + 2$ $1{,}40 + x \cdot 2{,}20$ $19 \cdot x$

a) Paul ist 19 Jahre jünger als Max.
b) Die Katze ist 2 Jahre älter als mein Hund.
c) Die Grundgebühr für eine Taxifahrt beträgt 2,20 €. Man zahlt 1,40 € pro Kilometer.
d) Jede Rose kostet 2,20 €, der Versand kostet 1,40 €.

1 Finde jeweils einen passenden Term mit einer oder mit zwei Variablen.
Wofür stehen dabei die Variablen?
a) Der Eintritt ins Schwimmbad kostet für Kinder 1,40 €, für Erwachsene 2,20 €.
b) Das Kantenmodell eines Würfels lässt sich aus 12 gleich langen Drahtstücken bauen.
c) Jedes Foto im Format 13 cm × 18 cm kostet 0,39 €. Der Versand kostet 2,20 €.
d) kleine Pizza 3,50 €   große Pizza 7 €
   Lieferung (in der Stadt)   2,50 €

2 Schreibe als Term.
a) Addiere 4 zu einer Zahl.
b) Subtrahiere eine Zahl von 20.
c) Dividiere eine Zahl durch 6.
d) Nimm die Hälfte einer Zahl.
e) Vermindere eine Zahl um 13.
f) Multipliziere eine Zahl mit 4.
g) Setze bei a)–f) die unbekannte Zahl gleich 30. Berechne jeweils.

3 Frau Greta spricht über ihre Familie in Rätseln. Übersetze ihre Aussagen in Terme.
a) Benutze für das Alter von Frau Greta x.
  ① Mein Mann ist 2 Jahre älter als ich.
  ② Mein Vater ist doppelt so alt wie ich.
  ③ Meine Tochter ist halb so alt wie ich.
  ④ Mein Sohn ist 26 Jahre jünger als ich.
  ⑤ Ich bin 10-mal so alt wie meine Katze.
  ⑥ Wenn ich mein Alter verdopple und 5 addiere, so erhalte ich das Alter meiner Mutter.
b) Frau Greta ist 28 Jahre oder 40 Jahre alt. Berechne für beide Fälle das dazu passende Alter ihrer Familienangehörigen. Welches Alter passt besser zu Frau Greta?

4 Der Eintritt in einen Freizeitpark kostet 5 €. Für jede Karussellfahrt zahlt man zusätzlich 1,20 €.
a) Gib einen Term an, mit dem man die Gesamtkosten für x Karussellfahrten berechnen kann.
b) Berechne mit dem Term aus a), was die Kinder insgesamt ausgegeben haben.
  Aileen: 6 Fahrten;   Moritz: 12 Fahrten;
  Nicole: 8 Fahrten;   Sabine: 10 Fahrten

5 Die Kanten eines Tisches sollen mit einer Schmuckleiste beklebt werden.
a) Stelle einen Term für die Gesamtlänge auf.
b) Berechne für $x = 0,65\,$m und $y = 1,25\,$m.

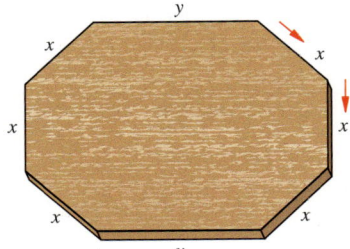

2 Schreibe als Term.
a) Addiere zum Doppelten einer Zahl 15.
b) Dividiere eine Zahl durch eine andere Zahl.
c) Ziehe von 17 das Fünffache einer Zahl ab.
d) Addiere zu dem Drittel einer Zahl 9.
e) Multipliziere eine Zahl mit sich selber.
f) Subtrahiere von einer Zahl das Dreifache einer anderen Zahl.

3 Rechenausdrücke gesucht
Ben: „Ich denke mir eine Zahl x aus. Dann addiere ich zu dieser Zahl das Dreifache der Zahl und ziehe dann 15 ab."
Lea: „Ich subtrahiere vom Vierfachen meiner Zahl 15 und addiere dann die Zahl."
Jan: „Ich addiere zum Elffachen meiner Zahl das Fünffache der Zahl und ziehe 7 ab."
Samira: „Zum Doppelten meiner Zahl addiere ich 27."
a) Übersetze jedes Zahlenrätsel in einen Term.
b) Welche Ergebnisse erhalten die vier, wenn sie für ihre gedachte Zahl 6 einsetzen?
c) Welche Zahlen haben sie sich jeweils gedacht, wenn jeder als Ergebnis 25 erhält?

4 Ein Baum ist 2,20 m hoch. Er wächst jedes Jahr um weitere 5 cm.
a) Gib einen Term an, mit dem man die Höhe des Baums nach n Jahren berechnet.
b) Berechne mit dem Term, wie hoch der Baum nach 3; 7; 12 und 15 Jahren ist.
c) Nach wie vielen Jahren ist der Baum 3,50 m hoch?

5 Stelle einen Term auf, um die Länge des Geschenkbandes zu bestimmen.
Für die Schleife rechnet man 40 cm Band hinzu.
Setze einen sinnvollen Wert für b ein und berechne.

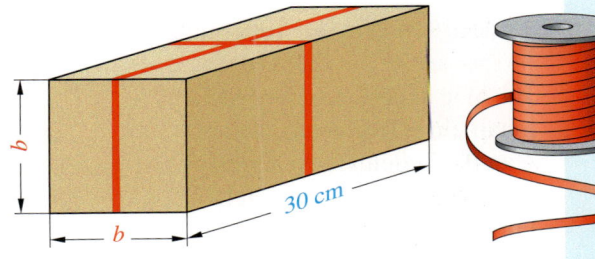

6 Wähle den passenden Term und begründe deine Wahl.

a) Mila hat von ihrem Taschengeld x Euro gespart. Sie kauft sich eine Musik-CD ihrer Lieblingsgruppe für y Euro. Wie viel Euro bleiben übrig?

① $x + y$ ② $y - x$ ③ $x - y$ ④ $x \cdot y$

b) In einem Zoo sind x Löwen und doppelt so viele Bären. Wie viele Löwen und Bären sind es insgesamt?

① $x - y$ ② $x + y$ ③ $x + 2 \cdot x$ ④ $x \cdot y$

c) Eine Wasserrechnung setzt sich zusammen aus 15,40 € Grundpreis und dem Wasserverbrauch mit 2,40 € pro m³.

① $15,40 + 2,40 + x$ ② $15,40 + 2,40 \cdot x$
③ $15,40 \cdot x + 2,40$ ④ $15,40 - 2,40 \cdot x$

7 Erfinde zu jedem Term eine Sachaufgabe.

a) $z + 2$ b) $m - 8$ c) $2 \cdot x - 4$

8 Gib passende Terme an und vereinfache.

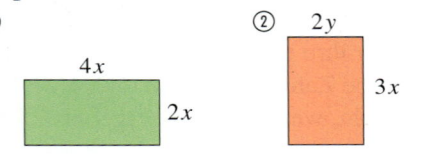

a) Gib zu den beiden Flächen jeweils einen Term zur Umfangsberechnung an.
b) Gib zu den beiden Flächen je einen Term zur Berechnung des Flächeninhaltes an.

9 Betrachte die Musterfolge.

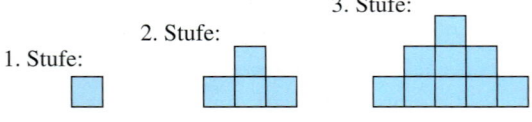

1. Stufe: 2. Stufe: 3. Stufe:

a) Zeichne die nächsten drei Figuren der Musterfolge in dein Heft.
b) Gib einen Term an, mit dem man die Anzahl der Quadrate in jeder Stufe berechnen kann.
c) Berechne die Anzahl der Quadrate in der 10. und in der 100. Stufe.

10 Wie ändert sich der Flächeninhalt eines Rechtecks, wenn man die Seitenlängen ändert? Ergänze die Tabelle im Heft. Formuliere allgemeine Aussagen.

6 Welcher Term beschreibt den Flächeninhalt welcher Fläche?

① a^2 ② $2 \cdot a \cdot b$ ③ $a^2 + b^2$
④ $a \cdot b$ ⑤ $a \cdot b + a^2$ ⑥ $2a^2 + a \cdot c$

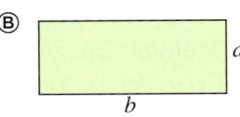
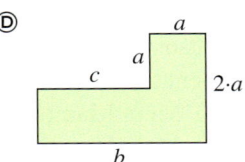

7 Erfinde zu jedem Term eine Sachaufgabe.

a) $3 \cdot y - 5$ b) $x \cdot y + 10$ c) $r : 4 - 3$

8 Gib jeweils für beide Quader einen passenden Term an und vereinfache ihn.

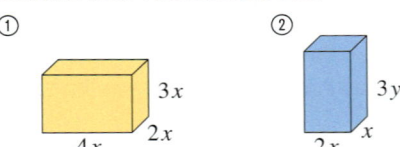

a) Berechnung des Volumens
b) Berechnung der Kantenlänge
c) Berechnung der Oberfläche

9 Die Figur wird in jeder Stufe größer.

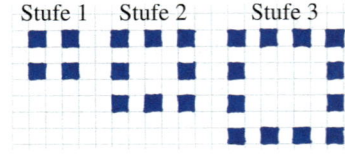

Stufe 1   Stufe 2   Stufe 3

a) Wie viele Quadrate werden in der 4. Stufe sein?
b) Finde einen Term, mit dem man berechnen kann, wie viele Quadrate man in den nächsten beiden Stufen benötigt.
c) Berechne mit deinem Term die Anzahl der Quadrate, die man in der 8. und in der 12. Stufe benötigt.

	b wird verdoppelt	b wird vervierfacht
a wird verdoppelt	$2a \cdot 2b = 4ab$	
a wird halbiert		

Gleichungen

Entdecken

1 Findest du fünf Paare von Termen, die den gleichen Wert haben?

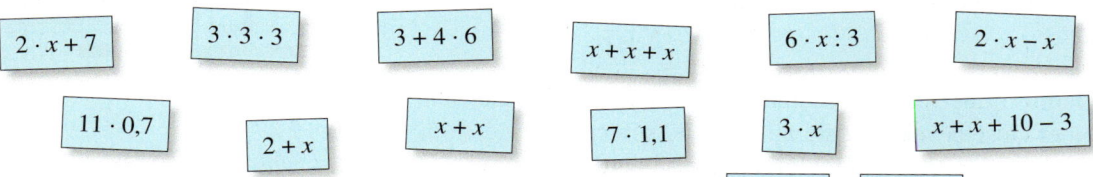

$2 \cdot x + 7$ $3 \cdot 3 \cdot 3$ $3 + 4 \cdot 6$ $x + x + x$ $6 \cdot x : 3$ $2 \cdot x - x$

$11 \cdot 0{,}7$ $2 + x$ $x + x$ $7 \cdot 1{,}1$ $3 \cdot x$ $x + x + 10 - 3$

a) Schreibe Terme, die gleichwertig sind, als Gleichungen auf: $\boxed{\text{Term 1}} = \boxed{\text{Term 2}}$

b) Unterscheide zwischen Gleichungen mit und ohne Variable.

2 An Marktständen gibt es häufig Waagen, bei denen das Gewicht mit Gewichtssteinen bestimmt wird.

a) Welche verschiedenen Gewichte kann man mit diesem Satz Gewichtssteine auswiegen?

2kg   **1kg**   **1kg**   0,5kg   0,5kg

b) Für welche Warenarten reicht ein solcher Satz aus, für welche eher nicht?

c) 👥 Diskutiert miteinander über den Einsatz solcher Waagen.

3 Jessie und Ahmet haben sich aus der Physiksammlung eine Tafelwaage geborgt und wiegen nun Gebrauchsgegenstände aus dem Schulalltag aus.
Zur Tafelwaage gehört dieser komplette Gewichtssatz:

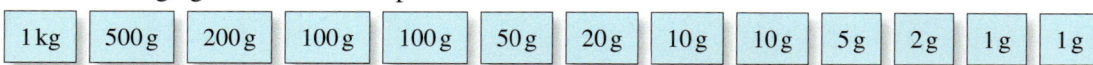

| 1 kg | 500 g | 200 g | 100 g | 100 g | 50 g | 20 g | 10 g | 10 g | 5 g | 2 g | 1 g | 1 g |

a) Warum sind einige Gewichtssteine doppelt vorhanden?

b) Welche Gewichtssteine benötigen sie jeweils für das Mathebuch (569 g), den Zirkel (96 g), das Geodreieck (13 g), den Turnbeutel (852 g) und die Trinkflasche (528 g)?

c) 👥 Besorgt euch ebenfalls eine solche Waage und macht selber Wiegeversuche.

4 Wie schwer sind diese Gegenstände?

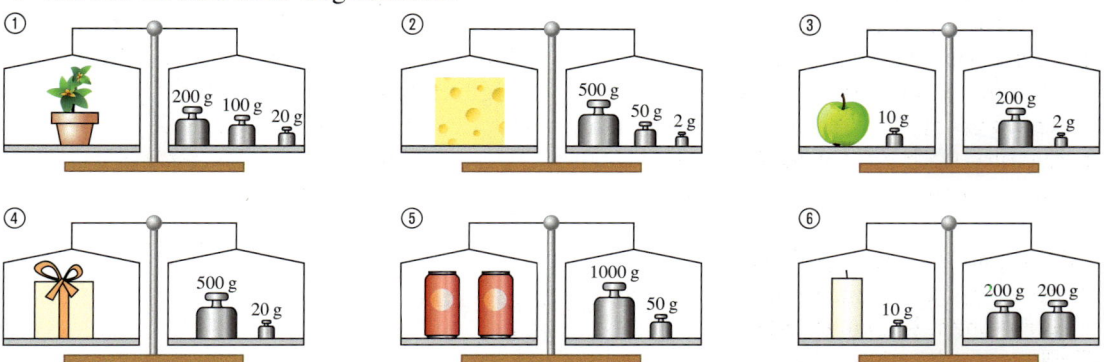

Verstehen

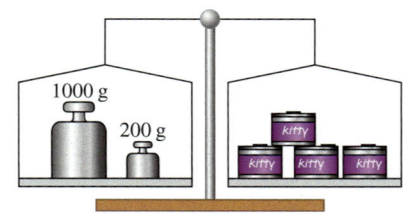

Lea möchte wissen, wie viel eine Dose Katzenfutter wiegt.
Sie legt auf eine Seite der Waage Gewichtssteine.
Auf die andere Seite legt sie so viele Dosen, bis die Waage
im Gleichgewicht ist. Sie stellt fest:
„1000 g + 200 g sind genau so schwer wie vier Dosen".

Daraus bildet sie eine **Gleichung**. Das unbekannte Gewicht
einer Dose bezeichnet sie mit „x" und schreibt auf: $1000 + 200 = 4x$
Nach kurzer Überlegung kommt sie zu der Vermutung: $x = 300$

Sie kontrolliert ihre Vermutung durch eine **Probe** und setzt ein: $1000 + 200 \overset{?}{=} 4 \cdot 300$
Die Aussage ist wahr, also wiegt jede Dose 300 g. $1200 \overset{?}{=} 1200 \;(w)$

HINWEIS
Der Wahrheits-
wert einer Aus-
sage wird abge-
kürzt durch
(w) = wahr
(f) = falsch

> **Merke** Verbindet man zwei Terme durch ein Gleichheitszeichen (=), so erhält man eine
> **Gleichung**. Eine Gleichung ist wahr, wenn der Wert der Terme auf beiden Seiten gleich ist.
> Enthält eine Gleichung Variablen, so kann man deren Wert errechnen. Die errechnete Zahl
> heißt **Lösung der Gleichung**, wenn beim Einsetzen eine wahre Aussage entsteht.

Beispiel 1 Gleichungen ohne Variablen: $3 \cdot 4 = 12$; $23 + 7 = 40 - 10$; $100 - 76 : 4 = 9 \cdot 9$
Gleichungen mit Variablen: $2 \cdot x = 24$; $y + 17 = 41$; $z \cdot z = 100$

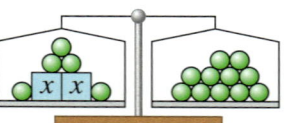

Wie viele Kugeln wiegt ein einzelnes blaues Kästchen?
Gleichung: $2 \cdot x + 5 = 11$; x: Gewicht eines blauen Kästchens

Tim, Lea, Dima und Melanie haben die Gleichung auf unterschiedliche Art gelöst:

NACHGEDACHT
Welche Möglich-
keit, Gleichun-
gen zu lösen,
hältst du für die
beste? Begründe.
Welche findest
du nicht so gut
geeignet?

Beispiel 2 Lea löst durch Probieren:

$x = 1$ ergibt $2 \cdot 1 + 5 \overset{?}{=} 11 \;(f)$

$x = 2$ ergibt $2 \cdot 2 + 5 \overset{?}{=} 11 \;(f)$

$x = 3$ ergibt $2 \cdot 3 + 5 \overset{?}{=} 11 \;(w)$

Die Lösung lautet $x = 3$.

Beispiel 3 Tim löst durch Umkehroperatoren:

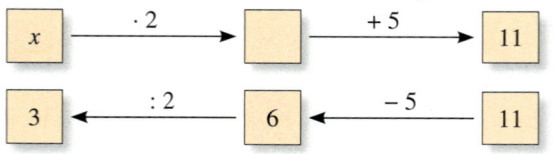

Die Lösung ist 3.

Beispiel 4 Dima und Melanie lösen durch Umformen:

a) Dima denkt sich die Waage im Gleichgewicht, wenn er auf beiden Seiten dieselben
Schritte macht:

Ich nehme auf jeder Seite
5 Kugeln weg.

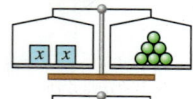

Ich nehme von jeder Seite
die Hälfte weg.

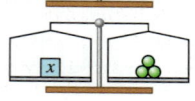

Ein blaues Kästchen wiegt
so viel wie 3 Kugeln.

b) Melanie formt die Gleichung schrittweise
um, bis sich für x ein einfacher Zahlenwert
ergibt:

$$2 \cdot x + 5 = 11 \qquad \Big|\,{-5}$$
$$2 \cdot x + 5 - 5 = 11 - 5$$
$$2 \cdot x = 6 \qquad \Big|\,{:2}$$
$$2 \cdot x : 2 = 6 : 2$$
$$x = 3$$

Üben und anwenden

1 Setze ein = oder ≠.
Beispiel $4 + 7 \neq 20 - 8$, denn $11 \neq 12$
a) $16 - 2 \;\blacksquare\; 2 \cdot 6$
b) $12 + 12 \;\blacksquare\; 6 \cdot 4$
c) $200 : 25 \;\blacksquare\; 25 - 18$
d) $2{,}8 + 3{,}9 \;\blacksquare\; 6{,}8$
e) $15 + 45 + 70 \;\blacksquare\; 200 - 20 - 50$
f) $420 - 180 + 260 \;\blacksquare\; 120 + 240 + 140$
g) $3 \cdot 1500 \cdot 2 \;\blacksquare\; 6000 \cdot 2 - 4000$

1 Setze ein = oder ≠.
Beispiel $7 + 9 \neq 22 - 8$, denn $16 \neq 14$
a) $5 \cdot 0{,}9 \;\blacksquare\; 9 : 2$
b) $71 + 36 \;\blacksquare\; 36 \cdot 3$
c) $3^3 \;\blacksquare\; 100 - 73$
d) $2{,}5 : 5 \;\blacksquare\; 0{,}2 + 0{,}3$
e) $40 \cdot 3 + 35 \;\blacksquare\; 200 - 45$
f) $420 : 6 \;\blacksquare\; 2 \cdot 3 \cdot 10$
g) $37 + 89 \;\blacksquare\; 63 \cdot 2$

2 Vergleiche die linke und die rechte Seite jeder Gleichung. Sind beide Seiten gleichwertig, schreibe in dein Heft hinter die Gleichungen „wahr", sonst „falsch".
a) $x + x + x \overset{?}{=} 3x$ b) $a + 7 \overset{?}{=} 7a$
c) $x + 3x - x \overset{?}{=} 4x$ d) $7z - 5z - z \overset{?}{=} z$
e) $2 \cdot y \overset{?}{=} y + y$ f) $3 - x \overset{?}{=} x - 3$

2 Suche gleichwertige Terme und bilde daraus wahre Gleichungen.
Beispiel $9x + 3 = 2 \cdot 1{,}5x$

$2x + 3$	$2 \cdot 1{,}5x$	$10x - 6 - 7x$
$x \cdot x$	$20x : 4$	$-x$
$3x - 4$	$5x + 3 - 3x$	$3(x - 2)$
$5x$	$9x : 3$	$2x$

3 Wie schwer sind diese Gegenstände?

① 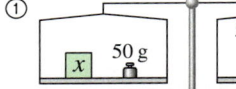 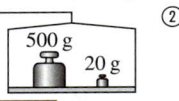   ② 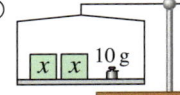 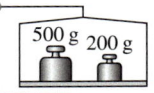   ③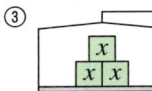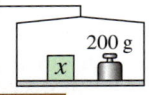

4 Übertrage die Tabelle ins Heft. Setze für die Variablen den gegebenen Wert ein und überprüfe wie im Beispiel, ob die Aussage wahr oder falsch ist.

x	$3 \cdot x = 9$	$7 + x = 9$	$5 \cdot x + 8 = 13$
0	$3 \cdot 0 = 9$ *f*		
1			
2			
3		$7 + 3 = 9$ *f*	

4 Übertrage die Tabelle ins Heft. Setze für die Variablen den gegebenen Wert ein und überprüfe, ob die Aussage wahr oder falsch ist.

x	$4x + 3 = 15$	$2x - 8 = 0$	$20 - 5x = 5$
0			
1			
2			
3			
4			

5 Welche Zahl musst du für x einsetzen, damit die Gleichung wahr ist?
a) $6 \cdot x = 24$ b) $4 \cdot x = -8$
c) $13 \cdot x = 0$ d) $25 \cdot x = -75$
e) $120 = x \cdot 6$ f) $x \cdot (-8) = 32$
g) $2x = 0{,}8$ h) $0{,}7x = -32$

5 Löse durch Probieren.
Beachte: x kann auch eine negative Zahl sein.
a) $x + 2 = 7$ b) $13 - x = 6 = 4x$
c) $15 + x = 1$ d) $-x - 4 = 3$
e) $3x = 18$ f) $\frac{1}{2}x = 12$
g) $-3x + 4 = 7$ h) $\frac{3}{4}x = -3$

6 Beschreibe den Text durch eine Gleichung.
Beispiel x ist eine Zahl. Das Vierfache von x ist 100.
Gleichung: $4x = 100$
a) y ist eine Zahl. Die Summe aus y und 27 ist 94.
b) x ist eine Zahl. Die Häfte von x beträgt 20.

Ich denke mir eine Zahl, deren Dreifaches um 1 kleiner als 100 ist, also $3x = 100 - 1$ …

BEISPIEL

$x + 7 = 15$

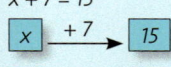

$x = 8$

7 Löse die Gleichung durch die Umkehroperation.

Beachte das Beispiel in der Randspalte.

a) $x + 4 = 10$ b) $x + 9 = 21$
c) $x - 12 = 20$ d) $x - 37 = 63$
e) $x \cdot 3 = 12$ f) $x \cdot 9 = 99$
g) $x : 5 = 10$ h) $x : 20 = 2$

7 Löse die Gleichung durch die Umkehroperation.

Beachte das Beispiel in der Randspalte.

a) $x + 15 = 65$ b) $x + 10 = 3$
c) $x - 18 = 36$ d) $x - 125 = 75$
e) $x \cdot 12 = 96$ f) $x \cdot 5 = -10$
g) $x : 8 = 50$ h) $x : 2 = 0,8$

8 Löse die Gleichung durch Umkehroperationen. Stelle dann eine Gleichung auf und setze für x deine Lösung ein. Wenn du eine wahre Aussage erhältst, ist deine Lösung richtig.

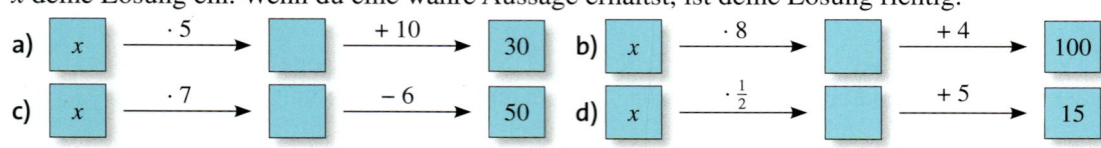

9 Übertrage die Gleichungen in Operatorschreibweise und löse.

a) $2x + 5 = 7$ b) $3x + 7 = 1$
c) $4x + 2 = 14$ d) $7x + 5 = -16$
e) $5x + 1 = 26$ f) $8x + 9 = -7$
g) $3x + 2 = 23$ h) $6x + 28 = 4$

9 Übertrage die Gleichungen in Operatorschreibweise und löse.

a) $6x + 8 = 56$ b) $4x - 5 = 11$
c) $6x - 12 = 24$ d) $9x + 48 = -6$
e) $5x - 8 = -43$ f) $25x + 18 = 93$
g) $3x - 7 = -13$ h) $12x - 8 = 34$

10 Auf der Balkenwaage liegen mehrere gleich schwere Dosen und graue Gewichtsstücke von je 1 kg.

a) Erkläre die einzelnen Schritte, durch die Henry herausfindet, wie schwer eine Dose ist.

b) Stelle zur jeweiligen Ausgangssituation die passende Gleichung auf und versuche, sie schrittweise zu lösen.

11 Finde zu jedem Waagemodell die passende Gleichung und gib mögliche Lösungsschritte an.

a)
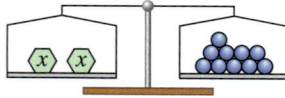

b)
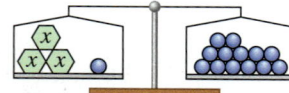

c)
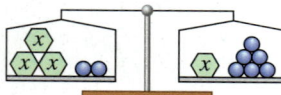

11 Finde zu jedem Waagemodell die passende Gleichung und gib mögliche Lösungsschritte an.

a)
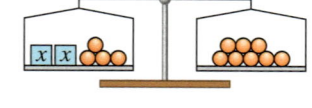

b)
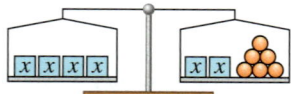

c)
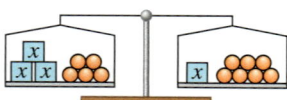

12 Gleichungen kannst du mit dem Waagemodell oder durch einzelne Rechenschritte lösen.

Waagemodell:

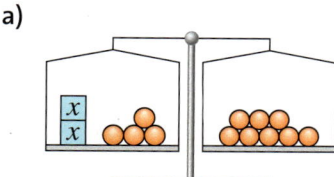

auf jeder Seite
3 Kugeln
wegnehmen

auf jeder Seite
die Hälfte
wegnehmen

Ein Würfel wiegt genau so viel wie 2 Kugeln.

Rechenweg:

$2x + 3 = 7$

auf beiden Seiten
3 subtrahieren

$2x + 3 - 3 = 7 - 3$
$2x = 4$

auf beiden Seiten
durch 2 dividieren

$2x : 2 = 4 : 2$
$x = 2$

Die Gleichung $2x + 3 = 7$ hat die Lösung $x = 2$.

Löse ebenso durch Veränderungen auf der Waage und notiere den Rechenweg.

a)

b)
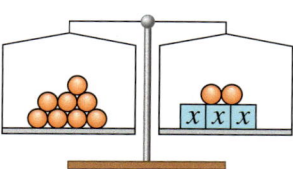

c)
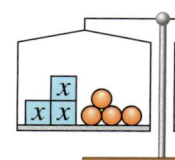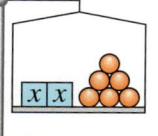

13 Löse nach der Methode, die dir am einfachsten erscheint. Mache auch die Probe.
a) $3 \cdot x = 45$
b) $230 + x = 1\,000$
c) $x + x = 72$
d) $100 : x = 20$
e) $27 + x = 3 \cdot 10$
f) $7 \cdot x + 1 = 50$
g) $5 \cdot 5 = 4 \cdot 4 + x$
h) $84 - 2 \cdot x = 62$

13 Löse nach der Methode, die dir am einfachsten erscheint. Mache auch die Probe.
a) $25 + 3x = 46$
b) $25 - 3x = 7$
c) $62 + 9x = 89$
d) $62 - 9x = 17$
e) $4x - 29 = 11$
f) $80 - 18x = 17$
g) $47 + 7x = 75$
h) $145 + 24x = 37$

14 Errechne die gesuchte Größe.

Beispiel $x + 10 = 25$
$x = 15$

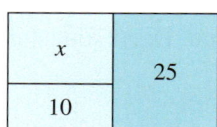

14 In jeder Schachtel sind jeweils gleich viele Hölzer. Übersetze die Knobelaufgaben in die Gleichungsschreibweise und löse sie.

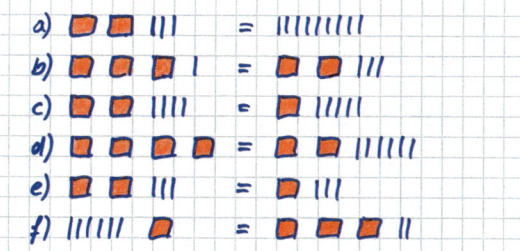

HINWEIS
= Symbol für
eine Schachtel
= Symbol für
ein Hölzchen

a) b) c) d)

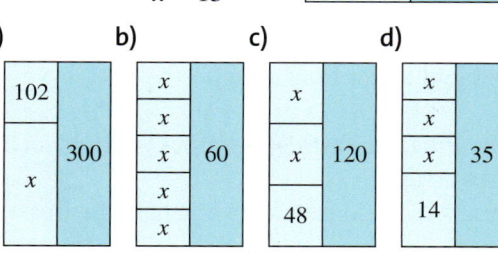

15 Rätselhaftes Alter

Jans Opa feiert einen runden Geburtstag. „Wie alt wird er?" will Jans Freund wissen. „Im nächsten Jahr ist sein Alter eine Quadratzahl", sagt Jan.

„Mein Vater ist in 8 Jahren genau doppelt so alt wie ich dann sein werde.", sagt die 16-jährige Vanessa. Wie alt ist ihr Vater jetzt?

Die Zwillinge Nina und Tom werden in 2 Jahren zusammen 30. Wie alt sind sie heute?

Nicoles Eltern sind zusammen 73 Jahre alt, ihre Mutter ist 5 Jahre jünger als ihr Vater.

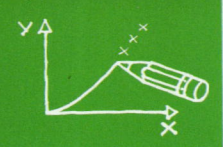

Methode: Tabellenkalkulation – Terme berechnen

Janina soll für das Grillfest ihres Vereins den Einkauf erledigen. Jedes Vereinsmitglied bestellt für sich und seine Familie Getränke in 0,5-l-Flaschen und Bratwurst oder Fleisch.
Janina trägt die Bestellungen in ein **Tabellenblatt** eines Tabellenkalkulationsprogramms ein. Dieses Blatt ist wie eine Tabelle aufgebaut. Die Spalten werden mit Großbuchstaben und die Zeilen mit Zahlen bezeichnet. Jedes einzelne Feld der Tabelle, man sagt auch **Zelle**, kann durch den Spaltennamen und die Zeilennummer genau angegeben werden.

Menüleiste

Menüband

Eingabezeile: Eingabe oder Bearbeitung von Inhalten der aktiven Zelle

Datei	Start	Einfügen	Seitenlayout	Formeln	Daten	Überprüfen	An

D9 → 1

Spaltenbezeichnung

	A	B	C	D	E
1		Bratwurst	Steak	Cola	Limo	Wasser
2	Carina	3	3	2	1	1
3	Natalie	2	2	1	1	0
4	Linda	5	1	4	2	0
5	Sara	0	4	0	3	1
6	Janina	2	3	1	1	4
7	Alessia	3	3	0	2	4
8	Christina	4	1	3	2	0
9	Jana	0	3	1	0	2
10	**Summe**					
11						

Zeilenbezeichnung

Aktive Zelle mit der Adresse **D9**

1 Anlegen einer Tabelle
a) Lege in einem Tabellenkalkulationsprogramm eine neue Datei an und speichere sie unter dem Namen „Grillfest".
b) Übertrage die Bestellungen genau in die entsprechenden Felder. Dazu musst du die entsprechende Zelle mit der linken Maustaste anklicken. Dann kannst du in der Eingabezeile das Wort oder die Zahl eingeben.

2 Rechnen in der Tabelle
Janina möchte nun ausrechnen, wie viele Getränke und Fleisch insgesamt eingekauft werden müssen. Dazu klickt sie die Zelle B10 an und gibt in der Eingabezeile die Formel „=B2+B3+B4+B5+B6+B7+B8+B9" ein.

HINWEIS
Noch schneller lässt sich die Summe wie folgt bestimmen: Klicke die Zelle B10 an und klicke dann auf das Summenzeichen Σ im Menüband.

a) Gib die Formel in das Feld B10 ein. Sobald du die Eingabe-Taste ⏎ gedrückt hast, berechnet das Programm die Summe der bestellten Bratwürste.
b) Um die Summe der anderen Spalten zu berechnen, kannst du genauso vorgehen (du musst aber beachten, dass die Zellen anders heißen).
Es geht aber auch einfacher:
Klicke auf das Feld B10. Es zeigt einen Rahmen mit einer „Ecke" unten rechts: ☐ 19
Wenn man diese „Ecke" mit der linken Maustaste anfasst und nach rechts in die Felder C10 bis F10 zieht, werden diese Felder automatisch mit der zugehörigen Formel ausgefüllt.
Überprüfe, ob du alles richtig gemacht hast, indem du selbst die Spaltensumme einer Spalte berechnest.
c) Christina möchte ihre Bestellung ändern, weil ihr Bruder krank ist. Sie bestellt nun nur 2 Bratwürste, 1 Steak, 1 Cola und 2 Limos.
Ändere ihre Bestellung in der Tabelle. Was passiert in Zeile 10?

3 Erstellen einer Abrechnung

Janina möchte für jeden eine eigene Kostenabrechnung erstellen. Dazu legt sie ein neues Tabellenblatt an, in das sie die Bestellungen und die Preise eingibt.

	A	B	C	D	E
1	**Abrechnung für**	**Carina**			
2					
3	Fleisch u. a.	Anzahl	Stückpreis in €	Preis in €	
4	Bratwurst	3	0,8	=B4*C4	
5	Steak	3	1,65		
6	Cola	2	0,75		
7	Limo	1	0,7		
8	Wasser	1	0,35		
9					
10			Gesamtkosten:		

a) Lege das Tabellenblatt an und fülle es wie oben aus.

b) Gib in das Feld D5 eine Formel ein, mit der man den Preis für die 3 Steaks berechnen kann.

c) Ergänze auch die Formeln für die Felder D6, D7 und D8.

d) Mit welcher Formel lassen sich die Gesamtkosten in Zelle D10 berechnen?

e) Speichere die Datei unter dem Namen „Carina".

f) Erstelle nun eine Abrechnung für Claus (7 Bratwürste, 2 Steaks, 4 Cola), indem du Veränderungen in Spalte B vornimmst. Speichere die Datei unter dem Namen „Claus".

4 Formatieren der Abrechnung

Wenn man die Abrechnung schöner gestalten möchte, kann man die einzelnen Zellen formatieren. Dazu markiert man eine oder mehrere Zellen. Dann wählt man in der Menüleiste den Reiter „Start". Im Menüband kann man nun den Zellen eine bestimmte Schriftart, Schriftfarbe, eine Füllfarbe oder einen Rahmen zuweisen.

a) Verschönere die Abrechnung, indem du die Überschrift und einzelne Zellen farbig hinterlegst und die Schrift und die Schriftgröße änderst.

b) Markiere mit der linken Maustaste alle Zellen, die auf der Rechnung zu sehen sein sollen, und lege den Druckbereich fest (siehe Randspalte). Unter dem Menüpunkt „Datei" → „Drucken" kann man die fertige Abrechnung vor dem Druck ansehen.

5 Veränderungen der Abrechnung

Betrachte noch einmal das Tabellenblatt ganz oben auf dieser Seite.

a) Jeder soll zusätzlich 2,50 € bezahlen für Brot, Grillsaucen, Salate usw. Wie muss die Formel in Zelle D10 verändert werden?

b) Was wird berechnet, wenn man die Formel „=B6*C6+B7*C7+B8*C8" eingibt?

6 Eva hat die folgende Tabelle erstellt. Erläutere sie.

	A	B	C	D	E	F	G	H	I	J	K
1	**Fleisch**	**Stückpreis**	**Carina**	**Natalie**	**Linda**	**Sara**	**Janina**	**Alessia**	**Christina**	**Jana**	**Anzahl gesamt**
2	Bratwurst	0,80 €	3	2	5	0	2	3	4	0	19
3	Steak	1,65 €	3	2	1	4	3	3	1	3	20
4	Cola	0,75 €	2	1	4	0	1	0	3	1	12
5	Limo	0,70 €	1	1	2	3	1	2	2	0	12
6	Wasser	0,35 €	1	1	0	1	4	4	0	2	13
7		Preis gesamt:	9,90 €	6,70 €	10,05 €	9,05 €	9,40 €	10,15 €	8,50 €	6,40 €	70,15 €

Randspalte

HINWEIS
Ein neues Tabellenblatt auswählen:
Klicke am unteren Rand des Fensters auf „Tabelle2":

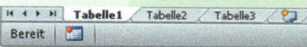

BEACHTE
Formeln müssen in der Eingabezeile mit einem „=" beginnen.

ZU AUFGABE 4b
Menü:
Seitenlayout
→ Druckbereich
→ Druckbereich festlegen

191

Klar so weit?

→ Seite 174

Variablen und Terme

1 Bestimme den Wert der Terme.
Beispiel $x - 3,5$ für $x = 0,7$: $0,7 - 3,5 = -2,8$
a) $a + 2,5$ für $a = 0,2$
b) $1,3y$ für $y = 7$
c) $6x - 15$ für $x = 7$
d) $\frac{1}{2}z + 19$ für $z = 22$

1 Berechne den Wert der Terme.
a) $3x + 7y - 5$ $x = 4$ $y = 5$
b) $4a - 3b - 2$ $a = 0,5$ $b = -2$
c) $10 - 6m + 3p$ $m = 2,5$ $p = -3$
d) $a \cdot b - 3a$ $a = -3$ $b = -2$
e) $x : y - y + 2x$ $x = 24$ $y = -3$

2 Vervollständige die Preistabelle im Heft.

Gewicht Äpfel (kg)	x	0,5	1	2	2,8
Preis (€)	$1,50 \cdot x$				

2 Vervollständige die Preistabelle im Heft.

Gewicht Pilze (kg)	x	0,2	0,8	1	1,5
Preis (€)	$8,90 \cdot x$				

→ Seite 178

Terme vereinfachen

3 Ergänze die Termmauern, indem du jeweils die zwei benachbarten Terme addierst.

a)

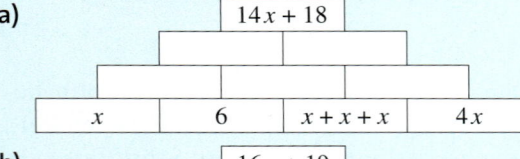

b)

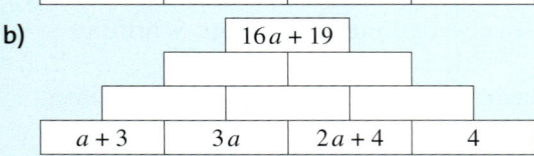

3 Ergänze die Termmauern, indem du jeweils die zwei benachbarten Terme addierst.

a)

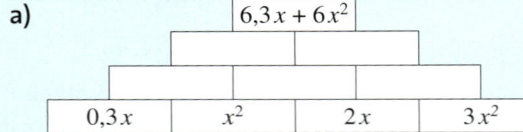

b)

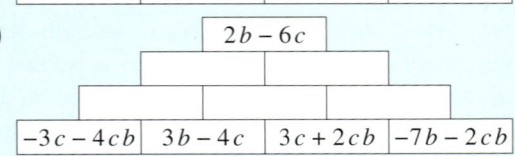

4 Vereinfache die Terme.
a) $7x - 2x - x$
b) $2 + y - 2y$
c) $2x \cdot x$
d) $3a \cdot 7a$
e) $3 + x \cdot 4 \cdot 2$
f) $y + 6x - 9y + x$
g) $3x \cdot 6y \cdot x$

4 Vereinfache die Terme.
a) $z + 12 - 9z$
b) $-5m + n + 7m - 3n$
c) $x \cdot x + x$
d) $2a \cdot 3 + 4$
e) $5c \cdot 6d \cdot 11c$
f) $2y \cdot 2,1x \cdot y \cdot 0,4x$
g) $4a \cdot 0,4a \cdot 4b \cdot a$

5 Übertrage die Tabelle ins Heft. Vereinfache zuerst die Terme. Berechne dann jeweils den Wert des Terms.

Ausgangsterm	$a - 6a$	$2a + 3b - 7a$	$3a \cdot 4b$	$2a \cdot 4 + b + b$	$5b + a \cdot a - b$
vereinfachter Term	$-5a$				
$a = 2$; $b = -7$	$-5 \cdot 2 = -10$				
$a = -3$; $b = 9$					
$a = -1$; $b = -10$					

→ Seite 182

Terme aufstellen

6 Gib für die Berechnung des Umfangs jeweils einen Term an. Berechne.

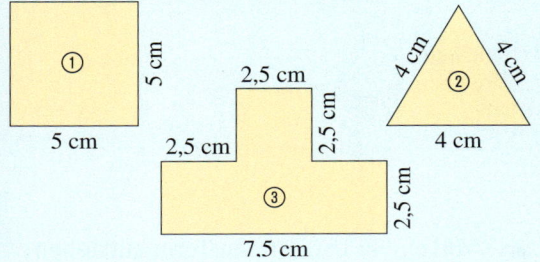

6 Gib einen Term an, mit dem die Gesamtlänge der Strecke berechnet werden kann.

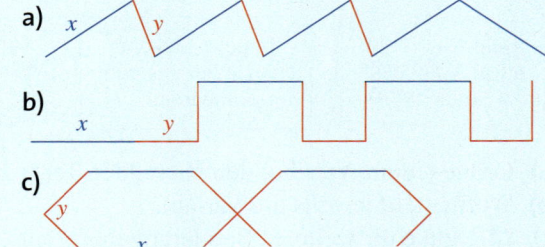

a)

b)

c)

7 Schreibe einen entsprechenden Term auf.
a) Bilde die Hälfte einer Zahl.
b) Berechne das Fünffache einer Zahl.
c) Vom Dreifachen einer Zahl wird ihr Doppeltes subtrahiert.
d) Vermindere das Sechsfache einer Zahl um ihre Hälfte.

7 Stelle einen entsprechenden Term auf.
a) Addiere zum Fünffachen des Produkts aus a und b das Zweifache dieses Produkts.
b) Addiere zur Hälfte einer Zahl das Dreifache einer anderen Zahl.
c) Subtrahiere vom Sechsfachen einer Zahl das Vierfache dieser Zahl und die Hälfte einer anderen Zahl.

Gleichungen

→ Seite 186

8 Lösung der Gleichungen ist jeweils eine der Zahlen 1 bis 6. Ordne richtig zu.
a) $2 \cdot x + 7 = 15$ b) $x \cdot x + x = 30$
c) $25 = 90 : x - 5$ d) $7 \cdot x - 30 = 12$
e) $x \cdot x \cdot x + 2 = 10$ f) $27 : x + 8 = 35$

8 Bestimme aus den Zahlen -16; -3; $1,5$; 16 und 49 die Lösung der Gleichung.
a) $2x + 5 = 37$ b) $5 - 2x = 37$
c) $-2x + 5 = 11$ d) $8x + 20 = 32$
e) $6x + 29 = 11$ f) $-70 + 5x = 175$

9 Löse die Gleichungen.
Überprüfe durch eine Probe.
a) $x + 9 = 17$ b) $x - 14 = 8$
c) $4x = 24$ d) $5x = 75$
e) $2x = 0,8$ f) $4x = -48$
g) $2x + 5 = 7$ h) $3x + 7 = 1$

9 Löse die Gleichungen.
Überprüfe durch eine Probe.
a) $x + 6 = -39$ b) $x - 27 = -4$
c) $1,5x = 12$ d) $-8x = 72$
e) $6x + 8 = 56$ f) $9x + 48 = -6$
g) $4x - 5 = 11$ h) $3x - 7 = -13$

10 Stelle zu jedem Bild eine Gleichung auf und berechne die gesuchte Größe.
Beispiel Gleichung zu a) $x + 17 = 35$

a)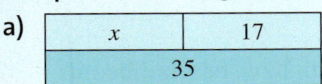

b)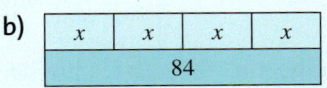

c)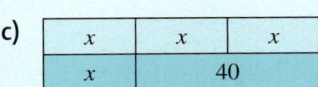

d)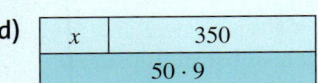

e)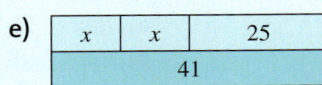

f)

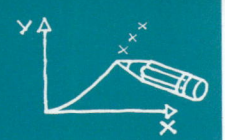

Vermischte Übungen

1 Sonderangebote zur Neueröffnung eines Geschäfts

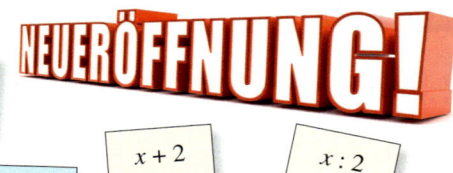

Textilien heute zum halben Preis

Sonderpackung mit 100 g mehr Inhalt

$x + 2$

$x : 2$

Beim Kauf einer Kiste Apfelsinen 3 Stück extra!

doppelte Gewinnchance bei unserem Kundenquiz

zur Brötchentüte heute 2 Brötchen gratis

$2x$

$x + 100$

$x + 3$

a) Ordne jedem Angebot den passenden Term zu.
b) Wofür steht jeweils die Variable?
c) 👥 Denke dir weitere „Sonderangebote" aus. Lasse von einem Partner den Term aufstellen.

2 Übertrage die Tabelle in dein Heft und berechne den Wert der Terme.

x	4	8	10	12
$x + 9$	13			
$5x$				
$3x - 9$				

2 Übertrage die Tabelle in dein Heft und berechne den Wert der Terme.

x	2	6	10	12
$11x + 11$				
$10 : x + \frac{1}{2}$				
$x^2 - x$				

3 Vereinfache den Term und berechne dann seinen Wert für $x = 2$ (für $x = 5$; für $x = 8$).
a) $23x + 17x + 37x$
b) $75x - 33 - 12x$
c) $-3x + 5x + 12x - 36$
d) $3x - 5 + 12 - 2x - 21$
e) $8x + 9x - 5x - 13x$

3 Fasse die Terme zusammen.
Setze zuerst $a = 3$; $b = 5$ und berechne.
Berechne dann für $a = 2$; $b = -5$.
a) $4a + 7b + 8b + 3a + 4b + 6a$
b) $9a - 1,1b + 13b + 5a - 1,1b + 23a$
c) $751a + 643b + 12 + 456a + 864 + 114b$
d) $367a + 872b + 421a + 467b + 578 + a$

NACHGEDACHT
Ist es bei einigen der Flächen aus Aufgabe 4 möglich, verschiedene Terme anzugeben? Welche Vereinbarungen müsste man treffen, damit es für jede Fläche nur einen „erlaubten" Term zum Flächeninhalt gibt?

4 Skizziere die Flächen in deinem Heft. Gib einen Term an, mit dem man den Umfang der Figuren berechnen kann.

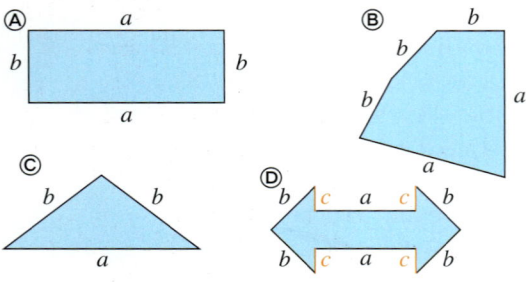

4 Skizziere die Flächen in deinem Heft. Bezeichne gleich lange Seiten mit der gleichen Variable und gib einen Term an, mit dem man den Umfang der Figuren berechnen kann.

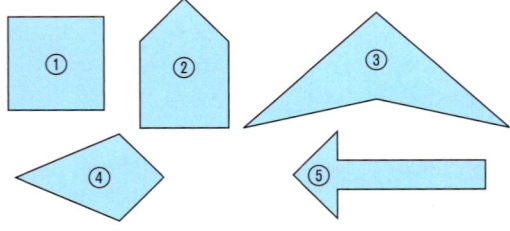

5 Schreibe als Term bzw. beschreibe mit Worten.
a) eine um 5 größere Zahl
b) das Vierfache einer Zahl
c) das Elffache einer Zahl, verkleinert um 3
d) $x - 6$ **e)** $3y + 9$ **f)** $100 - z : 5$

5 Schreibe als Term bzw. beschreibe mit Worten.
a) der 7. Teil einer Zahl
b) eine Zahl, mit sich selbst multipliziert
c) die Hälfte einer Zahl, vermindert um 5
d) $2x + 9$ **e)** $60 - 10z$ **f)** $y^2 - 17$

6 Taxikosten setzen sich aus einem festen Grundpreis und den Kosten pro gefahrenem Kilometer zusammen.

a) Lies aus der Grafik den Grundpreis und die Kosten pro gefahrenem Kilometer ab.

b) Gib einen Term zur Berechnung der Gesamtkosten an.

c) Berechne die Taxikosten für 10 km; 20 km und 30 km.

d) Wie weit ist jemand gefahren, der 6 € (12 €; 21 €) bezahlen musste?

e) In jeder Stadt gelten eigene Taxigebühren:
Zeichne ein solches Koordinatensystem für einen Grundpreis von 2 € und 1,80 € Kosten pro gefahrenem Kilometer. Vergleiche.

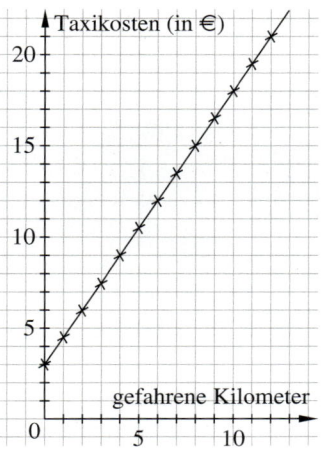

7 Das Term-Mobile ist im Gleichgewicht, wenn an den beiden Enden jedes Balkens insgesamt wertgleiche Terme hängen.

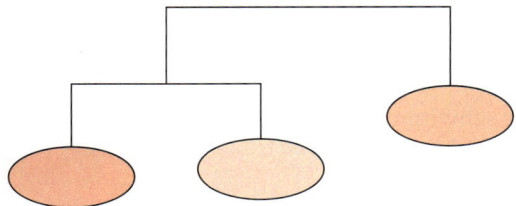

a) Bringe das Mobile mit drei passenden Termen ins Gleichgewicht.

$5x - 5 + x$ $15 + 20x - 10 - 8x$

$10 + 3x \cdot 2 - 15$

$15x + 4 \cdot 3x - 25$

b) 👥 Denkt euch selbst Terme aus, die das Mobile im Gleichgewicht halten.

7 Das Term-Mobile ist im Gleichgewicht, wenn an den beiden Enden jedes Balkens insgesamt wertgleiche Terme hängen.

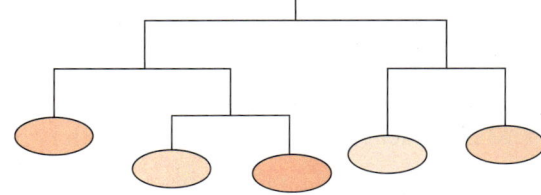

a) Bringe das Mobile mit den vorhandenen Termen ins Gleichgewicht.

$5x + 8 - x$ $4x + 16 + 10x - 6x$

$10x + 20 - 2x - 4$

$5x + 16 + 3x$ $2x + x + 8 + x$

b) 👥 Denkt euch selbst Terme aus, die das Mobile im Gleichgewicht halten.

8 Wie viele Kugeln wiegt ein Würfel?

a) 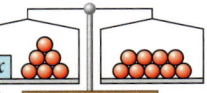   b)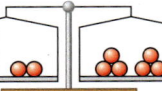

8 Wie viele Kugeln wiegt ein Würfel?

a) 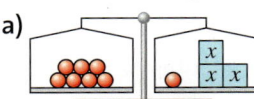   b)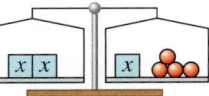

9 Löse die Gleichungen. Beschreibe deinen Lösungsweg.

a) $x + 42 = 71$ b) $57 - x = 19$

c) $x - 74 = 47$ d) $x + x = 101$

e) $24x = 48$ f) $12x = 144$

g) $2x = 5$ h) $2,5x = 50$

i) $\frac{1}{3}x = 7$ j) $x : 5 = 42$

k) $2x + 5 = 27$ l) $9x - 48 = 33$

9 Löse die Gleichungen. Beschreibe deinen Lösungsweg.

a) $x - 17 = 54$ b) $a \cdot a = 400$

c) $6y + 42 = 48$ d) $z : 6 = 12$

e) $136 - 2x = 98$ f) $-x = -45$

g) $105 = 25 + 8c$ h) $7d = -28$

i) $\frac{1}{3}a - 2 = 1$ j) $2x - 5 = x$

k) $2m + 12 = -8$ l) $24 : n = 48$

10 Für einen Salat werden 100 ml Salatsoße benötigt. Dabei soll die Menge an Öl doppelt so groß sein, wie die Menge an Essig. Für weitere Inhaltsstoffe wie Senf, Flüssigzucker und Gewürze rechnet man 10 ml. Wie viel ml Essig bzw. Öl werden gebraucht?
Tipp: Bezeichne die Menge an Essig mit x und stelle eine Gleichung auf.

Ein Besuch im Spaßbad

	Erwachsene	Kinder (bis 16 Jahren)
Einzelkarte	5,50 €	4,40 €
Gruppenkarte (10 Personen)	49,00 €	37,00 €
Jahreskarte	295,00 €	240,00 €

11   Eintrittspreise

Die Klasse 7 c besucht mit 26 Schülerinnen und Schülern und 2 Lehrern ein großes Spaßbad.
a) Berechne den günstigsten Eintrittspreis für die ganze Klasse.
b) Wie kann der Gesamtpreis aufgeteilt werden? Wie viel muss dann jeder bezahlen? Vergleiche mit den Einzelpreisen.
c) Wie häufig müsste das Spaßbad besucht werden, damit sich eine Jahreskarte für einen Erwachsenen (für ein Kind) lohnt?

12   Wettschwimmen

a) Eva benötigt x Sekunden, um eine 25-m-Bahn zu schwimmen.
Max braucht 3 Sekunden länger, Sarah ist 1,4 Sekunden schneller.
Stelle Terme (ohne Maßeinheit) für Max' und Sarahs Zeit auf.
b) Jan und Sam schwimmen z Bahnen. Jan braucht für jede 25-m-Bahn 27 Sekunden, Sam 2,4 Sekunden länger.
Wie viele Sekunden Vorsprung hat Jan nach z Bahnen?
Wie lange brauchen sie für 1 000 m?
Bei der wievielten Bahn wird Sam von Jan überholt?
c) Wie schnell schwimmst (oder läufst; hüpfst; …) du?
Stelle einen Term auf, der deine 50-m-Zeit mit der eines Partners vergleicht.

13   Renovierung

👥 Das Sportbecken im Außenbereich wird von innen neu gestrichen.
a) Die Farbe für 10 m² kostet 14 €.
b) Nach Abschluss der Renovierung füllen die Pumpen pro Minute 400 l Wasser in das Becken.
c) Während der zweiwöchigen Renovierung kommen ca. 40 % weniger Besucher als sonst.

TIPP ZU 13 c
Beachte die in Aufgabe 14 an- gegebenen Besucherzahlen.

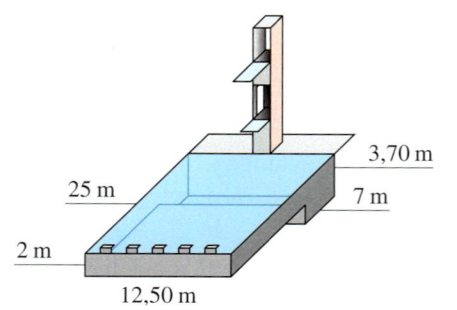

3,70 m
25 m
7 m
2 m
12,50 m

14   Besucherzahlen

👥 Präsentiert eure Ergebnisse mit Plakaten.

a) Welche Informationen könnt ihr aus der Tabelle ablesen?
b) Stellt die Veränderung der Besucherzahlen in einem geeigneten Diagramm dar.
c) Schätzt die Gesamteinnahmen pro Jahr.

	2013	2014	2015	2016
Kinder	166 000	166 800	178 000	214 000
Erwachsene	83 000	111 200	89 000	107 000

Zusammenfassung

Variablen und Terme

→ Seite 174

Variablen sind Platzhalter, in die man Zahlen oder Größen einsetzen kann.

a; x;   ◆;   ▲

Eine sinnvolle Verbindung von Variablen, Zahlen und Rechenzeichen heißt **Term** (Rechenausdruck).

12; m; $12 + 3$; $27 : 9$;
y^2; $2 - (r + s)$; $13 + 0{,}07 \cdot y$

Wenn man für die Variablen Zahlen einsetzt, kann man den **Wert des Terms** bestimmen.

Der Wert des Terms $14 \cdot y - 6$
für $y = 0{,}5$ ist: $14 \cdot \mathbf{0{,}5} - 6 = 7 - 6 = 1$

Terme vereinfachen

→ Seite 178

Beim **Addieren und Subtrahieren** kann man zusammenfassen:
- gleiche Variablen
- gleiche Potenzen

$$x + 4y - x - 6y =$$
$$= x - x + 4y - 6y = 0x - 2y = -2y$$

Achtung: Nicht zusammenfassen darf man:
- *unterschiedliche* Variablen
- Potenzen mit *verschiedenen* Exponenten

$$a^2 + ab + a^3 + ab + a^2 + 2ab =$$
$$= a^3 + 2a^2 + 4ab$$

Beim **Multiplizieren** kann man die Reihenfolge der Faktoren beliebig vertauschen. Gleiche Faktoren kann man zusammenfassen.

$$3a \cdot 7b = 3 \cdot 7 \cdot a \cdot b = 21ab$$
$$x \cdot 3x \cdot y \cdot 2 = 2 \cdot 3 \cdot x \cdot x \cdot y = 6x^2 y$$

Terme aufstellen

→ Seite 182

So stellst du einen Term auf:
① Variable festlegen
② Terme bilden

③ Terme zusammenfügen

Subtrahiere vom Dreifachen einer Zahl 8.
① „eine Zahl" x
② „Dreifaches der einen Zahl" $3 \cdot x$
     „subtrahiere 8" $- 8$
③ Gesamtterm: $3 \cdot x - 8$

Gleichungen

→ Seite 186

Eine **Gleichung** entsteht, wenn man zwei Terme durch ein Gleichheitszeichen verbindet. Sie ist wahr, wenn der Wert der Terme auf beiden Seiten gleich ist.

$$100 - 8 \cdot 9 = 2 \cdot 2 \cdot 7$$
$$100 - 72 = 4 \cdot 7$$
$$28 = 28 \;(w)$$

Enthält eine Gleichung Variablen, so kann man deren Wert errechnen. Die errechnete Zahl heißt **Lösung der Gleichung**, wenn beim Einsetzen eine wahre Aussage entsteht.

$$3x + 12 = 51 \quad (-12)$$
$$3x = 39 \quad (:3)$$
$$x = 13$$

Probe:
$$3 \cdot \mathbf{13} + 12 = 51$$
$$39 + 12 = 51$$
$$51 = 51 \;(w)$$

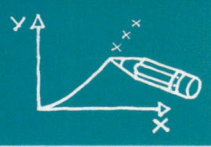

Teste dich!

2 Punkte | 3 Punkte

1 Berechne den Wert des Terms für $x = 7$.
a) $2x$ b) $22 - x$
c) $9x : 3$ d) $7x - 50$

1 Berechne den Wert des Terms für $x = 3$ und $y = 5$.
a) $0{,}5x + 2y$ b) $7y - 5x$ c) $10x : y$

3 Punkte | 4 Punkte

2 Stelle einen Term für den Umfang jeder Fläche auf und vereinfache ihn.
a) b) c)

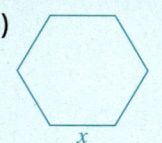

2 Stelle einen Term für den Umfang jeder Fläche auf und vereinfache ihn.
a) b) c)

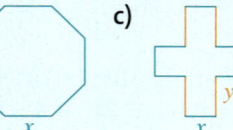 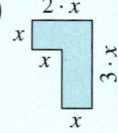 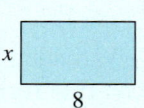

3 Punkte | 4 Punkte

3 Vereinfache die Terme.
a) $x + x + x + x + 3x$
b) $2x + 28 - x + 12$
c) $2 \cdot x \cdot x \cdot 4$

3 Vereinfache die Terme.
a) $3x + 4y + 2x + 19y + 13x$
b) $4x + 17x + 5 + 18x + 9$
c) $3a^2 \cdot a \cdot 6 \cdot a$

3 Punkte | 4 Punkte

4 Lege fest, was du mit x bezeichnest und bilde dann einen passenden Term.
a) Claras Opa ist fünfmal so alt wie Clara.
b) Frau Weiß sagt: „Mein Mann ist 3 Jahre jünger als ich."
c) Wenn man Martins Alter verdreifacht und davon 5 Jahre subtrahiert, erhält man das Alter seines Vaters.

4 Bilde jeweils einen Term.
a) „Zu einer Zahl addiere ich das Dreifache der Zahl und ziehe anschließend 15 ab."
b) Der Eintrittspreis ins Schwimmbad kostet für Kinder 1,50 € und für Erwachsene 2,50 €. Mit welchem Term kann man den Eintrittspreis für x Kinder und y Erwachsene berechnen?

2 Punkte | 3 Punkte

5 Stelle zum Wiegevorgang eine Gleichung auf, löse sie und mache anschließend die Probe.
a) b)

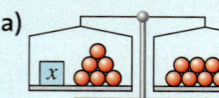 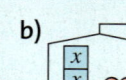 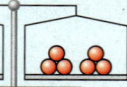

5 Stelle zum Wiegevorgang eine Gleichung auf, löse sie und mache anschließend die Probe.
a) b)

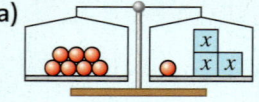 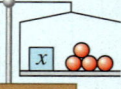

4 Punkte | 6 Punkte

6 Löse die Gleichungen.
a) $x + 18 = 49$ b) $x : 8 = 11$
c) $2x + 12 = 48$ d) $23 - x = 14$

6 Löse die Gleichungen.
a) $4x + 5 = 101$ b) $3 - x = 5$
c) $\frac{1}{2}x - 5 = 12$ d) $15 = x : 5$

3 Punkte

7 Die Pakete sollen mit Paketschnur verschnürt werden.

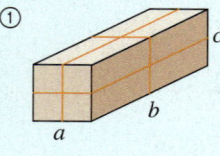

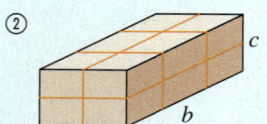

a) Gib für jedes Paket einen Term an, mit dem man die Länge der Paketschnur (ohne Knoten) berechnen kann. Vereinfache die Terme.
b) Für Schlaufen und Knoten benötigt man zusätzlich 30 cm Schnur. Verändere deine Terme aus a) so, dass dies berücksichtigt wird.
c) Berechne jeweils die Länge der Schnur mit Schlaufen und Knoten, wenn $a = 20$ cm, $b = 40$ cm und $c = 15$ cm ist.

Gold: 24–27 Punkte, Silber: 20–23 Punkte, Bronze: 16–19 Punkte

Lösungen ab Seite 200

Anhang

Rationale Zahlen

Noch fit?

1 a) $2\,°C$ b) $-1\,°C$
c) $-4\,°C$ d) $0\,°C$

1 a) $1\,°C$ b) $-3\,°C$
c) $-1\,°C$

2 a) $A: -6$ $B: -4$ $C: -1$ $D: 4$ $E: 5$
b) $A: -30$ $B: -25$ $C: -10$ $D: 5$ $E: 20$

2 a) $A: -15$ $B: -11$ $C: -10$ $D: -5$ $E: -1$ $F: 1$
b) $A: -1\,600$ $B: -950$ $C: -600$ $D: -300$ $E: -100$ $F: 100$

3
D A S W A R R I   C   H T I G
-6 -5 -4 -3 -2 -1 0 1 3 5 6 7 8

4

4

5 a) 300 b) $1\,300$
c) 800 d) $10\,000$

5 a) $9\,000$ b) $70\,000$
c) $6\,000$ d) $100\,000$

6 a) Ü: $4000 + 13\,000 = 17\,000$ E: $16\,706$
b) Ü: $3600 - 1600 = 2\,000$ E: 1959
c) Ü: $200 \cdot 400 = 80\,000$ E: $81\,545$
d) Ü: $1800 : 6 = 300$ E: 290

6 a) Ü: $500 + 1\,100 = 1\,600$ E: $1\,610,46$
b) Ü: $21\,500 - 600 = 20\,900$ E: $20\,897,3$
c) Ü: $8 \cdot 4 = 32$ E: $30,375$
d) Ü: $360 : 9 = 40$ E: $35,9\overline{4}$

7 a) 29; 1404 b) 78; 150

7 a) 500 b) 626 c) 104 d) 549

Klar so weit?

1 -24; -16; -6; 6; 12; 20; 24

1 $-2,75$; $-2,25$; $-1,25$; $-0,5$; $0,25$; $1,75$; $2,5$; $2,75$

2 a)
b)

2 a)
b)

3 a) $3 > 0$ b) $-5 < 2$ c) $-5 > -8$
d) $|5| > -4$ e) $0 > -1$ f) $|-6| = 6$
g) $-9 < -7$ h) $9 > |-7|$ i) $-11 > -12$

3 a) $3,5 > -3,51$ b) $|-23| = |23|$ c) $-15,2 < -7,5$
d) $0,79 < 1,1$ e) $-\frac{1}{2} = -0,5$ f) $0,8 > -\frac{4}{5}$
g) $|-2,31| > 2,099$ h) $-64 < 64$

4 a) $A(-4,5|-0,5)$; $B(-1|-1,5)$; $C(1|-1)$; $D(1|1)$; $E(-2|2)$
b) Quadrant I: D;   Quadrant II: C;   Quadrant III: B, A;   Quadrant IV: E

5 $-5 + 3 = -2$
Mittags betrug die Temperatur $-2\,°C$.

5 $-12 - 5 = -17$
Leonie schuldet ihren Geschwistern $17\,€$.

6 a) -5 b) -1
c) -2 d) 14
e) -16 f) -40

6 a) $1,5 + 2,5 = 4$ b) $5,25 - 3,5 = 1,75$
c) $-3,5 - 1,25 = -4,75$ d) $57 - 3,4 = 53,6$
e) $-8,75 + 2,3 = -6,45$ f) $42,125 - 32,25 = 9,875$

7 a)

+	0,5	2	2,5	4	4,2
$-2,5$	-2	$-0,5$	0	$1,5$	$1,7$
$-3,2$	$-2,7$	$-1,2$	$-0,7$	$0,8$	1

b)

−	0,1	0,5	0,7	1,3	2,8
$-0,9$	-1	$-1,4$	$-1,6$	$-2,2$	$-3,7$
$-2,3$	$-2,4$	$-2,8$	-3	$-3,6$	$-5,1$

7 a)

+	-1	10	7	-3	15
-5	-6	5	2	-8	10
-6	-7	4	1	-9	9

b)

−	3	-12	-24	$-0,5$	2,7
$1,5$	$-1,5$	$13,5$	$25,5$	2	$-1,2$
$-\frac{3}{4}$	$-3\frac{3}{4}$	$-12\frac{3}{4}$	$-24\frac{3}{4}$	$-\frac{1}{4}$	$-3,45$

8 **a)** -72 **b)** -84
c) -15 **d)** -238
e) -135 **f)** -135
g) -121 **h)** -176
i) 117

8 **a)** Ü: $200 \cdot (-20) = -4000$ E: -3895
b) Ü: $-100 \cdot (-20) = 2000$ E: 2058
c) Ü: $20 \cdot (-500) = -10\,000$ E: -9144
d) Ü: $-200 \cdot 10 = -2000$ E: -2079
e) Ü $1000 \cdot 2000 = 2\,000\,000$ E: $2\,089\,500$
f) Ü: $-50 \cdot 50 = -2500$ E: -2548

9 **a)**

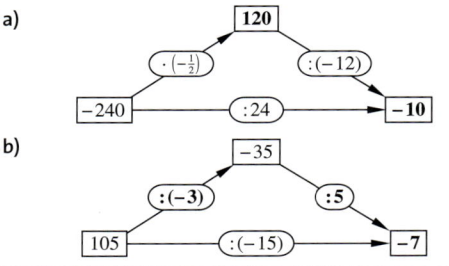

b)

9 **a)**

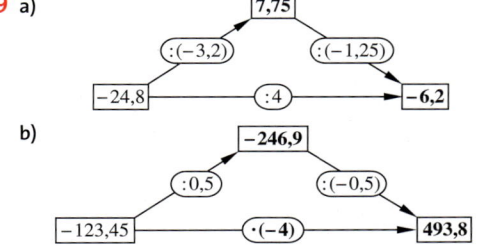

b)

10 **a)** Punkt-vor-Strich-Rechnung nicht beachtet   E: -100
b) Punkt-vor-Strich-Rechnung nicht beachtet   E: 65
c) Doppeltes Minuszeichen $-(-21)$ E: 13
d) u. a. Punkt-vor-Strich-Rechnung nicht beachtet   E: -9
e) Punkt-vor-Strich-Rechnung nicht beachtet   E: 1

10 **a)** Klammern müssen zuerst berechnet werden   E: -39
b) Punkt-vor-Strich-Rechnung nicht beachtet   E: 9
c) Punkt-vor-Strich-Rechnung nicht beachtet   E: 23
d) Punkt-vor-Strich-Rechnung nicht beachtet   E: 90
e) falsche Betragsbildung   E: 1

11 **a)** $(-15 + (-45)) : 12 = -5$
b) $(-3,5 - (-1,5)) \cdot 0,5 = -1$
c) $(12 \cdot (-8)) - (12 + (-8)) = -100$

11 **a)** $(6 + (-3,5)) \cdot \left(-\frac{1}{2} - 1\frac{1}{2}\right) = -5$
b) $(-306 : 17) : \left(27 \cdot \left(-\frac{2}{3}\right)\right) = 1$
c) $5 \cdot (-17) + 3 \cdot (-34 + (-47)) = -328$

12 **a)** 10 **b)** -51
c) 8 **d)** 100

12 **a)** 156 **b)** 9
c) 20 **d)** -30

Teste dich!

Seite 36

1 **a)** $-3,75$; $-2,5$; $-1,25$; $0,25$; $0,75$
b)

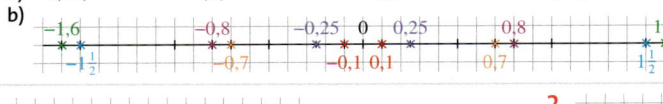

2

Es entsteht ein rechtwinkliges Dreieck.

2

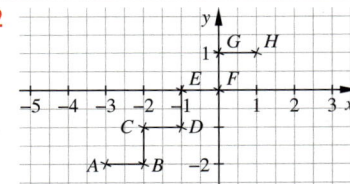

$F(0|0)$; $G(0|1)$; $H(1|1)$

3

alte Temperatur	Temperatur- änderung	neue Temperatur
4 °C	6 Grad kälter	**−2 °C**
−3 °C	9 Grad wärmer	6 °C
−6 °C	**5 Grad kälter**	−11 °C
6 °C	8 Grad kälter	−2 °C

3

Kontostand alt	Kontostand neu	Bewegung
−17 €	+36 €	**53 €**
−156 €	**−117 €**	39 €
23 €	−44 €	−67 €
−73 €	−18 €	55 €

4 **a)** 6 **b)** -5 **c)** -12
d) -60 **e)** -8 **f)** -60
g) -3 **h)** -6 **i)** -1

4 **a)** -59 **b)** -104 **c)** -120
d) 33 **e)** -5 **f)** $-3,8$
g) $-\frac{1}{4}$ **h)** $-1\frac{5}{8}$ **i)** $-\frac{3}{10}$

5 **a)** $<$ **b)** $>$ **c)** $<$

5 **a)** $<$ **b)** $<$ **c)** $>$

6 **a)** -16 **b)** 29 **c)** -5
d) -105 **e)** -21 **f)** -39

6 **a)** -608 **b)** 44 **c)** 15
d) -3 **e)** -46

7 **a)** $1\,208\,m + |{-423}|\,m = 1\,631\,m$ Der Höhenunterschied beträgt $1\,631\,m$.
b) $-423\,m - 381\,m = -804\,m$ Die tiefste Stelle liegt $804\,m$ unter Normalnull.

Dreiecke

Noch fit?

1 a) 90°   b) spitz   c) stumpf
   d) 180°   e) gestreckt

1 **spitzer Winkel** **rechter Winkel** **stumpfer Winkel**
größer als 0°, aber genau 90°, Schenkel größer als 90°, aber
kleiner als 90° sind senkrecht kleiner als 180°
zueinander

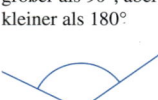

gestreckter Winkel **überstumpfer** **Vollwinkel**
genau 180° **Winkel** genau 360°
größer als 180°,
aber kleiner als
360°

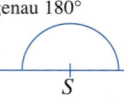

2 α = 36°, β = 135°, γ = 164°
spitzer Winkel, stumpfer Winkel, stumpfer Winkel

2 a) individuell
   b) α = 36° (spitz); β = 135° (stumpf); γ = 164° (stumpf);
   δ = 90° (rechter Winkel); ε = 17° (spitz)

3 individuell
   a) α < 90°
   b) β = 90°
   c) 90° < γ < 180°
   d) δ > 180°

3 a) spitzer Winkel

   b) rechter Winkel

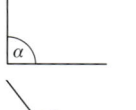

   c) stumpfer Winkel

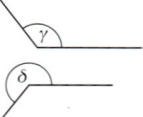

   d) überstumpfer Winkel

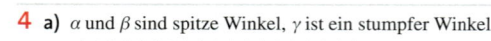

4 a) alle Winkel sind spitze Winkel
   b) γ ist ein stumpfer Winkel, die anderen sind spitze Winkel

4 a) α und β sind spitze Winkel, γ ist ein stumpfer Winkel

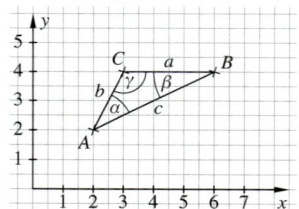

   b) individuell

5 a) α = 27°   b) α = 108°
   c) α = 147°

5 a) α = 110°   b) β = 28°
   c) γ₁ = 150°; γ₂ = 180°   d) δ = 170°

Klar so weit?

1

	①	②	③	④
spitzwinklig			✓	✓
rechtwinklig		✓		
stumpfwinklig	✓			
gleichschenklig			✓	✓
gleichseitig			✓	
unregelmäßig	✓	✓		

2 a)

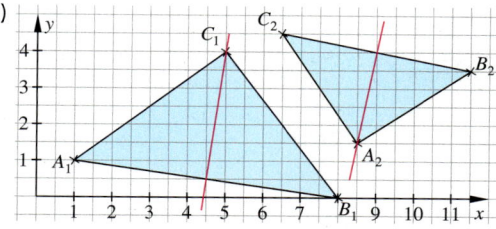

b) Schenkel sind $\overline{A_1C_1}$ und $\overline{B_1C_1}$, $\overline{A_1B_1}$ ist Basis.
Schenkel sind $\overline{A_2B_2}$ und $\overline{A_2C_2}$, $\overline{B_2C_2}$ ist Basis.

3 ① es entstehen zwei gleichschenklige rechtwinklige Dreiecke
② es entstehen zwei nichtgleichschenklige rechtwinklige Dreiecke

2 a) gleichschenklig
b) allgemeines Dreieck
c) gleichseitiges Dreieck

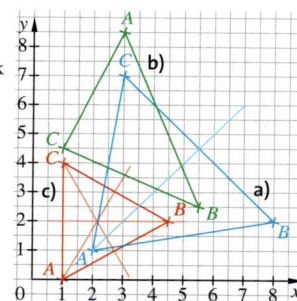

3 a) Trapez: es entsteht in beiden Fällen ein stumpf- und ein spitzwinkliges Dreieck
b) Drachenviereck: Im 1. Fall entstehen zwei kongruente stumpfwinklige Dreiecke. Im zweiten Fall entsteht ein gleichschenkliges, spitzwinkliges Dreieck und ein gleichschenkliges rechtwinkliges Dreieck
c) Raute: Es entstehen jeweils zwei zueinander kongruente, gleichschenklige Dreiecke. In einem Fall sind sie spitzwinklig, im anderen sind sie stumpfwinklig.
d) Parallelogramm: Es entstehen jeweils zwei zueinander kongruente, unregelmäßige Dreiecke. In einem Fall sind sie rechtwinklig, im anderen sind sie stumpfwinklig.

4 a) Abbildung verkleinert

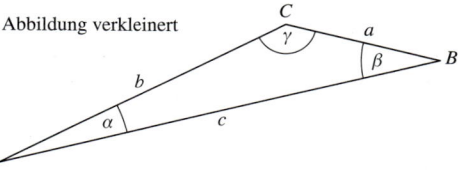

b) Abbildung verkleinert

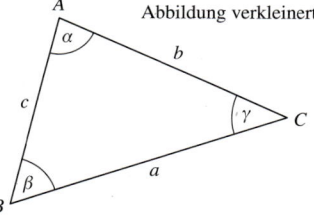

4 a) Abbildung verkleinert

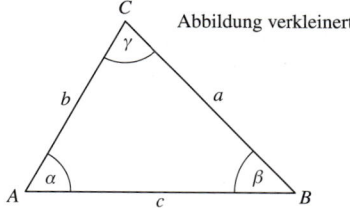

b)

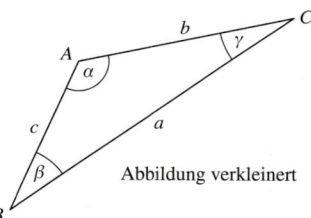
Abbildung verkleinert

5 a)

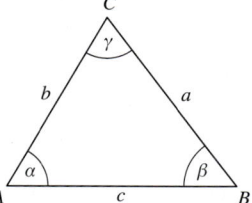

Konstruktionsbeschreibung individuell, z.B.:
Zeichne $\overline{AB} = c = 4{,}4\,\text{cm}$.
Zeichne in A den Winkel $\alpha = 60°$ an.
Verlängere diesen Schenkel auf $b = 3{,}8\,\text{cm}$.
Benenne den Punkt mit C und verbinde A mit C.

5 a)

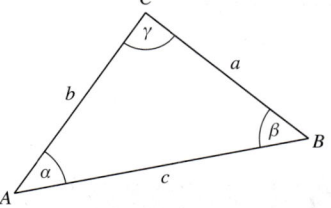

Konstruktionsbeschreibung individuell, z.B.:
Zeichne $\overline{BC} = 33\,\text{mm} = 3{,}3\,\text{cm}$.
Zeichne in C den Winkel $\gamma = 87°$ an.
Verlängere diesen Schenkel auf $b = 3{,}6\,\text{cm}$.
Benenne den Punkt mit A und verbinde A mit B.

b)

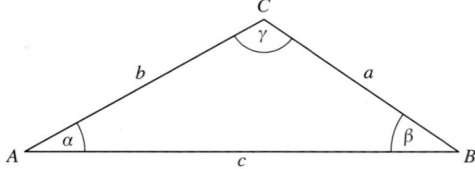

Konstruktionsbeschreibung individuell, z. B.:
Zeichne $\overline{AB} = c = 6{,}4$ cm.
Zeichne in B den Winkel $\beta = 35°$ an.
Verlängere diesen Schenkel auf $a = 3{,}5$ cm.
Benenne den Punkt mit C und verbinde C mit A.

b)

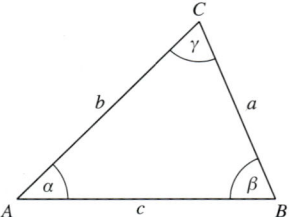

Konstruktionsbeschreibung individuell, z. B.:
Zeichne $\overline{AB} = c = 5{,}4$ cm.
Zeichne in A den Winkel $\alpha = 45°$ an.
Verlängere diesen Schenkel auf $b = 5{,}4$ cm.
Benenne den Punkt mit C und verbinde C mit B.

6 $\gamma = 49°$

6 $x = 7{,}6$ cm

7 **a)** nicht eindeutig konstruierbar, da die Seitenlängen unterschiedlich sein können
b) eindeutig konstruierbar
c) nicht konstruierbar; Die Innenwinkelsumme im Dreieck beträgt immer 180°. Mit den gegebenen Winkel kann daher kein Dreieck konstruiert werden.

8 Konstruktionsbeschreibung für a), b) und c)
Zeichne $\overline{AB} = c$.
Zeichne mit dem Zirkel um A einen Kreis mit dem Radius von b und um B einen Kreis mit dem Radius von a.
Der Schnittpunkt der Kreise ist C.
Verbinde C mit A und mit B.

a)

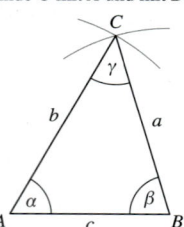

b)

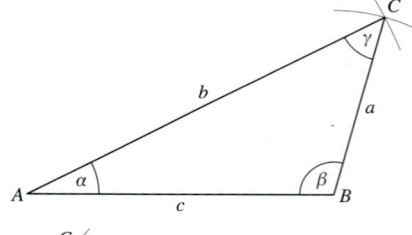

c)

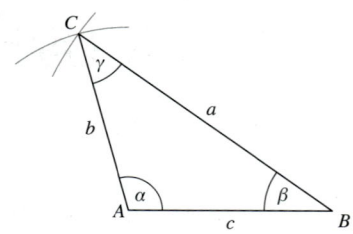

8 Konstruktionsbeschreibung für a), b) und c)
Zeichne $\overline{AB} = c$.
Zeichne mit dem Zirkel um A einen Kreis mit dem Radius von b und um B einen Kreis mit dem Radius von a.
Der Schnittpunkt der Kreise ist C.
Verbinde C mit A und mit B.

a)

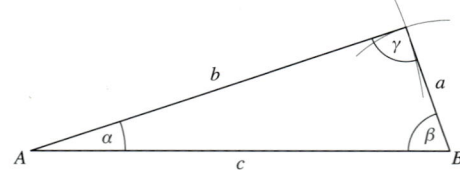

b)

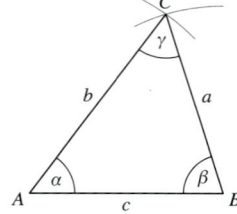

c)

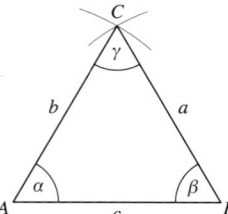

9 a)

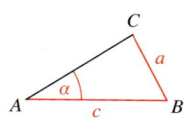
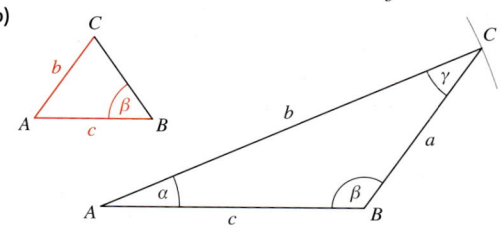

b)

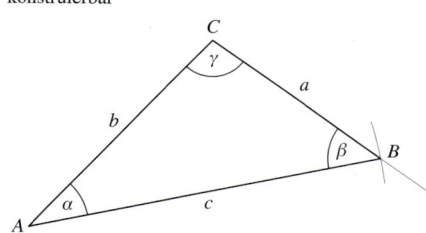

9 a)

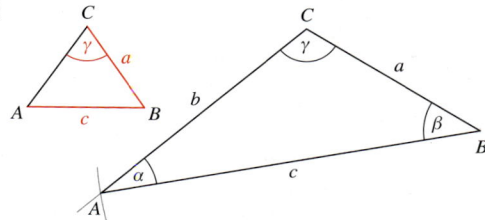

b)

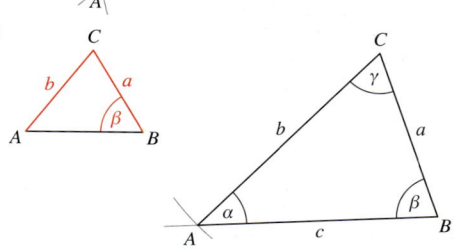

10 a) konstruierbar

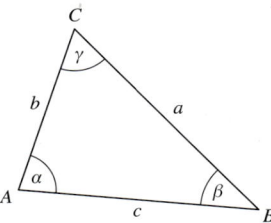

b) nicht konstruierbar ($a + c < b$)

c) nicht konstruierbar (der gegebene Winkel liegt nicht der längsten Seite im Dreieck gegenüber)

d) konstruierbar

10

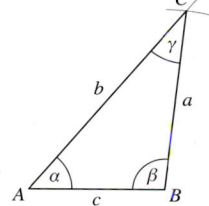
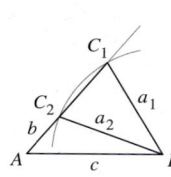

a) individuell

b) Für $a < 3$ cm ist das Dreieck nicht konstruierbar.

11   siehe Aufgabenstellung

11   siehe Aufgabenstellung

Teste dich!

Seite 60

1 a) spitzwinklig: ①, ④, ⑨   rechtwinklig: ②, ③, ⑤, ⑥, ⑦, ⑧
gleichschenklig: ①, ④, ⑤, ⑦, ⑨   gleichseitig: ④   unregelmäßig: ②, ③, ⑥, ⑧
b) Die Dreiecke ② und ⑥ sowie ① und ⑨ sind zueinander kongruent.

2 a) wahr
b) falsch

2 a) wahr; denn in einem spitzwinkligen Dreieck sind alle Winkel spitz und die Winkelgröße eines spitzen Winkels ist größer als 0° und kleiner als 90°.
b) falsch; denn jedes rechtwinklige Dreieck mit einem Basiswinkel der Größe 45° hat zwei gleich lange Schenkel.

3   Maßstab 1:2

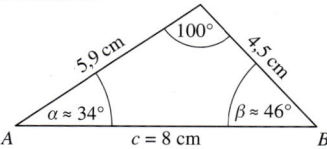

3   Maßstab 1:2

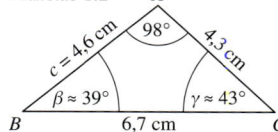

4 a) C   Maßstab 1:2

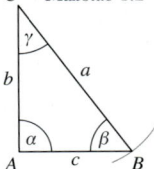

b) Das Dreieck ist rechtwinklig.

4

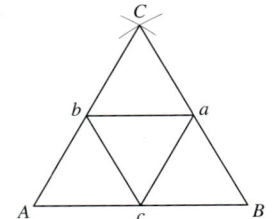

5 a)   **b)**

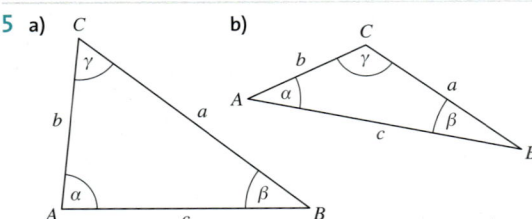

a) Zeichne die Strecke $c = \overline{AB}$. Trage in Punkt A den Winkel α an. Zeichne um A einen Kreis mit $r = b$. Der Schnittpunkt des freien Schenkels von α mit dem Kreisbogen ist Punkt C. Verbinde B mit C.

b) Zeichne die Strecke $a = \overline{BC}$. Trage in Punkt B den Winkel β an. Trage in Punkt C den Winkel γ an. Der Schnittpunkt der freien Schenkel von β und γ ist Punkt A.

5 a)   **b)**

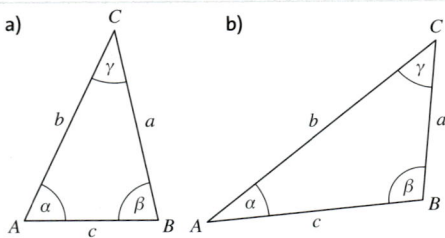

a) z. B.: Zeichne die Strecke $c = \overline{AB}$. Zeichne um A einen Kreis mit $r = b$. Zeichne um B einen Kreis mit $r = a$. Der Schnittpunkt der beiden Kreisbogen ist Punkt C. Verbinde B mit C und C mit A.

b) Zeichne die Strecke $a = \overline{BC}$. Trage in Punkt C den Winkel γ an. Zeichne um B einen Kreis mit $r = c$. Der Schnittpunkt des freien Schenkels von γ mit dem Kreisbogen ist Punkt A. Verbinde C mit A und A mit B.

6 Die Messstäbe sind 28 m voneinander entfernt.

Zuordnungen

Seite 62

Noch fit?

1 a) 10; 12; 14; 16; 18; 20
c) 19; 23; 27; 31; 35; 39
b) 35; 42; 49; 56; 63; 70
d) 81; 75; 69; 63; 57; 51

1 a) 8; 16; **24**; 32; 40; **48**; 56; **64**; **72**; **80**; **88**; **96**; **104**
b) **81**; 74; 67; 60; **53**; 46; **39**; **32**; **25**; **18**; **11**; **4**

2 a) individuell, z. B.: 0 Bücher haben eine Höhe von 0 cm. 1 Buch hat eine Höhe von 1,2 cm. Entsprechend sind 10 Bücher 12 cm hoch und 20 Bücher 24 cm hoch.

b) individuell, z. B.: nach der Geburt schläft ein Baby 18 h pro Tag. Wenn es einen Monat alt ist, schläft es nur noch 17 h. Im Alter von 3 Monaten schläft es 15 h und im Alter von 6 Monaten 12 Stunden.

2 1 kg kostet 1,50 €; 2 kg kosten 3 €; 3 kg kosten 4,50 €; 4 kg kosten 6 € und 5 kg kosten 7,50 €

3 a) Drei Stücke kosten 3,60 €.
b) Vier Schüler bezahlen 18 €.
c) 60 €
d) Der Inhalt wiegt 395 g.

3 a) Er ist 60 Minuten unterwegs.
b) Sie pflanzen 20 Sträucher.
c) 12 Fotos kosten 4,78 €.

4 a) $A(4|9)$; $B(9|3)$
b)

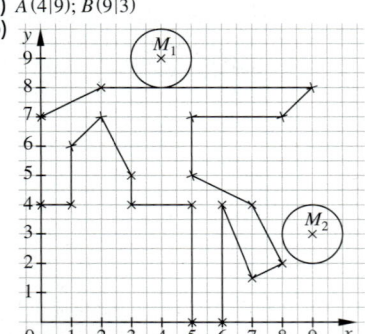

Klar so weit?

1 a) Das Datum ist der Temperatur in °C zugeordnet.

b)

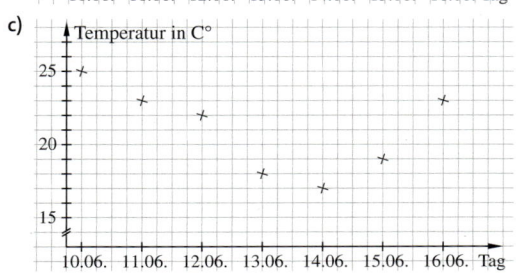

c)

2 a) Jedem Tag ist eine Körpertemperatur zugeordnet.

b)
Mo: 36,5 °C   Di: 36,5 °C
Mi: 36,5 °C   Do: 40,75 °C
Fr: 39,75 °C   Sa: 39,25 °C
So: 37,75 °C

c)

Tag	Körpertemperatur in °C
Mo	36,5
Di	36,5
Mi	36,5
Do	40,75
Fr	39,75
Sa	39,25
So	37,75

d) An den Tagen Do bis So.

3 Ja, da die Wertepaare quotientengleich sind.

4

Füllmenge (in l)	1	5	10	20	30
Preis (in €)	2,5	**12,5**	**25**	**50**	**75**

5 a) 1,25 €;   5 €
b) 4 kg;   7 kg
c)

Gewicht in kg	0	1	2	2,5	4	5	6	7	8	9
Preis in €	0	0,5	1	1,25	2	2,5	3	3,5	4	4,5

6 Die Zuordnung ist nicht antiproportional, da die Wertepaare nicht produktgleich sind.
Größen individuell, z.B.: x = Tage und y = Futtervorrat

7

x	1	2	3	4	5
y	1200	**600**	**400**	**300**	**240**

8 104 Liter

9

Mitglieder	4	7	9	15
Gewinn pro Mitglied (€)	**4536**	**2592**	**2016**	**1209,60**

10 Es sind 25 Bände erforderlich.

1 a) Jeder Stadt ist ein Preis in € zugeordnet.

b)

Stadt	Preis
Dublin	269 €
Madrid	199 €
Venedig	289 €
Paris	186 €
Rom	245 €
Wien	187 €
London	175 €
Amsterdam	215 €

c)

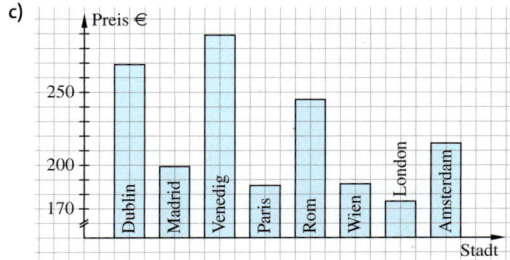

2 a) Wenn die Vase mit Wasser gefüllt wird, steigt die Füllhöhe bis zur Hälfte der Vase erst immer schneller und danach immer langsamer an.

b) Graph 2 passt zur angegebenen Vase.

3 Ja, da die Wertepaare quotientengleich sind.

4

Füllmenge (in l)	1	5	10	20	30
Preis (in €)	**1,32**	**6,60**	13,20	**26,40**	**39,60**

5 a) z.B.: Die Zuordnung ist proportional, weil der Graph eine Ursprungsgerade ist.
b) Das Flugzeug legt in 6 Stunden 4800 km zurück.
Das Flugzeug legt in 3,5 Stunden 2800 km zurück.
c) 2000 km dauern 2,5 Stunden. 7200 km dauern 9 Stunden.

6

x	1	2	3	4	5
y	60	30	20	15	12

Größen individuell, z.B.: x = Tage und y = Futtervorrat

7

x	1	2	3	4	5
y	$\frac{1}{2}$	$\frac{1}{4}$	$\frac{1}{6}$	$\frac{1}{8}$	$\frac{1}{10}$

8 714 € (1176 €)

10 Ein Flugzeug benötigt 51 Stunden und 44 Minuten.

Teste dich!

1 a)

x	1	2	3	4	5
y	1,40	2,80	4,20	5,60	7,00

b)

x	1	2	3	4	5
y	30	15	10	7,5	6

2 Nur die erste grafische Darstellung ist proportional, da alle Punkte auf einer Halbgeraden liegen, die im Nullpunkt beginnt.

3 Das Auto von Familie Bohm verbraucht 7,5 l Benzin auf 100 km.

4 Sie können täglich 18 € ausgeben.

5 a)

Anzahl der Personen	Gummibärchen in g
1	2 500
2	1 250
4	625
5	500
8	312,5
10	250
25	100

b) Diese Zuordnung ist antiproportional, weil die Wertepaare der Tabelle produktgleich sind.

1 a)

x	1	2	3	5	7
y	$2\frac{1}{4}$	$4\frac{1}{4}$	$6\frac{3}{4}$	$11\frac{1}{4}$	$15\frac{3}{4}$

b)

x	1	2	4	6	10
y	48	24	12	8	4,8

2 Nur der erste Graph gehört zu einer proportionalen Zuordnung, da alle Punkte auf einer Halbgeraden liegen, die im Nullpunkt beginnt.
Nur der dritte Graph gehört zu einer antiproportionalen Zuordnung, da alle Punkte auf einer Hyperbel liegen.

3 Firma Xekdüs muss 1 415,70 € bezahlen und Firma Mascolo 1 306,80 €.

4 Vier Maler brauchen sechs Tage.

5 a) Die Überquerung mit 150 km/h hätte 40 Stunden gedauert.
b) Man hätte mit 250 km/h fliegen müssen, um die Strecke in 24 Stunden zu bewältigen.

Grundkonstruktionen

Noch fit?

1 a) Scheitelpunkt: Gemeinsamer Anfangspunkt der Schenkel
Schenkel: Halbgeraden, welche vom Scheitelpunkt ausgehen und den Winkel aufspannen.
Rechter Winkel: Ein Winkel der Größe 90°.
Vollwinkel: Ein Winkel der Größe 360°.
Gestreckter Winkel: Ein Winkel der Größe 180°.
b)

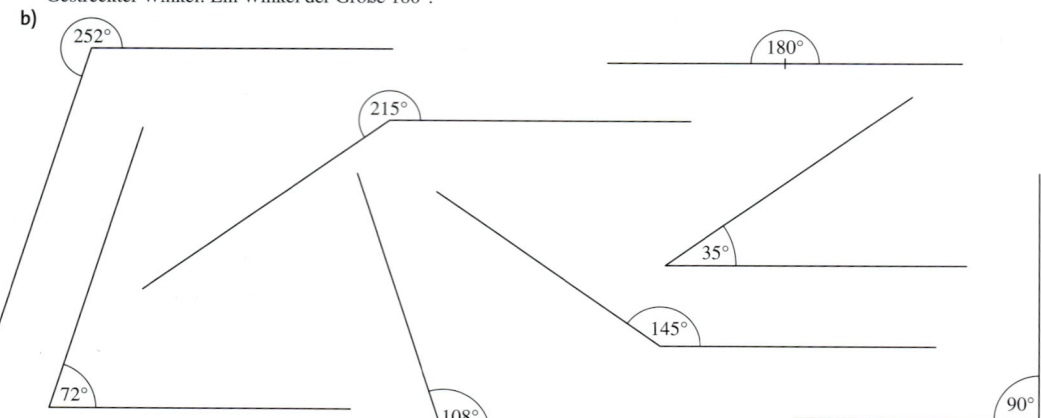

2 $\alpha = 20°$ spitzwinklig
$\beta = 165°$ stumpfwinklig
$\gamma = 45°$ spitzwinklig
$\delta = 120°$ stumpfwinklig
$\varepsilon = 210°$ überstumpf

3 a) 1,1 cm   b) 2,2 cm

3

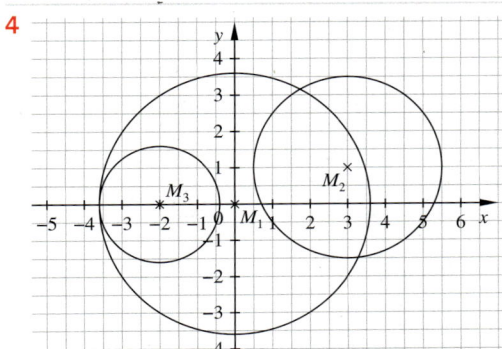

a) Der Abstand von der Senkrechten durch *C* zu *A* ist 2 LE und der Abstand zu *B* ist 6 LE. (1 LE ≙ 0,5 cm)

b) Der Abstand von der Senkrechten durch *D* zu *A* ist 5 LE und der Abstand zu *B* ist 3 LE. (1 LE ≙ 0,5 cm)

4 $d_1 = 10$ cm
$d_2 = 13$ cm
$d_3 = 7,6$ cm

4

M_1 befindet sich im Nullpunkt und schließt die Mittelpunkte der beiden weiteren Kreise in sich ein. M_2 liegt im 1. Quadranten und M_3 auf der *x*-Achse, welche den III. und IV. Quadranten trennt.

5

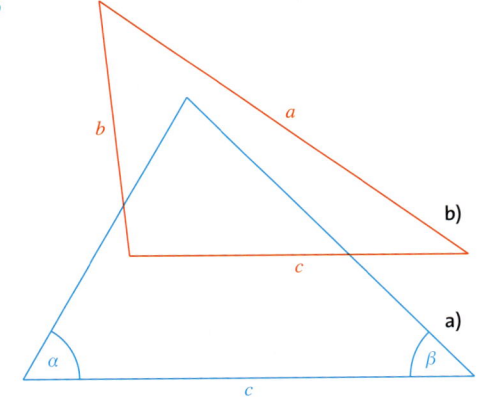

5

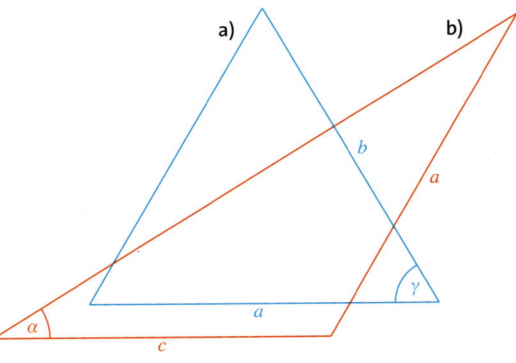

6

6

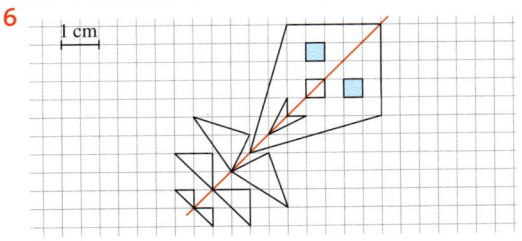

Klar so weit?

1 m ist keine Mittelsenkrechte von $\overline{AB}$, da m nicht senkrecht zu $\overline{AB}$ steht.

1 m ist keine Mittelsenkrechte von $\overline{BC}$, da m die Strecke $\overline{BC}$ nicht halbiert.
n ist die Mittelsenkrechte von $\overline{CD}$, da n senkrecht zu $\overline{CD}$ steht und $\overline{CD}$ halbiert.

2

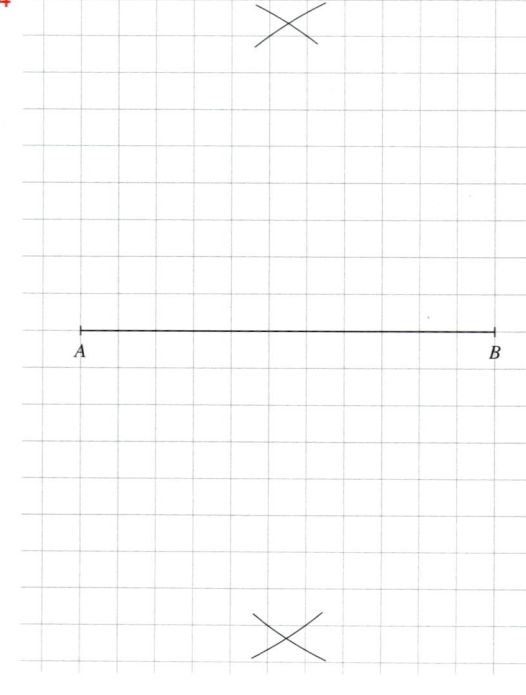

2

3

3

4
Nein, P liegt nicht auf der Mittelsenkrechten.

4

5 Ja, da die blaue Linie den Winkel in 45° und 45° teilt.

5 Nein, da die blaue Linie den Winkel in 16° und 26° teilt.

6

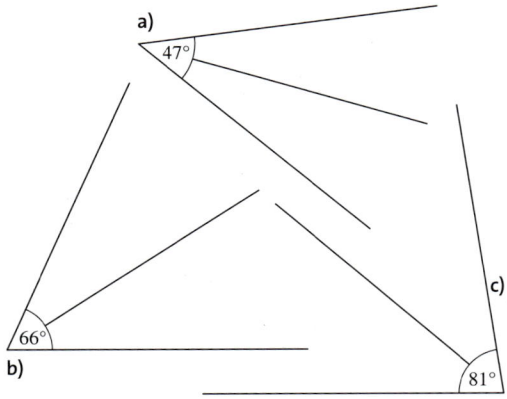

6

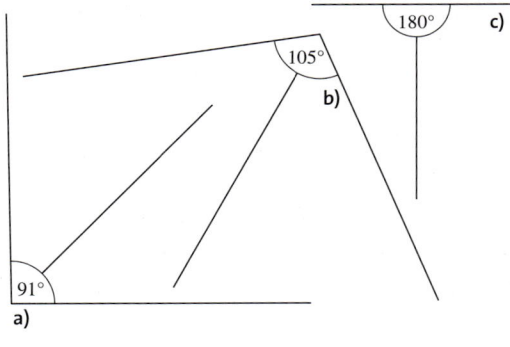

7

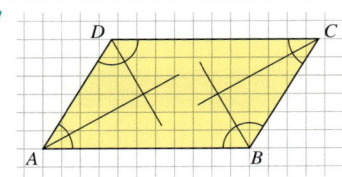

7

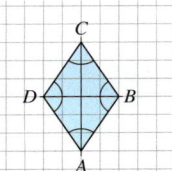

8 Die Geraden *b* und *c* sind Tangenten. *a* ist eine Passante und *d* ist eine Sekante.

8 Die Geraden *a* und *f* sind Passanten, da sie keinen gemeinsamen Punkt mit dem Kreis haben.
Die Geraden *b* und *c* haben jeweils zwei gemeinsame Punkte mit dem Kreis, daher sind es Sekanten.
Die Geraden *d* und *e* haben jeweils einen gemeinsamen Punkt mit dem Kreis, daher sind es Tangenten.

9 Maßstab 1 : 2

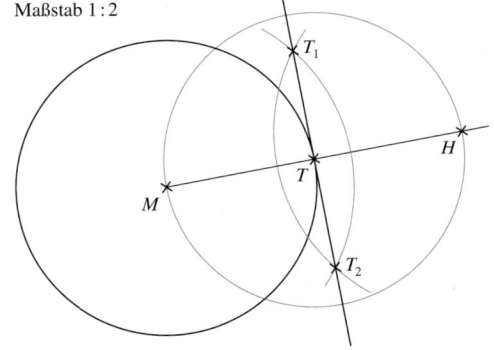

Verlängere die Strecke $\overline{MT}$ über *T* hinaus (Halbgerade).
Zeichne um *T* einen Kreisbogen mit $r = \overline{MT}$.
Nenne den Schnittpunkt der Halbgerade $\overline{MT}$ mit dem Kreisbogen *H*.
Zeichne um *M* und *H* je einen Kreisbogen mit $r > \overline{MT}$ (z. B. $r = 5\,\text{cm}$).
Nenne die Schnittpunkte dieser beiden Kreisbogen T_1 und T_2.
Zeichne die Gerade durch T_1 und T_2.

9 Maßstab 1 : 4

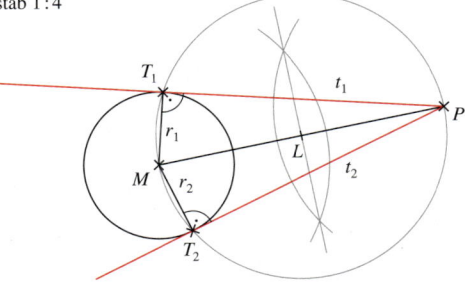

Verbinde den Punkt *P* mit dem Kreismittelpunkt *M*.
Halbiere die Strecke $\overline{MP}$. Bezeichne den Mittelpunkt der Strecke mit *L*.
Zeichne einen Kreis um *L* mit dem Radius $r = \overline{LM} = \overline{LP}$.
Bezeichne die Schnittpunkte der beiden Kreise mit T_1 und T_2.
Zeichne zwei Geraden t_1 und t_2 durch *P* und T_1 bzw. *P* und T_2.

10

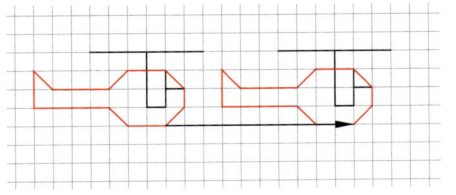

10

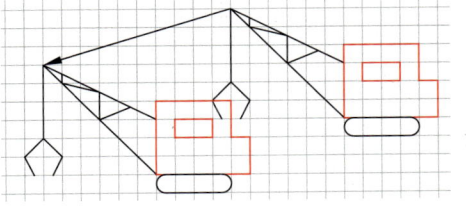

11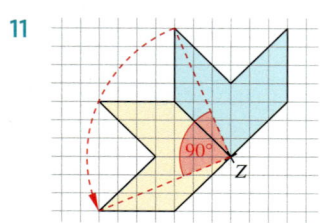

11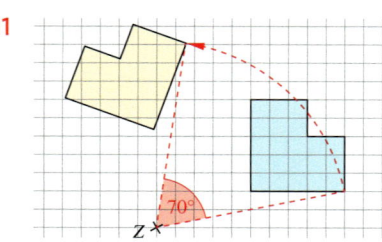

12

a) 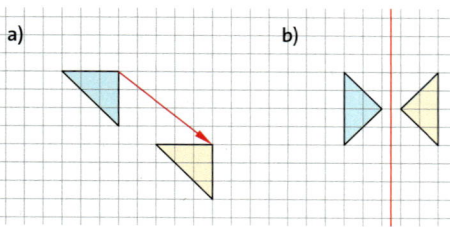   b)

c) 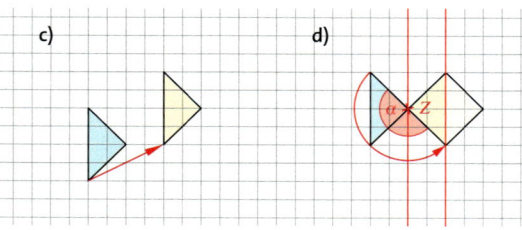   d)

Teste dich!

1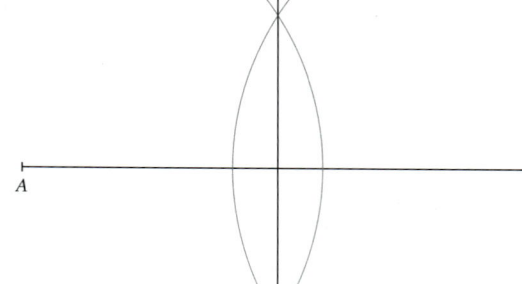

1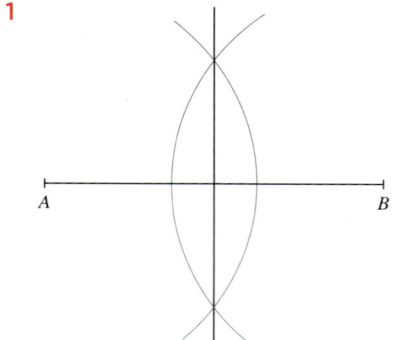

2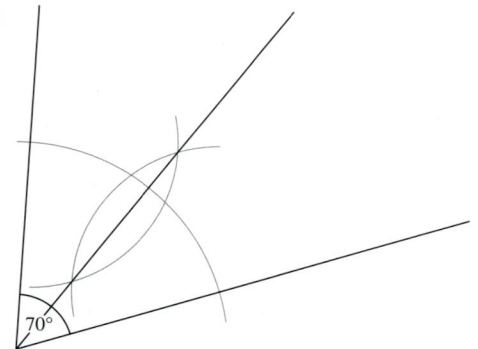

2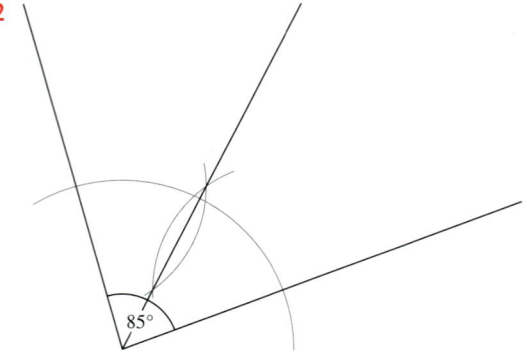

3

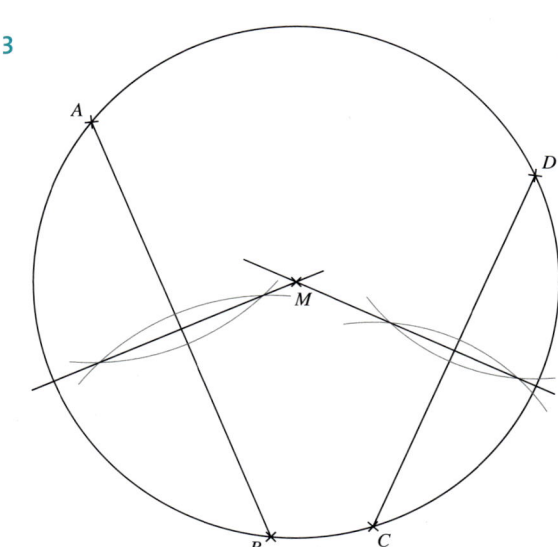

3

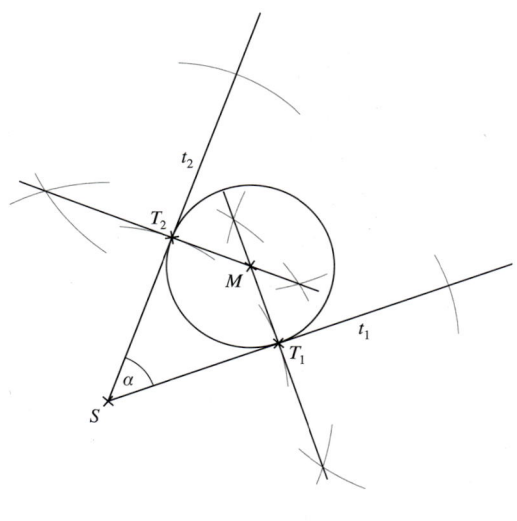

Die Mittelsenkrechten schneiden sich alle in Punkt *M*.

4 Maßstab 1 : 1,5

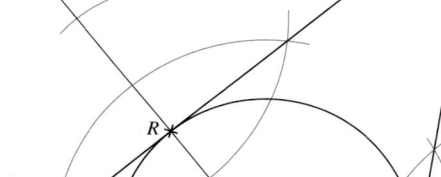

4 Maßstab 1 : 2

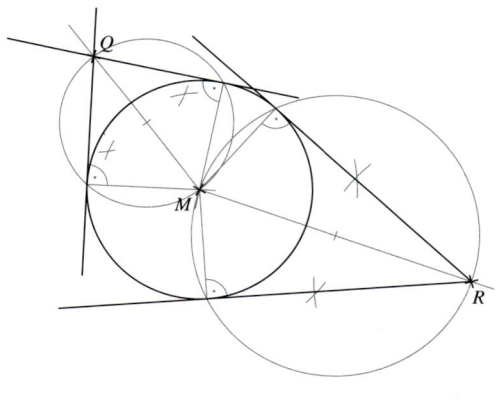

5

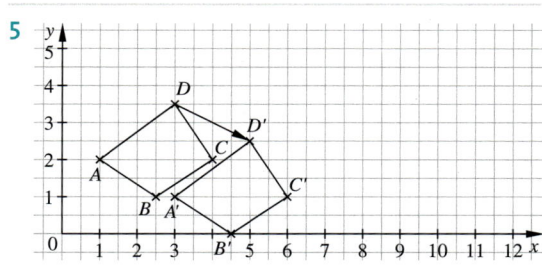

5

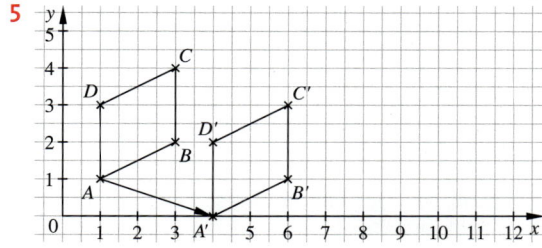

6

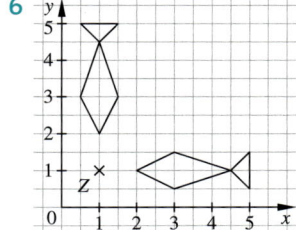

6

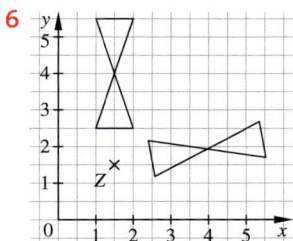

213

7

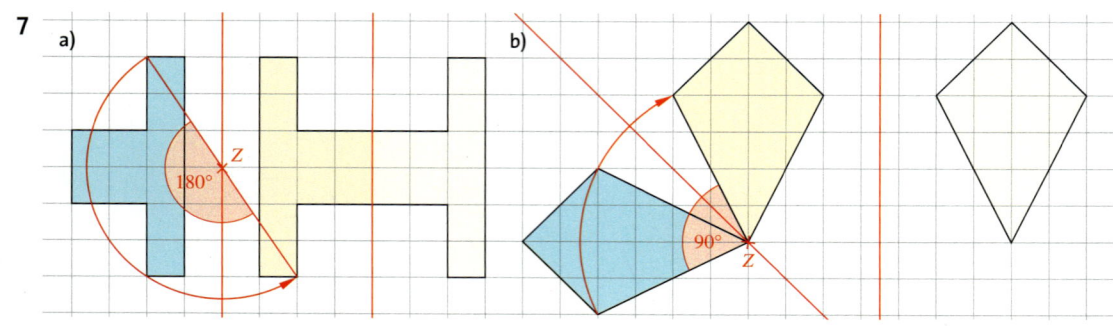

a) Die blaue Originalfigur wurde entweder durch eine Achsenspiegelung oder durch eine Drehung um 180° auf die dunklere Bildfigur abgebildet. Anschließend wurde die Figur durch eine Achsenspiegelung auf die hellere Bildfigur abgebildet.

b) Die blaue Originalfigur wurde entweder durch eine Achsenspiegelung oder durch eine Drehung um 90° im Uhrzeigersinn auf die dunklere Bildfigur abgebildet. Anschließend wurde die Figur um sieben Kästchenbreiten nach rechts verschoben.

Prozentrechnung

Seite 118

Noch fit?

1 a) rot: $\frac{1}{4}$ blau: $\frac{3}{4}$ b) rot: $\frac{3}{4}$ blau: $\frac{1}{4}$ c) rot: $\frac{1}{10}$ blau: $\frac{9}{10}$ d) rot: $\frac{1}{5}$ blau: $\frac{4}{5}$ e) rot: $\frac{1}{2}$ blau: $\frac{1}{2}$ f) rot: 1 blau: 0

2

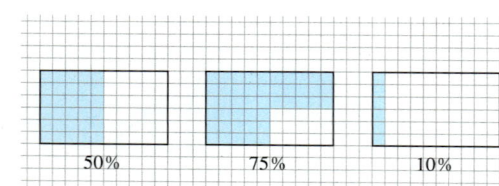

2

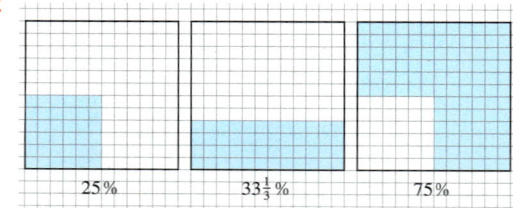

3 a) $\frac{1}{2}$ b) $\frac{1}{2}$ c) $\frac{1}{3}$
d) $\frac{1}{5}$ e) $\frac{5}{6}$ f) $\frac{2}{3}$
g) $\frac{7}{4} = 1\frac{3}{4}$ h) $\frac{23}{19} = 1\frac{4}{19}$

3 a) $\frac{2}{3}$ b) $\frac{7}{18}$ c) $\frac{5}{8}$
d) $\frac{5}{11}$ e) $\frac{4}{5}$ f) $\frac{5}{7}$
g) $\frac{64}{91}$ h) $\frac{27}{43}$

4 a) 0,8   b) 0,35   c) 0,75   d) 0,56

4 a) 0,048   b) 2,45   c) 0,625   d) 3,888

5 a) 1,2   b) 7,25   c) 1,875   d) 3,5
e) $10,\overline{3}$ f) 2,5   g) $11,\overline{2}$ h) $3,8\overline{1}$
i) $0,\overline{6}$

5 a) 2,25   b) $2,\overline{2}$ c) $7,\overline{428571}$ d) 24,6
e) $1,\overline{45}$ f) 0,9375   g) $0,08\overline{3}$ h) $0,\overline{18}$
i) 0,025

6 a) 120   b) 13   c) 180   d) 45

6 a) 232,5   b) 60   c) $24,\overline{16}$ d) 123,75

7 $0,75 = 75\% = \frac{75}{100} = \frac{750}{1000} = \frac{3}{4} = \frac{6}{8}$ $0,4 = \frac{2}{5} = \frac{4}{10} = 40\% = \frac{40}{100} = 0,400$

$\frac{34}{100} = 0,340 = \frac{17}{50} = 0,34$ $0,04 = \frac{40}{1000} = 4\% = \frac{1}{25} = \frac{4}{100} = 0,040$

Seite 136/137

Klar so weit?

1 a) Prozentsatz und Grundwert
b) Prozentwert und Grundwert
c) Prozentwert und Grundwert
d) Prozentwert und Prozentsatz

1 a) Prozentwert und Grundwert
b) Prozentsatz und Grundwert
c) Prozentwert und Prozentsatz

2 ① $\frac{1}{2} = 50\%$ ② $\frac{2}{6} = 33,\overline{3}\%$ ③ $\frac{1}{4} = 25\%$
④ $\frac{1}{8} = 12,5\%$ ⑤ $\frac{3}{10} = 30\%$ ⑥ $\frac{5}{8} = 62,5\%$

2 ① $\frac{3}{10} = 30\%$ ② $\frac{3}{9} = 33,\overline{3}\%$ ③ $\frac{3}{12} = 25\%$ ④ $\frac{4}{16} = 25\%$
⑤ $\frac{3}{9} = 33,\overline{3}\%$ ⑥ $\frac{4}{9} = 44,\overline{4}\%$ ⑦ $\frac{4}{9} = 44,\overline{4}\%$

3 a) $\frac{7}{10} = 0{,}7 = 70\,\%$ $\frac{7}{25} = 0{,}28 = 28\,\%$

   $\frac{4}{80} = 0{,}05 = 5\,\%$ $\frac{1}{8} = 0{,}125 = 12{,}5\,\%$

   $\frac{5}{25} = 0{,}20 = 20\,\%$

b) $\frac{9}{25} = 0{,}36 = 36\,\%$ $\frac{16}{40} = 0{,}4 = 40\,\%$

   $\frac{68}{102} = 0{,}\overline{6} = 66{,}\overline{6}\,\%$ $\frac{94}{141} = 0{,}\overline{6} = 66{,}\overline{6}\,\%$

   $\frac{59}{177} = 0{,}\overline{3} = 33{,}\overline{3}\,\%$

4 Alina: $\frac{3}{20} = 0{,}15 = 15\,\%$

   Jasmin: $\frac{4}{25} = 0{,}16 = 16\,\%$

   Jasmin hat 16 % der Elfmeter gehalten und ist damit besser als Alina.

5 a) 0,4 %   **b)** 4 %   **c)** 25 %   **d)** 12,5 %

6 a) 52 %   Ü: 13 m von 26 m = 50 %
   b) 30 %   Ü: 20 l von 60 l = 33,$\overline{3}$ %
   c) 55 %   Ü: 160 m von 320 m = 50 %
   d) 16 %   Ü: 150 kg von 900 kg = 16,$\overline{6}$ %
   e) 64,375 %   Ü: 200 € von 300 € = 66,$\overline{6}$ %
   f) 0,8$\overline{5}$ %   Ü: 90 g von 9 kg = 1 %
   g) 1,7 %   Ü: 60 ct von 30 € = 2 %
   h) 0,175 %   Ü: 14 m von 7 km = 0,2 %

7 15 % gehen in die 7. Jahrgangsstufe.

8 a) 16 € (24 €; 12,80 €)
   b) 27 m (675 m; 1,62 m; 4,32 m; 2,70 m; 27,9 km)
   c) 750 g; (300 g; 4,2 kg)

9 a) Surfbrett: 25 % von 966 € = 241,50 €
   Segel: 15 % von 404 € = 60,60 €
   Die Ermäßigung beträgt 241,50 € bzw. 60,60 €.
   b) Surfbrett: 966 € − 241,50 € = 724,50 €
   Segel: 404 € − 60,60 € = 343,40 €
   Die neuen Preise betragen 724,50 € bzw. 343,40 €.

10 Gehaltserhöhung: 4 % von 3012 € = 120,48 €
   Neues Gehalt: 3012 € + 120,48 € = 3132,48 €

11

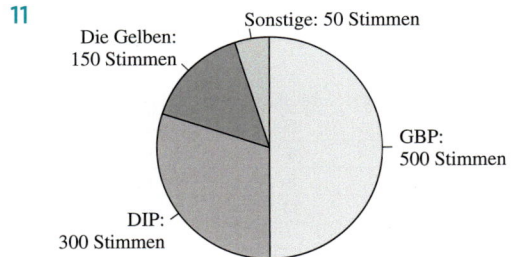

Die Gelben: 150 Stimmen
Sonstige: 50 Stimmen
GBP: 500 Stimmen
DIP: 300 Stimmen

12 a) 40 kg   **b)** 40 h
   240 kg   500 ml
   30 kg   70 m
   350 kg   400 kg

13 Es gibt insgesamt 300 Lose.

14 Die Gesamteinnahmen betrugen 640 €.

3 a) $\frac{18}{60} = 0{,}3 = 60\,\%$ $\frac{36}{80} = 0{,}45 = 45\,\%$

   $\frac{11}{20} = 0{,}55 = 55\,\%$ $\frac{72}{90} = 0{,}8 = 80\,\%$

   $\frac{10}{40} = 0{,}25 = 25\,\%$

b) $\frac{1}{3} = 0{,}333 = 33{,}3\,\%$ $\frac{5}{7} = 0{,}714 \approx 71{,}4\,\%$

   $\frac{5}{9} = 0{,}556 = 55{,}6\,\%$ $\frac{4}{24} = 0{,}167 = 16{,}7\,\%$

   $\frac{0}{2} = 0 = 0\,\%$

4 Frau Schilling: 68 % von 50 Fragen, das sind 34
   Frau Penny hat nur 33mal richtig geantwortet. Also ist Frau Schilling besser.

5 a) 0,5 %   **b)** 25,5 %   **c)** 10 %   **d)** 5 %

6 a) Ü: 3 € von 10 € = 30 %   E: 29,2 %
   Ü: 270 € von 2700 € = 10 %   E: 9,3 %
   Ü: 660 € von 6600 € = 10 %   E: 11 %
   b) Ü: 26 kg von 520 kg = 50 %   E: 44,2 %
   Ü: 2 kg von 20 kg = 10 %   E: 8,6 %
   Ü: 7,56 t von 12 600 kg = 60 %   E: 61,9 %

7 70 % der Autos erhielten die TÜV-Plakette.

8 a) richtig   **b)** richtig
   c) 50 % von 1 h sind 30 min.
   d) 105 % von 140 kg sind 147 kg.
   e) 7,5 % von 88 l sind 6,6 l.

9 a) Ski: 18 % von 291 € = 52,38 €
   Skischuhe: 15 % von 194 € = 29,10 €
   Skianzug: 25 % von 222 € = 55,50 €
   b) Ski: 291 € − 52,38 € = 238,62 €
   Skischuhe: 194 € − 29,10 € = 164,90 €
   Skianzug: 222 € − 55,50 € = 166,50 €

10 8 % von 15620 € = 1249,60 €

11

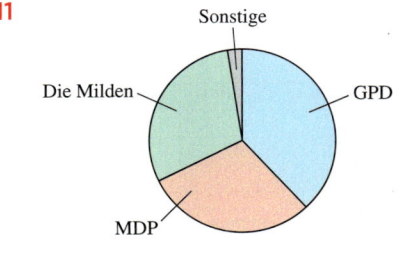

Sonstige
Die Milden
GPD
MDP

12 a) 700 cm   **b)** 240 l
   1500 cm   12 h
   3 m   510 000 m
   21 m   860 l

13 Sie müssen insgesamt 200 Lose erstellen.

14 ① Die Hose kostete vorher 60 €.
   ② Das Hemd kostete vorher 15 €.

Teste dich!

1

0,87	**0,45**	**0,56**
$\frac{87}{100}$	$\frac{45}{100}$	$\frac{56}{100}$
87%	**45%**	56%

2 Klasse 7a: 50% Schüler mit Handy
Klasse 7b: 50% Schüler mit Handy
Klasse 7c: 66,$\overline{6}$% Schüler mit Handy

3

Grundwert	2001	30 cm	**1333,$\overline{3}$ kg**
Prozentsatz	3%	**5%**	15%
Prozentwert	**61**	1,5 cm	200 kg

4 a) 15 Schülerinnen und Schüler fahren mit dem Bus.
b) Zehn Schülerinnen und Schüler fahren nicht mit dem Bus.

5 a) Es wurden bereits 60 Preise gestiftet.
b) Es fehlen noch weitere 65 Preise.

6 45% bieten eine Vertragslaufzeit von 24 Monaten an,
40% bieten eine Vertragslaufzeit von einem Monat und
15% bieten einen Vertrag ohne Laufzeit an.

7 300 Fahrzeuge wurden kontrolliert.

1

0,02	**0,03**	0,045
$\frac{2}{100}$	$\frac{3}{100}$	$\frac{45}{1000}$
2%	**3%**	4,5%

2 Anteil 7a: $\frac{12}{20}$ = 60% Anteil 7b: $\frac{14}{25}$ = 56%
Anteil 7c: $\frac{16}{27}$ ≈ 59,26%

Der Anteil der Jugendlichen, die ein Handy besitzen, ist in der 7a am größten und in der 7b am kleinsten.

3

Prozentsatz	**36%**	15%	5,10%
Prozentwert	4,5 s	21,6 kg	**20,4 m**
Grundwert	12,5 s	**144 kg**	400 m

4 a) 24 Schülerinnen und Schüler wurden insgesamt befragt.
b) Sechs Schülerinnen und Schüler fahren mit dem Bus.

5 a) Sieben Fahrräder kosten weniger als 159,90 €.
b) 13 Fahrräder kosten zwischen 159,90 € und 200 €.

6 25% haben eine Diagonale von 4,5 Zoll, ca. 33,33% haben eine Diagonale von 4,98 Zoll und ca. 41,67% haben eine Diagonale 5,7 Zoll.

7 Die Klassenstufe 7 hat insgesamt 20 Schülerinnen und Schüler.

Daten und Zufall

Noch fit?

1 a) 70%   **b)** 50%
c) 75%   **d)** 15%

2

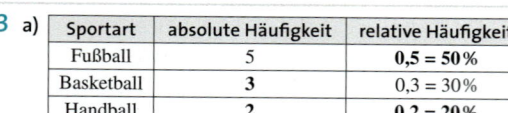

3 a)

Sportart	absolute Häufigkeit	relative Häufigkeit
Fußball	5	**0,5 = 50%**
Basketball	**3**	0,3 = 30%
Handball	**2**	**0,2 = 20%**

b)

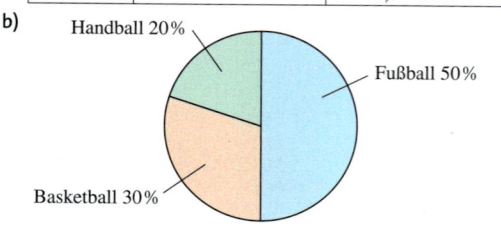

1 a) $\frac{3}{10}$ = 0,3 = 30%   **b)** $\frac{9}{25}$ = 0,36 = 36%
c) $\frac{3}{5}$ = 0,6 = 60%   **d)** $\frac{9}{20}$ = 0,45 = 45%
e) $\frac{7}{25}$ = 0,28 = 28%   **f)** $\frac{14}{50}$ = 0,28 = 28%
g) $\frac{34}{200}$ = 0,17 = 17%   **h)** $\frac{15}{500}$ = 0,03 = 3%

2

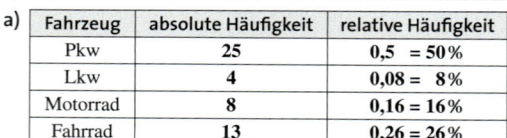

3 a)

Fahrzeug	absolute Häufigkeit	relative Häufigkeit
Pkw	**25**	**0,5 = 50%**
Lkw	**4**	**0,08 = 8%**
Motorrad	**8**	**0,16 = 16%**
Fahrrad	**13**	**0,26 = 26%**

b)

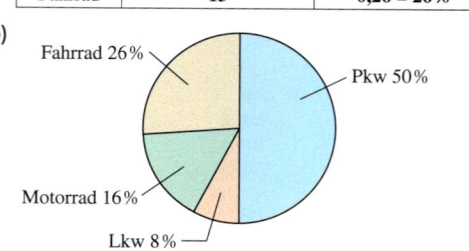

4 a) Die meisten Schülerinnen und Schüler kommen mit dem Bus zur Schule, die wenigsten kommen auf sonstige Weise zur Schule.

b) zu Fuß: $\frac{8}{25} = 0,32 = 32\,\%$

Fahrrrad: $\frac{5}{25} = 0,2 = 20\,\%$

Bus: $\frac{10}{25} = 0,4 = 40\,\%$

Sonstiges: $\frac{2}{25} = 0,08 = 8\,\%$

4 a) Das beliebteste Pausengetränk ist Kakao, das unbeliebteste ist Wasser.

b)

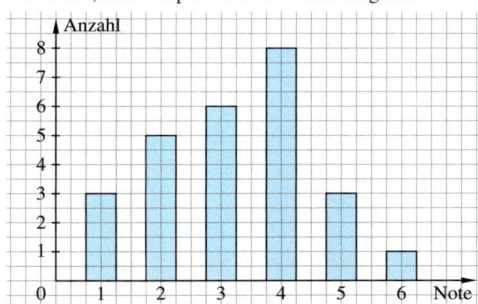

5 a) 25 Schüler haben mitgeschrieben.

b) z.B. Säulendiagramm

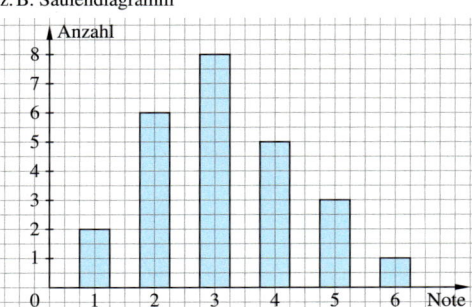

c) Note 1: 8 %

Note 2: 24 %

Note 3: 32 %

Note 4: 20 %

Note 5: 12 %

Note 6: 4 %

5 a) individuell, zum Beispiel durch ein Säulendiagramm:

b) Note 1: $\frac{3}{26} \approx 11,5\,\%$

Note 2: $\frac{5}{26} \approx 19,2\,\%$

Note 3: $\frac{3}{13} \approx 23,1\,\%$

Note 4: $\frac{4}{13} \approx 30,8\,\%$

Note 5: $\frac{3}{26} \approx 11,5\,\%$

Note 6: $\frac{1}{26} \approx 3,8\,\%$

c) arithmetisches Mittel: $\frac{84}{26} \approx 3,2$

Median: 3

Klar so weit?

Seite 164/165

1 a) Rosinen

Minimum: 2

Maximum: 11

Spannweite: 9

Median: 7

oberes Quartil: 8,5

unteres Quartil: 5

Mandeln

Minimum: 1

Maximum: 5

Spannweite: 4

Median: 3

oberes Quartil: 4,5

unteres Quartil: 2,5

b)

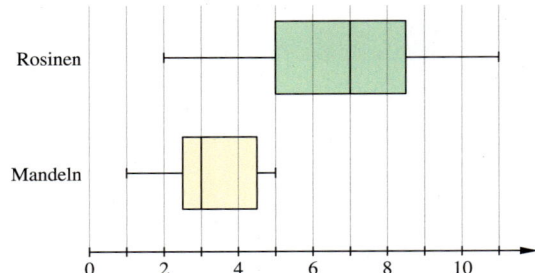

individuell, z. B.

Die Kekse enthalten mehr Rosinen als Mandeln. Die Anzahl der Rosinen pro Keks variiert stärker als die Anzahl der Mandeln pro Keks.

2 a) Minimum: 1
unteres Quartil: 2
b) oberes Quartil: 4

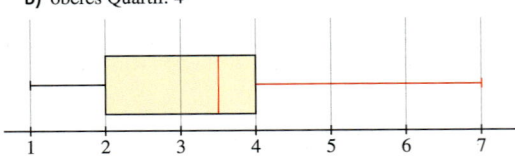

2 a) unteres Quartil: 2,5
oberes Quartil: 4
b) Median: 3

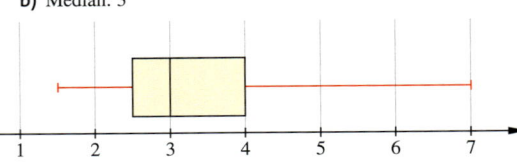

3 a) ja **b)** nein **c)** nein **d)** ja

3 a) ja $S = \{1, 2, 3, \ldots, 49\}$
b) ja $S = \{\text{Gewinn, Niete}\}$
c) nein

4 a) Glücksrad I liefert vermutlich die Zahlenreihe ② und
Glücksrad II die Zahlenreihe ①.
b) individuell

4 a) Nein, da das Experiment nicht gleichverteilt ist.
b) rot: 16%; weiß: 36%; blau: 32%; gelb: 16%
c)

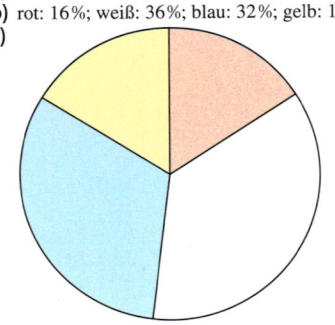

5 Alle Wahrscheinlichkeiten betragen $\frac{1}{6}$. Es gibt keine
Unterschiede.

5 a) 30% **b)** 20%
c) 83,$\overline{3}$% **d)** 50%

6 a) $\frac{3}{10} = 30\%$ **b)** $\frac{6}{10} = 60\%$ **c)** $\frac{4}{10} = 40\%$

6 a) $\frac{1}{12} \approx 8,3\%$ **b)** $\frac{1}{12} \approx 8,3\%$ **c)** $\frac{5}{12} \approx 41,6\%$
d) $\frac{8}{12} \approx 66,6\%$ **e)** $\frac{6}{12} = 50\%$ **f)** $\frac{3}{12} = 25\%$
g) $\frac{6}{12} = 50\%$

7 Ein ankommendes Fahrzeug fährt mit einer Wahrscheinlichkeit
von 36% nach links, von 43% geradeaus und von 21% nach
rechts.

7 Nein, da es sich um keine repräsentative Personengruppe für
ganz Deutschland handelt.

8 a) Insgesamt haben sie 18,50 € ausgegeben.
b) Die Verkaufszahlen (Gesamtanzahl 20 Stück) entsprechen vermutlich den Verkaufszahlen einer Pause. Sie sind damit zu gering um
daraus eine Prognose für eine ganze Woche zu treffen.

Seite 170

Teste dich!

1 a) Maximum: 20
Minimum: 2
Spannweite: 20 − 2 = 18
Median: 9
oberes Quartil: $\frac{14 + 15}{2} = 14,5$
unteres Quartil: $\frac{4 + 6}{2} = 5$
b)

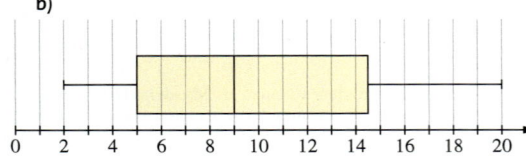

1 a) Jungen: 2; 4; 4; 6; 9; 12; 14; 20
Mädchen: 4; 8; 9; 12; 15; 17; 18
b) Jungen:
Maximum: 20
Minimum: 2
Spannweite: 18
Median: 7,5
oberes Quartil: 13
unteres Quartil: 4

Mädchen:
Maximum: 18
Minimum: 4
Spannweite: 14
Median: 12
oberes Quartil: 16
unteres Quartil: 8,5

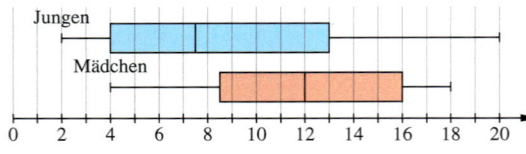

2 a) Kein Zufallsversuch: Die Note hängt davon ab, wie gut und intensiv man für die Klassenarbeit gelernt hat und ob, man alles verstanden hat.

b) Zufallsversuch: Bei einem fairen Würfel hängt die gewürfelte Augenzahl vom Zufall ab.

c) Zufallsversuch: Bei einer fairen Münze hängt es vom Zufall ab, ob „Kopf" oder „Zahl" geworfen wird.

3 a) $\frac{4}{10} = 0,4 = 40\,\%$

$\frac{27}{50} = 0,54 = 54\,\%$

$\frac{48}{100} = 0,48 = 48\,\%$

b) Bei einer großen Anzahl von Würfen liegt die Wahrscheinlichkeit für „Kopf" bei 50 %.

4 a) $\frac{1}{6}$

b) $\frac{5}{6}$ (Augenzahlen 1; 3; 4; 5 und 6)

c) 0

5 a) Wenn man von einer Klasse auf die ganze Schule schließen kann, dann erwartet man ca. 80 Schüler mit einer „5" auf dem Zeugnis.

b) Vermutlich hat eine Person aus der 7 c eine „1" auf dem Zeugnis.

6 a) Der Preisanstieg wird optisch verstärkt, weil die *y*-Achse nicht bei 0 beginnt.

b)

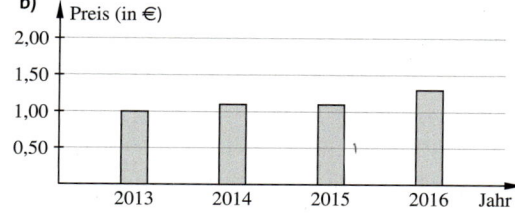

2 a) Zufallsversuch: Wenn er blind ein Gummibärchen zieht und die Schüssel verschiedenfarbige Gummibärchen enthält, hängt die Farbe des gezogenen Gummibärchens vom Zufall ab.

b) Von jeder Farbe müssen gleich viele Gummibärchen in der Schüssel liegen.

3 a) $\frac{9}{50} = 0,18 = 18\,\%$

$\frac{16}{100} = 0,16 = 16\,\%$

$\frac{42}{250} = 0,168 = 16,8\,\%$

$\frac{87}{500} = 0,174 = 17,4\,\%$

b) Bei einer großen Anzahl von Würfen liegt die Wahrscheinlichkeit für „keine 1" bei ca. 83,3 %.

4 a) 50 % (Augenzahlen 2; 4; 6; 8)

b) 50 % (Augenzahlen 2; 3; 5 und 7)

c) 25 % (Augenzahlen 1 und 2)

5 a) Vermutlich sind 57 647 Mainzer nicht in Mainz geboren.

b) Vermutlich kennen 303 der befragten Mainzer ihren Bürgermeister.

6 a) z. B. Säulendiagramm

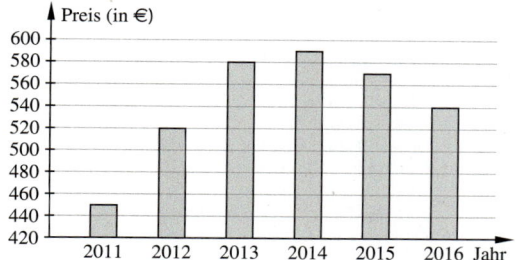

b) Die Unterschiede wirken dramatischer, wenn die *y*-Achse z. B. bei 400 statt bei 0 beginnt.

Von Termen zu Gleichungen

Noch fit?

Seite 172

1 a) 85; 102; 119 — Regel: +17
b) 9, 11; 13; — Regel: ungerade Zahlen
c) 185; 180; 175 — Regel: −5
d) 24, 29, 34 — Regel: +5

1 a) 36; 49; 64 — Regel: Quadratzahlen
b) 21; 28; 36 — Regel: +2; +3; +4; …
c) $\frac{1}{32}; \frac{1}{64}; \frac{1}{128}$ — Regel: $(\cdot \frac{1}{2})$
d) 4; 8; 16 — Regel: $(\cdot 2)$

2 a) 15   **b)** 4   **c)** 16   **d)** 3   **e)** 100

2 a) 55   **b)** 9   **c)** 7   **d)** 2   **e)** 54

3 a) 54 + 226 = 280   **b)** 37 − 17 = 20
c) 527 + 90 = 617   **d)** 47 − 11 = 36

3 a) 158 + (158 + 50) = 366   **b)** 208 − 60 = 148
c) 664 + 664 = 1328

4 a) Brüche werden addiert oder subtrahiert, indem man sie gleichnamig macht und dann ihre Zähler addiert oder subtrahiert.
b) Zwei Brüche werden multipliziert, indem man Zähler mit Zähler und Nenner mit Nenner multipliziert.
c) Man dividiert eine Zahl durch einen Bruch, indem man die Zahl mit dem Kehrwert des Bruches multipliziert.

5 a) $1\frac{7}{15}$ **b)** $2\frac{5}{7}$ **c)** $-1\frac{13}{30}$
d) $\frac{3}{5}$ **e)** $-\frac{5}{8}$ **f)** $3\frac{2}{3}$

5 a) 2   **b)** $1\frac{2}{3}$ **c)** $-\frac{3}{8}$
d) $\frac{8}{9}$ **e)** $\frac{1}{6}$ **f)** $\frac{21}{40}$

6

Länge a	Breite b	Umfang des Rechtecks	Flächeninhalt des Rechtecks
4 cm	3,5 cm	**15 cm**	**14 cm²**
7,5 dm	1,5 dm	**18 cm**	**11,25 cm²**
7 cm	**4 cm**	22 cm	**28 cm²**
17 cm	6 cm	**46 cm**	102 cm²

Seite 192/193

Klar so weit?

1 a) 2,7   b) 9,1   c) 27   d) 30

1 a) 42   b) 6   c) −14   d) 15   e) 43

2

Gewicht Äpfel (kg)	x	0,5	1	2	2,8
Preis (€)	$1,5 \cdot x$	**0,75**	**1,50**	**3,00**	**4,20**

2

Gewicht Pilze (kg)	x	0,2	0,8	1	1,5
Preis (€)	$8,90 \cdot x$	**1,78**	**7,12**	**8,90**	**13,35**

3 a)

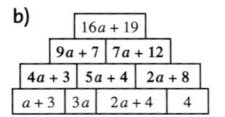

```
      14a + 18
  4x + 12 | 10x + 6
 x + 6 | 3x + 6 | 7x
  x | 6 | x + x + x | 4x
```

b)
```
        16a + 19
     9a + 7 | 7a + 12
   4a + 3 | 5a + 4 | 2a + 8
   a + 3 | 3a | 2a + 4 | 4
```

3 a)
```
          6,3x + 6x²
    2,3x + 2x² | 4x + 4x²
  0,3x + x² | x² + 2x | 2x + 3x²
   0,3x | x² | 2x | 3x²
```

b)
```
              2b − 6c
      6b − 8c − 2bc | −4b + 2c + 2cb
   3b − 7c − 4bc | 3b − c + 2cb | −7b + 3c
  −3c − 4cb | 3b − 4c | 3c + 2cb | −7b − 2cb
```

4 a) $4x$ b) $2 - y$ c) $2x^2$
d) $21\,a^2$ e) $3 + 8x$ f) $7x - 8y$
g) $18x^2 y$

4 a) $12 - 8z$ b) $2m - 2n$ c) $x^2 + x$
d) $6a + 4$ e) $330\,c^2 d$ f) $1,68\,x^2 y^2$
g) $6,4\,a^3 b$

5

Ausgangsterm	$a - 6a$	$2a + 3b - 7a$	$3a \cdot 4b$	$2a \cdot 4 + b + b$	$5b + a \cdot a - b$
vereinfachter Term	$-5a$	$-5a + 3b$	$12ab$	$8a + 2b$	$a^2 + 4b$
$a = 2; b = -7$	-10	-31	-168	2	-24
$a = -3; b = 9$	15	42	-324	-6	45
$a = -1; b = -10$	5	-25	120	-28	-39

6 ① $u = 4a = 4 \cdot 5\,\text{cm} = 20\,\text{cm}$
② $u = 3a = 3 \cdot 4\,\text{cm} = 12\,\text{cm}$
③ $u = 7 \cdot a + b = 7 \cdot 2,5\,\text{cm} + 7,5\,\text{cm} = 25\,\text{cm}$

5 a) $5x + 3y$
b) $3x + 8y$
c) $4x + 8y$

7 a) $\frac{a}{2}$ b) $5x$ c) $3a - 2a$ d) $6a - \frac{a}{2}$

6 a) $7ab$ b) $\frac{a}{2} + 3b$ c) $2a - \frac{b}{2}$

8 a) $x = 4$ b) $x = 5$ c) $x = 3$
d) $x = 6$ e) $x = 2$ f) $x = 1$

7 a) $x = 16$ b) $x = -16$ c) $x = -3$
d) $x = 1,5$ e) $x = -3$ f) $x = 49$

9 a) $x = 8$, denn $8 + 9 = 17$
b) $x = 22$, denn $22 - 14 = 8$
c) $x = 6$, denn $4 \cdot 6 = 24$
d) $x = 15$, denn $5 \cdot 15 = 75$
e) $x = 0,4$, denn $2 \cdot 0,4 = 0,8$
f) $x = -12$, denn $4 \cdot (-12) = -48$
g) $x = 1$, denn $2 \cdot 1 + 5 = 7$
h) $x = -2$, denn $3 \cdot (-2) + 7 = 1$

8 a) $x = -45$, denn $-45 + 6 = -39$
b) $x = 23$, denn $23 - 27 = -4$
c) $x = 8$, denn $1,5 \cdot 8 = 12$
d) $x = -9$, denn $-8 \cdot (-9) = 72$
e) $x = 8$, denn $6 \cdot 8 + 8 = 56$
f) $x = -6$, denn $9 \cdot (-6) + 48 = -6$
g) $x = 4$, denn $4 \cdot 4 - 5 = 11$
h) $x = -2$, denn $3 \cdot (-2) - 7 = -13$

10 Beispiele
a) $x + 17 = 35$ ergibt $x = 18$
$x - 17 = 35$ ergibt $x = 52$
$x \cdot 17 = 35$ ergibt $x = \frac{35}{17}$
$x : 17 = 35$ ergibt $x = 595$

b) $x + x + x + x = 84$ ergibt $x = 21$
$x + x + x - x = 84$ ergibt $x = 42$
$x - x - x - x = 84$ ergibt $x = -42$

c) $x + x + x = x + 40$ ergibt $x = 20$
$x + x + x = x - 40$ ergibt $x = -20$
$x - x - x = x + 40$ ergibt $x = -20$
$x - x - x = x - 40$ ergibt $x = 20$

d) $x + 350 = 50 \cdot 9$ ergibt $x = 100$
$x - 350 = 50 \cdot 9$ ergibt $x = 800$
$x \cdot 350 = 50 \cdot 9$ ergibt $x = \frac{9}{5}$
$x : 350 = 50 \cdot 9$ ergibt $x = 157\,500$

e) $2x + 25 = 41$ ergibt $x = 8$
$2x - 25 = 41$ ergibt $x = 33$
$2x \cdot 25 = 41$ ergibt $x = \frac{41}{50}$
$2x : 25 = 41$ ergibt $x = \frac{1\,025}{2}$
$x^2 + 25 = 41$ ergibt $x = 4$

f) $x + x + x + x + 40 = 160$ ergibt $x = 30$
$x + x + x + x - 40 = 160$ ergibt $x = 50$
$x + x + x - x + 40 = 160$ ergibt $x = 60$
$x + x + x - x - 40 = 160$ ergibt $x = 100$
$x - x - x - x + 40 = 160$ ergibt $x = -60$
$x - x - x - x - 40 = 160$ ergibt $x = -100$

Teste dich!

1 **a)** 14 **b)** 15 **c)** 21 **d)** −1

1 **a)** 11,5 **b)** 20 **c)** 6

2 **a)** $6x$ **b)** $8x$ **c)** $8x + 4y$

2 **a)** $10x$ **b)** $2x + 16$ **c)** $3x + 3$

3 **a)** $7x$ **b)** $x + 40$ **c)** $8x^2$

3 **a)** $18x + 23y$ **b)** $39x + 14$ **c)** $18a^4$

4 **a)** $o = 5c$; (c: Alter von Clara; o: Alter ihres Opas)
b) $f - 3 = m$ (f: Alter von Frau Weiß; m: Alter ihres Ehemanns)
c) $3m - 5 = v$ (m: Alter von Martin; v: Alter seines Vaters)

4 **a)** $4x - 15$
b) $1{,}50 \cdot x + 2{,}50 \cdot y$

5 **a)** $x + 6 = 9$ ergibt $x = 3$, denn $3 + 6 = 9$
b) $2x + 2 = 6$ ergibt $x = 2$, denn $2 \cdot 2 + 2 = 6$

5 **a)** $7 = 3x + 1$ ergibt $x = 2$, denn $7 = 3 \cdot 2 + 1$
b) $2x = x + 4$ ergibt $x = 4$, denn $2 \cdot 4 = 4 + 4$

6 **a)** $x = 31$ **b)** $x = 88$ **c)** $x = 18$ **d)** $x = 9$

6 **a)** $x = 24$ **b)** $x = -2$ **c)** $x = 34$ **d)** $x = 75$

7 **a)** ① $4 \cdot (a + b + c)$ ② $6 \cdot (a + c) + 4b$
b) ① $4 \cdot (a + b + c) + 30$ ② $6 \cdot (a + c) + 4b + 30$
c) ① 330 cm   ② 400 cm

Mathelexikon und Stichwortverzeichnis

A abrunden siehe *runden*

absolute Häufigkeit siehe *Häufigkeit*

Abstand kürzeste Verbindungsstrecke eines Punkts oder einer *Parallelen* zu einer *Geraden*

Achsenspiegelung Beispiel:

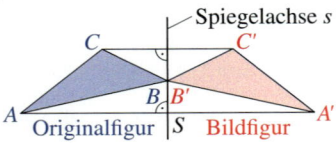

Achsensymmetrie, achsensymmetrisch Eine Figur mit mindestens einer *Symmetrieachse* nennt man achsensymmetrisch.

Addition

Summand + Summand = Wert der Summe

Anteil [120, 141] Beim Vergleichen von Anteilen nutzt man Brüche mit dem Nenner 100.

Antenne [147] in einem *Boxplot* die Verbindung zwischen Box und Minimum bzw. Maximum

antiproportional siehe *Zuordnung*

Ar (a) $1\,a = 10 \cdot 10\,m^2 = 100\,m^2$

arithmetisches Mittel Beispiel: arithmetisches Mittel von 3; 5; 7 und 9:

$(3 + 5 + 7 + 9) : 4 = 6$

(Summe der Zahlen) : Anzahl der Zahlen = arithmetisches Mittel

Assoziativgesetz (Verbindungsgesetz) [24, 35]
 – Addition: $(a + b) + c = a + (b + c)$
 – Multiplikation: $(a \cdot b) \cdot c = a \cdot (b \cdot c)$

aufrunden siehe *runden*

ausklammern siehe *Distributivgesetz*

B Balkendiagramm Im Balkendiagramm werden absolute Häufigkeiten dargestellt. Beispiel:

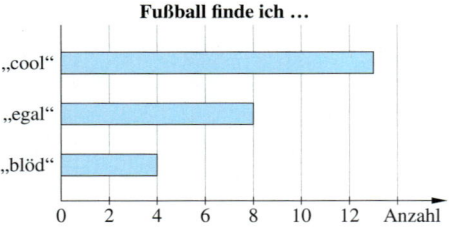

Basis (Dreieck) siehe *Dreiecksarten*

Basis siehe *Potenz*

Baumdiagramm Beispiel:

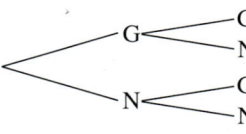

Zwei Lose werden nacheinander gezogen. Es gibt Gewinne (G) und Nieten (N).

Begrenzungsfläche siehe *Körpernetz*

Berührungspunkt [100] der Punkt, in dem eine *Tangente* einen *Kreis* berührt

Berührungsradius [100] verbindet den *Mittelpunkt* eines *Kreises* mit dem *Berührungspunkt* einer *Tangente* an den *Kreis*, steht *senkrecht* zur *Tangente*

Betrag [10, 35] der *Abstand* einer Zahl zur Null

Bildfigur siehe *Achsenspiegelung, Drehung, Punktspiegelung* und *Verschiebung*

Bildpunkt siehe *Achsenspiegelung*

Binärsystem auch: Zweiersystem;

Alle *natürlichen Zahlen* werden mit den Ziffern 0 und 1 dargestellt.

Beispiel: $101_{(2)} = 5$ im *Dezimalsystem*

Boxplot [147, 169] grafische Darstellung der Kennwerte einer Datenreihe; Beispiel:

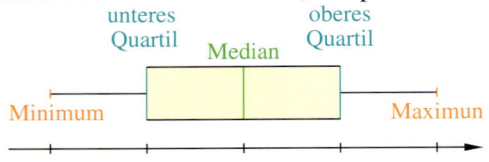

Bruch $\frac{\text{Zähler}}{\text{Nenner}}$, Teile von Ganzen
 – Addition $\frac{1}{2} + \frac{1}{4} = \frac{2}{4} + \frac{1}{4} = \frac{3}{4}$
 – Division **[20, 35]** $\frac{1}{2} : \frac{3}{5} = \frac{1}{2} \cdot \frac{5}{3} = \frac{5}{6}$
 – Multiplikation **[20, 35]** $\frac{2}{3} \cdot \frac{5}{7} = \frac{2 \cdot 5}{3 \cdot 7} = \frac{10}{21}$
 – Subtraktion $\frac{5}{6} - \frac{2}{3} = \frac{5}{6} - \frac{4}{6} = \frac{1}{6}$
 siehe auch: *erweitern, gleichnamig, kürzen*

Bruttopreis [135] Preis inklusive *Mehrwertsteuer*

C Cent (ct) $100\,ct = 1 \,€$

Chance [160, 169] Ereignis mit möglicher positiver Auswirkung

D Daten Ergebnisse von Umfragen, Experimenten, Beobachtungen, …

Deckfläche siehe *Körper*

Dezimalbruch Bruch in Dezimalschreibweise (Zahlen mit einem Komma) Beispiel: $\frac{7}{10} = 0,7$
 – Addition $3,42 + 2,73 = 6,15$
 – Division $3,6 \cdot 2,72 = 9,792$
 – Multiplikation $1,85 : 2,5 = 0,74$
 – Subtraktion $7,80 - 1,92 = 5,88$

Dezimalsystem siehe *Zehnersystem*

Dezimalzahl siehe *Dezimalbruch*

Dezimeter (dm) $1\,dm = 10\,cm$

DGS siehe *dynamische Geometrie-Software*

Diagonale verbindet in *Vielecken* zwei nicht benachbarte Eckpunkte

Diagramm [64, 85] grafische Darstellung von *Daten*; siehe auch *Balkendiagramm, Baumdiagramm, Boxplot, Figurendiagramm, Kreisdiagramm, Liniendiagramm, Säulendiagramm* und *Stängel-Blätter-Diagramm*

Differenz siehe *Subtraktion*

Distributivgesetz (Verteilungsgesetz) [24, 35]

$$a \cdot (b + c) = a \cdot b + a \cdot c$$
$$a \cdot (b - c) = a \cdot b - a \cdot c$$
$$(a + b) : c = a : c + b : c$$
$$(a - b) : c = a : c - b : c$$

Dividend siehe *Division*

Division

Dividend : Divisor = Wert des Quotienten

Divisor siehe *Division*

drehsymmetrisch siehe *Symmetrie*

Drehung [104, 115] Bei einer Drehung wird ein Punkt um ein *Drehzentrum Z* mit dem *Drehwinkel α* gedreht.

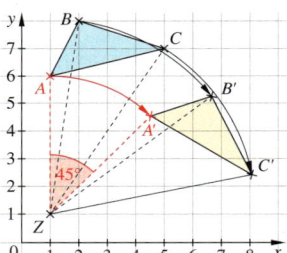

Drehwinkel [104, 115] siehe *Drehung*

Drehzentrum [104, 115] siehe *Drehung*

Dreiecksarten [40, 59]

Eigenschaften nach Seiten		
unregelmäßig: drei verschieden lange Seiten	**gleichschenklig:** zwei gleich lange Seiten	**gleichseitig:** drei gleich lange Seiten

Eigenschaften nach Winkeln		
spitzwinklig: drei spitze Winkel	**rechtwinklig:** ein rechter Winkel	**stumpfwinklig:** ein stumpfer Winkel

Dreiecke konstruieren [44, 48, 50 f., 59] Zeichnung mithilfe von Zirkel und Geodreieck; siehe auch *Kongruenzsatz*

Dreisatzschema [70, 74, 85, 124, 128, 132, 141] Tabelle, mit deren Hilfe aus drei bekannten *Größen* eine unbekannte *Größe* berechnet werden kann.

Durchmesser siehe *Kreis*

Durchschnitt siehe *arithmetisches Mittel*

Dynamische Geometrie-Software [50 f.] Software zur Konstruktion, dynamischen Bewegung und Änderung von Figuren

E Ecke siehe *Körper*

Einheit Um *Größen* wie *Länge, Fläche, Masse, Zeit, Geld* usw. anzugeben, benutzt man Einheiten wie cm, cm², kg, min, €.

Einheitsfläche, Einheitsquadrat Quadrate, mit z. B. 1 cm oder 1 dm Seitenlänge

Ereignis (E) [152, 169] Mehrere *Ergebnisse* eines *Zufallsexperiments* können zu einem Ereignis zusammengefasst werden; Beispiel: mit einem Würfel eine *gerade Zahl* werfen

Ergebnis (e) [152, 169] Ausgang eines *Zufallsexperiments*; Beispiel: mit einem Würfel eine 2 werfen

Ergebnismenge (S) [156, 169] alle möglichen *Ergebnisse* eines *Zufallsexperiments*

erweitern Beispiel: erweitern mit 4:
$$\frac{2}{5} = \frac{2 \cdot 4}{5 \cdot 4} = \frac{8}{20}$$

Euro (€) 100 ct = 1 €

Exponent siehe *Potenz*

F Faktor siehe *Multiplikation*

Figurendiagramm Beispiel:

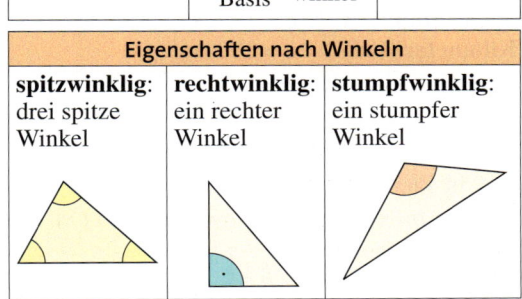

Flächeninhalt (A) *Maßeinheiten* des Flächeninhalts sind z. B.

$$1\,km^2 = 100\,ha$$
$$1\,ha = 100\,a$$
$$1\,a = 100\,m^2$$
$$1\,m^2 = 100\,dm^2$$
$$1\,dm^2 = 100\,cm^2$$
$$1\,cm^2 = 100\,mm^2$$

Fragebogen Werkzeug zur Datenerhebung

G ganze Zahlen *natürliche Zahlen* und ihre *Gegenzahlen* (zusammen mit der Null), $\mathbb{Z} = \{\dots; -2; -1; 0; 1; 2; \dots\}$

Gegenbeispiel Mithilfe eines Gegenbeispiels können Aussagen widerlegt werden; Beispiel: Aussage: Jede natürliche Zahl ist gerade. Gegenbeispiel: 3

Gegenzahl [10, 35] Gegenzahlen haben den gleichen Abstand zur Null. Beispiel: -3 ist die Gegenzahl von $+3$; $+12$ ist die Gegenzahl von -12

Geld siehe *Euro* und *Cent*

gemischte Zahl Beispiel: $1\frac{1}{2}$, $3\frac{1}{4}$

Geodreieck Werkzeug zum Messen und Zeichnen von *Winkeln*, *Parallelen* und *Senkrechten*

Gerade gerade Linie ohne Anfangspunkt und ohne Endpunkt

gerade Zahl alle *ganzen Zahlen*, die durch 2 teilbar sind; Beispiel: -2, 4, 6, -8, 10, 12, -12

gestreckter Winkel ein *Winkel* von 180°; siehe *Winkel*

Gewicht (Masse) *Maßeinheiten* des Gewichts (der *Masse*) sind z. B. t, kg, g, mg

ggT siehe *größter gemeinsamer Teiler*

gleichnamig *Brüche* mit gleichem Nenner nennt man gleichnamig; Beispiel: $\frac{3}{5}$ und $\frac{4}{5}$

Gleichung [186, 197] verbindet zwei *Terme* durch ein Gleichheitszeichen „=“; Eine Zahl ist die Lösung einer Gleichung, wenn die Zahl für die *Variable* in die Gleichung eingesetzt wird und die *Terme* auf beiden Seiten den gleichen *Wert* ergeben. Beispiel: „6“ ist Lösung der Gleichung $5 \cdot x = 30$, denn $5 \cdot 6 = 30$.

Glücksspiele [163] Bei Glückspielen wird ein Einsatz gezahlt. Das Ergebnis eines Glücksspiels hängt vom Zufall ab.

Grad (°) Die Größe eines *Winkels* wird in Grad gemessen.

Gramm (g) $1000\,\text{g} = 1\,\text{kg}$

Größe besteht aus Maßzahl und Maß*einheit*. Beispiel: $6\,€$ (*Geld*), $30\,\text{min}$ (*Zeit*), $3,26\,\text{kg}$ (*Masse*), weitere Größen: *Länge*, *Fläche*, *Volumen*

größer als (>) Beispiel: $13 > 11$ bedeutet: 13 ist größer als 11

größter gemeinsamer Teiler die größte Zahl, die in den Teilermengen zweier Zahlen vorkommt; Beispiel: $T_8 = \{1; 2; 4; 8\}$; $T_{12} = \{1; 2; 3; 4; 6; 12\}$; ggT $(8; 12) = 4$

Grundfläche siehe *Körper*

Grundwert [132, 141] entspricht dem Ganzen, also 100 %

H Halbgerade gerade Linie mit einem Anfangspunkt, aber ohne Endpunkt

Häufigkeit Anzahl, wie oft eine Art von Ergebnissen bei einer *Daten*erhebung aufgetreten ist
– **relative [152, 169]** $$\text{relative Häufigkeit} = \frac{\text{absolute Häufigkeit}}{\text{Gesamtzahl}}$$
– **absolute** gibt an, wie oft ein bestimmtes Ergebnis vorkommt

Hauptnenner Der Hauptnenner ist der kleinste gemeinsame Nenner zweier *Brüche*.

Hektar (ha) $1\,\text{ha} = 100 \cdot 100\,\text{m}^2 = 10\,000\,\text{m}^2$

Hohlmaß Um Volumenmaße von Flüssigkeiten anzugeben, verwendet man die Hohlmaße Liter (l) und Milliliter (ml). Beispiel: $1\,\text{l} = 1\,000\,\text{ml}$; $1\,\text{l} = 1\,\text{dm}^3$

Hyperbel [74, 85] fallende Kurve, auf der alle Punkte einer *antiproportionalen Zuordnung* liegen

I Innkreis [97] *Kreis* im Inneren eines Dreiecks, der jede *Seite* in genau einem Punkt berührt. Der *Mittelpunkt* des Innkreises ist der Schnittpunkt der *Winkelhalbierenden* des Dreiecks.

J Jahr (a) $1\,\text{a} = 365\,\text{d}$ (Tage)

K Kante siehe *Körper*

Kehrbruch Beispiel: der Kehrbruch von $\frac{2}{5}$ ist $\frac{5}{2}$

Kehrwert siehe *Kehrbruch*

Kenngrößen *Minimum*, *Maximum*, *Median*, *Quartile* und *Spannweite* sind Kenngrößen von *Daten*.

kgV, kleinstes gemeinsames Vielfaches die kleinste Zahl, die in beiden *Vielfachen*mengen zweier Zahlen vorkommt; Beispiel: $V_8 = \{8; 16; 24; 32; ...\}$; $V_{12} = \{12; 24; 36; ...\}$; kgV $(8; 12) = 24$

Kilogramm (kg) $1\,\text{kg} = 1000\,\text{g}$

Kilometer (km) $1\,\text{km} = 1000\,\text{m}$

Klammer siehe *Vorrangregeln*

Klammern auflösen [24] siehe *Distributivgesetz*

kleiner als (<) Beispiel: $9 < 11$ bedeutet: 9 ist kleiner als 11

Kommutativgesetz (Vertauschungsg.) [24, 35]
– Addition: $a + b = b + a$
– Multiplikation: $a \cdot b = b \cdot a$

kongruent (deckungsgleich) [44, 48, 59] Zwei Dreiecke sind kongruent zueinander, wenn sie in den drei Seitenlängen und der Größe ihrer drei Winkel übereinstimmen.

Kongruenzabbildung [108, 115] Bewegung, bei der Seitenlängen und Winkelgrößen erhalten bleiben. *Achsenspiegelung*, *Drehung* und *Verschiebung* sind Kongruenzabbildungen.

Kongruenzsatz [44, 48, 59] Dreiecke sind eindeutig konstruierbar, wenn folgende Bestimmungsstücke gegeben sind:
– **SSS [48,59]**: drei Seiten
– **SsW [48, 59]**: zwei Seiten und der Winkel, der der längeren Seite gegenüberliegt
– **SWS [44, 59]**: zwei Seiten und der eingeschlossene Winkel
– **WSW [44,59]**: eine Seite und die beiden anliegenden Winkel

Konstruktionsbeschreibung [53] Auflistung der einzelnen Schritte einer Konstruktion

Koordinate [13] gibt die Lage eines Punktes an

Koordinatensystem [13] zwei zueinander senkrecht stehende Zahlengeraden, die sich im *Nullpunk*t $(0|0)$ schneiden

Beispiel: Die Lage eines Punktes im Koordinatensystem wird durch seine Koordinaten angegeben: $A(2|1)$; $B(-2|3)$

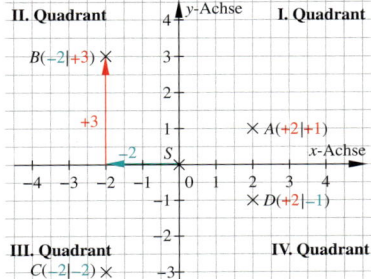

Koordinatenursprung [13] Punkt $(0|0)$ im Koordinatensystem; Schnittpunkt der beiden Zahlengeraden (x-Achse und y-Achse)

Körper Beispiel:

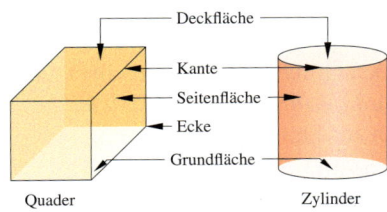

Quader   Zylinder

Dort, wo zwei Flächen zusammenstoßen, entstehen Kanten. Treffen mindestens drei Kanten aufeinander, entstehen Ecken.

Körpernetz eine zusammenhängende Abwicklung aller Begrenzungsflächen eines *Körpers*; Beispiel:

Kreis

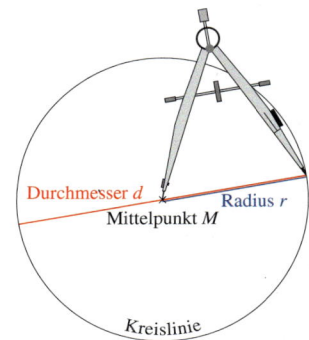

Durchmesser d Radius r
Mittelpunkt M
Kreislinie

Kreisdiagramm zeigt *relative Häufigkeiten* an (Vollkreis $\hat{=} 100\,\%$); Beispiel:

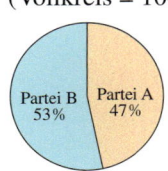

Partei B 53%   Partei A 47%

Kreistangente siehe *Tangente*

kürzen Beispiel: kürzen durch 4:
$$\frac{8}{20} = \frac{8:4}{20:4} = \frac{2}{5}$$

L   Länge *Maßeinheiten* der Länge sind z. B.:
1 km = 1 000 m
1 m = 10 dm = 100 cm = 1 000 mm
1 dm = 10 cm = 100 mm
1 cm = 10 mm

Laplace-Experiment [156, 169] Zufallsexperiment, bei dem alle Ergebnisse gleich wahrscheinlich sind

Lichtjahr die Strecke, die das Licht innerhalb eines *Jahres* zurücklegt

Liniendiagramm Beispiel:

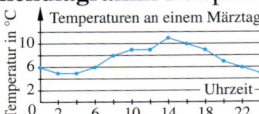

Liter (l) 1 l = 1000 ml (*Milliliter*)

Lösung siehe *Gleichung*

M Manipulation [149] undurchschaubare Einflussnahme auf eine Person

Masse (Gewicht) wissenschaftliche Bezeichnung für die *Größe*, in der man in *Gramm* und *Kilogramm* misst

$$1\,t = 1\,000\,kg$$
$$1\,kg = 1\,000\,g$$
$$1\,g = 1\,000\,mg$$

Maßeinheit siehe *Einheit*

Maßstab Beispiel: Der Maßstab 1:10 bedeutet: 1 cm im Bild sind 10 cm in Wirklichkeit.

Maßzahl siehe *Größe*

Maximum [146, 169] größter Wert einer Datenreihe

Median [146, 169] auch: Zentralwert; Der Wert, der genau in der Mitte aller der Größe nach geordneten Werte einer Datenreihe liegt. Beispiel: 8; 15; 17; 35; 72; Median: 17

Mehrwertsteuer [135] Anteil am Verkaufserlös einer Ware, den der Händler an den Staat abführen muss (zur Zeit 7% bzw. 19%)

Meter (m) 1 m = 100 cm

Milligramm (mg) 1000 mg = 1 g

Milliliter (ml) 1000 ml = 1 l (Liter)

Millimeter (mm) 10 mm = 1 cm

Minimum [146, 169] kleinster Wert einer Datenreihe

Minuend siehe *Subtraktion*

Minute (min) 60 min = 1 h (*Stunde*)

Mittelpunkt siehe *Kreis*

Mittelsenkrechte [90, 115] Gerade, die eine Strecke $\overline{AB}$ halbiert. Jeder Punkt auf der Strecke hat zu A und B denselben Abstand.

Mittelwert siehe *arithmetisches Mittel* und *Median*

Multiplikation
Faktor · Faktor = Wert des Produkts

N ℕ siehe *natürliche Zahlen*

Nachfolger Beispiel: Der Nachfolger von 7 ist 8.

natürliche Zahlen, $\mathbb{N} = \{0; 1; 2; \dots\}$

negative Zahl Negative Zahlen sind kleiner als Null. Beispiel: −2; −15

Nenner siehe *Bruch*

Nettopreis [135] Preis ohne *Mehrwertsteuer*

Netz siehe *Körpernetz*

Nullpunkt [13] siehe *Koordinatenursprung*

O Oberfläche Alle Begrenzungsflächen eines *Körpers* ergeben zusammen die Oberfläche des Körpers.

Oberflächeninhalt (O) Der Oberflächeninhalt (O) eines Körpers ist die Summe der Flächeninhalte seiner Begrenzungsflächen.
– *Quader:* $O = 2 \cdot a \cdot b + 2 \cdot a \cdot c + 2 \cdot b \cdot c$
– *Würfel:* $O = 6 \cdot a \cdot a = 6a^2$

Original siehe *Drehung* und *Verschiebung*

Originalfigur siehe *Achsenspiegelung* und *Punktspiegelung*

Originalpunkt siehe *Achsenspiegelung* und *Punktspiegelung*

P % siehe *Prozent*

p % siehe *Prozentsatz*

parallel, Parallele $g \parallel h$ bedeutet: Die Geraden g und h sind zueinander parallel, g und h sind *Parallelen*, d. h. ihr *Abstand* zueinander ist überall gleich groß.

Parallelogramm siehe *Viereck*

Passante [100, 115] Gerade, die keinen Punkt mit einem Kreis gemeinsam hat

Periode, periodischer Dezimalbruch Bei vielen *Brüchen* führt die *Division* dazu, dass sich im Ergebnis Ziffern unendlich oft wiederholen. Diese Brüche nennt man periodische Dezimalbrüche. Die Ziffer (oder die Zifferngruppe), die sich wiederholt, wird durch einen Strich darüber gekennzeichnet und Periode genannt. Beispiel: $\frac{1}{3} = 0,333\dots = 0,\overline{3}$

Planskizze [44, 53] einfache, von Hand erstellte Übersichtszeichnung

positive Zahl Positive Zahlen sind größer als Null. Beispiel: 3; +5; 112

Potenz [178, 197] *Produkte* aus gleichen Faktoren; Beispiel: $2 \cdot 2 \cdot 2 = 2^3$ (sprich „2 hoch 3")
Basis   Exponent (Hochzahl)

Primzahl eine *natürliche Zahl*, die nur durch 1 und sich selbst teilbar ist; Beispiel: 2; 3; 5; 7; 11; 13

Probe Bei den Grundrechenarten rechnet man zur Probe die *Umkehraufgabe*. Bei *Gleichungen* setzt man zur Probe die *Lösung* ein.

Produkt siehe *Multiplikation*

produktgleich [74, 85] Alle *Wertepaare* einer *antiproportionalen Zuordnung* bilden das gleiche *Produkt*. Beispiel:

x	1	2	3
y	12	6	4

$1 \cdot 12 = 2 \cdot 6 = 3 \cdot 4 = 12$

proportional siehe *Zuordnung*

Prozent (%) Das %-Zeichen bedeutet „von Hundert". Beispiel: $1\% = \frac{1}{100}$

Prozentsatz (*p*%) [124, 141] Anteil in Prozentschreibweise; Beispiel: 3 von 5 entpricht 60%

Prozentschreibweise *Brüche* mit dem *Nenner* 100 kann man in der *Prozent*schreibweise angeben. Beispiel: $\frac{75}{100} = 75\%$

Prozentwert (*W*) [128, 141] Wert, der einem *Prozent*satz entspricht; Beispiel: 10% von 50 Personen entspricht 5 Personen

Punktspiegelung Beispiel:

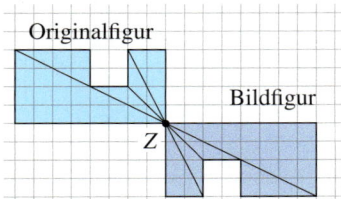

Punktsymmetrie siehe *Symmetrie*

Q ℚ siehe *rationale Zahlen*

Quader siehe *Körper*
– Oberflächeninhalt
$O = 2 \cdot a \cdot b + 2 \cdot a \cdot c + 2 \cdot b \cdot c$
– Volumen $V = a \cdot b \cdot c$

Quadranten [13] vier Bereiche, in die das *Koordinatensystem* die Zeichenebene teilt; Beispiel: Der Punkt $P(-2|1)$ liegt im II. Quadranten

Quadrat siehe *Viereck*
– Flächeninhalt: $A = a \cdot a = a^2$
– Umfang: $u = a + a + a + a = 4a$

Quartil [146, 169] Kennwert einer Datenreihe, siehe *Boxplot*
– oberes Quartil: *Median* der zweiten Hälfte einer Datenreihe
– unteres Quartil: *Median* der ersten Hälfte einer Datenreihe

Quersumme die Summe aller Ziffern einer Zahl; Beispiel: Die Quersumme von 735 ist $7 + 3 + 5 = 15$

Quotient aus *a* und *b* $a : b$ bzw. $\frac{a}{b}$

quotientengleich [70, 85] Alle *Wertepaare* einer *proportionalen Zuordnung* bilden einen gleichwertigen *Bruch*. Beispiel:

x	3	4	5
y	24	32	40

$\frac{3}{24} = \frac{4}{32} = \frac{5}{40} = \frac{1}{8}$

R **Rabatt [135]** Preisnachlass vom Händler

Radius siehe *Kreis*

rationale Zahlen [10, 35] Die *ganzen Zahlen* und die *positiven* und *negativen Brüche* und *Dezimalbrüche* bilden zusammen die Menge der rationalen Zahlen, kurz ℚ.
– Addition **[16, 35]** $(-16) + (-33) = (-49)$; $(+5) + (-9,3) = (-4,3)$
– Division **[20, 35]** $(-72) : (-8) = +9$; $(+7,5) : (-2,5) = -3$
– Multiplikation **[20, 35]** $(-3) \cdot (+5) = -15$; $(-2,5) \cdot (-4) = +10$
– Subtraktion **[17, 35]** entspricht einer Addition mit der Gegenzahl $(-2) - (-3) = (-2) + (+3) = +1$

Rauminhalt siehe *Volumen*

Raute siehe *Viereck*

Rechenausdruck siehe *Term*

Rechteck siehe *Viereck*
– Flächeninhalt: $A = a \cdot b$
– Umfang: $u = a + b + a + b = 2(a + b)$

rechter Winkel ein *Winkel* von 90°; siehe *Winkel*

relative Häufigkeit siehe *Häufigkeit*

Risiko [160, 169] Ereignis mit möglicher negativer Auswirkung

römische Zahlen *Natürliche Zahlen* können mit römischen Zahlzeichen dargestellt werden. Dabei werden alle Zahlen durch Addition oder Subtraktion zusammengesetzt.
I (1), V (5), X (10), L (50), C (100), D (500), M (1000), Beispiel: MMXVI (2016), XC (90)

runden Ist die Stelle rechts von der *Rundungsstelle* 0, 1, 2, 3 oder 4, wird abgerundet. Ist die Stelle rechts von der *Rundungsstelle* 5, 6, 7, 8 oder 9, wird aufgerundet.

Rundungsstelle die Stelle, auf die gerundet werden soll

Rundungsziffer steht rechts von der *Rundungsstelle*

S **Säulendiagramm** Beispiel:

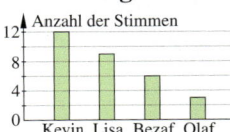

schätzen Beim Schätzen versucht man durch Überlegungen dem genauen Ergebnis möglichst nahe zu kommen.

Schätzwert für Wahrscheinlichkeit [152, 169]
Bei einer großen Anzahl an Wiederholungen eines *Zufallsexperiments* ist die *relative Häufigkeit* eines *Ergebnisses* ein Schätzwert für die *Wahrscheinlichkeit* des *Ergebnisses*.

Scheitelpunkt siehe *Winkel*

Schenkel siehe *Winkel*

Schrägbild vermittelt einen räumlichen Eindruck eines Körpers; nach hinten verlaufende Kanten werden in halber Länge im Winkel von 45° angetragen; verdeckte Kanten werden gestrichelt; Beispiel:

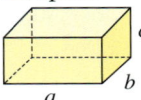

Sehne [100] *Strecke* zwischen zwei Punkten auf einem *Kreis*

Seite *Strecke*, die eine *Fläche* begrenzt

Seitenfläche siehe *Körper*

Sekante [100, 115] *Gerade*, die mit einem *Kreis* zwei gemeinsame Punkte hat

Sekunde (s) 60 s = 1 min (*Minute*)

senkrecht, Senkrechte $g \perp h$ bedeutet: Die Geraden g und h sind zueinander senkrecht, g und h sind Senkrechte, d.h. sie bilden einen rechten Winkel.

Skala Maßeinteilung an Messinstrumenten, z.B. am Geodreieck oder am Thermometer

Skizze Zeichnung von Hand, die einen groben Überblick verschafft

Skonto [135] Preisnachlass z.B. bei Barzahlung

Spannweite Unterschied zwischen *Maximum* und *Minimum* einer *Datenreihe*

Spiegelachse siehe *Achsenspiegelung*

spitzer Winkel ein *Winkel*, der größer als 0° aber kleiner als 90° ist; siehe *Winkel*

Stängel-Blätter-Diagramm Beispiel:

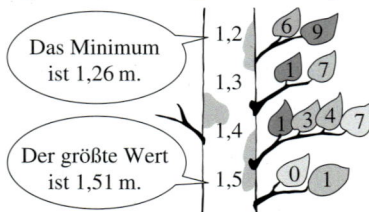

stellengleich, stellengerecht, stellenweise Zehner werden unter Zehner geschrieben, Einer unter Einer, Zehntel unter Zehntel, … *Dezimalbrüche* werden stellenweise addiert und subtrahiert (Komma unter Komma).

Stellenwertsystem Beispiel: *Dezimalsystem* und *Binärsystem*

Strecke gerade Linie mit einem Anfangspunkt und einem Endpunkt

Streifendiagramm zeigt relative Häufigkeiten an (Streifen ≙ 100%); Beispiel:

Strichliste *Häufigkeiten* einer *Daten*erhebung werden mit Strichen angegeben.

Stufenzahl Beispiel: im *Zehnersystem* nennt man 10, 100, 1000, … Stufenzahlen

stumpfer Winkel ein *Winkel*, der größer als 90° aber kleiner als 180° ist; siehe *Winkel*

Stunde (h) 1 h = 60 min (Minuten)

Subtrahend siehe *Subtraktion*

Subtraktion
Minuend − Subtrahend = Wert der Differenz

Summand siehe *Addition*

Summe siehe *Addition*

Symmetrie Beispiel:

Achsensymmetrie:

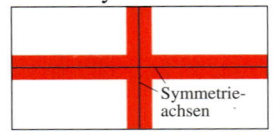

Drehsymmetrie:

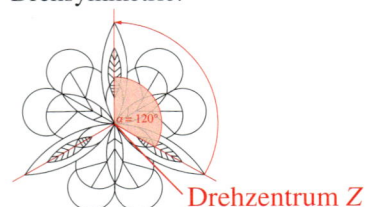

Punktsymmetrie:

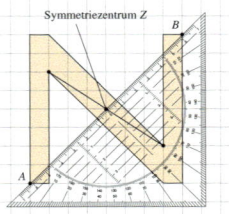

Symmetriezentrum siehe *Symmetrie*

T Tabellenkalkulation [67, 151, 190 f.] Software zur Eingabe und Verarbeitung von Daten

Tag (d) 1 d = 24 h (*Stunden*)

Tangente [100, 115] *Gerade*, die mit einem *Kreis* genau einen Punkt gemeinsam hat. Die Tangente steht senkrecht zum *Berührungsradius*.

teilbar siehe *Teiler*

Teilbarkeitsregeln durch…
– **2**: die letzte *Ziffer* ist gerade
– **3**: die *Quersumme* ist durch 3 teilbar
– **4**: die letzten beiden *Ziffern* stellen eine durch 4 teilbare Zahl dar
– **5**: die letzte *Ziffer* ist eine 0 oder eine 5
– **8**: die letzten drei *Ziffern* stellen eine durch 8 teilbare Zahl dar
– **9**: die *Quersumme* ist durch 9 teilbar
– **10**: die letzte Ziffer ist eine 0

Teiler Eine Zahl ist ein Teiler einer anderen Zahl, wenn beim Dividieren kein Rest bleibt. Beispiel: 6 ist ein Teiler von 18, d. h. 18 ist durch 6 teilbar (6 | 18); 6 ist kein Teiler von 20 (6 ∤ 20)

teilerfremd Zahlen, die keinen gemeinsamen *Teiler* außer der 1 haben

Teilermenge alle *Teiler* einer Zahl; Beispiel: Teilermenge von 12: $T_{12} = \{1; 2; 3; 4; 6; 12\}$

Term (Rechenausdruck) [174, 197] sinnvolle Verbindung von Variablen, Zahlen und Rechenzeichen. Beispiel: 12; x; $12 - (6 + 1)$; $x + 5\,\text{cm}$; $2 \cdot a$

Theodolit [57] Gerät zur Winkelmessung, wird bei der Landvermessung benutzt

Tonne (t) $1\,\text{t} = 1000\,\text{kg}$

U Überschlag Rechnen mit gerundeten Werten

überstumpfer Winkel ein *Winkel*, der größer als 180° aber kleiner als 360° ist; siehe *Winkel*

Umfang (u) *Summe* aller *Seiten*längen eines *Vielecks*

Umkehraufgabe Beispiel: eine Umkehraufgabe von $5 + 6 = 11$ ist $11 - 5 = 6$

Umkehroperation [74] siehe *Umkehrung*

Umkehrung Die *Subtraktion* ist die Umkehrung der *Addition*, die *Division* ist die Umkehrung der *Multiplikation*.

Umkreis [97]

Umrechnungszahl Beispiel: Wandelt man *Volumenmaße* in die benachbarte *Volumeneinheit* um, so ist die Umrechnungszahl 1000.

ungerade Zahl alle *ganzen Zahlen*, die nicht durch 2 teilbar sind; Beispiel: 1, −3, 3, 7, −9

ungleichnamig *Brüche* mit unterschiedlichem *Nenner* sind ungleichnamig; Beispiel: $\frac{3}{8}$ und $\frac{4}{5}$

Urliste ungeordnete Übersicht der Ergebnisse einer *Daten*erhebung

V Variable [174, 197] Platzhalter für Zahlen oder Größen; Beispiel: a, b, c, x, y, z

Verbindungsgesetz siehe *Assoziativgesetz*

Verschiebung [104, 115] Beispiel:

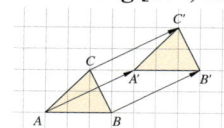

Verschiebungspfeil [104, 115] gibt Länge und Richtung einer *Verschiebung* an

Vertauschungsgesetz siehe *Kommutativgesetz*

Verteilungsgesetz siehe *Distributivgesetz*

Vieleck Beim Vieleck bestimmt die Anzahl der Eckpunkte den Namen der Fläche. Beispiel: ein Fünfeck hat fünf Eckpunkte.

Vielfaches Ist eine Zahl einmal, zweimal, dreimal, … so groß wie eine andere Zahl, so ist sie ein Vielfaches dieser Zahl.

Viereck Beispiel:

vollständig gekürzt Einen *Bruch*, der nicht mehr weiter *gekürzt* werden kann, nennt man vollständig gekürzt.

Vollwinkel ein *Winkel* von 360°; siehe *Winkel*

Volumen Rauminhalt eines Körpers; Volumeneinheiten sind z. B.
$$1\,\text{m}^3 = 1000\,\text{dm}^3$$
$$1\,\text{dm}^3 = 1000\,\text{cm}^3$$
$$1\,\text{cm}^3 = 1000\,\text{mm}^3$$
$$1\,\text{l} = 1\,\text{dm}^3 = 1000\,\text{cm}^3 = 1000\,\text{ml}$$
$$1\,\text{ml} = 1\,\text{cm}^3$$

Vorgänger Beispiel: Der Vorgänger von 9 ist 8.

Vorhersage [152, 160] Aussage über den Ausgang eines zukünftigen *Zufallsexperiments* aufgrund von vorherigen Datenerhebungen

Vorrangregeln [24, 35] 1. Klammern werden zuerst berechnet; Beispiel: $4 - (1 + 2) = 4 - 3 = 1$
2. Punktrechnung geht vor Strichrechnung; Beispiel: $7 - 3 \cdot 2 = 7 - 6 = 1$

W Wahrscheinlichkeit (P) [152, 156, 160, 169]

Wert des Terms [174, 197] Setzt man für die *Variablen* Zahlen ein, kann man den Wert des Terms bestimmen.
Beispiel: Der Wert des Terms $10 \cdot x + 8$ für $x = 3$ ist 38, denn $10 \cdot 3 + 8 = 38$

Wertepaar [64, 66 f., 70, 74, 85] zwei einander zugeordnete Werte; Beispiel: (2 | 3,5)

Wertetabelle [64, 85] *Wertepaare* können in einer Tabelle angegeben werden.

Winkel

Bezeichnungen am Winkel:

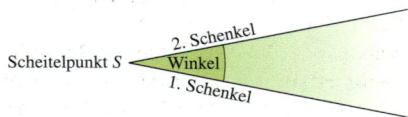

spitzer Winkel: rechter Winkel:

stumpfer Winkel: gestreckter Winkel:

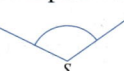   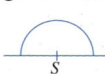

überstumpfer   Vollwinkel:
Winkel:

   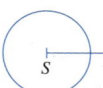

Winkelhalbierende [94, 115] *Halbgerade*, die einen *Winkel* halbiert. Jeder Punkt auf der Winkelhalbierenden hat denselben *Abstand* zu den beiden *Schenkeln* des *Winkels*.

Wortvorschrift [64, 85] Ein Text beschreibt, welche Werte einander zugeordnet werden sollen; Beispiel: „Jeder Zahl wird ihr Dreifaches zugeordnet." ergibt z.B. $(1|3)$, $(2|6)$, $(-1{,}5|-4{,}5)$

Würfel
– *Oberflächeninhalt $O = 6 \cdot a \cdot a = 6\,a^2$*
– *Volumen $V = a^3$*

X **x-Achse** siehe *Koordinatensystem*
x-Koordinate siehe *Koordinatensystem*

Y **y-Achse** siehe *Koordinatensystem*
y-Koordinate siehe *Koordinatensystem*

Z **ℤ** siehe *ganze Zahlen*
Zahlbereiche [27] *Natürliche Zahlen*, *ganze Zahlen* und *rationale Zahlen* sind Beispiele für Zahlbereiche. Ist eine Aufgabe in einem Zahlbereich nicht lösbar, dann muss der Bereich durch Hinzufügen von Elementen erweitert werden. Beispiel: $3 - 7$ ist in ℕ nicht lösbar aber in ℤ.

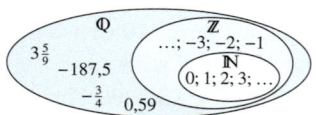

Zahlengerade bildet anders als der *Zahlenstrahl* auch die *negativen Zahlen* ab

Zahlenstrahl Beispiel:

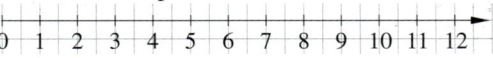

Zähler siehe *Bruch*

Zehnerbruch *Brüche* mit dem *Nenner* 10, 10, 1000, …

Zehnerpotenz Zehnerpotenzen sind 10, 100, 1000, 10 000 usw.

Zehnersystem (Dezimalsystem) unser Zahlensystem; Beispiel: Stellenwerttafel im Zehnersystem:

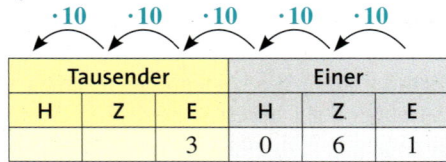

Tausender			Einer		
H	Z	E	H	Z	E
		3	0	6	1

Zeit *Maßeinheiten* der Zeit sind z.B. a (*Jahre*), d (*Tage*), h (*Stunden*), min (*Minuten*), s (*Sekunden*)

Zeitpunkt ein genau festgelegter Termin, z.B. 12:50 Uhr oder der 12. Januar

Zeitspanne die Dauer zwischen zwei Zeitpunkten, z.B. 15 Minuten, 2 Jahre oder von 8:00 Uhr bis 8:45 Uhr

Zentimeter (cm) 1 cm = 10 mm

Zentralwert siehe *Median*

Ziffer Alle Zahlen bestehen aus den Ziffern 1, 2, 3, 4, 5, 6, 7, 8, 9, 0.

Zirkel Werkzeug zum Zeichnen von *Kreisen*

Zufallsexperiment [152, 169] Vorgang mit einem zufälligen Ergebnis; Beispiel: Münzwurf, Würfelwurf

Zufallsversuch siehe *Zufallsexperiment*

Zuordnung [64, 85] Zuordnungen weisen Werten aus einem vorgegebenen Bereich einen oder mehrere Werte aus einem anderen Bereich zu (*Wertepaar*). Zuordnungen können als *Wortvorschrift*, *Wertetabelle*, im *Koordinatensystem* oder im *Diagramm* dargestellt werden.
– antiproportional [74, 77, 85]
– grafisch darstellen [66 f.]
– proportional [70, 77, 85]